雷达天线罩理论基础和电性能工程设计

曹群生 著

科学出版社

北京

内 容 简 介

本书系统且全面地介绍了雷达天线罩电性能相关的基本概念、电磁理论、设计步骤、测试方法和技术要点等内容。详细分析了雷达天线罩和超材料天线罩受均匀厚度和非均匀厚度、常规和非对称曲面罩体变化、复合材料选取和超表面结构选择等因素的影响。全面讲解了雷达天线罩电性能设计所运用的等效传输线分析方法、几何和物理光学法、全波电磁计算方法等。本书还深入探讨了提高雷达天线罩的测试精度，改善功率传输，减少多天线系统的相位不一致性，降低防雷击条影响，减少环境温度/湿度以及辐射功率对罩壁的作用等内容。

本书适合雷达天线罩设计、制造及复合材料研发领域的工程技术人员，微波天线工程技术人员，以及电磁场与天线领域的专业人员参考使用，也可作为高校相关专业课程的教材。

图书在版编目（CIP）数据

雷达天线罩理论基础和电性能工程设计 / 曹群生著. -- 北京：科学出版社，2025.3. --ISBN 978-7-03-081732-7

Ⅰ.TN957.2

中国国家版本馆 CIP 数据核字第 2025TA9743 号

责任编辑：孙力维　赵艳春 / 责任校对：胡小洁
责任印制：肖　兴 / 封面设计：蓝正设计

科 学 出 版 社 出版
北京东黄城根北街 16 号
邮政编码：100717
http://www.sciencep.com

三河市春园印刷有限公司印刷
科学出版社发行　各地新华书店经销

*

2025 年 3 月第 一 版　开本：720×1000　1/16
2025 年 3 月第一次印刷　印张：23
字数：450 000

定价：98.00 元
（如有印装质量问题，我社负责调换）

前　言

　　雷达天线罩用于保护内部天线系统免受外界恶劣环境的影响，确保内部设备能够正常工作。在内部天线的工作频段内，天线罩相当于一个电磁透明窗口。用于保护雷达设备的天线罩称为雷达罩，一般由纤维等复合材料制成，其不仅满足电磁波有效传输的电性能要求，还具备一定的力学强度。但随着载体速度的提升和电磁环境的变化，目前工作性能完好的雷达天线罩设计面临诸多挑战，包括罩体复合材料的选取、工艺和力学强度、电磁波传输性能和天线辐射的状态，以及罩体周遭温度与压力的骤变等。因此，雷达天线罩设计涉及多学科，而电性能是其有效工作的重要保障。

　　本书重点研究雷达天线罩的电性能设计和工程实现。力图全面阐述相关的电磁场理论和通用计算方法。书中详细讨论了实际天线罩的电性能参数、设计关键技术、样件与罩体的电性能仿真与测试等内容。并对新型雷达天线罩的基本原理和设计思路进行了探讨。

　　本书是作者多年研究工作的总结。这里要特别感谢这些年来参与雷达天线罩课题方面学习和研究的历届研究生：李高生、贾蕾、明永晋、睢韵、李豪、鲁荐英、金志峰、朱军、练志峰、曹帅、万照辉、王彬、蒯湘岚、张兴旺和邓文超，没有他们所做的杰出工作就没有这本书的呈现。还要感谢王毅副教授、周烨博士、李黄炎博士、李由博士、方小星博士、严文斌博士、袁航博士、李力和赵英燕等在雷达天线罩课题方面参与的讨论。

　　感谢雷达天线罩研究领域的前辈，乔新教授、曲见直教授和刘延杰教授，是他们引领了作者在雷达天线罩方面的工作。还要感谢中航637所刘晓春研究员，感谢他在技术方面与作者展开讨论并给予支持。

　　最后，希望本书能够为从事雷达天线罩设计与制作的工程技术人员提供帮助，共同为未来雷达天线罩及相关复合材料、超材料等在电子行业中的应用和发展作出贡献。

目 录

前言
第1章 雷达天线罩和电性能设计概述 ·· 1
  1.1 天线罩的发展历程与用途 ·· 2
  1.2 天线罩的类型和基本电性能参数 ······································· 3
    1.2.1 天线罩的应用行业分类 ·· 3
    1.2.2 天线罩的结构分类 ·· 4
    1.2.3 天线罩的外形分类 ·· 7
    1.2.4 天线罩的基本电性能参数 ·· 9
  1.3 天线罩电性能设计和分析技术 ··· 11
  1.4 本章小结 ·· 13
  参考文献 ·· 13
第2章 天线罩相关的电磁波传输理论 ·· 16
  2.1 电磁波和平面电磁波的形成 ··· 16
  2.2 理想介质中的均匀平面电磁波 ··· 17
    2.2.1 理想介质中的正弦均匀平面波 ····································· 18
    2.2.2 导电介质中的正弦均匀平面波 ····································· 18
    2.2.3 低耗介质中的正弦均匀平面波 ····································· 19
  2.3 平面电磁波的极化 ··· 19
    2.3.1 平面电磁波在理想介质分界面上的反射与折射 ······················ 19
    2.3.2 垂直极化波在理想介质分界面上的反射与折射 ······················ 20
    2.3.3 平行极化波在理想介质分界面上的反射与折射 ······················ 21
  2.4 电磁波在平面分层介质中的反射与透射 ································· 21
    2.4.1 二层介质的反射与透射 ·· 21
    2.4.2 三层介质的反射与透射 ·· 22
    2.4.3 多层介质的反射与透射 ·· 24
  2.5 天线辐射的基本原理 ··· 25
    2.5.1 天线辐射性能参数 ·· 25
    2.5.2 天线单元因子和方向图阵因子 ····································· 27
  2.6 天线方向图的和与差 ··· 28

- 2.7 天线罩对辐射方向图产生影响的物理量 29
  - 2.7.1 相位误差和相位不一致性 30
  - 2.7.2 天线近区副瓣电平抬升 32
  - 2.7.3 瞄准误差 32
  - 2.7.4 瞄准误差变化率 33
  - 2.7.5 瞄准误差一致性 33
  - 2.7.6 零深电平抬高 34
  - 2.7.7 远区均方根副瓣抬高(含镜像瓣电平) 34
  - 2.7.8 镜像瓣电平 35
  - 2.7.9 波束宽度变化 36
- 2.8 罩壁内表面的功率反射系数 36
- 2.9 本章小结 37
- 参考文献 38

第3章 天线罩用工程复合材料 39
- 3.1 天线罩材料电参数特性 39
- 3.2 天线罩材料分类 39
  - 3.2.1 环氧树脂基体 40
  - 3.2.2 双马来酰亚胺树脂基体 41
  - 3.2.3 氰酸酯树脂基体 41
- 3.3 弹载天线罩材料 42
- 3.4 机载天线罩材料 43
  - 3.4.1 蒙皮用材料 43
  - 3.4.2 芯层用材料 45
  - 3.4.3 表面涂层材料 46
- 3.5 本章小结 49
- 参考文献 50

第4章 天线罩设计的等效传输线分析方法 51
- 4.1 均匀传输线矩阵方法 51
- 4.2 单层介质平板功率传输系数和透射系数 55
  - 4.2.1 电磁波极化分解原理 55
  - 4.2.2 功率传输系数和透射系数 56
  - 4.2.3 半波长壁厚平板罩 58
- 4.3 影响介质天线罩功率传输系数(透波率)的因素 62
  - 4.3.1 极化方式对功率传输系数的影响 62
  - 4.3.2 介电常数对功率传输系数的影响 63

4.3.3 损耗角正切对功率传输系数的影响 …………………………… 64
 4.4 多层介质平板功率传输系数和透射系数 ………………………………… 65
   4.4.1 多层介质平板的传输矩阵单元计算 ………………………… 66
   4.4.2 多层介质平板的厚度计算 …………………………………… 67
   4.4.3 多层介质平板的反射和透射系数 …………………………… 67
   4.4.4 多层介质平板的插入相位移 ………………………………… 67
   4.4.5 多层介质平板的反射相位 …………………………………… 68
 4.5 平板天线罩入射角的确定 ………………………………………………… 68
 4.6 本章小结 …………………………………………………………………… 69
 参考文献 ………………………………………………………………………… 69
第5章 天线罩电性能高频分析方法 ……………………………………………… 70
 5.1 几何光学法分析方法 ……………………………………………………… 70
   5.1.1 几何光学法原理 ……………………………………………… 71
   5.1.2 坐标变换公式 ………………………………………………… 75
   5.1.3 天线罩模型 …………………………………………………… 76
   5.1.4 求解入射线与天线罩壁的交点 ……………………………… 78
   5.1.5 求解外法向矢量和入射角 …………………………………… 80
   5.1.6 电场分解与合成 ……………………………………………… 83
 5.2 几何光学法计算算例 ……………………………………………………… 84
 5.3 物理光学法分析方法 ……………………………………………………… 85
   5.3.1 口径积分-表面积分和平面波谱-表面积分 ………………… 85
   5.3.2 AI-SI 的数学模型 …………………………………………… 86
   5.3.3 天线口面的离散化 …………………………………………… 88
   5.3.4 天线近场的计算 ……………………………………………… 90
 5.4 天线与天线罩之间坐标变换关系 ………………………………………… 94
   5.4.1 求解内壁电磁波入射角 ……………………………………… 97
   5.4.2 求解天线罩外表面电磁场 …………………………………… 98
   5.4.3 远区场求解 …………………………………………………… 99
 5.5 物理光学法计算算例 ……………………………………………………… 100
 5.6 天线罩电性能优化设计 …………………………………………………… 104
   5.6.1 天线罩指标和材料 …………………………………………… 105
   5.6.2 电性能设计和分析 …………………………………………… 106
   5.6.3 天线罩电性能计算 …………………………………………… 108
   5.6.4 将粒子群优化算法引入电性能设计 ………………………… 109
 5.7 本章小结 …………………………………………………………………… 113

参考文献 ··· 114
第6章 天线罩电性能设计的电磁全波计算方法 ································· 115
6.1 电磁全波计算方法简介 ·· 115
6.2 天线罩几何数模产生和网格化处理 ·· 116
6.2.1 典型天线罩的数模产生 ··· 116
6.2.2 复杂天线罩的数模产生 ··· 117
6.2.3 天线罩的网格剖分 ··· 119
6.3 利用 FEKO 计算天线口面场 ·· 123
6.4 基于 MOM-MLFMM 的多层天线罩电性能仿真 ·· 125
6.5 本章小结 ·· 127
参考文献 ··· 127
第7章 平面和曲面频选天线罩电性能设计 ·· 129
7.1 频率选择表面天线罩(FSSR)的构造和功能 ·· 129
7.2 FSS 结构的建模仿真 ··· 130
7.2.1 FSS 单元形式 ·· 131
7.2.2 FSS 结构的空间滤波机制 ··· 131
7.3 平面 FSSR 建模及仿真 ··· 133
7.3.1 A 夹层介质天线罩设计 ·· 134
7.3.2 平面 FSSR 设计 ·· 135
7.4 曲面 FSSR 建模及仿真 ··· 137
7.4.1 HFSS-MATLAB-Api 介绍 ·· 138
7.4.2 曲面 FSSR 建模方法 ·· 139
7.4.3 曲面 FSSR 的"模拟测试法" ··· 140
7.5 曲面 FSS 结构的仿真验证实例 ··· 142
7.5.1 FSS 单元模型及曲面 FSSR 系统建模 ··· 142
7.5.2 曲面 FSSR 系统仿真 ··· 143
7.6 快速 FSSR 建模的软件实现 ··· 145
7.7 基于圆极化天线的曲面 FSSR 的电性能 ·· 147
7.7.1 缝隙型 FSSR 设计 ··· 147
7.7.2 天线-曲面 FSSR 系统设计 ·· 148
7.7.3 背腔式高频平面螺旋天线的设计 ··· 148
7.7.4 天线-曲面 FSSR 系统建模 ·· 152
7.7.5 曲面 FSSR 系统的电性能分析 ··· 153
7.7.6 曲面曲率对电性能影响分析 ··· 154
7.7.7 FSS 单元的排列方式和位置分析 ··· 156

7.7.8　曲面 FSSR 的 RCS 变化分析 ································· 157
　7.8　本章小结 ··· 159
　参考文献 ··· 159

第8章　天线罩的电性能测试 ·· 161
　8.1　测试场地要求和准备 ·· 161
　　　8.1.1　测试场地选取 ··· 161
　　　8.1.2　测试仪器选取 ··· 162
　　　8.1.3　收发天线距离计算 ·· 163
　　　8.1.4　矢量网络分析仪校准 ····································· 164
　　　8.1.5　中频带宽设置 ··· 165
　　　8.1.6　空间信道电平衰减估算 ·································· 165
　8.2　时域门技术的引入 ··· 167
　　　8.2.1　时域门技术原理介绍 ····································· 167
　　　8.2.2　应用时域门要考虑的因素 ································ 168
　8.3　平板天线罩透波率测试 ··· 171
　　　8.3.1　平板天线罩大小确定 ····································· 171
　　　8.3.2　透波率测试实例 ·· 171
　8.4　多天线-天线罩系统中的相位不一致性测试 ················· 178
　　　8.4.1　多天线测试系统 ·· 178
　　　8.4.2　相位不一致性测试 ·· 179
　　　8.4.3　相位不一致性的测试结果 ································ 182
　8.5　多天线和天线阵列-天线罩系统的测向误差 ················· 185
　　　8.5.1　天线阵列测向原理 ·· 185
　　　8.5.2　虚拟基线干涉仪测向原理 ································ 187
　8.6　天线阵列测向精度及误差 ······································ 188
　　　8.6.1　相位干涉仪测向精度分析 ································ 188
　　　8.6.2　不同测向方法实测数据对比分析 ······················· 188
　8.7　天线罩相位误差影响因素分析 ································· 191
　8.8　天线罩相位误差的校正方法 ···································· 192
　　　8.8.1　校正方法介绍 ··· 192
　　　8.8.2　实测结果与分析 ·· 192
　8.9　相位不一致性与测向误差的关系 ······························ 196
　8.10　本章小结 ·· 198
　参考文献 ··· 198

第 9 章 天线罩损伤对电性能的影响与损伤修复 …… 200
9.1 天线罩损伤产生原因及分类 …… 200
9.1.1 天线罩损伤产生原因 …… 200
9.1.2 天线罩损伤分类 …… 201
9.2 损伤天线罩电性能仿真研究 …… 202
9.2.1 电磁全波分析损伤天线罩电性能方法研究 …… 202
9.2.2 天线罩穿孔仿真研究 …… 204
9.2.3 天线罩划伤(伤及芯层)仿真研究 …… 207
9.2.4 天线罩含有水汽仿真研究 …… 209
9.2.5 天线罩损伤类型总结 …… 213
9.3 损伤测试 …… 213
9.4 天线罩损伤修复和等效介电常数获取 …… 215
9.4.1 天线罩损伤检测及修复技术 …… 215
9.4.2 天线罩等效介电常数获取 …… 216
9.5 本章小结 …… 225
参考文献 …… 225

第 10 章 环境因素对天线罩电性能影响的分析 …… 227
10.1 防雷击分流条的电磁波传输性能分析 …… 227
10.1.1 防雷击分流条 …… 227
10.1.2 分流条的电磁模型建立 …… 228
10.1.3 传输性能分析 …… 230
10.2 防雷击分流条电磁辐射特性分析 …… 232
10.2.1 分流条材料对电磁波传输的影响 …… 233
10.2.2 分流条长度对电磁波传输的影响 …… 233
10.2.3 分流条宽度对电磁波传输的影响 …… 235
10.2.4 分流条厚度对电磁波传输的影响 …… 236
10.2.5 不同入射角对电磁波传输的影响 …… 236
10.3 防雷击分流条实物仿真和测试 …… 238
10.3.1 电磁仿真建模和仿真设置 …… 238
10.3.2 实物模型制作 …… 238
10.3.3 测试安装和步骤 …… 239
10.3.4 测试结果对比分析 …… 240
10.4 复杂罩体的防雷击分流条仿真实验 …… 241
10.4.1 天线-天线罩仿真模型参数 …… 241
10.4.2 天线罩防雷击验证 …… 243

10.4.3　安装片段式分流条 247
　10.5　温度对天线罩电性能影响的研究 248
　　　10.5.1　介质材料和树脂在不同温度下的特性变化 248
　　　10.5.2　天线罩在不同温度下的透波特性变化 251
　　　10.5.3　实物测试与分析 256
　10.6　本章小结 259
　参考文献 260

第11章　变厚度天线罩电性能设计技术 261
　11.1　变厚度天线罩的设计原理 261
　　　11.1.1　变厚度天线罩设计方法 261
　　　11.1.2　内壁入射角计算方法 262
　　　11.1.3　天线罩内壁平均入射角计算 265
　　　11.1.4　天线罩外壁的分割方法 266
　11.2　等角度变化的A夹层变芯层厚度设计 267
　11.3　变厚度天线罩验证方法 268
　11.4　计算实例 269
　11.5　变芯层厚度天线罩优化研究 272
　　　11.5.1　变芯层厚度天线罩优化设计 272
　　　11.5.2　罩体的材料选择 273
　　　11.5.3　入射角和芯层厚度对天线罩功率传输系数的影响 273
　　　11.5.4　变芯层厚度曲面天线罩建模 274
　　　11.5.5　变芯层厚度天线罩的电性能分析 276
　11.6　本章小结 282
　参考文献 282

第12章　天线罩测试的干涉测向技术 284
　12.1　天线罩插入相位移计算 284
　12.2　干涉测向技术 285
　　　12.2.1　平面波干涉测向技术 285
　　　12.2.2　球面波干涉测向技术 286
　　　12.2.3　球面波的产生 287
　　　12.2.4　球面波干涉测向的实现 288
　12.3　球面波相位干涉测向技术的仿真分析 289
　　　12.3.1　解模糊 289
　　　12.3.2　不加天线罩的球面波相位干涉测向应用 290
　12.4　球面波相位干涉测向全波电磁软件仿真验证 297

　　　　12.4.1 单基线 …………………………………………………… 297
　　　　12.4.2 双基线 …………………………………………………… 299
　12.5 加载天线罩相位干涉测向的应用分析 ……………………………… 301
　　　　12.5.1 天线罩相位干涉测向的几何光学法 ……………………… 301
　　　　12.5.2 天线罩相位干涉测向的全波仿真分析 …………………… 304
　12.6 球面波相位干涉测向技术实测应用 ………………………………… 307
　　　　12.6.1 发射天线相位中心偏移 …………………………………… 309
　　　　12.6.2 柱面罩的仿真 ……………………………………………… 310
　　　　12.6.3 实物柱面罩的测试 ………………………………………… 311
　12.7 本章小结 ……………………………………………………………… 313
　参考文献 …………………………………………………………………… 313

第 13 章 天线罩电性能设计的若干关键技术 …………………………… 314
　13.1 复材 FSS 天线罩中 FSS 膜拼接的电性能分析 …………………… 314
　　　　13.1.1 FSS 膜拼接工艺对天线罩电性能的影响 ………………… 315
　　　　13.1.2 复合材料天线罩中 FSS 薄膜边缘搭接分析 ……………… 315
　13.2 复合材料天线罩中 FSS 膜边缘缝隙分析 ………………………… 319
　13.3 FSS 膜搭接和缝隙的实物测试与分析 ……………………………… 321
　13.4 大型装配式天线罩电性能提升技术 ………………………………… 323
　　　　13.4.1 装配式天线罩分块划分规则 ……………………………… 323
　　　　13.4.2 装配式天线罩结构模型 …………………………………… 323
　　　　13.4.3 天线罩拼接缝隙对电性能的影响 ………………………… 325
　　　　13.4.4 连接区电性能提升的设计 ………………………………… 326
　　　　13.4.5 连接区频率选择表面设计 ………………………………… 328
　　　　13.4.6 基于 FSS 的装配式天线罩电性能分析 …………………… 329
　　　　13.4.7 实物测试与结果分析 ……………………………………… 332
　13.5 天线罩电性能受降水影响分析 ……………………………………… 335
　13.6 天线辐射下的天线罩热效应 ………………………………………… 339
　　　　13.6.1 电磁-热耦合仿真分析 …………………………………… 339
　　　　13.6.2 电磁-热耦合电磁软件仿真实例 ………………………… 340
　13.7 天线罩电磁-热耦合的时变状态分析 ……………………………… 344
　　　　13.7.1 电磁-热耦合对天线罩电性能的影响 …………………… 344
　　　　13.7.2 电磁-热耦合中的时域传热方程求解 …………………… 346
　13.8 天线罩电磁-热耦合算法仿真实例 ………………………………… 348
　13.9 本章小结 ……………………………………………………………… 353
　参考文献 …………………………………………………………………… 354

第 1 章　雷达天线罩和电性能设计概述

雷达天线罩(Radome)是英文"Radar Dome"的缩写[1]，是电磁波的窗口，用于保护雷达天线，防止环境对雷达天线的工作状态产生影响和干扰。其主要作用是降低驱动天线运转的功率，提高其工作可靠性，保证雷达天线全天候工作。

天线罩的作用是保护天线系统免受外界恶劣环境的影响，如风沙、雨雪、冰雹、盐雾、尘土、昆虫，以及极端温度(低温和高温)。这些环境因素可能导致天线精度降低、寿命缩短和工作可靠性差，天线罩在电气性能上具有良好的电磁波穿透特性，同时在机械性能上能够承受外部恶劣环境的作用。

雷达天线罩通常由玻璃纤维复合材料制成，天线罩则由介电材料制成，是放置在雷达或其他天线外部的流线型保护构件。

从传统定义来看，雷达天线罩和天线罩有所区别，但实际上两者都是以保护天线系统能够正常工作为主要目的，且当前在使用范围和发展趋势上这两个概念日渐趋同。因此，本章及后续章节将不再区分二者，均以天线罩称之，除非专门特指。

作为物理隔离环境的装置，天线罩广泛应用于军事和民用领域，特别是在国防建设中起到重要的作用。

(1) 用于各种民用和军用雷达天线的天线罩，占据天线罩应用的大部分。

(2) 微波通信领域的微波塔楼、微波中继站、微波设备的微波墙，以及用于保护各种通信天线的天线罩等。

(3) 用于天线馈源和相位校正透镜(如龙伯透镜)的馈源罩等[2]。

天线罩应用于机载、弹载、高速飞行器上时，其不仅需要保护天线罩的内部天线系统，提供类透明的电磁辐射窗口，还需要保证相应飞行器的气动外形不变化，确保飞行器的飞行状态不受影响。随着电子技术的发展，天线罩和天线系统一体化已经成为趋势，天线罩已经成为天线系统的重要组成部分。图 1.1 所示为多款天线罩。

早期天线罩主要是用来保护装在天线罩内的天线系统以及一部分收发装置，使其免受外界恶劣环境的影响。现代天线罩除了具备早期天线罩的各项功能，还提供了一个适宜的分界面，以便保持结构、温度和空气动力的特性，同时能够得到所要求的电气性能。也就是说，天线罩应满足天线对天线-天线罩综合体的电气指标、机械结构强度、抗候性能、使用寿命以及工艺制造成本等复杂的相互矛盾的要求[4]。对于机载天线罩、导弹头天线罩等，外形还应满足空气动力学的要求。

图 1.1 多款天线罩[3]

理想的天线罩不应该降低天线性能，但实际上，综合其他方面的最低要求又必须做出部分牺牲，所以天线罩的电气性能不可能是最佳的。天线罩其他功能的要求，必然导致天线系统指标下降，但是天线罩又不可或缺，所以如何设计一款优秀的天线罩，在保护天线的同时，减少其对天线的干扰、天线辐射特性的衰减以及对相控阵天线相位的影响，具有很高的研究价值。

1.1 天线罩的发展历程与用途

天线罩的发展史与雷达天线的发展进程有很大的关联性。在天线罩出现之前，第二次世界大战初期，慢速飞机通常搭载由八木-宇田天线或者半波长天线组成的甚高频雷达，这种天线制作简单，且对外界环境的敏感度较低，所以当时没有考虑在天线外面加上罩体封闭的必要性。随着飞机速度的提升，保护飞机上的雷达天线免受外部物理环境的影响变得越来越重要。1940 年，世界上第一款天线罩诞生，是用在飞机上的流线罩[5]；1946 年，美国康奈尔(Cornell)航空实验室进行了充气天线罩相关特性研究，制造出直径 16.8m 的产品原型，两年后安装在美国纽约西部的商业运输港口。随着充气天线罩技术逐渐成熟，1955 年，美国陆军订制了数百个这样的天线罩。但是这种充气天线罩在结构强度方面存在不足，无法满足高速飞机或导弹等的刚度需求。1952 年，美国再次引领天线罩研究方向；1955 年，美国在北极安装了直径 16.8m 的刚性天线罩，1956 年，完成金属桁架天线罩的模拟电信实验，并运用在通信、雷达天线以及哈勃望远镜上。1976 年，美国将相位校正透镜技术结合到椭球形天线罩上。由于天线罩在军事领域的重要性，各国对相关技术研究实施严格封锁，难以获得近期国外天线罩的研究进展。

国内天线罩的发展最初是通过仿制苏联的歼击机机头罩展开的，逐步开展天线罩的相关性能研究,从少数研究实力强的研究所开始,天线罩使用的玻璃钢/复合材料最早于 1958 年由北京玻钢院复合材料有限公司(前身是北京玻璃钢研究设计院,即北京二五一厂)研发成功。在天线罩制作方面,中电集团第十四研究所于 1963 年研制出直径 20m 的扫频充气天线罩。1965 年研制出当时世界上最大的 A 夹层介质桁架截球罩。此外还生产了小型舰载雷达天线罩、潜艇用的雷达馈源罩以及导弹前端天线罩。上海玻璃钢研究所研制出世界上最大的 A 夹层玻璃钢天线罩。进入 20 世纪 80 年代,我国引进了 10 多部金属桁架天线罩,分别用于不同的地面雷达站。从那时起,部分研究所开始对变厚度半波长、A 夹层、C 夹层天线罩进行计算分析,如中航科技集团六三七研究所。近年来,我国天线罩的研制和制造水平有了很大提高,一系列新的技术结合到传统天线罩设计中,如罩壁变厚度的变厚度设计,以及将超材料技术中的频率选择表面(FSS)和超表面概念融入天线罩设计中,有效地提高了天线罩的性能。例如,近年来深圳光启公司所属研究机构在天线罩技术方面的进步备受瞩目。目前,我国已经具备一批专门进行雷达天线罩设计、生产和功能测试的研究所和公司[6]。

1.2 天线罩的类型和基本电性能参数

不同雷达天线的辐射系统和特性不同,使用目的和要求亦不同。天线罩可以根据应用的行业、结构形式和形状进行分类。

1.2.1 天线罩的应用行业分类

天线罩按应用行业分类主要有航空(机载和航天)天线罩、水面天线罩、地基天线罩(充气、壳体结构及空间桁架)三大类。

1. 航空(机载和航天)天线罩

这类天线罩一般为壳体结构,为满足飞行的空气动力学要求,这类天线罩可做成流线型结构。外界入射的电磁波垂直入射天线罩体或大角度入射流线型天线罩体。但是,当天线罩内置的天线向外辐射扫描时,由于入射角变化范围大,天线罩难以得到最佳的透射性能。

若天线罩外形为非流线型,设计的罩体外形须是满足一定电磁透波特性的曲面,可以是圆柱形、球形或抛物面形。垂直入射天线罩可以获得最佳的电磁透波特性,但代价是力学的气动特性会降低。

2. 水面天线罩

水面天线罩包括舰载和船载。水面天线罩对力学性能的流线型外形要求不高,但对防水、防湿要求很高。

3. 地基天线罩

地基天线罩往往采用球形罩体形式，外形通常是截球形状(约为四分之三的球)，可分为充气罩和刚性罩两类。刚性天线罩又分为壳体结构天线罩和空间桁架天线罩。

1) 充气天线罩

在可充气的球形薄膜的截口四周用压板固定在气密性的平台上，周围用绳索拉紧，或以其他方法固定，内部充气。这类天线罩的壁薄且壁厚均匀，电磁透射性能好，适合宽频带工作；罩体柔软便于折叠，重量轻、体积小，运输、储藏、安装方便。缺点是需要持续向罩内充气，以维持罩体形状和必要的刚性。一旦充气设备发生故障，罩体可能会倒塌，从而损坏天线。美国"电星"(Telstar)雷达天线罩就是充气天线罩，其直径达 64.05m(210ft[1])[7]。

2) 壳体结构天线罩

通常，罩壁设计为弯曲的壳体，由壳体支撑结构载荷。其中，均匀单壁壳体结构出于工作波长和尺寸的考虑，罩子的尺寸受到限制。复合材料具有较低的相对介电常数和损耗角正切值，可用于制作壳体结构，采用较厚的罩壁以满足结构载荷要求，同时对电磁透波特性的影响不大。对于大尺寸的壳体结构天线罩，采用胶接方式，将各个复合材料块拼接成整体外形(如球壳状)。壳体结构天线罩的优点是比强度(强度与密度的比值)和比刚度(弹性模量与密度的比值)大，适用于一定波长的大型地面天线罩。但缺点是工作频带窄，制造工艺复杂，成本较高。

3) 空间桁架天线罩

地基天线罩往往采用球形这一理想的罩体形式，随着尺寸增大，引入支撑介质壳体的金属桁架结构。这些金属(或介质)球形桁架结构和覆盖其上的介质薄板(或薄膜)共同承受结构载荷，在保证力学性能的同时尽量减少对电磁波的遮挡。空间桁架天线罩的优点是适合高频和宽频带工作，制造容易，成本较低，适用于大型地面天线。美国麻省理工学院海斯塔克(Haystack)雷达天线是世界上最大的金属空间桁架天线罩，直径达 45.75m(150ft)[8]。但空间桁架结构的金属会对电磁波产生散射，从而对电性能产生一定的影响。

1.2.2 天线罩的结构分类

如今，天线系统形式多样，相应的天线罩根据系统功能和用途的不同，具有不同的外形和结构。根据天线罩内部结构的差异，传统天线罩的罩壁结构形式主

---

1) 1ft = 3.048×10^{-1}m。

要分为单层、A 型夹层、B 型夹层、C 型夹层、多夹层，如图 1.2 所示。无论采用何种天线罩设计，其最终目标都是实现最佳的电磁波透射特性。

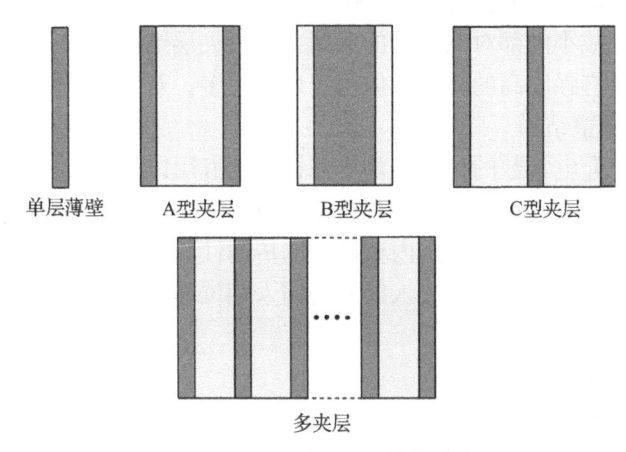

图 1.2　天线罩的罩壁结构形式

1. 单层实心壁结构

单层实心壁结构采用同一种介质材料，如树脂纤维增强叠层复合材料、石英纤维增强氮化物陶瓷基复合材料等。该结构通常分为半波壁和薄壁两种类型，具体的厚度计算将在本书第 3 章讨论。

薄壁类型罩体工作于低波段，具有质轻的优点。薄壁类型天线罩的极化响应、角度稳定性均比较好，但是由于壁厚比较薄，其强度不足的缺点也很明显，不适合在恶劣环境下使用。

2. A 型夹层结构

A 型夹层结构是一种蒙皮-夹层-蒙皮类型的对称结构，其中，蒙皮一般选用高介电常数的材料，芯层厚度一般取介质波长的四分之一，为了降低损耗，芯层材料一般选用损耗较低的材料。A 型夹层天线罩兼顾半波壁和薄壁结构的电磁透波性能和力学性能，因此，在实际工程中应用比较广泛。

3. B 型夹层结构

B 型夹层结构是一种类似于 A 型夹层的三层结构，但 B 型夹层的蒙皮一般选用低介电常数的材料，而芯层则选用高介电常数的材料。这种设计可以减小中间芯层(低介电常数材料)的厚度，从而降低透波率的极化响应，B 型夹层结构通常与 A 型夹层结合，用于设计出更复杂层数且具备高透波性能的天线罩。然而，由于 B 型夹层结构的力学性能不够好，实际工程应用中很少采用 B 型夹层结构罩体。

4. C 型夹层结构和多层壁结构

C 型夹层结构是一种五层结构，基本组成是蒙皮-芯层-蒙皮-芯层-蒙皮，两层芯层可以更好地减小内部对电磁波的反射，C 型夹层结构具有大角度入射高透波特性，力学上具有强度高的特性，但由于层数较多，对电磁波相位的影响较大。

1) 复合多层壁结构

由两种以上介电常数的材料交替排列构成的五层以上壁结构，蒙皮层数和芯层层数之和为大于 5 的奇数，可以看作两个以上三层结构的组合体。复合多层夹层结构能够在较宽的入射角范围内获得好的传输性能，适用于宽频带和多波段工作。然而，这种结构同样会增大入射波的插入相位移。层数越多，带宽越宽，频段越多。

2) 分级材料罩壁结构

分级材料多层罩壁结构(GDM)是由介电常数随指数变化的多层介质平板组合而成，可以实现良好的阻抗匹配和高效传输[9]。图 1.3(a)所示为总厚度为 $2d$ 的 n 层分级材料，每一层的厚度为 $2d/n$，由最外层到最内层的介电常数依次为 ε_1, ε_2, ε_3, $\cdots$, ε_{rm}, $\cdots$, ε_3, ε_2, ε_1。$\varepsilon_1 < \varepsilon_2 < \varepsilon_3 < \cdots < \varepsilon_{rm}$($\varepsilon_{rm}$ 为最大介电常数)，介电常数随着分级材料罩壁结构由外层到内层呈现出由低到高，再到低的变化规律。该结构具有优越的透射性能、相位均匀性和角度不敏感特性。图 1.3(b)所示为采用分级材料罩壁结构的变厚度天线罩示意图。

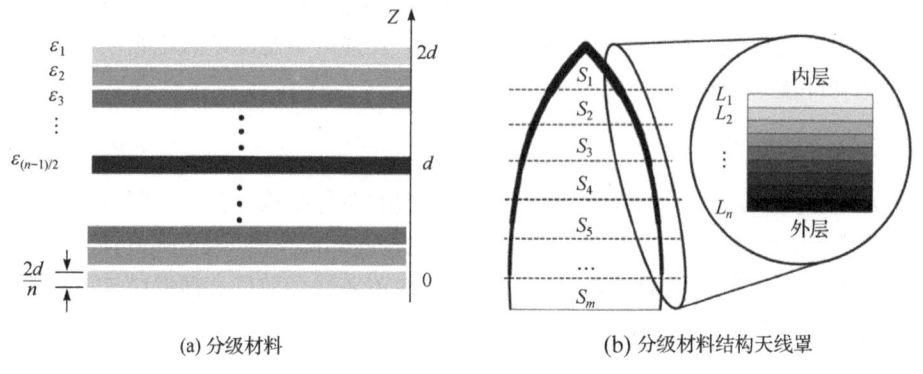

(a) 分级材料　　　　　　　　　　(b) 分级材料结构天线罩

图 1.3　分级材料罩壁结构示意图[9]

5. 新型天线罩结构

随着材料学的发展，天线罩已经不再局限于传统透波材料，飞行器为了减轻载重，需要质量较小的天线罩，逐渐涌现出图 1.4 所示的高强度蜂窝夹层结构以及中空织物绒经结构。从图中可以看出，这两种结构均为空心夹层结构。通常来说，空心夹层结构通常比实体材料损耗小、吸收少，因此，空心结构比实心结构

(a) 高强度蜂窝夹层　　(b) 中空织物绒经

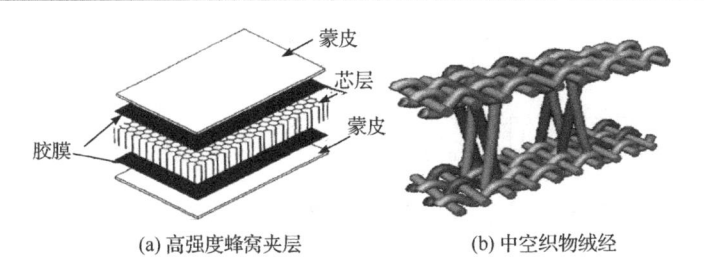

图 1.4　新型天线罩结构

具有较高的透波率，同时也具有优良的力学性能和机加性能。不同于夹层结构需要用黏性更好的胶膜进行粘接，这种复合材料与蒙皮之间的粘接强度更高、耐冲击性能更强。

近年来，在传统的罩壁结构基础上，通过在天线罩的介质内部嵌入特定的金属单元周期结构，即 FSS[10]，构成频率选择表面天线罩(频选天线罩)，如图 1.5 所示，或者采用金属丝等金属加载结构。利用单元的谐振特性，一方面可以提高天线罩的透波性能，另一方面可以实现特定的电磁传输特性。

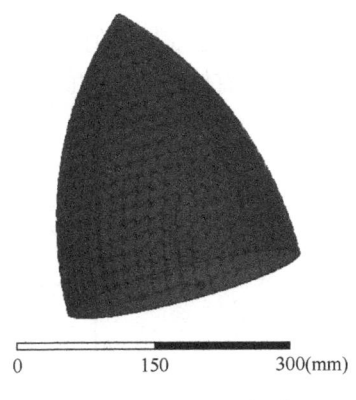

图 1.5　频选天线罩示例

1.2.3　天线罩的外形分类

常采用的天线罩外形有正切尖拱形、3/4 次幂形、冯卡曼形、圆锥形、半球形等[11]。

正切尖拱形由圆弧的一部分所形成的线段确定，圆的半径大于天线罩的底部半径，圆弧与天线罩底部相切。正切尖拱形的通用表达式为

$$y = \left[R^2 - (x-a)^2 \right]^{1/2} - b \tag{1.1}$$

式中，a 和 b 为圆弧的圆心坐标值；R 为圆弧的半径。a、b 和 R 均由天线罩的长细比(即天线罩的高度与天线罩底部直径之比)和导弹的弹体直径所决定。

幂级数天线罩的外形曲线表达式为

$$y = \frac{D}{2} \left(\frac{x}{l} \right)^m \tag{1.2}$$

式中，D 为天线罩底部直径；l 为天线罩长度；m 为常数，通常 $m=3/4$ 时，称为天线罩的外形曲线为 3/4 次幂形。

冯卡曼形天线罩外形曲线的表达式为

$$y = \frac{D}{2\pi}\left(\varphi - 0.5\sin^2 2\varphi + K_0 \sin^3 \varphi\right)^{1/2} \tag{1.3}$$

式中，$\varphi = \arccos\left[1 - 2\left(\dfrac{x}{l}\right)\right]$；$K_0$ 为常数。

更进一步，对于 x、y 为二维坐标系 XOY 内的坐标分量，已知二维超球方程为

$$\left(\frac{x}{a}\right)^v + \left(\frac{y}{b}\right)^v = 1 \tag{1.4}$$

上述方程 x, y 取值范围为 $-a \leqslant x \leqslant a, -b \leqslant y \leqslant b$。经过整理，并围绕 x 轴旋转可获得具有旋转对称性的超球体方程[12]：

$$y^2 + z^2 = \left(\frac{b}{a}\right)^2 \left(a^v - x^v\right)^{2/v} \tag{1.5}$$

图 1.6 所示的是对应不同选择因子 v 的超球体方程的曲线。

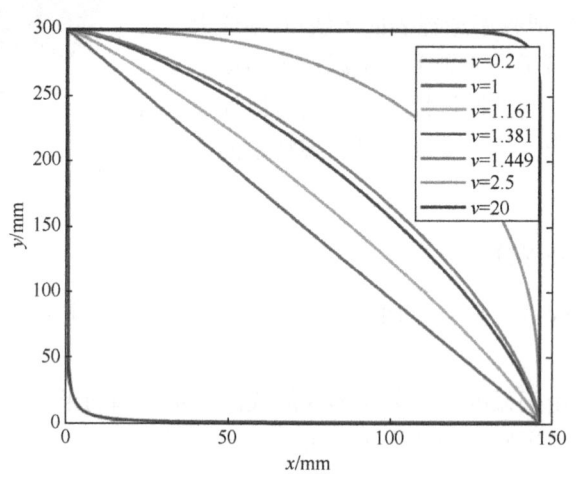

图 1.6 XOY 平面对应不同选择因子的超球微分函数横截面曲线

表 1.1 中给出了不同类型天线罩对应的选择因子参数，图 1.7 所示为不同类型天线罩外形。

表 1.1 不同类型天线罩选择因子

天线罩类型	选择因子
正切卵形	1.449
冯卡曼形	1.381
幂形	1.161
锥形	1

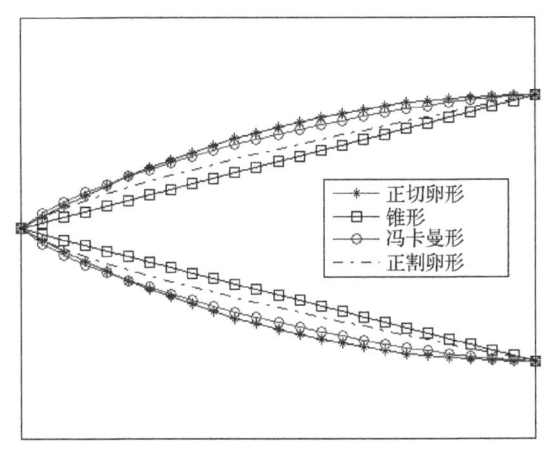

图 1.7 天线罩外形

图 1.8 所示为长 1m、底部半径 0.4m 的正切卵形天线罩三维模型。

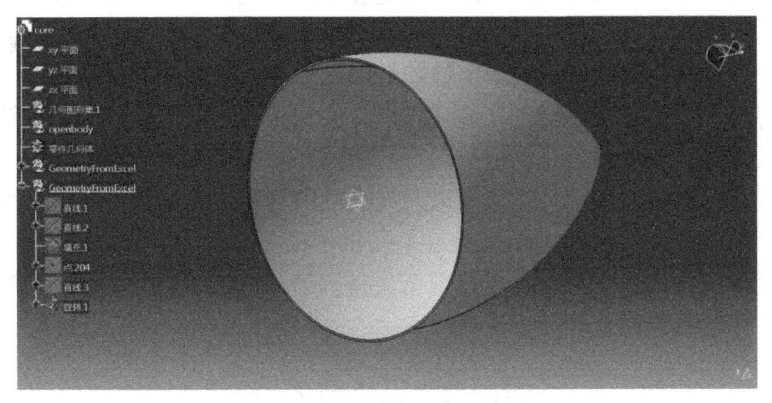

图 1.8 正切卵形天线罩三维模型

1.2.4 天线罩的基本电性能参数

对于天线罩，除了优先满足力学性能确保其安全使用，最重要的指标就是电性能。也就是说，对于辐射源在天线罩内部，期望能够更多地透射电磁波，并尽量减少由罩体引起的电磁波向内的反射。同样，对于来自外界的电磁信号，天线罩的功能是期望能够将更多的电磁波透射到内部天线上，获得可以接收的信号；或者减少透射到内部设备上的信号，以达到屏蔽和隐身的效果。天线罩的电性能指标正是围绕这两类目标提出，随之开展的电性能设计需要在理解原理的基础上进行。

根据中华人民共和国国家军用标准：GJB 1680-93《机载火控雷达罩通用规范》和中华人民共和国航空航天工业部航空工业标准：HB 6186-1989《机载雷达罩通

用规范》,首先给出天线罩电性能的几个关键参数定义,后续其他参数将陆续给出。

1. 功率传输系数

天线罩功率传输系数的定义是,电磁波通过天线罩后在远场固定距离上的功率值与天线罩不存在时在同样位置的功率值的比值。

设入射空气天线罩的透射功率为 P_0,入射介质天线罩的透射功率为 P_1,则功率传输系数为

$$T_t = \frac{P_1}{P_0} \times 100\% \tag{1.6}$$

这里,功率传输系数定义为在相同条件下,电磁波分别入射到介质天线罩和空气天线罩的透射功率之比。

功率传输系数与材料的介电常数、磁导率、厚度等因素有关。功率传输系数越大,入射到介质材料表面的电磁波被透过的比例就越大。因此,要想使天线罩获得高透波率,除了天线罩材料本身的衰减要小,还需要天线罩反射率低。

功率传输系数是衡量天线罩电性能的最基本参数。定义中的"相同条件"是指计算边界、计算方法、测试环境和测试方法均相同。空气天线罩在计算方法中对应的天线罩的介质相对介电常数和空气相同,测试中实为无罩情况。

在实际工程中,常用 dB 值来描述天线罩的功率传输系数。如在天线罩电性能的测试中假设 A_0 (dB)为接收天线在空气罩情况下矢量网络分析仪所得 dB 值,A_1 (dB)为接收天线在介质天线罩情况下矢量网络分析仪所得 dB 值,则测试情况下的功率传输系数为

$$A_1 - A_0 = 10\log_{10}\left(\frac{P_1}{P_0}\right) \tag{1.7}$$

$$T = \frac{P_1}{P_0} = 10^{\frac{(A_0 - A_1)}{10}} \tag{1.8}$$

天线罩的功率传输系数在业界也称为天线罩的透波率,后续章节中常用透波率来表示。

2. 插入相位延迟

插入相位延迟(IPD)是衡量天线罩的存在对电磁波相位滞后影响的参数,用来表征天线罩对辐射电磁波相位的影响。即对于天线罩体外某点,若罩内辐射源通过天线罩时的电场相位为 Φ_1,而空气罩(无罩)情况下在同一位置点得到的电场相位为 Φ_0,则 IPD 为

$$\text{IPD} = \varPhi_1 - \varPhi_0 \tag{1.9}$$

对于一定厚度的介质天线罩，会导致电磁信号产生一定的相位延迟，所以在电性能设计中，应当使天线罩的插入相位延迟随入射角变化更加平缓。

大多数天线罩的性能优劣与天线罩内的天线(位置、辐射方向和是否为阵列等)有关。对于火控雷达等，描述天线罩电性能的参数包括功率传输平均值、功率传输最小值、功率反射率、半功率点波束宽带变化、方向图起伏、瞄准误差、瞄准误差变化率、零深电平、近区副瓣电平、近区副瓣电平抬高、波束偏转、波束偏转变化率。对于多天线(阵列天线)的天线罩，描述天线罩电性能的参数还包括幅相不一致性、幅度不一致性、相位不一致性。针对不同天线罩的应用环境，上述指标会有所不同，具体选择根据实际情况确定。

此外，需要说明的是，天线罩作为无源的介质体，其电性能指标都是围绕其内部天线辐射的工作特性来制定，所以了解相关辐射天线的概念是有帮助的。这些概念将在介绍天线知识后，结合天线的辐射方向图陆续给出。

1.3 天线罩电性能设计和分析技术

天线罩的设计和分析技术通常分为力学性能和电性能设计两部分。力学性能设计一般围绕天线罩的厚度展开，天线罩壁越厚，力学强度越高，厚度的变化决定了天线罩的结构强度、刚度和稳定性。对于机载天线罩，还涉及天线罩承受的气动性能和载荷分布的影响。力学分析方法通常采用有限元(Finite Element Method, FEM)方法。如基于FEM方法的Altair HyperMesh(高性能有限元前处理软件)，可对天线罩的几何结构进行网格剖分，建立力学计算模型，并定义相应的材料属性、施加气动力载荷、边界条件，从而完成静力学问题的求解。对计算结果进行后处理，提取节点位移，重构有限元模型，得到气动力载荷下的变形有限元模型。

当力学性能设计初步完成后，可以进行天线罩的电性能设计。天线罩的电性能设计是一个复杂的工程问题，当工程指标给定后，设计工作需要综合考虑多个因素。涉及天线罩结构的选择、不同电参数的复合材料选择、层状结构间电磁传输特性分析、电磁波的入射/反射/折射、天线罩内的电磁损耗、通过天线罩的天线辐射方向图畸变等。对于新型天线罩，如FSS天线罩，还需要考虑FSS单元设计、FSS小型化、滤波和谐振特性等。所以，天线罩的电性能设计与复合材料科学、电磁波传播、天线辐射以及小反射理论紧密相关。

从时间线索来看，20世纪40年代到50年代，由于天线罩内电磁波传播问题的严格计算十分复杂，当时只能采用近似方法估计天线罩的性能指标。研究建立了电磁波经过多层介质平板多次反射的数学模型,可以计算单层和 A 型夹层介质平板的功率反射和传输系数。

1957 年,C.W. Gwinn 和 P.G. Bolds 提出了等效的传输线网络级联理论[12],简化了电磁波在多层介质平板之间功率反射和传输系数的求解公式。

1969 年到 1980 年,计算机辅助计算技术在电磁场领域的应用加速了天线罩分析技术的发展。在此期间,二维射线跟踪法(Two-Dimensional Ray Tracing)[13-15]、三维射线跟踪法(Three-Dimensional Ray Tracing)[16-18]、口径积分-表面积分法(Aperture Integration-Surface Integration,AI-SI)[19,20]和平面波谱-表面积分法(Plane Wave Spectrum-Surface Integration,PWS-SI)[21,22]的提出,使得天线罩电性能的理论分析和电性能的设计成为可能。射线跟踪法属于几何光学(Geometry Optics,GO)范畴,也称为几何光学-射线跟踪法,该方法基于两个基本假设:天线罩的曲率半径相当大,局部区域可用平板结构近似;当天线口径足够大时(大于 10 个波长),辐射的近场区是单一的平面波[3]。尽管几何光学-射线跟踪法计算误差较大,只适用于高频段,但该方法物理概念清晰,操作简单,一直在工程应用中占据重要的位置。当天线罩电尺寸小于 5 个波长时,几何光学-射线跟踪法计算误差已无法接受[5]。AI-SI 和 PWS-SI 属于物理光学(Physical Optics,PO)范畴,PWS-SI 在天线为圆口径旋转对称时,计算速度快,但对其他的口面分布形式,计算效率较低;AI-SI 不受口径形式限制,且计算中考虑了曲率效应,因此,计算精度高,广泛应用于中等电尺寸天线罩的精确计算。

20 世纪 80 年代到 20 世纪末,随着高速大容量计算机的出现,矩量法(Moment of Method,MoM)[23]和 FEM[24]等全波分析方法相继被引入到天线罩电性能的理论分析中。全波分析方法计算精度高,但由于需要极大的内存,计算量大,计算时间长,所以前期只用来解决小目标问题。1987 年,Vladimir Rokhlin 和 Leslie F. Greemgard 共同建立了快速多极子(Fast Multipole Method,FMM),免除了繁重的矩阵元计算和矩阵矢量乘积,计算所需内存从 $O(N^2)$ 数量级降为 $O(N\log N)$[25],极大地减少了计算时间和内存需求,使得大尺寸天线罩的电磁计算成为可能。

21 世纪初至今,随着计算电磁学的蓬勃发展,全波分析方法和混合方法被广泛应用于天线罩电性能的求解问题。2001 年,M.A. Abdel Moneum 采用矩量法和物理光学法的混合方法对旋转对称体天线罩进行分析[26],计算结果和解析解吻合较好。矩量法和物理光学方法的混合方法在分析天线罩时,对曲率半径较大的区域采用物理光学法,对曲率半径较小的区域使用精确的矩量法求解,同时考虑这两个区域之间的耦合作用。混合方法不仅节省了矩阵方程迭代求解的计算时间,还提高了计算精度。目前,天线罩的电磁学算法研究者广泛采用时域有限差分法(FDTD)、MoM、边界元法对天线罩进行设计研究,计算方法已经相当成熟。

1993 年,杜耀惟研究员出版了国内第一本关于天线罩分析技术的专著《天线罩电性能设计方法》[2]，详细地介绍了二端口网络理论、三维射线跟踪法和平面波谱-表面积分法在天线罩电性能设计中的应用；2000 年，万国宾教授、万伟教授等采用波谱射线法分析了带罩阵列天线的远场方向图，结果和平面波谱-表面积分法完全吻合[27]；2001 年，张强研究员、曹伟教授等应用矢量口径积分-表面积分技术分析了天线俯仰面尺度与波长相近天线罩的电性能，与实验结果对比，验证了算法的有效性[28]，并于 2005 年建立了带有金属附件的大尺寸旋转对称体天线罩的 MoM 和 PO 混合分析数学模型，理论分析与实测结果符合较好[29]，张强研究员总结多年研究成果出版了专著[30]；2006 年，刘其中教授采用自适应积分算法与体积分方程矩量法分析了任意形状天线罩对天线辐射特性的影响[31]；此外，中国空空导弹研究院宋银锁研究员[32]和济南特种结构研究所刘晓春研究员也长期从事天线罩的研究工作并出版了专著[33]。还有研究人员采用物理光学方法和矢量口径积分-表面积分技术分析了正切卵形、锥形天线罩的性能，显示出这些算法较好的适应性，并对变厚度天线罩和天线-天线罩系统的相位一致性进行了深入研究[34,35]。

1.4　本章小结

本章简单介绍了天线罩的发展历程和作用，对国内外天线罩的现状进行了概述。详细介绍了基本的天线罩概念及其类型，并给出了天线罩电性能参数的基本定义。

参　考　文　献

[1] Torani O. Radomes, Advanced Design. 1973.
[2] 杜耀惟. 天线罩电性能设计方法. 北京: 国防工业出版社, 1993.
[3] 管志宏. 新型芳纶纤维复合材料用于制造毫米波天线罩的研究. 新技术新工艺, 2016 (11): 57-60.
[4] 美国-美国军事规范和标准(US-MIL). Radome, General specification for (NO S/S document). Supersending MIL-R-7705A, 1975.
[5] Kozakoff D J. Analysis of Radome-Enclosed Antennas. Norwood: Artech House, 2010.
[6] 张开信, 孙宝华, 孙志强. 雷达罩工程设计技术. 南京: 信息产业部第十四研究所, 2000.
[7] Crawford A B, Cutler C C, Kompfner R, et al. The research background of the Telstar experiment. National Aeronautics and Space Administration, 1963, NASA-SP-32/ 1: 747-767.
[8] 斯科尔尼克 M I.《雷达手册》第六分册. 谢卓, 译. 北京: 国防工业出版社, 1974.
[9] Nair R U, Shashidhara S, Jha R M. Novel inhomogeneous planar layer radome design for airborne applications. IEEE Antennas and Wireless Propagation Letters, 2012, 11: 854-856.

[10] Munk B A. Frequency Selective Surfaces: Theory and Design. Hoboken:John Wiley & Sons, 2000.
[11] Walton J D. Radome Engineering Handbook. New York: Marcel Dekker Inc. ,1970.
[12] Gwinn C W ,Bolds P G. Application of the matrix method for evaluating the reflection and transmission propertied of dielectric walls. Proc. OSU-WADC Radome Symposium. Columbus, 1957: 165-180.
[13] Kilconye N R. A two-dimensional ray tracing method for the calculation of radome boresight Error and Antenna Pattern Distortion. Columbus: Ohio State Univ., Electroscience Lab, 1969.
[14] Einziger P D, Felsen L B. Ray Analysis of two-dimensional radomes. IEEE Transactions on Antennas and Propagation, 1983, 31(2): 870-884.
[15] Gao X J, Felsen L B. Complex ray analysis of beam transmission through two-dimensional radomes. IEEE Transaction on Antennas and Propagation, 1985, 33(3):963-975.
[16] Tricole G. Radiation patterns and boresight error of a microwave antenna enclosed in an axially symmetric dielectric shell. Journal of the Optical Society of America, 1964, 54(9): 1094-1097.
[17] Taris M. A three-dimensional ray tracing method for calculation of radome boresight error and pattern distortion. US: US Air Force System Command, 1971.
[18] Deschamps G A. Ray techniques in electromagnetics. Proceedings of the IEEE, 1972, 60(9): 1021-1035.
[19] Paris D T. Computer-aided radome analysis. IEEE Transactions on Antennas and Propagation, 1970, 18(1):7-15.
[20] Shifflett J A. A physical optics radar/radome analysis code for arbitrary 3D geometries. IEEE Transaction on Antennas and Propagation, 1997, 39(6):73-80.
[21] Rudduck R, Wu D C. Plane wave spectrum surface integration technique for radome analysis. IEEE Transaction on Antennas and Propagation, 1974, 22(3):497-500.
[22] Rudduck R, Chen C L. New plane wave spectrum formulation for the near field of circular and strip apertures. IEEE Transaction on Antennas and Propagation, 1976, 24(4):438-449.
[23] Tricoles G, Rope E L, Hayward R A. Wave propagation through axially-symmetric dielectric shell General Dynamics Electronics Division Report, 1980.
[24] Gordon R K, Mittra R. Finite element analysis of axisymmetric radomes. IEEE Transaction on Antennas and Propagation, 1989, 37(5): 655-658.
[25] Greengard L, Rokhlin V. A fast algorithm for particle simulations. Journal of Computational Physics, 1987, 73(2): 325-348
[26] Moneum M A A, Shen Z, Volakis J L, et al. Hybrid PO-MOM analysis of large axi-symmetric radome. IEEE Transaction on Antennas and Propagation, 2001, 49(12):1657-1666.
[27] 万国宾, 汪文秉, 侯新宇, 等. 面向远场计算的波谱射线方法. 电子学报, 2000, 28(1): 127-129.
[28] 张强, 曹伟. 机载超宽带天线罩物理光学分析方法. 电子与信息学报, 2006, 28(1): 100-102.
[29] 张强. 机载火控雷达罩 MoM 和 PO 混合分析. 中国国防科学技术报告, 编号: GF-A0080085, 2005.
[30] 张强. 天线罩理论与设计方法. 北京: 国防工业出版社, 2014.

[31] 郭景丽，李建瀛，刘其中. 任意形状天线罩的快速分析. 电波科学学报, 2006, 21(2): 189-193.

[32] 宋银锁. 低误差斜率导弹天线罩的设计与制造. 战术导弹技术, 2008, 9(1):1-4.

[33] 刘晓春. 雷达天线罩电性能设计. 北京：航空工业出版社, 2017.

[34] 李高生，贾蕾，明永晋，等. 磁性平板功率系数和插入相位移研究. 雷达学报, 2012 (3):277-282.

[35] 贾蕾，李高生，曹群生,等. 某型机载宽频带天线罩电气性能的测试研究. 微波学报, 2012, 28 (4):48-51.

第 2 章 天线罩相关的电磁波传输理论

天线罩的电性能分析和设计主要涉及电磁场的分布和电磁波的传输问题。研究天线罩问题时,重点通常是讨论天线罩对内部的雷达系统或雷达的天线辐射系统造成的影响。因此,研究和设计天线罩时,理解天线辐射的基础知识是非常必要的,如电磁场的形成、电磁波产生及传播、天线辐射的基本原理及其与天线罩结构的相互作用,以及天线方向图和产生畸变的原因等。

2.1 电磁波和平面电磁波的形成

电磁场的产生源自时变的电场和磁场,可以通过经典的麦克斯韦电磁场理论来确立,时谐条件下的麦克斯韦电磁场方程的微分形式为[1]

$$\nabla \times \boldsymbol{H} = \frac{\partial \boldsymbol{D}}{\partial t} + \boldsymbol{J} \tag{2.1}$$

$$\nabla \times \boldsymbol{E} = -\frac{\partial \boldsymbol{B}}{\partial t} \tag{2.2}$$

$$\nabla \cdot \boldsymbol{D} = \rho \tag{2.3}$$

$$\nabla \cdot \boldsymbol{B} = 0 \tag{2.4}$$

式中,$\boldsymbol{E}$ 为电场强度矢量,单位是伏特每米(V/m);$\boldsymbol{D}$ 为电位移矢量,单位是库伦每平方米(C/m^2);$\boldsymbol{H}$ 为磁场强度矢量,单位是安培每米(A/m);$\boldsymbol{B}$ 为磁通量密度矢量,单位是韦伯每平方米(Wb/m^2);$\boldsymbol{J}$ 为电流密度矢量,单位是安培每平方米(A/m^2);ρ 是电荷密度,单位是库伦每立方米(C/m^3)。

此外,$\boldsymbol{D} = \varepsilon\boldsymbol{E}$,$\boldsymbol{B} = \mu\boldsymbol{H}$,其中,$\mu = \mu_r\mu_0$ 为介质的磁导率,μ_r 为相对磁导率,$\mu_0 = 4\pi \times 10^{-7}$ H/m;$\varepsilon = \varepsilon_r\varepsilon_0$ 为介电常数,ε_r 为相对介电常数,$\varepsilon_0 = 8.854 \times 10^{-12}$ F/m。

对于无源空间,即 $\boldsymbol{J}=0$,$\rho=0$,且各向同性、线性和均匀,则麦克斯韦方程组的解为

$$\nabla^2 \boldsymbol{H} - \mu\sigma\frac{\partial \boldsymbol{H}}{\partial t} - \mu\varepsilon\frac{\partial^2 \boldsymbol{H}}{\partial t^2} = 0 \tag{2.5}$$

$$\nabla^2 \boldsymbol{E} - \mu\sigma\frac{\partial \boldsymbol{E}}{\partial t} - \mu\varepsilon\frac{\partial^2 \boldsymbol{E}}{\partial t^2} = 0 \tag{2.6}$$

空间电磁场中的电场和磁场在每一时刻都具有相同的点,构成等相位面,如果等相位面为平面,则平面的电磁波为平面电磁波。均匀平面电磁波满足一维波动方程(假设波沿着 x 方向传播),即

$$\frac{\partial^2 \boldsymbol{H}}{\partial x^2} - \mu\sigma\frac{\partial \boldsymbol{H}}{\partial t} - \mu\varepsilon\frac{\partial^2 \boldsymbol{H}}{\partial t^2} = 0 \tag{2.7}$$

$$\frac{\partial^2 \boldsymbol{E}}{\partial x^2} - \mu\sigma\frac{\partial \boldsymbol{E}}{\partial t} - \mu\varepsilon\frac{\partial^2 \boldsymbol{E}}{\partial t^2} = 0 \tag{2.8}$$

式中,σ 为电导率。

均匀平面电磁波具有如下特点。
(1) 均匀平面电磁波是横电磁波(TEM 波),电磁和磁场在传播方向上没有分量。
(2) 电场、磁场、传播方向三者两两垂直,并且满足右手螺旋关系。

2.2 理想介质中的均匀平面电磁波

天线罩常用的制备材料为理想介质,其电导率 σ 为 0,则

$$\frac{\partial^2 \boldsymbol{H}}{\partial x^2} - \mu\varepsilon\frac{\partial^2 \boldsymbol{H}}{\partial t^2} = 0 \tag{2.9}$$

$$\frac{\partial^2 \boldsymbol{E}}{\partial x^2} - \mu\varepsilon\frac{\partial^2 \boldsymbol{E}}{\partial t^2} = 0 \tag{2.10}$$

对应方程的解为

$$E_y(x,t) = E^+(x,t) + E^-(x,t) = f_1\left(t - \frac{x}{v}\right) + f_2\left(t + \frac{x}{v}\right) \tag{2.11}$$

$$H_z(x,t) = H^+(x,t) + H^-(x,t) = g_1\left(t - \frac{x}{v}\right) + g_2\left(t + \frac{x}{v}\right) \tag{2.12}$$

式中,v 是波速,$f_1\left(t-\frac{x}{v}\right)$ 和 $g_1\left(t-\frac{x}{v}\right)$ 为沿正 x 方向传输的电场分量和磁场分量,称为入射波;$f_2\left(t+\frac{x}{v}\right)$ 和 $g_2\left(t+\frac{x}{v}\right)$ 为沿负 x 方向传输的电场分量和磁场分量,称为反射波。

电磁能量 $\boldsymbol{S}$ 以波速 v 沿波传播方向:

$$\boldsymbol{S}^+(x,t) = \sqrt{\frac{\mu}{\varepsilon}}\left[H_z^+\right]^2 \hat{e}_x \tag{2.13}$$

式中,$Z_0 = \sqrt{\mu/\varepsilon}$ 为波阻抗。

2.2.1 理想介质中的正弦均匀平面波

$$\frac{\partial^2 \tilde{H}_z}{\partial x^2} - (j\omega)^2 \mu\varepsilon \tilde{H}_z = 0 \tag{2.14}$$

$$\frac{\partial^2 \tilde{E}_y}{\partial x^2} - (j\omega)^2 \mu\varepsilon \tilde{E}_y = 0 \tag{2.15}$$

对于无限大均匀介质是不存在反射波的,则

$$\tilde{E}_y = \tilde{E}_y^+ e^{-j\beta x} = E_y^+ e^{j\Phi_E} e^{-j\beta x} \tag{2.16}$$

$$\tilde{H}_z = \tilde{H}_z^+ e^{-j\beta x} = H_z^+ e^{j\Phi_H} e^{-j\beta x} \tag{2.17}$$

对应的瞬态电场和磁场分布为

$$E_y(x,t) = \sqrt{2} E_y^+ \cos(\omega t - \beta x + \Phi_E) \tag{2.18}$$

$$H_z(x,t) = \sqrt{2} H_z^+ \cos(\omega t - \beta x + \Phi_H) \tag{2.19}$$

2.2.2 导电介质中的正弦均匀平面波

$$\frac{\partial^2 \tilde{H}_z}{\partial x^2} - j\omega\mu\gamma \tilde{H}_z - (j\omega)^2 \mu\varepsilon \tilde{H}_z = 0 \tag{2.20}$$

$$\frac{\partial^2 \tilde{E}_y}{\partial x^2} - j\omega\mu\gamma \tilde{E}_y - (j\omega)^2 \mu\varepsilon \tilde{E}_y = 0 \tag{2.21}$$

式中,γ 为波传播常数。

对应的瞬态电场和磁场分布为

$$E_y(x,t) = \sqrt{2} E_y^+ e^{-\alpha x} \cos(\omega t - \beta x + \Phi_E) \tag{2.22}$$

$$H_z(x,t) = \sqrt{2} H_z^+ e^{-\alpha x} \cos(\omega t - \beta x + \Phi_H) \tag{2.23}$$

导电介质中的正弦均匀平面波传播的特点如下。

(1) 波传播常数 γ 可表示为

$$\gamma^2 = j\omega\mu\sigma + (j\omega)^2 \mu\varepsilon, \quad \gamma = j\omega\sqrt{\mu\left(\varepsilon + \frac{\sigma}{j\omega}\right)} = \alpha + j\beta \tag{2.24}$$

式中,α 为衰减常数;β 为相位常数。

(2) 介质的介电常数为复数,则

$$\varepsilon = \varepsilon' + \frac{\sigma}{j\omega} = \varepsilon' - j\varepsilon'' \tag{2.25}$$

式中，ε'和ε''为介电常数的实部和虚部，单位为 F/m。

对于无耗和低耗介质，电介质材料在施加电场后，介质损耗的大小可以用介质的损耗角正切 $\tan\delta$ 表征[2]，

$$\tan\delta = \left.\frac{\omega\varepsilon'' + \sigma}{\omega\varepsilon'}\right|_{\sigma=0} = \frac{\varepsilon''}{\varepsilon'} \tag{2.26}$$

在天线罩制作中，通常使用复合介质材料，如果工作频率 ω 变化范围有限，则损耗角正切值基本保持不变；但如果工作频率变化较大，对应的损耗角正切值也会有所变化。损耗角正切是选择天线罩材料时非常关键的一个指标。

2.2.3 低耗介质中的正弦均匀平面波

低耗介质指满足 $\frac{\sigma}{\omega\varepsilon} \ll 1$ 的有耗介质。低耗介质的衰减常数和相位常数分别为

$$\alpha = \frac{\sigma}{2}\sqrt{\frac{\mu}{\varepsilon}} \tag{2.27}$$

$$\beta = \omega\sqrt{\mu\varepsilon} \tag{2.28}$$

2.3 平面电磁波的极化

平面电磁波的极化方向是电场的方向，也就是两个相互垂直的电场分量(如 E_y 和 E_z)叠加，使得电场矢量的端点随时间变化时，在空间形成一定的轨迹。

$$\boldsymbol{E} = E_y\hat{e}_y + E_z\hat{e}_z = E_{1m}\cos(\omega t - \beta x + \Phi_1) + E_{1m}\cos(\omega t - \beta x + \Phi_2) \tag{2.29}$$

式中，Φ_1 和 Φ_2 分别为初始时刻和初始位置时，电场 E_y 和 E_z 分量的相位。

2.3.1 平面电磁波在理想介质分界面上的反射与折射

平面电磁波入射到理想介质分界面时，会发生电磁波的反射与折射，这对于理解电磁波入射天线罩表面具有重要意义。图 2.1 所示为平面电磁波入射到理想介质分界面时产生的反射波和折射波，二维平面 (x, y) 的下半部分为介质 $1(\varepsilon_1, \mu_1)$，传播速度为 v_1；上半部分为介质 $2(\varepsilon_2, \mu_2)$，传播速度为 v_2；介质分界面的法线方向为 $\vec{n}$；入射角为 θ_1，反射角为 θ_1'，折射角为 θ_2。

理想介质分界面的切线速度相同，$v_1\sin\theta_1 = v_1'\sin\theta_1' = v_2\sin\theta_2$，且 $v_1 = v_1'$，$\theta_1 = \theta_1'$。

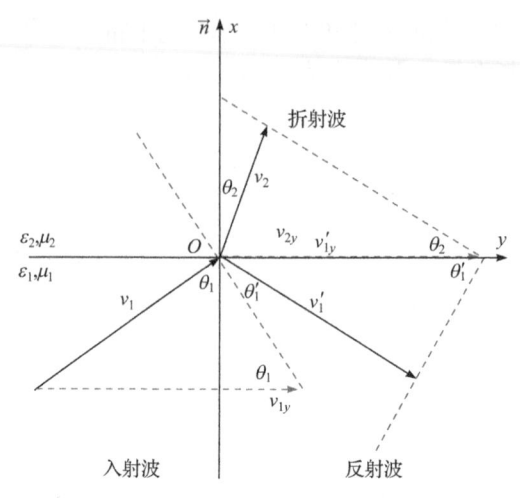

图 2.1 平面电磁波入射二维理想介质分界面的反射和折射

2.3.2 垂直极化波在理想介质分界面上的反射与折射

图2.2所示的垂直极化波,其电场垂直于入射面,电场强度和磁场强度的切向分量连续。

$$E_\perp^+ + E_\perp^- = E_\perp' \tag{2.30}$$

$$H_\parallel^+ - H_\parallel^- = H_\parallel' \tag{2.31}$$

式中,$E_\perp$ 和 $H_\parallel$ 分别为电场的垂直分量和磁场的水平分量。

反射系数定义为分界面处反射波振幅与入射波振幅之比,透射系数定义为分界面处透射波振幅与入射波振幅之比。反射系数和透射系数可能是复数,其模值代表振幅之比,辐角则代表分界面处的相位变化。由式(2.30)和式(2.31)可以求出垂直极化波入射理想介质分界面的反射系数和透射系数[1]。

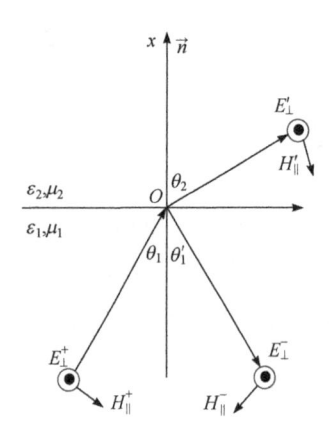

图 2.2 垂直极化波入射理想介质分界面

$$R_\perp = \frac{E_\perp^-}{E_\perp^+} = \frac{\eta_{02}\cos\theta_1 - \eta_{01}\cos\theta_2}{\eta_{02}\cos\theta_1 + \eta_{01}\cos\theta_2} \tag{2.32}$$

$$T_\perp = \frac{E_\perp'}{E_\perp^+} = \frac{2\eta_{02}\cos\theta_1}{\eta_{02}\cos\theta_1 + \eta_{01}\cos\theta_2} \tag{2.33}$$

式中,η_{01} 和 η_{02} 分别为介质 1 和介质 2 的波阻抗。

2.3.3 平行极化波在理想介质分界面上的反射与折射

图 2.3 所示的平行极化波，其电场平行于入射面，电场强度和磁场强度的法向分量连续。推导可得平行极化波入射理想介质分界面的反射系数 R 和透射系数 T [1]。

$$R_{\parallel} = \frac{E_{\parallel}^-}{E_{\parallel}^+} = \frac{\eta_{02}\cos\theta_2 - \eta_{01}\cos\theta_1}{\eta_{02}\cos\theta_2 + \eta_{01}\cos\theta_1} \quad (2.34)$$

$$T_{\parallel} = \frac{E_{\parallel}'}{E_{\parallel}^+} = \frac{2\eta_{02}\cos\theta_1}{\eta_{02}\cos\theta_1 + \eta_{01}\cos\theta_2} \quad (2.35)$$

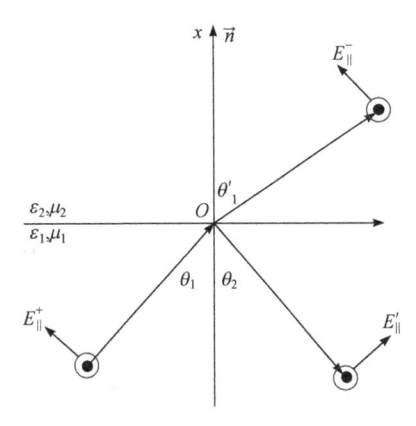

图 2.3 平行极化波入射理想介质分界面

2.4 电磁波在平面分层介质中的反射与透射

2.4.1 二层介质的反射与透射

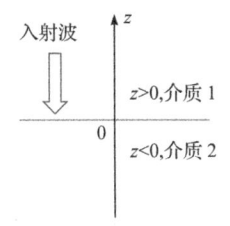

图 2.4 电磁波垂直入射二层理想介质

如图 2.4 所示，假设上半空间($z > 0$)和下半空间($z < 0$)分别被介质 1 和介质 2 填充，在 $z = 0$ 平面处存在平面界面。两种介质均为均匀的无源各向同性介质。对于来自上半空间的入射波，其在界面处的反射与透射规律会根据入射波的极化态而有所不同。电场方向垂直于 z 轴的 TE 波和磁场方向垂直于 z 轴的 TM 波满足不同的反射与透射规律。

对于 TE 波，

$$\boldsymbol{E}_1 = E_{1y}\mathrm{e}^{-\mathrm{i}\omega t}\hat{\mathbf{e}}_y = \left(E_0\mathrm{e}^{\mathrm{i}k_x x + \mathrm{i}k_{1z}z} + r_{\mathrm{TE}}E_0\mathrm{e}^{\mathrm{i}k_x x - \mathrm{i}k_{1z}z}\right)\mathrm{e}^{-\mathrm{i}\omega t}\hat{\mathbf{e}}_y \quad (2.36)$$

$$\boldsymbol{E}_2 = E_{2y}\mathrm{e}^{-\mathrm{i}\omega t}\hat{\mathbf{e}}_y = t_{\mathrm{TE}}E_0\mathrm{e}^{\mathrm{i}k_x x + \mathrm{i}k_{2z}z}\mathrm{e}^{-\mathrm{i}\omega t}\hat{\mathbf{e}}_y \quad (2.37)$$

$$\boldsymbol{H}_1 = \frac{k_{1z}}{\mu_1\omega}\left(E_0\mathrm{e}^{\mathrm{i}k_x x + \mathrm{i}k_{1z}z} - r_{\mathrm{TE}}E_0\mathrm{e}^{\mathrm{i}k_x x - \mathrm{i}k_{1z}z}\right)\mathrm{e}^{-\mathrm{i}\omega t}\hat{\mathbf{e}}_x$$

$$+ \frac{k_x}{\mu_1\omega}\left(E_0\mathrm{e}^{\mathrm{i}k_x x + \mathrm{i}k_{1z}z} + r_{\mathrm{TE}}E_0\mathrm{e}^{\mathrm{i}k_x x - \mathrm{i}k_{1z}z}\right)\mathrm{e}^{-\mathrm{i}\omega t}\hat{\mathbf{e}}_z \quad (2.38)$$

$$\boldsymbol{H}_2 = \frac{k_{2z}}{\mu_2\omega}t_{\mathrm{TE}}E_0\mathrm{e}^{\mathrm{i}k_x x + \mathrm{i}k_{2z}z}\mathrm{e}^{-\mathrm{i}\omega t}\hat{\mathbf{e}}_x + \frac{k_x}{\mu_2\omega}t_{\mathrm{TE}}E_0\mathrm{e}^{\mathrm{i}k_x x + \mathrm{i}k_{2z}z}\mathrm{e}^{-\mathrm{i}\omega t}\hat{\mathbf{e}}_z \quad (2.39)$$

式中，波矢 $\boldsymbol{k} = k_x\hat{\mathbf{e}}_x + k_y\hat{\mathbf{e}}_y + k_z\hat{\mathbf{e}}_z$，$k_{1z}$ 和 k_{2z} 分别为 k_z 在区域 1 和区域 2 的值。

界面 $z=0$ 处的切向电场和切向磁场分量连续，且 $k_{1z}^2 + k_x^2 = \varepsilon_0\varepsilon_{r0}\mu_0\mu_{r1}\omega^2 = \varepsilon_1\mu_1\omega^2$，$k_{2z}^2 + k_x^2 = \varepsilon_2\mu_2\omega^2$，则反射系数和透射系数分别为

$$r_{TE} = \frac{\mu_2 k_{1z} - \mu_1 k_{2z}}{\mu_2 k_{1z} + \mu_1 k_{2z}} \tag{2.40}$$

$$t_{TE} = \frac{2\mu_2 k_{1z}}{\mu_2 k_{1z} + \mu_1 k_{2z}} \tag{2.41}$$

对于 TM 极化波，类似可推导出下列系数：

$$r_{TM} = \frac{\varepsilon_2 k_{1z} - \varepsilon_1 k_{2z}}{\varepsilon_2 k_{1z} + \varepsilon_1 k_{2z}} \tag{2.42}$$

$$t_{TM} = \frac{2\varepsilon_2 k_{1z}}{\varepsilon_2 k_{1z} + \varepsilon_1 k_{2z}} \tag{2.43}$$

2.4.2 三层介质的反射与透射

考虑三层介质的情况，如图 2.5 所示，介质 1 填充在 $z > z_1$ 范围；介质 2 填充在 $z_2 < z < z_1$ 范围 ($z_1 > z_2$)，厚度为 d_1；介质 3 填充在 $z_3 < z < z_2$ 范围 ($z_2 > z_3$)，厚度为 d_2。平面 $z = z_1$ 为界面 1，平面 $z = z_2$ 为界面 2。入射波来自 $z > d_1$ 区域。

在 $z > z_1$ 区域，存在下行波（即相对 z 轴正方向的入射波）和上行波（即反射波），其中，上行波由界面 1 的反射波和介质 2 中的上行波在界面 1 处的透射波两部分组成。

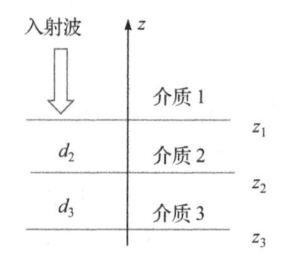

图 2.5 电磁波垂直入射三层理想介质

考虑 TE 极化模式，入射波表示为

$$\boldsymbol{E}_i = E_{10} e^{ik_x x + ik_{1z} z} e^{-i\omega t} \hat{e}_y \tag{2.44}$$

反射波可表示为

$$\boldsymbol{E}_r = E'_{10} e^{ik_x x - ik_{1z} z} e^{-i\omega t} \hat{e}_y \tag{2.45}$$

引入广义反射系数 $\tilde{r}_{12}$，表示 $z > z_1$ 区域上行波与入射波振幅之比，则

$$\tilde{r}_{12} = \frac{E'_{10} e^{ik_x x - ik_{1z} z_1}}{E_{10} e^{ik_x x + ik_{1z} z_1}} = \frac{E'_{10} e^{-2ik_{1z} z_1}}{E_{10}} \tag{2.46}$$

$$E'_{10} = \tilde{r}_{12} E_{10} e^{+2ik_{1z} z_1} \tag{2.47}$$

因此，$z > z_1$ 区域的波由入射波 $\boldsymbol{E}_i$ 和反射波共同构成，即

$$\boldsymbol{E}_1 = \left(E_{10}e^{ik_xx+ik_{1z}z}e^{-i\omega t} + \tilde{r}_{12}E_{10}e^{ik_xx-ik_{1z}z+2ik_{1z}z_1}e^{-i\omega t}\right)\hat{e}_y \tag{2.48}$$

$z_2 < z < z_1$ 区域的反射波由区域中的入射波在界面 2 的反射产生,而入射波则由界面 1 的透射波和界面 2 的反射波共同构成,即

$$\boldsymbol{E}_2 = \left(E_{20}e^{ik_xx+ik_{2z}z}e^{-i\omega t} + r_{23}E_{20}e^{ik_xx-ik_{2z}z+2ik_{2z}z_2}e^{-i\omega t}\right)\hat{e}_y \tag{2.49}$$

$z < z_2$ 区域只有透射波,则电场分布为

$$\boldsymbol{E}_3 = E_{30}e^{ik_xx+ik_{3z}z}e^{-i\omega t}\hat{e}_y \tag{2.50}$$

$z_2 < z < z_1$ 区域的上行波由区域中的下行波在界面 2 反射产生,下行波则由界面 1 的透射波和上行波在界面 1 的反射波两部分组成,因此,有以下关系:

$$E_{20}e^{ik_xx+ik_{2z}z} = t_{12}E_{10}e^{ik_xx+ik_{1z}z} + r_{21}r_{23}E_{20}e^{ik_xx-ik_{2z}z+2ik_{2z}z_2} \tag{2.51}$$

在界面 1 上,

$$E_{20}e^{ik_{2z}z_1} = t_{12}E_{10}e^{ik_{1z}z_1} + r_{21}r_{23}E_{20}e^{-ik_{2z}z_1+2ik_{2z}z_2} \tag{2.52}$$

$z > z_1$ 区域的上行波包含入射波在界面 1 的反射波和介质 2 中的上行波在界面 1 处的透射波,因此,有以下关系[1]:

$$\tilde{r}_{12}E_{10}e^{ik_xx-ik_{1z}z+2ik_{1z}z_1} = r_{12}E_{10}e^{ik_xx-ik_{1z}z} + t_{21}r_{23}E_{20}e^{ik_xx-ik_{2z}z+2ik_{2z}z_2} \tag{2.53}$$

在界面 1 上,

$$\tilde{r}_{12}E_{10}e^{-ik_{1z}z_1+2ik_{1z}z_1} = r_{12}E_{10}e^{-ik_{1z}z_1} + t_{21}r_{23}E_{20}e^{-ik_{2z}z_1+2ik_{2z}z_2} \tag{2.54}$$

$$E_{20} = \frac{\tilde{r}_{12} - r_{12}}{t_{21}r_{23}} = E_{10}e^{ik_{1z}z_1+ik_{2z}z_1+2ik_{2z}z_2} \tag{2.55}$$

从而可得

$$\tilde{r}_{12} = r_{12} + \frac{t_{12}t_{21}r_{23}}{e^{2ik_{2z}(z_1-z_2)} - r_{21}r_{23}} = r_{12} + \frac{t_{12}t_{21}r_{23}}{e^{-2ik_{2z}d_1} - r_{21}r_{23}} \tag{2.56}$$

在 $z < z_2$ 区域的下行波由界面 2 处的透射波产生,故

$$E_{30}e^{ik_{3z}z_2} = t_{23}E_{20}e^{ik_{2z}z_2} \tag{2.57}$$

进一步,利用关系式 $r_{ij} = -r_{ji}$, $1+r_{ij} = t_{ij}$,则反射系数可化简为

$$\tilde{r}_{12} = \frac{r_{12} + r_{23}e^{2ik_{2z}(z_2-z_1)}}{1 + r_{12}r_{23}e^{2ik_{2z}(z_2-z_1)}} = \frac{r_{12} + r_{23}e^{-2ik_{2z}d_2}}{1 + r_{12}r_{23}e^{-2ik_{2z}d_2}} \tag{2.58}$$

r_{12} 和 r_{23} 均为实数时,可得到反射率 $\tilde{R}$ 为

$$\tilde{R}_{12} = \frac{r_{12}^2 + r_{23}^2 + 2r_{12}r_{23}\cos[2ik_{2z}d_2]}{1 + r_{12}^2r_{23}^2 + 2r_{12}r_{23}\cos[2ik_{2z}d_2]} \tag{2.59}$$

注意，r_{12} 或 r_{23} 为 1 时，反射率均为 1。对于厚度 d_2，当 $k_{2z}d_2 = n\pi$，$n = 0, 1, 2, \ldots$时，反射率为最大值，最大值为

$$\tilde{R}_{12} = \frac{\gamma_{12}^2 + \gamma_{23}^2 + 2r_{12}r_{23}}{1 + \gamma_{12}^2\gamma_{23}^2 + 2\gamma_{12}\gamma_{23}} \tag{2.60}$$

$k_{2z}d_2 = (n+0.5)\pi$，$n = 0, 1, 2, \ldots$时，反射率 $\tilde{R}$ 最小，最小值为

$$\tilde{R}_{12} = \frac{\gamma_{12}^2 + \gamma_{23}^2 - 2r_{12}r_{23}}{1 + \gamma_{12}^2\gamma_{23}^2 - 2\gamma_{12}\gamma_{23}} \tag{2.61}$$

图 2.6 所示为反射系数示意图。理论上的辐射型天线罩，其反射率最小对应的透波率最大，此时，天线罩厚度 $d_2 = (n+0.5)\pi/k_{2z}$。注意，在反射率一定的情况下，天线罩厚度是周期性的。

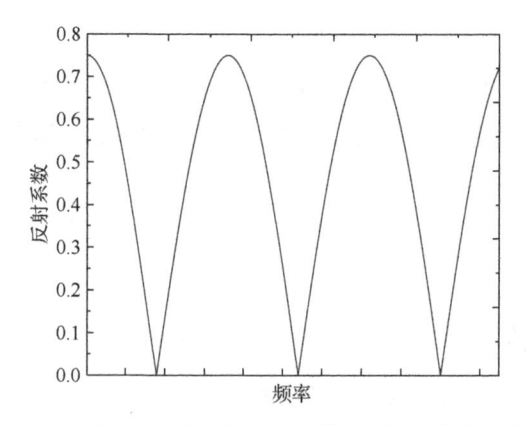

图 2.6　厚度一定的情况下，反射系数随频率的变化

2.4.3　多层介质的反射与透射

计算多层介质的广义反射系数只需将三层介质的广义反射系数中的 r_{23} 替换成 $\tilde{r}_{23}$。一般多层介质的广义反射系数满足：

$$\tilde{r}_{i,i+1} = \frac{r_{i,i+1} + \tilde{r}_{i+1,i+2}e^{2ik_{(i+1)z}(z_{i+1}-z_i)}}{1 + r_{i,i+1}\tilde{r}_{i+1,i+2}e^{2ik_{(i+1)z}(z_{i+1}-z_i)}} = \frac{r_{i,i+1} + \tilde{r}_{i+1,i+2}e^{-2ik_{(i+1)z}d_{i+1}}}{1 + r_{i,i+1}\tilde{r}_{i+1,i+2}e^{-2ik_{(i+1)z}d_{i+1}}} \tag{2.62}$$

假设共 N 层介质，则 $\tilde{r}_{N-1,N} = r_{N+1,N}$，

$$\begin{aligned}\tilde{r}_{N-2,N-1} &= \frac{r_{N-2,N-1} + r_{N-1,N}e^{2ik_{(N-2)z}(z_{N-1}-z_{N-2})}}{1 + r_{N-2,N-1}r_{N-1,N}e^{2ik_{(N-2)z}(z_{N-1}-z_{N-2})}} \\ &= \frac{r_{N-2,N-1} + r_{N-1,N}e^{-2ik_{(N-2)z}d_{N-2}}}{1 + r_{N-2,N-1}r_{N-1,N}e^{-2ik_{(N-2)z}d_{N-2}}}\end{aligned} \tag{2.63}$$

从而可以逐层求出广义反射系数。

从上述讨论的电磁波反射系数的理论中可以看到，反射系数(或透射系数)取决于多层介质的厚度、波的传播常数(与介电常数、磁导率、电导率和工作频率有关)。而实际工程应用中，介电常数、工作频率和介质层厚度是决定天线罩传输特性优劣的关键参数。

2.5 天线辐射的基本原理

在现代天线罩设计和工程应用中，很多情况下(如舰载、机载和弹载天线罩)会遇到诸如主瓣宽带、副瓣抬升、瞄准误差等指标要求。这些指标是确定天线罩对天线辐射性能影响的关键因素，但对于非天线专业人员，这些概念往往难以理解。因此，有必要先对天线辐射的基本原理和特性进行介绍。

辐射是指电磁场中的扰动从扰动源传播开去，这些扰动是由时变电流源产生的，电流源伴随着变速的电荷分布。电荷被往返加速(即振荡)时，会形成有规律的扰动，辐射也就持续存在。辐射通常以与天线相距固定距离 r 处的功率密度 S 来定量表示。

2.5.1 天线辐射性能参数

1. 辐射方向图

辐射方向图简称方向图，用 $F(\theta,\varphi)$ 表示，其给出了天线发射时与天线相距固定距离处辐射随角度的变化。衡量天线罩电性能(对电磁波传输性能的影响)的好坏，通常以天线辐射经过天线罩后的方向图变化作为一个重要的判据。

当观察点 P 距离天线足够远，天线辐射场只随 θ 和 φ 变化，并在以天线为中心的球面上变化。以相对天线辐射电场 $E(\theta,\varphi)$ 的最大值作为归一化方向图[3]，即

$$F(\theta,\varphi)=\frac{E(\theta,\varphi)}{E_{\max}(\theta,\varphi)} \quad (2.64)$$

2. 几个常用参数

1) 方向性系数 D

表示天线辐射功率密度的峰值 S_i 与辐射功率围绕天线均匀分布时的功率密度 S 之比。

2) 方向图主瓣、副瓣和后瓣

图 2.7 所示为天线方向图的主瓣、副瓣(旁瓣)和后瓣。在天线罩电性能指标中，主瓣偏移、副瓣畸变和瞄准误差等都和天线方向图有关。

(a) 二维表示　　　　(b) 三维表示

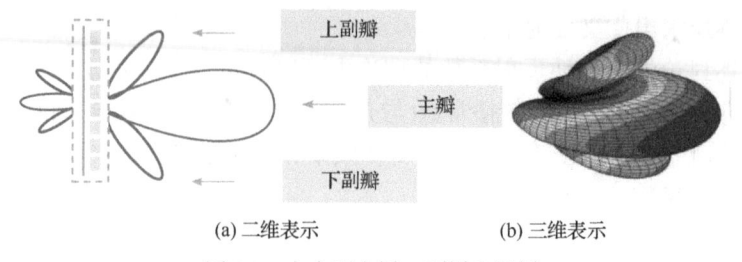

图 2.7　方向图主瓣、副瓣和后瓣

3) 增益

在输入功率相等的条件下，实际天线与理想辐射单元在空间同一点处产生的信号功率密度之比即为增益。增益定量地描述了天线将输入功率在远区辐射的程度。增益与天线方向图有着密切关系，方向图主瓣越窄，副瓣越小，增益越高。天线是无源器件，不能产生能量。天线的增益只表示其将能量有效集中并向特定方向辐射或接收电磁波的能力。

4) 方向图的波束宽度

波束宽度是描述天线性能的一个重要参数，通常是指天线波瓣的主方向和辐射功率低于主方向 3dB(即功率密度下降一半)的点之间的张角，称为半功率波束宽度或主瓣宽度。波束宽度分为水平波束宽度和垂直波束宽度，分别描述了水平方向和垂直方向天线的辐射特性。

水平波束宽度是指在水平方向上，以最大辐射方向为基准，辐射功率下降 3dB 的两个方向之间的夹角。垂直波束宽度是指在垂直方向上，以最大辐射方向为基准，辐射功率下降 3dB 的两个方向之间的夹角。

波束宽度计算公式为

$$\theta = 2 \cdot \arcsin(\lambda/d) \tag{2.65}$$

式中，λ 为波长；d 为天线的有效孔径。

图 2.8 给出了天线波束宽带的定义图示。增益与天线尺寸及波束宽度的关系类似于图 2.9 中的"气球"压扁变化，信号越集中，增益越高，天线尺寸越大，波束宽度越窄。

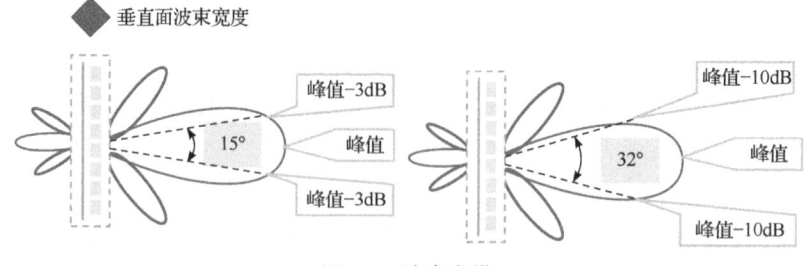

◆ 垂直面波束宽度

图 2.8　波束宽带

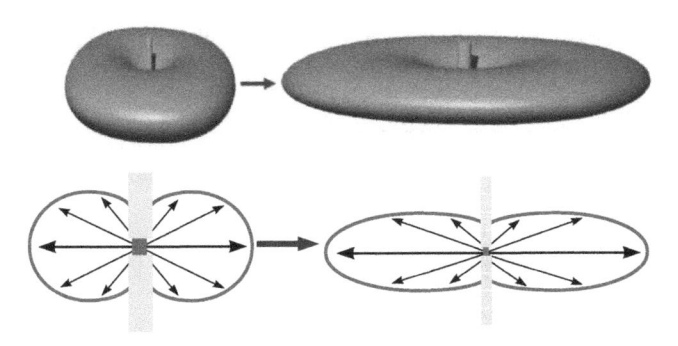

图 2.9　增益与波束宽度的关系

2.5.2　天线单元因子和方向图阵因子

天线罩内的天线通常以阵列形式存在。阵列天线和单个天线对天线罩的影响是不同的。通过改变阵列中每个单元天线激励电流的相位，阵列的辐射方向图可以在空间中进行扫描，因此，称为相控阵。

阵列天线利用电磁波的干涉原理和叠加原理产生特殊的辐射特性，构成阵列天线的单个辐射器称为单元。在远场条件下，电磁波以平面波形式传播到阵面。图 2.10 所示为 N 元一维均匀直线天线阵，所有阵元幅度相等，且为各向同性辐射，与 y 轴夹角 $\pi/2-\theta$，阵元间距为 d。设观察点为远区，则可推出阵因子 AF 为[3]

$$\mathrm{AF} = e^{j(kd\sin\theta)} + e^{j2(kd\sin\theta)} + \cdots + e^{j(N-1)(kd\sin\theta)} = \sum_{n=1}^{N} e^{j(n-1)(kd\sin\theta)} = \sum_{n=1}^{N} e^{j(n-1)\psi} \tag{2.66}$$

式中，$\psi=kd\sin\theta$，$k=2\pi/\lambda$ 为波数，λ 为波长。

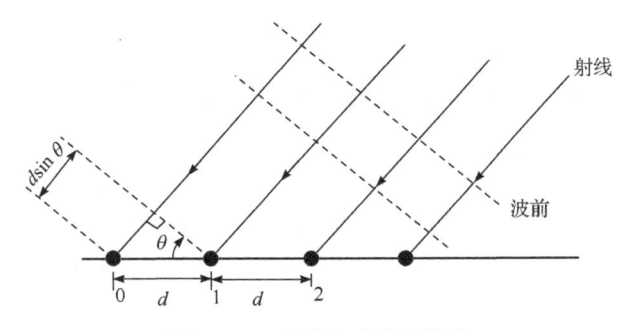

图 2.10　一维均匀直线天线阵

若天线阵以原点为中心，则其物理中心位于原点处，式(2.66)经过推导可得

$$\mathrm{AF} = \frac{\sin\left(N\psi/2\right)}{\sin\left(\psi/2\right)} \tag{2.67}$$

N 个阵元的天线阵增益为单个阵元的 N 倍，因此，归一化的阵因子可表示为

$$AF = \frac{\sin(N\psi/2)}{N\sin(\psi/2)} \tag{2.68}$$

阵元个数不变的情况下，改变阵元间距 d(如 λ, $\lambda/2$, $\lambda/4$)，阵元间距大于半波长时，会出现栅瓣；阵列长度变短时，波束宽度变大，图 2.11 所示为一维均匀线阵方向图。

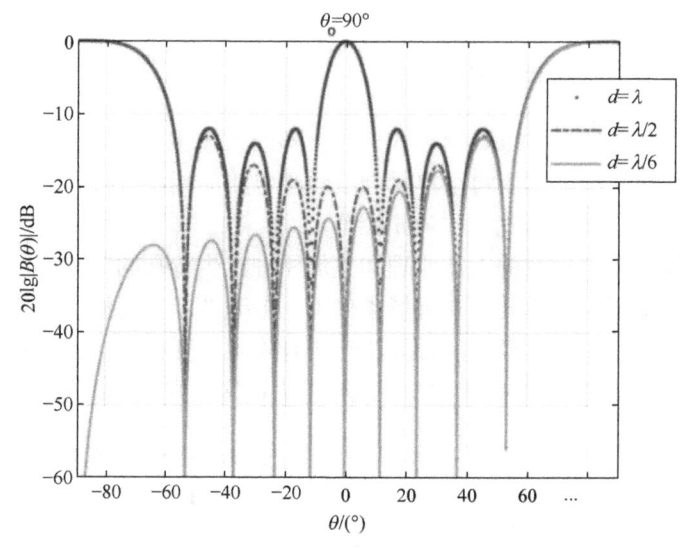

图 2.11 一维均匀线阵方向图(阵因子)

2.6 天线方向图的和与差

天线辐射的和与差方向图[3]是通过将多个天线的辐射方向图进行叠加和差分计算得到的。和方向图是通过将多个天线的辐射方向图进行矢量叠加得到的。假设有两个天线 A 和 B，它们的辐射功率方向图分别为 $\boldsymbol{P}_A(\theta,\varphi)$ 和 $\boldsymbol{P}_B(\theta,\varphi)$，则和方向图 $\boldsymbol{P}_{\text{sum}}(\theta,\varphi)$ 可以表示为

$$\boldsymbol{P}_{\text{sum}}(\theta,\varphi) = \boldsymbol{P}_A(\theta,\varphi) + \boldsymbol{P}_B(\theta,\varphi) \tag{2.69}$$

和方向图通常用于增加天线的增益和覆盖范围，常见于阵列天线的设计中。

差方向图则是通过将两个天线的辐射功率方向图进行差分计算得到的。同样以天线 A 和 B 为例，差方向图 $\boldsymbol{P}_{\text{diff}}(\theta,\varphi)$ 可以表示为

$$\boldsymbol{P}_{\text{diff}}(\theta,\varphi) = \boldsymbol{P}_A(\theta,\varphi) - \boldsymbol{P}_B(\theta,\varphi) \tag{2.70}$$

差方向图主要用于波束赋形和干扰抑制，通过调整两个天线的相位差，可以实现波束的指向性控制，从而在特定方向上增强信号并抑制干扰。对于接收天线，差波束反映了目标偏离信号轴的方向和角度，是测角的重要依据。在天线罩的设计和测试中，一些重要的参数，如瞄准误差、瞄准误差率等，都与和、差天线方向图密切相关。

图 2.12 和图 2.13 所示为和、差天线方向图的仿真和测试，分别展示了天线阵列的三维辐射方向图和二维辐射方向图。

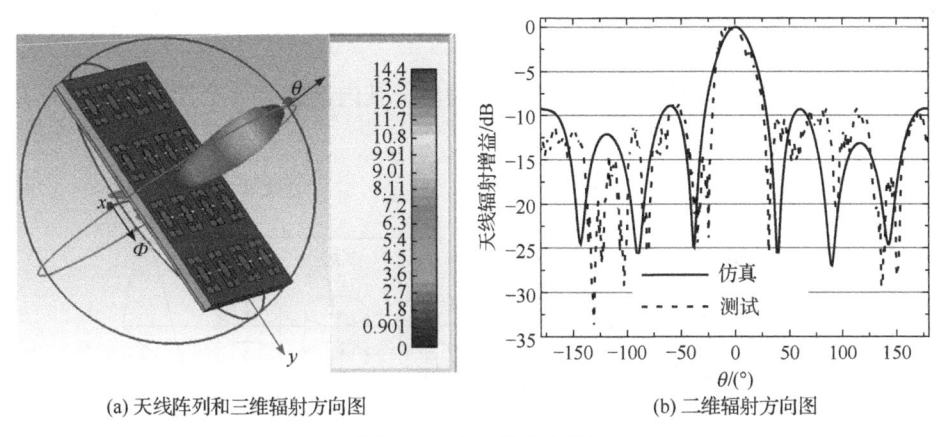

(a) 天线阵列和三维辐射方向图　　(b) 二维辐射方向图

图 2.12　和天线方向图

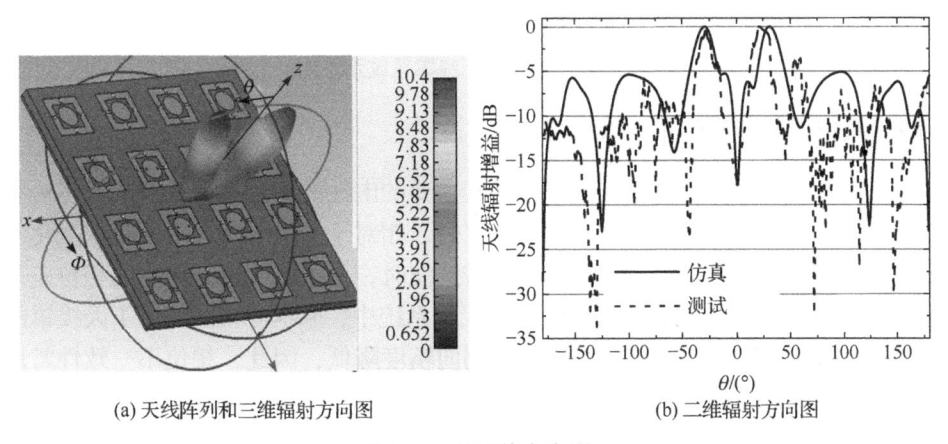

(a) 天线阵列和三维辐射方向图　　(b) 二维辐射方向图

图 2.13　差天线方向图

2.7　天线罩对辐射方向图产生影响的物理量

对于天线-天线罩系统，衡量天线罩电性能的优劣，实际上就是确定天线(或天线阵列)经过天线罩产生的功率传输变化、相位变化等。理解了天线辐射方向图的基本概念后，这些物理量就变得容易理解。直观地讲，当天线(或天线阵列)加载天线罩后，由于复合材料介质是损耗介质，会影响幅度、相位和极化等基本的电磁波参数。

对于天线-天线罩系统，如果是单个天线和同步多天线，那么有功率传输系数、插入相位移、瞄准误差、零深抬高、远区均方根副瓣、镜像瓣电平、功率反射、波束宽度和幅度(辐相)不一致性等物理量；如果是非同步多天线(或天线阵列)，除了上述参数，还有相位不一致性、瞄准误差变化率、瞄准误差一致性、远区均方根(RMS)副瓣电平等物理量。

以图 2.14 所示的多天线-天线罩系统为例，其内部共有 n 个天线，分别为 R_1, R_2, $\cdots$, R_n。

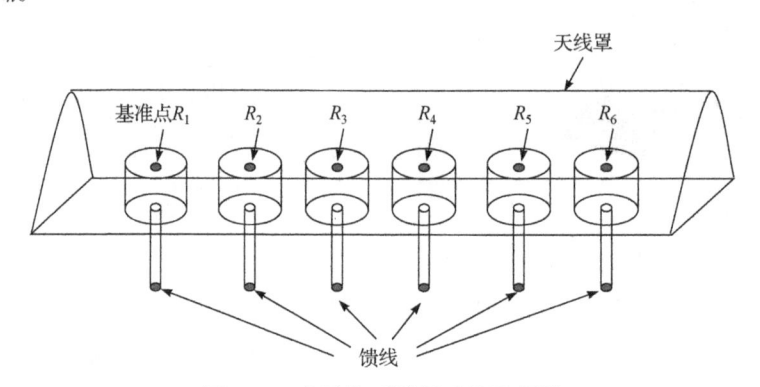

图 2.14 多天线-天线罩系统示意图

2.7.1 相位误差和相位不一致性

天线罩内是单个天线时，透波率是其主要的电性能指标；天线罩内有多个辐射天线，特别是这类天线为测向天线阵列时，相对于天线罩所产生的相位变化非常重要。在多天线系统中，天线接收到雷达波时，可由彼此之间产生的相位差来计算雷达波的方向。然而，在多天线-天线罩系统中，原本的相位差由于天线罩的存在，会引入不同的插入相位移，使得测向精度降低，因此，相位不一致性常用来衡量天线罩对阵列天线测向精度的影响。

对于单个天线 R_i，没有天线罩时的相位记为 $P_i^A(f,p,\theta,\varphi)$，加载天线罩时的相位记为 $P_i^R(f,p,\theta,\varphi)$，这里，$f$ 为系统的工作频率，p 为工作的极化方式，θ 为天线罩工作的方位角，φ 为天线罩的俯仰角。我们将系统中天线 A_i 加载天线罩的相位与不加载天线罩的相位的差值记为 $D_i^R(f,p,\theta,\varphi)$，即单个天线的插入相位移表示为

$$D_i^R(f,p,\theta,\varphi) = P_i^R(f,p,\theta,\varphi) - P_i^A(f,p,\theta,\varphi) \tag{2.71}$$

对于多天线系统，将天线单元之间的 IPD 两两相减，得到两两位置的相位误差 $\Phi_{i,j}^R(f,p,\theta,\varphi)$，即

$$\Phi_{i,j}^R(f,p,\theta,\varphi) = D_j^R(f,p,\theta,\varphi) - D_i^R(f,p,\theta,\varphi) \tag{2.72}$$

对于多天线系统的相位误差 $\Phi_{i,j}^R(f,p,\theta,\varphi)$，有如下关系：

$$\Phi_{i,j}^R(f,p,\theta,\varphi) = -\Phi_{j,i}^R(f,p,\theta,\varphi) \tag{2.73}$$

定义所有天线单元的相位误差均值 $\Phi_{ave}^R(f,p,\theta,\varphi)$，其表达式为

$$\Phi_{ave}^R(f,p,\theta,\varphi) = \frac{1}{C_n^2} \sum_{i<j} \Phi_{i,j}^R(f,p,\theta,\varphi) \tag{2.74}$$

式中，C_n^2 表示多天线系统中 n 个天线的排列组合。相位不一致性是指任意两根天线的相位误差与相位误差均值之差，即

$$U_{i,j}^R(f,p,\theta,\varphi) = \Phi_{i,j}^R(f,p,\theta,\varphi) - \Phi_{ave}^R(f,p,\theta,\varphi) \tag{2.75}$$

后续多天线-天线罩电性能的相位不一致性测试也将依据上述公式进行。

图 2.15 所示为对应频率 7GHz 天线没有加载和加载天线罩情况下的天线辐射方向图，从图中可以看出，在主瓣部分，方向图基本保持不变，但副瓣的方向图发生了较为明显的畸变，这是由于天线罩引起的。

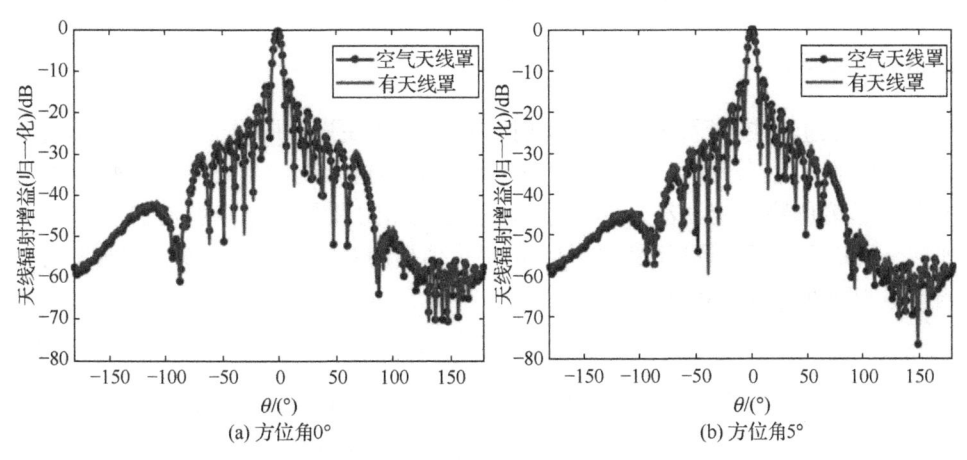

(a) 方位角0°　　　　　　　　　(b) 方位角5°

图 2.15　俯仰角 0°方向图

图 2.16 所示为图 2.15(a)的方向图的部分放大，可见主瓣出现一些微小变化，其中波束中心发生偏移，导致瞄准误差的出现。

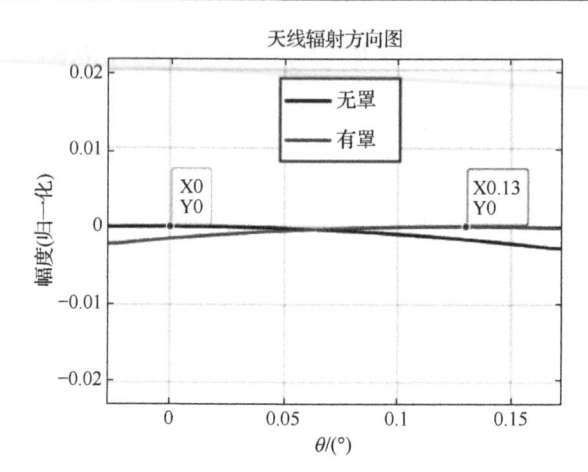

图 2.16 远区辐射主瓣方向图的放大部分

2.7.2 天线近区副瓣电平抬升

天线辐射区的近区是相对远区而言的，测试依然考虑远场天线的辐射方向图。设天线相对于主瓣峰值，在远场辐射方向图中±15°范围内的最大副瓣电平为 SL_A(单位：分贝，dB)；相对于主瓣峰值，加载天线罩后的天线远场方向图中±15°范围内的最大副瓣电平为 SL_R(dB)。则天线罩引起的天线近区副瓣电平抬升为

$$SL(dB) = SL_R(dB) - SL_A(dB) \tag{2.76}$$

注意，副瓣电平可以从电场方向图中直接读出。

2.7.3 瞄准误差

天线经过天线罩后，其天线的辐射方向(通常为主瓣方向对应的角度或辐射最大值对应的角度)会发生一些变化。瞄准误差表述指天线罩对天线辐射方向(方向图影响)改变的物理量。若天线在远区辐射方向图的最大值指向对应的角度为 θ_1，加载天线罩后天线在远区辐射方向图的最大值指向对应的角度为 θ_2，则两者之间的差值为瞄准误差，即

$$BSE = \theta_2 - \theta_1 \tag{2.77}$$

产生瞄准误差的主要原因是天线罩相对于天线口径的不对称性所产生的插入相位延迟，以及天线罩的厚度不均匀导致的波前相位畸变。较大的瞄准误差会严重影响雷达系统的探测和跟踪精度。

对于极化天线，需要考虑水平和垂直极化情况下对瞄准误差的贡献。此时天线罩的合成瞄准误差 $BSE_{合成}$(单位：毫弧度，mrad)，可以通过以下公式计算：

第 2 章　天线罩相关的电磁波传输理论

$$BSE_{合成} = \sqrt{BSE_{\parallel}^2 + BSE_{\perp}^2} \tag{2.78}$$

$$BSE_{\perp} = \left(\theta_{R,方位面} - \theta_{A,方位面}\right) \times \frac{\pi}{180} \times 1000 \tag{2.79}$$

$$BSE_{\parallel} = \left(\theta_{R,俯仰面} - \theta_{A,俯仰面}\right) \times \frac{\pi}{180} \times 1000 \tag{2.80}$$

式中，$BSE_{\parallel}$ 和 $BSE_{\perp}$ 分别为天线罩瞄准误差的方位分量和俯仰分量，单位为毫弧度(mrad)；$\theta_{R,方位面}$ 和 $\theta_{A,方位面}$ 分别为加载和不加载天线罩的方位差方向图最小值对应的角度，单位为度(°)；$\theta_{R,俯仰面}$ 和 $\theta_{A,俯仰面}$ 为加载和不加载天线罩的俯仰差方向图最小值对应的角度，单位为度(°)。

2.7.4　瞄准误差变化率

瞄准误差变化率是指对某一扫描角 θ，其瞄准误差的方位分量或俯仰分量(方位角度间隔 1°)的变化率。通过选取扫描角度间隔 $\Delta\theta$(通常可以取 10°)作为采样窗口，分别在水平和垂直两个方向的窗口取值，并取均值。

$$BSE_{\theta}^{\parallel} = \frac{1}{\Delta\theta} \sum_{i=\theta}^{\theta+\Delta\theta} abs\left(BSE_{n+1}^{\parallel} - BSE_{n}^{\parallel}\right) \tag{2.81}$$

$$BSE_{\theta}^{\perp} = \frac{1}{\Delta\theta} \sum_{i=\theta}^{\theta+\Delta\theta} abs\left(BSE_{n+1}^{\perp} - BSE_{n}^{\perp}\right) \tag{2.82}$$

式中，$BSE_{\theta}^{\parallel}$ 为扫描角 θ 处，瞄准误差方位分量的变化率；$BSE_{\theta}^{\perp}$ 为扫描角 θ 处，瞄准误差俯仰分量的变化率；$BSE_{n}^{\parallel}$ 为扫描角 n 处，瞄准误差方位分量；$BSE_{n}^{\perp}$ 为扫描角 n 处，瞄准误差俯仰分量。

扫描角 θ 处的瞄准误差变化率由下式计算：

$$BSE_{\theta} = \max\left(BSE_{\theta}^{\parallel},\ BSE_{\theta}^{\perp}\right) \tag{2.83}$$

2.7.5　瞄准误差一致性

瞄准误差一致性是衡量不同天线扫描角的瞄准误差均值的离散程度的指标，即天线在天线罩内旋转时，瞄准误差偏离其均值的程度。

$$\Delta BSE = \max(abs(BSE_i - \overline{BSE})) \tag{2.84}$$

式中，$\overline{BSE}$ 为瞄准误差均值，即 $\overline{BSE} = \frac{1}{n}\sum_{i=1}^{n} BSE_i$；$BSE_i$ 为第 i 个扫描角 θ_i 对应的瞄准误差值。

2.7.6 零深电平抬高

对于单脉冲天线,差方向图的零值电平是衡量天线跟踪精度和稳定性的关键参数。零值深度越深,差斜率就越大,天线的跟踪角灵敏度也随之提高。天线罩导致单脉冲天线零深电平抬高的主要因素是,罩壁的影响导致罩外等效口径上的振幅和相位相对于天线轴线产生不对称畸变。天线在天线罩内扫描或转动时,始终受到天线罩外形非对称的影响。

天线罩引起的零深电平抬高ΔP(单位:分贝,dB),可由方向图的和、差来分别计算,具体如下:

$$\Delta P = P_R - P_A \tag{2.85}$$

$$P_R(\text{dB}) = P_{R,\text{diff}}^{\min} - P_{R,\text{sum}}^{\max} \tag{2.86}$$

$$P_A(\text{dB}) = P_{A,\text{diff}}^{\min} - P_{A,\text{sum}}^{\max} \tag{2.87}$$

式中,P_A 和 P_R 分别为相对于和方向图主瓣峰值,不加载罩和加载罩的差方向图的归一化零深电平;$P_{A,\text{diff}}^{\min}$ 和 $P_{R,\text{diff}}^{\min}$ 分别为不加载罩和加载罩的差方向图极小值;$P_{A,\text{sum}}^{\max}$ 和 $P_{R,\text{sum}}^{\max}$ 分别为不加载罩和加载罩的和方向图最大值。图 2.17 所示为零深电平抬高的计算位置。

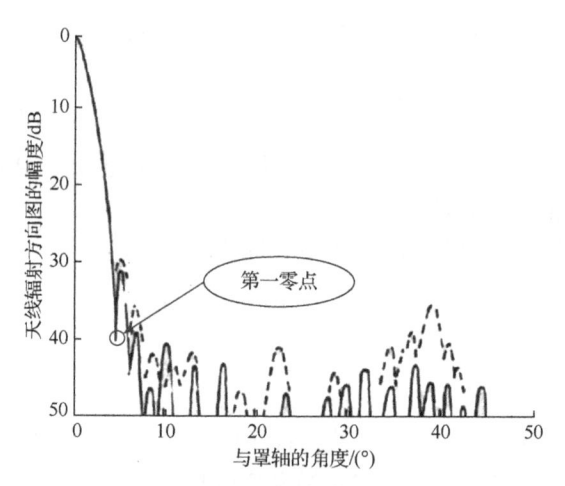

图 2.17 零深电平抬高计算位置

2.7.7 远区均方根副瓣抬高(含镜像瓣电平)

对于相控阵脉冲多普勒(PD)体制雷达,远区均方根(RMS)副瓣电平也是天线罩的重要指标。罩内多径效应的存在,使得天线罩副瓣增多,从而造成天线近区副瓣峰值增多，导致 RMS 副瓣电平抬高，如图 2.18 所示。远区 RMS 副瓣电平不仅需要考虑第一副瓣零点的抬升，还需要考虑其他副瓣零点抬升带来的影响。

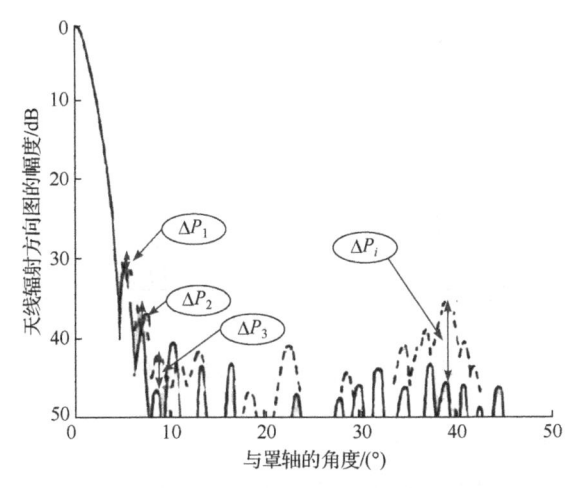

图 2.18 远区 RMS 副瓣抬高计算示意图

天线罩引起的远区 RMS 副瓣电平抬高 ΔP_{RMS}（单位：分贝，dB），可按如下公式计算：

$$\Delta P_{RMS} = R_{RMS} - A_{RMS} \tag{2.88}$$

$$R_{RMS}(\mathrm{dB}) = 10\log_{10}\sqrt{\frac{1}{N}\sum_{i=1}^{N}\left(10^{\frac{R_i}{10}}\right)^2} \tag{2.89}$$

$$A_{RMS}(\mathrm{dB}) = 10\log_{10}\sqrt{\frac{1}{N}\sum_{i=1}^{N}\left(10^{\frac{A_i}{10}}\right)^2} \tag{2.90}$$

式中，A_{RMS} 和 R_{RMS} 分别为不加载罩和加载罩的方向图在远区(主瓣±15°范围之外)的 RMS 副瓣电平；A_i 和 R_i 为不加载罩的归一化远场方向图。

2.7.8 镜像瓣电平

镜像瓣是指天线主瓣辐射到天线罩的内罩壁后反射所产生的波束，其电平大小主要取决于天线罩内罩壁反射能量的大小，同时与天线的扫描角范围以及天线罩的外形密切相关。在实际设计过程中，对加罩与不加罩情况下的天线方向图进行对比，考虑加罩后在 45°或 50°以后出现较大副瓣，如图 2.19 所示，获取该副瓣位置，计算该副瓣电平。

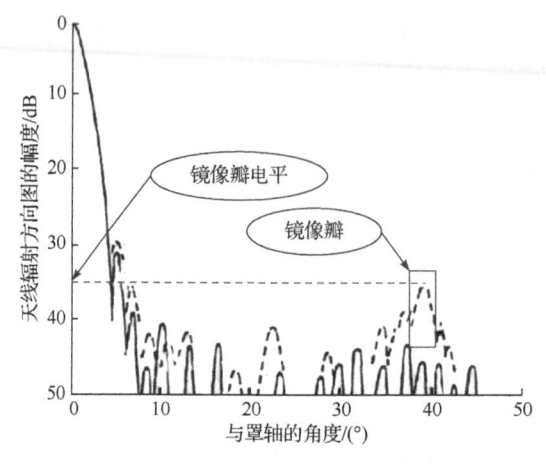

图 2.19 镜像瓣电平计算示意图

2.7.9 波束宽度变化

加载天线罩导致的功率传输损耗会对天线口径的幅度和相位产生影响，这种影响的原因包括天线罩的罩体形状、设计和加工工艺不佳，以及机载天线罩的雷击分流条等所产生的副瓣畸变，这些都会对天线辐射方向图的主瓣波束产生影响。如果主瓣波束变宽，天线的角分辨率会逐渐减低。天线主瓣 3dB 波束宽度记为 BW_A(单位：度，°)，取小数点后两位；带罩情况下天线主瓣 3dB 波束宽度记为 BW_R(单位：度，°)，取小数点后两位；波束宽度变化率 ΔBW 计算方法如下：

$$\Delta BW = \frac{BW_R - BW_A}{BW_A} \times 100\% \tag{2.91}$$

2.8 罩壁内表面的功率反射系数

天线辐射到罩壁时，除了大部分穿过天线罩到达罩体外表面，还有一部分损耗在罩体内部，同时有少部分会在罩壁内表面反射回罩内和辐射天线上，这种反射会在天线表面产生二次辐射。由于相位的变化，二次反射的电磁波将会与一次透射的电磁波发生相互耦合作用，从而影响辐射方向图，导致波束和波瓣的变化。因此，设计天线罩时，需要尽量减少罩壁内表面的反射。

功率反射是指天线罩内部的天线辐射到罩壁内表面反射后功率的变化。若 S_{in} 为入射波的能流密度，S_{ref} 为反射波的能流密度，利用物理光学法分析天线罩功率反射的步骤如下：

(1) 将天线口面剖分，利用近场辐射公式计算出天线在天线罩内壁的电磁波总场。

(2) 利用能流密度公式确认电磁波辐射方向，通过斯涅尔定理计算出内表面入射角 θ_0。

$$\frac{\sin\theta_{i-1}}{\sin\theta_i} = \sqrt{\frac{\varepsilon_i\mu_i}{\varepsilon_{i-1}\mu_{i-1}}} \qquad (2.92)$$

(3) 利用等效传输线理论分别计算电磁波在不同极化条件下的反射系数(复数)。反射系数表示为幅度和相位的形式，即

$$R = R_0 \mathrm{e}^{-\mathrm{j}\varphi_r} = \frac{\left(A + \dfrac{B}{Z_0}\right) - (Z_0 C + D)}{\left(A + \dfrac{B}{Z_0}\right) + (Z_0 C + D)} \qquad (2.93)$$

式中，Z_0 为自由空间的特征阻抗，垂直极化状态下，$Z_0^\perp = Z_0/\cos\theta_0$，水平极化状态下，$Z_0^\parallel = Z_0/\cos\theta_0$。可以计算传输矩阵 A、B、C、D 系数和多层介质总体的反射系数 R。

(4) 将内表面电磁场分解成垂直极化分量和水平极化分量，利用对应的反射系数得到天线罩内表面垂直极化和水平极化下的反射电磁场。

(5) 将反射电磁场等效为电磁流源，利用惠更斯原理将天线罩内部单元的反射场值进行矢量叠加，即可得到天线罩内壁的反射场(天线罩内壁的反射场进行叠加后可以得到总的反射场)。

(6) 利用能流密度公式计算当前天线罩内壁的能流密度，即反射功率；利用天线在天线罩内壁场点上产生的总场，计算该场点的波印廷方向 $\vec{S}$。这种处理方式符合电磁波辐射的物理意义。对于随时间做正弦变化($e^{\mathrm{j}2\omega t}$)的电磁波，反射功率计算如下：

$$\boldsymbol{S} = \frac{1}{2}\mathrm{Re}\left(\boldsymbol{E}\times\boldsymbol{H}^*\right) + \frac{1}{2}\mathrm{Re}\left(\boldsymbol{E}\times\boldsymbol{H}^* \mathrm{e}^{\mathrm{j}2\omega t}\right) \qquad (2.94)$$

$$P_r = |\boldsymbol{S}_{\mathrm{ref}}|/|\boldsymbol{S}_{\mathrm{in}}| \qquad (2.95)$$

2.9 本章小结

本章从天线罩电性能的基本知识和电磁波传播的基础入手，介绍电磁波的产生及其传播过程，特别是较为详细地介绍了电磁波入射多层状理想介质时产生的反射和透射相关系数的求解，这对理解介质天线罩对电磁波传播过程产生的影响很有帮助。同时，介绍了天线辐射的基本原理、天线辐射特征的描述、天线方向图的形成，以及阵列天线阵因子等概念。掌握电磁波概念和天线辐射等知识，对

后续天线罩电性能概念的理解非常有意义。进一步地，本章还详细介绍了描述天线-天线罩电性能的基本物理量，包括瞄准误差、瞄准误差变化率、相位不一致等，这些内容对天线罩的电性能设计和测试具有重要意义。

参 考 文 献

[1] Balanis, Constantine A. Advanced Engineering Electromagnetics. Hoboken: John Wiley & Sons, 2012.
[2] 杜耀惟. 天线罩电性能设计方法. 北京: 国防工业出版社, 1993.
[3] Balanis, Constantine A. Antenna Analysis and Design, 4th Edition. Hoboken: John Wiley & Sons, 2016.

第 3 章 天线罩用工程复合材料

复合材料是由两种或两种以上组分按一定数量比人工复合组成的多相、三维结合材料,各相之间有明显界面且具有特殊功能。复合材料的各组分具有不同性能,可以预先利用这些特性来设计和研制。复合材料具有高比强度、高比模量、低膨胀系数等优越性能,并优于基体。复合材料广泛应用于能源、交通、航空航天、电子工业等领域。随着电子信息技术的发展,对电子设备结构的要求越来越苛刻,尤其是在小型化、轻型化和高可靠性方面。先进复合材料,如碳纤维复合材料、芳纶纤维复合材料、石英纤维增强材料等,具有比强度和比刚度高,耐疲劳性好、耐腐蚀、耐辐射、减振性好、热膨胀系数小,以及能够整体成型等特点,这些材料在雷达结构中得到越来越广泛的应用,可以用于制备结构件、功能件或结构功能一体件。天线罩就是先进复合材料应用的典型例子之一。

3.1 天线罩材料电参数特性

天线罩的电性能主要由复合材料的介电常数 ε(实际上是相对介电常数 ε_r,以下统一使用)和介电损耗角正切(损耗角正切 $\tan\delta$)决定,天线罩采用夹层结构时,还与芯层的 ε 和 $\tan\delta$ 有关。介电常数是综合反映电介质极化行为的宏观物理量,而介质损耗角正切则表征每个周期内介质损耗的能量与其储存能量之比。材料的介电性能与天线罩的电性能密切相关。根据第 2 章电磁波传输理论的反射系数、透射系数和传输能量可知,材料的 $\tan\delta$ 越大,电磁能量转化成热能的损失就越多。材料的介电常数 ε 值越大,空气与介质罩壁之间的界面反射就越强,从而降低了电磁波的传输效率。

3.2 天线罩材料分类

天线罩的复合材料由基体和增强体两部分组成。通常将其中连续分布的组分称为基体,如聚合物(树脂)基体、金属基体和陶瓷基体;将纤维、颗粒、晶须等分散在基体中的物质称为增强体。目前,天线罩的透波材料通常采用环氧树脂增强材料,其具有优良的物理机械性能和电绝缘性能、良好的粘接性,以及灵活的使用工艺,这是其他热固性塑料所不具备的。环氧树脂增强材料可用于制备涂料、复合材料、胶粘剂和模压材料等。作为增强材料，常用的树脂基体包括不饱和聚酯(UP)、环氧树脂(EP)、酚醛树脂(PF)、聚酰亚胺树脂(PI)、聚四氟乙烯树脂(PTFE)和氰酸酯树脂(CE)。

天线罩的透波材料需要具有低介电常数、低损耗角正切，同时还需要具备良好的力学性能、耐环境性能以及工艺灵活性，常用的介质材料包括玻璃类纤维，如 E 玻璃布、D 玻璃布、S 玻璃布和石英布等。

3.2.1 环氧树脂基体

环氧树脂(EP 树脂)是一种由环氧基团和稳定剂组成的化合物，具有良好的韧性和耐磨性，且成型性较好。

1. 环氧树脂基碳纤维增强材料

环氧树脂基体的碳纤维增强材料是由碳纤维和环氧树脂高分子聚合物复合而成的。经过固化后形成纤维增强塑料，如 FR4(Flame Retardant Type 4，阻燃第 4 类)阻燃环氧玻璃纤维板。环氧树脂纤维增强材料的相对介电常数一般在 4.4～4.8，损耗角正切约 0.02。在环氧树脂基体中，活性碳纤维的含量不同会导致复介电常数的实部和虚部随频率变化。随着复合材料中碳纤维含量的增加，复介电常数的实部和虚部均明显增大，且频响效应逐渐增强。纤维含量为 0.57%时，介电常数的实部和虚部分别在区间 3.13～3.41、0.77～1.04 内变化；纤维含量增加到 5.13%时，实部和虚部的变化区间扩展为 7.32～10.13 和 4.87～6.10[1]。

2. 环氧树脂基玻璃纤维增强材料

环氧/高强玻璃纤维复合材料属于玻璃钢范畴，其相对介电常数约为 4.1，损耗角正切约为 0.015。该材料以环氧树脂作为胶粘剂，玻璃纤维或玻璃纤维织物作为增强材料，经热压成型制得。频率范围为 7.35～11.05 GHz 时，不同比例的 S 玻璃纤维和 E 玻璃纤维的介电常数在 4.15～4.59，介电损耗角正切在 1.51×10^{-2}～1.81×10^{-2}，能够满足高性能透波的要求[2]。

树脂和纤维的不同含量会影响复合材料的介电特性。例如，单向玻璃钢沿纤维方向的介电常数为[3]

$$\varepsilon_{\parallel} = V_f \varepsilon_f + (1 - V_f - V_0)\varepsilon_m + V_0 \varepsilon_0 \tag{3.1}$$

式中，下标 f 表示纤维；下标 m 代表树脂；V_0 为空隙率。

玻璃钢沿纤维横向方向的相对介电常数与纤维含量的关系为[4]

$$\log \varepsilon_{\perp} = V_f \log \varepsilon_f + (1 - V_f) \log \varepsilon_m \tag{3.2}$$

此外，对于玻璃钢的介电损耗角正切，可以根据纤维方向分为单向和横向两种情况进行计算[3,4]。

$$\tan\delta_\parallel = \frac{V_f\varepsilon_f\tan\delta_f + (1-V_f-V_0)\varepsilon_m\tan\delta_m + V_0\varepsilon_0\tan\delta_0}{V_f\varepsilon_f + (1-V_f-V_0)\varepsilon_m + V_0\varepsilon_0} \quad (3.3)$$

$$\tan\delta_\perp = \left\{\left[V_f\varepsilon_m\varepsilon_0\tan\delta_f + (1-V_f-V_0)\varepsilon_f\varepsilon_0\tan\delta_m + V_f\varepsilon_f\varepsilon_m\tan\delta_0\right]\right\}/(\varepsilon_f\varepsilon_{m0}\varepsilon_0) \quad (3.4)$$

3. 环氧树脂基石英纤维增强材料

石英玻璃纤维是由二氧化硅纤维增强二氧化硅基体复合而成的，具有电磁波透射功能的复合材料。使用 G–POSS 和 KH–550 改性后的环氧树脂/石英玻璃纤维复合材料在热稳定性、介电性能和弯曲性能方面表现较好，其初始分解温度可达 369.59℃，常温下在 12~18 GHz 频率范围内，相对介电常数稳定在 3.2~3.5，介电损耗角正切值在 0.005~0.02[5]。

此外，采用环氧树脂为基体，石英纤维布为增强材料，通过真空灌注成型法制备石英纤维增强环氧树脂复合材料和玻璃纤维增强环氧树脂复合材料，在相同体积分数条件下，石英纤维增强复合材料的介电常数(3.82)和介电损耗角正切(0.0034)远优于玻璃纤维增强复合材料，适用于制作高频波段的天线罩[6]。

3.2.2 双马来酰亚胺树脂基体

聚酰亚胺是一种通过酸和胺的缩合反应形成的高分子材料，分子中含有酰亚胺基团，具有很高的热变形温度、较低的线膨胀系数，以及优异的机械强度、刚性和耐热性等性能。双马来酰亚胺树脂(BMI)是聚酰亚胺树脂派生出来的一类热固性树脂，属于一类高性能热固性树脂，具有低介电常数(3.0~4.0)、低吸湿率和较高的初始热分解温度等优点。BMI 树脂的介电常数和介电损耗对频率的依赖性小，频率为 1 kHz 时，材料的介电常数为 3.6，且在频率变化时波动不大，电路中的能量损耗较小，介电损耗低于 0.05，具有较好的介电性能[7]。

纤维增强改性复合材料的初始分解温度大于 400℃，具有良好的热稳定性，且随着烯丙基氟化聚砜的比例增加，热稳定性逐渐提升。烯丙基氟化聚砜的引入显著改善了复合材料的力学性能，当烯丙基氟化聚砜的加入比例达到 15%时，改性复合材料的弯曲强度相比不改性的复合材料提升了 157 MPa。改性复合材料的介电性能也得到改善，介电常数随烯丙基氟化聚砜比例的增加呈现规律性变化，改性复合材料介电常数最低为 3.23[8]。

3.2.3 氰酸酯树脂基体

氰酸酯树脂(CE 树脂)是一种含有大量苯环和芳杂环等刚性结构的新型热固性树脂，其特点是在高温环境下仍然可以保持出色的性能，同时具有良好的机械性能和化学稳定性。CE 树脂制成的天线罩介电性能稳定性好，介电常数在 2.8～3.2，损耗角正切值在 0.002～0.008[9]，并且在从 X 波段到 W 波段的频率范围内基本保持稳定。介电损耗使用温度可达 250～300℃，且电性能受温度影响小。同时，CE 树脂还具有极低的工作频率范围和宽的频带，覆盖 10^2～10^{11} Hz 的频率范围。由于 CE 树脂的低介电常数、低介电损耗正切值、低吸湿率、高耐热性和优异的力学性能等，近年来在天线罩的制作中被广泛使用，比如美国的 F-22 飞机、欧洲 EF-2000 飞机，以及国内著名的天线罩。

▶氰酸酯树脂基石英玻璃纤维增强材料

氰酸酯树脂基石英玻璃纤维增强复合材料的介电性能由石英和氰酸酯各自的介电性能决定。文献[2]通过混合定律对相对介电常数和损耗角正切进行了理论计算。

$$\log\varepsilon = \sum_{i=1}^{n}\frac{V_i}{V}\log\varepsilon_i \quad (i=1,2,3,\cdots) \tag{3.5}$$

$$\tan\delta = \sum_{i=1}^{n}\frac{V_i}{V}\frac{\varepsilon}{\varepsilon_i}\tan\delta_i \quad (i=1,2,3,\cdots) \tag{3.6}$$

式中，ε 为复合材料的介电常数；i 为组分材料的介电常数；$\tan\delta$ 为复合材料损耗角正切；$\tan\delta_i$ 为组分材料正切损耗；V 为复合材料体积；V_i 为组分材料体积。

根据理论计算，氰酸酯树脂基石英玻璃纤维的相对介电常数和损耗角正切的理论值分别为 3.30 和 3.5×10^{-3}，而 CE 基高强玻璃纤维复合材料的相对介电常数为 3.73，介电损耗角正切为 7×10^{-3}。此外，石英/氰酸酯在宽频范围 7～15GHz 内具有稳定的介电常数和损耗角正切值。

综合上述结果，玻璃钢复合材料介电性能的优异顺序为：氰酸酯树脂基石英玻璃纤维>环氧树脂基石英玻璃纤维>环氧树脂基 S 玻璃纤维>环氧树脂基 E 玻璃纤维。

3.3 弹载天线罩材料

弹载天线罩材料的发展历程可归结为：纤维增强塑料 → 氧化铝陶瓷 → 微晶玻璃 → 石英陶瓷 → 陶瓷基复合材料，并逐步向宽频带、多模与精确制导方向发展。

纤维增强塑料、氧化铝陶瓷和玻璃陶瓷等材料一般适用于飞行速度小于 5 马赫的导弹天线罩。石英陶瓷因其相对介电常数低、介电损耗低、膨胀系数小，且介电常数对频率和温度十分稳定，抗热冲击性能较好，成为目前高超音速(马赫数大于 5)导弹唯一可用的天线罩材料。虽然石英陶瓷天线罩综合性能优异，但是当导弹飞行速度大于 6.5 马赫时，仍较难满足天线罩的稳定性和可靠性的高要求。

中程导弹天线罩由于导弹飞行速度高且加热时间较长，采用单一的石英陶瓷材料不能满足热应力的承载要求。为发展飞行速度 5 马赫以上的防空导弹，继石英陶瓷天线罩制造技术后，又研发了石英玻璃、增强型石英陶瓷、高硅氧穿刺织物和正交三向石英织物增强二氧化硅基复合材料，并应用于中、远程地-地战术和战略导弹天线罩。

陶瓷基复合材料因其优异的综合性能受到广泛关注，主要包括氮化硅基、氧化硅基和磷酸盐基材料。氮化硅基陶瓷不仅具有优异的力学性能和高热稳定性，而且具有较低的介电常数，其分解温度为 1900℃，抗烧蚀性能优于熔融石英，能经受 6～7 马赫飞行条件下的热振[10]。表 3.1 给出了常见陶瓷材料的介电性能参数。

表 3.1 常见陶瓷材料的介电性能参数[11]

电性能参数 天线罩材料	相对介电常数 (ε_r)	损耗角正切 ($\tan\delta$)
氧化铝	9.40～9.60	0.0001～0.0002
氮化硼	4.20～4.60	0.0001～0.0002
氧化铍	4.20	0.0005
硼硅酸盐玻璃	4.50	0.0008
玻璃陶瓷	5.54～5.65	0.0002
堇青石陶瓷	4.70～4.85	0.0002
熔融石英陶瓷	3.30～3.42	0.0004
热压氮化硅	7.80～8.00	0.0020～0.0040
增强钡长石	6.74	0.0009

3.4 机载天线罩材料

机载天线罩的材料主要应用于天线罩夹层结构的外表面和内表面(蒙皮)、中间芯层、层间粘接用的胶膜，以及表面防护涂层。

3.4.1 蒙皮用材料

机载天线罩的蒙皮材料常用的增强纤维是增强树脂基复合材料的主要承力者，在复合材料中占有较高体积含量，其介电常数通常高于树脂基体，是决定复合材料力学性能和介电性能的主要因素。蒙皮材料分类如下。

1. 普通玻璃纤维

包括 E 玻璃纤维、高强度玻璃纤维(S 玻璃纤维)、高模量玻璃纤维(M 玻璃纤维)和低介电玻璃纤维(D 玻璃纤维)。其中,S 玻璃纤维力学性能最好,但介电损耗角正切值较大,适用于制备对结构性能要求较高、介电性能要求一般的机载天线罩。M 玻璃纤维是玻璃纤维中模量最高的,但介电常数较大,较少用于制备机载天线罩。D 玻璃纤维的 ε 值和 $\tan\delta$ 值仅次于石英玻璃纤维,但拉伸强度和模量稍低,适用于制造对电性能要求较高、对力学性能要求一般的机载天线罩[12]。

2. 高硅氧玻璃纤维

高硅氧玻璃纤维增强材料具有较好的耐热性能和优异的介电性能,非常适合作为战术导弹天线罩的增强材料,也常用于制备机载天线罩。高硅氧玻璃纤维的强度与一般纤维接近,其性价比介于石英纤维和 E 玻璃纤维之间。

3. 石英玻璃纤维

如前所述,石英玻璃纤维具有优异的隔热性能,与酚醛树脂和环氧树脂都有很好的兼容性,并且具有弹性模量随温度升高而增加的罕见特性,介电性能也十分优异,其介电常数 ε 值和 $\tan\delta$ 值在玻璃纤维中最低,且在较宽的频带范围内基本不变,是高性能机载天线罩最常用的增强纤维。通过对石英玻璃纤维表面进行改性,可以改善其与基体的粘接界面,提高石英玻璃纤维增强复合材料的力学性能。石英玻璃纤维在实际中应用广泛,如美国 F-15 战斗机第一代和第二代鼻锥天线罩都采用了石英玻璃纤维增强氰酸酯树脂复合材料作为夹层结构的蒙皮,国外第四代战斗机(如美国 F-22 战斗机)天线罩则选用了宽频带石英玻璃纤维[12]。

4. 芳纶纤维

芳纶纤维具有高强度、高模量的优点,密度在高性能纤维中最小,阻尼性能好,耐磨性能优异,化学稳定性和热稳定性较好,且具有较高的断裂伸长率、优异的抗冲击性能和良好的尺寸稳定性,介电性能也很好,是制造天线罩的优质理想材料。然而,芳纶纤维表面吸湿性较强,可能导致介电性能下降。针对芳纶纤维吸湿性较强的缺点,可以采用低温常压等离子体对其进行表面改性,研究结果表明,处理后的芳纶纤维吸湿性能得到了显著改善。

5. 超高分子量聚乙烯纤维

超高分子量聚乙烯(UHMWPE)纤维,又称高强高模聚乙烯纤维,是继碳纤维、芳纶纤维之后的第三代高性能纤维。UHMWPE 纤维是目前工业化高性能纤维材料中比强度和比模量最高的纤维,具有很高的比强度和比模量,优异的抗冲击和阻尼性能,良好的耐环境性能,并且在各种频率下均表现出优异的介电性能($\varepsilon \leqslant 3.0$,$\tan\delta = 10^{-4}$)[13]。

3.4.2 芯层用材料

对于机载层状天线罩以及其他天线罩，其中间的芯层起着支撑和透波作用。机载天线罩常用夹芯材料主要有蜂窝材料(如 Nomex 蜂窝、Korex 蜂窝和玻璃布蜂窝等)和泡沫材料(如聚氨酯泡沫、氰酸酯泡沫等)。

蜂窝材料具有密度小、抗疲劳性能好、抗化学腐蚀性能好、高温稳定性好的特点，是优异的透波材料之一，也是机载天线罩材料中最常用的夹芯材料。聚氨酯泡沫由聚氨酯树脂经过发泡工艺生成，具有优异的透电磁波性能，也是机载天线罩常用的夹芯材料。

1. 芳纶纸蜂窝

芳纶纸蜂窝，又称 Nomex 蜂窝，是指使用芳纶纸通过涂胶、叠合、拉伸定型、片切、烘干固化等复杂工艺制成的一种仿生型蜂窝芯材。芳纶纸蜂窝原材料包括芳纶纸、芯条胶和浸渍树脂等。它由多个六边形单元构成，具有重量轻、比强度大、比刚度高(刚度是钢材的 9 倍)、耐腐蚀性强、阻燃性好、绝缘性优、回弹性大、透电磁波性好、高温稳定性佳等多种优异特性。图 3.1 所示为芳纶纸蜂窝。

芳纶纸蜂窝主要分为对位芳纶纸蜂窝和间位芳纶纸蜂窝两大类。其中，间位芳纶纸蜂窝具有卓越的热稳定性，可在 200℃高温下长期使用而不老化，且具有极佳的尺寸稳定性和本质阻燃性。间位芳纶纸蜂窝还具有优良的电绝缘性、出色的耐腐蚀性能，以及优异的耐辐射性能。

通常，芳纶纸的介电常数为 $\varepsilon = \varepsilon_r (1 - \tan\delta) = 4(1-j0.03)$，考虑到蜂窝格孔直径、厚度和介质厚度，可以计算出在频率 2～18GHz 范围内，蜂窝的等效介电常数和等效损耗角正切分别为 1.0695～1.0665 和 0.00222～0.00212。

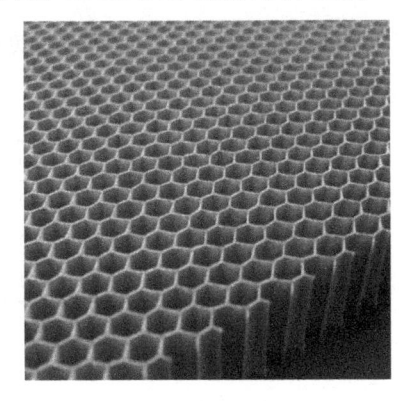

图 3.1 芳纶纸蜂窝

2. Korex 蜂窝

Korex 蜂窝是美国杜邦公司在 20 世纪末设计制造的，其蜂窝纸仍采用芳香族聚酰胺纤维，但在聚合物分子结构上有所不同，Korex 蜂窝纸采用邻位的邻苯二胺与邻苯二甲酸或邻苯二氯代甲酸制造。因此，Korex 蜂窝在强度、模量、耐温性能、湿热性能、抗疲劳性、吸湿性、热膨胀性和介电性能等方面均优于传统的 Nomex 蜂窝。

3. 聚氨酯泡沫

聚氨酯泡沫是以异氰酸酯和聚醚为主要原料,加入发泡剂、催化剂、阻燃剂等多种助剂,通过专用设备混合,经高压喷涂、现场发泡制成的高分子聚合物。聚氨酯泡沫分为软质和硬质两种。硬质聚氨酯泡沫塑料具有质轻、绝缘、隔热、透波等特点,可以制作电磁透波性能好、高密度聚氨酯泡沫塑料天线罩。

聚氨酯的相对介电常数通常在 2.0~4.5,而损耗角正切值在 0.01~0.1。

4. 聚甲基丙烯酰亚胺泡沫

聚甲基丙烯酰亚胺(PMI)泡沫是一种轻质、闭孔的硬质泡沫,具有优异的绝缘性能、耐高温性能和轻质高强度等特点。经适当高温处理以后,PMI 泡沫能满足 190℃ 固化工艺对尺寸稳定性的要求,适用于与环氧或双马树脂共固化的天线罩夹层结构,也可以用在雷达、天线内部,以固定和支撑电路元件。

PMI 泡沫作为芯材,其介电性能优越,适合高频率和宽频段工作。PMI 泡沫的相对介电常数为 1.0~1.1,损耗角正切值约为 0.005,能较大幅度降低传输损耗。表 3.2 为常见机载天线罩芯层材料电参数。

表 3.2 常见机载天线罩芯层材料电参数[12]

电参数 材料名称	频率/GHz	相对介电常数 (ε_r)	损耗角正切 ($\tan\delta$)
Nomex 蜂窝	10.0	1.09~1.12	0.003~0.0046
Korex 蜂窝	10.0	1.09	0.003
聚氨酯泡沫	10.0	1.09	0.003
PMI 泡沫	10.0	1.09	0.0039

3.4.3 表面涂层材料

飞机、卫星通信以及舰船用的天线罩,对天线罩的耐热性、耐腐蚀性、防静电等性能都提出了很高的要求。天线罩表面涂层是一种保护膜,能够保护天线罩不受物理损伤、化学污染等影响,延长天线寿命,并提高信号的稳定性和传输质量。根据不同的应用环境和需求,天线罩涂层可提供多种功能,如防护、吸波、电磁屏蔽、抗静电、防腐等。

耐雨蚀抗静电涂层主要应用于天线罩、指令天线罩等雷达及其附件的防护罩体表面,涂层体系通常包括底漆、耐雨蚀漆和抗静电漆三部分。根据原料和制备工艺,涂层可以分为掺杂型和本征型抗静电涂料。

表面涂层材料主要包括如下几种。

(1) 环氧树脂质天线罩油漆:具有优良的耐化学腐蚀性和机械强度,适用于各种环境,可以作为天线罩的底漆。

(2) 热塑性聚氨酯天线罩油漆:能够防止化学物质的腐蚀,具有出色的耐紫外线和耐老化性能,使用寿命长。

(3) 高温陶瓷涂料天线罩油漆:适合高温环境使用,具备良好的机械强度和热稳定性。

天线罩涂料要求具有低介电常数($\varepsilon < 5.0$)和低损耗角正切($\tan\delta < 10^{-2}$),且不能随温度和频率的变化有明显变化。表 3.3 列出了常见天线罩涂料的电参数。

表 3.3　常见天线罩涂料电参数

材料名称 \ 电参数	频率/GHz	相对介电常数 (ε_r)	损耗角正切 ($\tan\delta$)
耐雨蚀涂料	9.375	3.1	0.331
抗静电涂料	9.375	7.2	0.27
耐高温玻璃	8.500	5.5	0.003
氧化铝涂层	9.375	9.2	0.002~0.006

作为应用实际例子,某型天线罩采用 H01-89 底漆+SF55-49 耐雨蚀涂料+SDT99-49 抗静电涂料的涂漆体系(涂料体系 1)和 H01-101H 底漆+S04-105H 弹性聚氨酯漆+PUB 抗静电涂料的涂漆体系(涂料体系 2)进行喷涂,通过对比两种涂漆体系对透波率的影响,最终确定所使用的涂漆。4.8mm 芯层加涂料体系 1 的试验件编号为 1-2,4.8mm 芯层加涂料体系 2 的试验件编号为 1-3,6mm 芯层加涂料体系 1 的试验件编号为 2-2,6mm 芯层加涂料体系 2 的试验件编号为 2-3。两种体系涂漆的电参数和喷涂厚度见表 3.4 和表 3.5。

表 3.4　涂漆体系 1 参数

材料名称 \ 参数	相对介电常数 (ε_r)	损耗角正切 ($\tan\delta$)	喷涂厚度 /mm
H01-89 底漆	3.2	3.0×10^{-2}	0.015~0.025
SF55-49 耐雨蚀涂料	3.5	3.0×10^{-2}	0.15~0.2
SDT99-49 抗静电涂料	8.0	2.7×10^{-1}	0.02~0.04

表 3.5　涂漆体系 2 参数

材料名称 \ 参数	相对介电常数(ε_r)	损耗角正切($\tan\delta$)	喷涂厚度/mm
H01-101H 底漆	2.87	3.0×10^{-2}	≯ 0.02
S04-105H 弹性聚氨酯漆	2.97	3.0×10^{-2}	≯ 0.2
PUB 抗静电涂料	5.8	2.5×10^{-1}	≯ 0.02

按照系统工作要求，在 12.5~14.5GHz 频带内以 0.1GHz 为间隔，水平旋转角 –40°~40°内以 1°为间隔，对两个平板天线罩试验件进行测试(具体测试方法见第 8 章)，垂直极化透波率的测试结果如图 3.2~图 3.5 所示。

从两种 A 夹层平板天线罩的测试结果可以看出，材料体系 1 对平板天线罩透波率的影响约为 15%，材料体系 2 对平板天线罩透波率的影响约为 10%。

材料体系 1 对透波率影响比较大的原因，主要是其所用的抗静电涂料的介电常数较大，同时喷涂厚度比较厚。此外，在测试实验中，还分别对只喷涂了底漆、喷涂底漆加耐雨蚀涂料的平板天线罩进行了测试，结果也证明对透波率影响最大

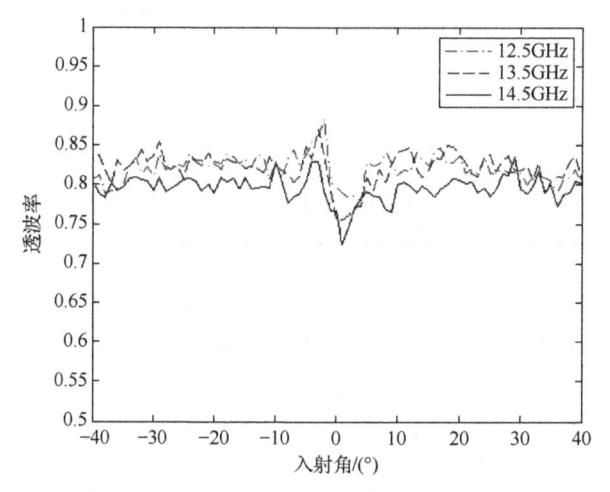

图 3.2 1-2 平板天线罩试样件透波率的测试

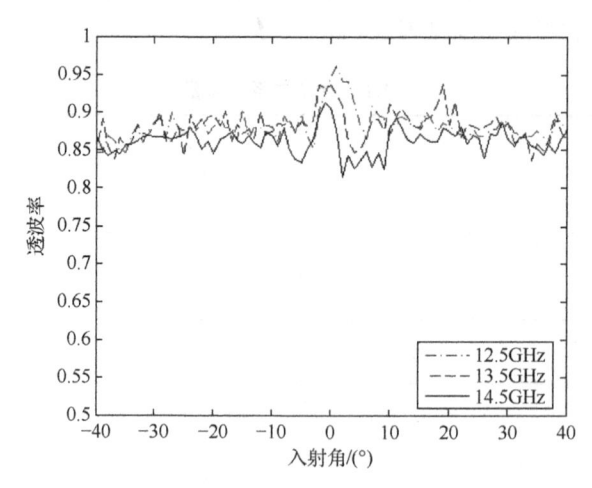

图 3.3 1-3 平板天线罩试样件透波率的测试

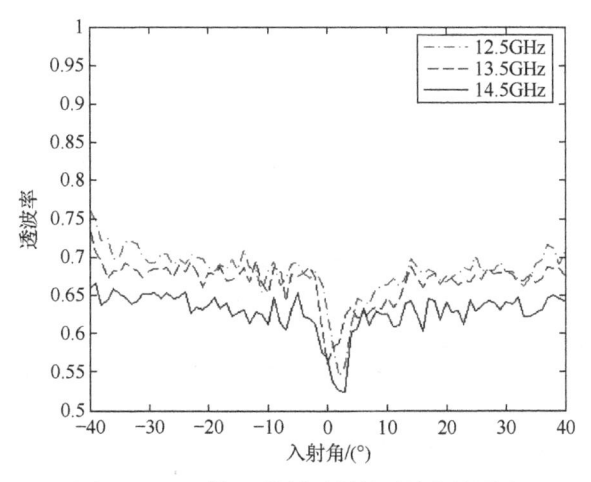

图 3.4 2-2 平板天线罩试样件透波率的测试

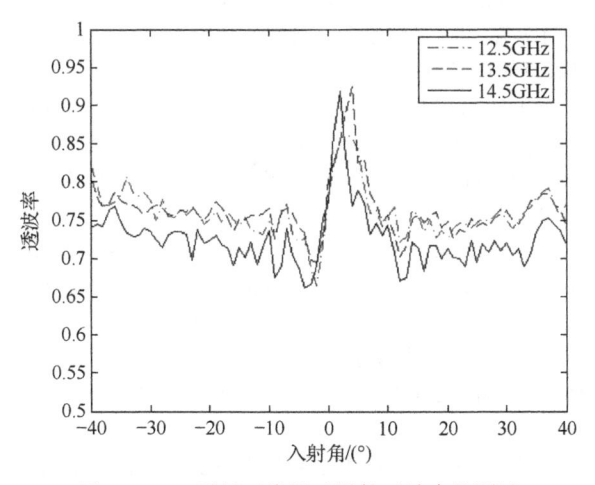

图 3.5 2-3 平板天线罩试样件透波率的测试

的是抗静电涂料。因此,在天线罩喷涂油漆时,应当重视抗静电涂料的选择,并优化其喷涂工艺,以确保喷涂厚度较小。

3.5 本章小结

本章主要介绍了天线罩,特别是层状天线罩的构成材料,包括内外蒙皮、芯层及表面涂层(主要是油漆)。对常用材料的介电性质进行了总结,强调了相对介电常数和损耗角正切值的重要性。

参 考 文 献

[1] 陈立瑶, 郑天勇, 艾丽, 等. E 玻璃纤维/聚四氟乙烯/环氧树脂基透波复合材料制备研究. 产业用纺织品, 2018, 36(2): 6-11.

[2] 梁恒亮, 舒卫国, 陈静, 等. 石英/氰酸酯玻璃钢复合材料的介电性能研究. 航空制造技术, 2009 年增刊: 122-125.

[3] 周祝林. 玻璃钢及蜂窝夹层的高频介电性能. 物理, 1988, 17(4): 225-228.

[4] Cary R H. Avionic Radome Materials. DTIC Report, 1974, Accession No. ADA007956.

[5] 李鹏, 杜瑞奎, 刘亚青, 等. 环氧树脂/石英纤维透波复合材料制备.工程塑料应用, 2021, 49(2): 29-33, 39.

[6] 谢菲, 夏洪山. 石英纤维复合材料作为高频透波雷达天线罩的研究. 四川兵工学报, 2015, 36(3): 147-150, 164.

[7] 王棋. 双马来酰亚胺树脂的合成、改性及复合材料研究. 四川轻化工大学, 2022.

[8] 谭光军, 张小娟, 钟家春, 等. 低介烯丙基聚砜改性双马来酰亚胺树脂复合材料的性能研究. 塑料工业, 2022, 50(8): 57-62.

[9] Gu X, Zhang Z, Yuan L, et al. Developing high performance cyanate ester resin with significantly reduced postcuring temperature while improved toughness, rigidity, hermal and dielectric properties based on manganese-Schiff base hybridized graphene oxide. Chemical Engineering Journal, 2016, 298: 214-224.

[10] Ibram G, Yashwant R, Mahajan. Slip-Cast Fused Silica Radomes for Hypervelocity Vehicles: Advantages, Challenges, and Fabrication Techniques// Handbook of Advanced Ceramics and Composites. Berlin: Springer International Publishing, 2020.

[11] 裴晓园, 陈利, 李嘉禄, 等. 天线罩材料的研究进展. 纺织学报, 2016, 37(12): 153-159.

[12] 李大进, 肖加余, 邢素丽. 机载雷达天线罩常用透波复合材料研究进展. 材料导报, 2011, 25(18): 352-356.

[13] 李志君. 高性能 UHMWPE 纤维及其在天线罩上的应用前景. 高科技纤维与应用, 2000, 25(4): 24-27.

第4章 天线罩设计的等效传输线分析方法

等效传输线理论是分析天线罩电性能的基础。相较于第2章中使用电磁场传输公式逐步推导天线罩的各层介质材料的反射系数、透射系数的方法，等效传输线理论通过简洁的矩阵相乘，能够方便且准确地计算单层或多层介质结构的整体电性能。此外，在天线罩电性能的工程设计中，需要快速确定介质天线罩的层间厚度、各层的电参数等信息，等效传输线方法更加适用。

4.1 均匀传输线矩阵方法

在等效传输线理论中，多层介质平板中的每一层平板都等效为一段传输线。

图4.1所示为长度 l 的均匀传输线，U_1、U_2 和 I_1、I_2 为端口1和2的输入电压和输入电流。

由传输线理论可知，均匀传输线的矩阵方程为

图4.1 均匀传输线示意图

$$\begin{bmatrix} U_1 \\ I_1 \end{bmatrix} = \begin{bmatrix} \mathrm{ch}(\gamma l) & Z_{c1}\mathrm{sh}(\gamma l) \\ \mathrm{sh}(\gamma l)/Z_{c1} & \mathrm{ch}(\gamma l) \end{bmatrix} \begin{bmatrix} U_2 \\ I_2 \end{bmatrix} = \begin{bmatrix} A & B \\ C & D \end{bmatrix} \begin{bmatrix} U_2 \\ I_2 \end{bmatrix} \tag{4.1}$$

$$A = D = \mathrm{ch}(\gamma l), \quad B = Z_{c1}\mathrm{sh}(\gamma l), \quad C = \mathrm{sh}(\gamma l)/Z_{c1} \tag{4.2}$$

式中，γ 为波在传输线上的传输系数，且 $\gamma = \alpha + \mathrm{j}\beta$，$\alpha l$ 为衰减因子，βl 为相位因子；Z_{c1} 为传输线的特征阻抗；$\begin{bmatrix} A & B \\ C & D \end{bmatrix}$ 为传输矩阵或转移矩阵；"ch"和"sh"分别为双曲余弦函数和双曲正弦函数，$\mathrm{ch}z = \dfrac{\mathrm{e}^z + \mathrm{e}^{-z}}{2}$，$\mathrm{sh}z = \dfrac{\mathrm{e}^z - \mathrm{e}^{-z}}{2}$。

▶ **电磁波入射介质平板的反射和折射特性**

介质平板的电磁传输特性主要由介电常数、磁导率和电导率决定。一般情况下，介质中的介电常数为复介电常数，用 $\tilde{\varepsilon}$ 表示。

$$\tilde{\varepsilon} = \varepsilon + \mathrm{j}\frac{\sigma}{\omega} = \varepsilon\left(1 + \mathrm{j}\frac{\sigma}{\omega\varepsilon}\right) = \varepsilon\left(1 - \mathrm{j}\tan\delta\right) \tag{4.3}$$

$$\tilde{\varepsilon} = \varepsilon_0 \varepsilon_r = \varepsilon_0 \left(\varepsilon_r' + \mathrm{j}\varepsilon_r''\right) = \varepsilon_0 \varepsilon_r' \left(1 - \mathrm{j}\tan\delta\right) = \varepsilon\left(1 - \mathrm{j}\tan\delta\right)$$

式中，ε、μ 和 σ 分别为介电常数、磁导率和电导率；ε_r 和 μ_r 表示相对介电常数和相对磁导率，则介电常数实部 $\varepsilon = \varepsilon_0 \varepsilon_r$，磁导率 $\mu = \mu_0 \mu_r$。介质的介电常数越大，电磁波入射天线罩时，空气与罩壁界面上的反射就越强，这会增加罩内天线辐射的镜像波瓣电平，并降低传输效率。

定义介质的损耗角正切为 $\tan\delta = -\varepsilon_r'' / \varepsilon_r'$。损耗角正切表示对电介质施加交流电压时，介质内部流过的电流向量与电压向量之间夹角的余角的正切值，表征每个周期内介质损耗能量与每个周期内介质储存能量之比。损耗角正切越大，电磁波能量在穿透天线罩过程中转化为热量并损耗的能量就越多。因此，要求雷达天线罩复合材料的损耗角正切尽可能低，接近于 0，且介电常数尽可能低，以实现最大传输和最小反射的效果。此外，低介电常数的材料还能为天线罩提供宽频带响应。

设天线罩所使用的复合材料为非磁性介质，$\mu_r = 1$。

如图 4.2 所示，当平面电磁波入射并通过不同介质(图中的"1"表示介质 1、"2"表示介质 2)平板时，会发生反射和折射现象，折射现象满足 Snell 折射定律：

$$n_1 \sin\theta_1 = n_2 \sin\theta_2 \tag{4.4}$$

式中，$n_1 = c/v_1$ 和 $n_2 = c/v_2$ 分别为介质 1 和介质 2 的折射率；c、v_1 和 v_2 分别为电磁波在自由空间、介质 1 和介质 2 内的传播速度。

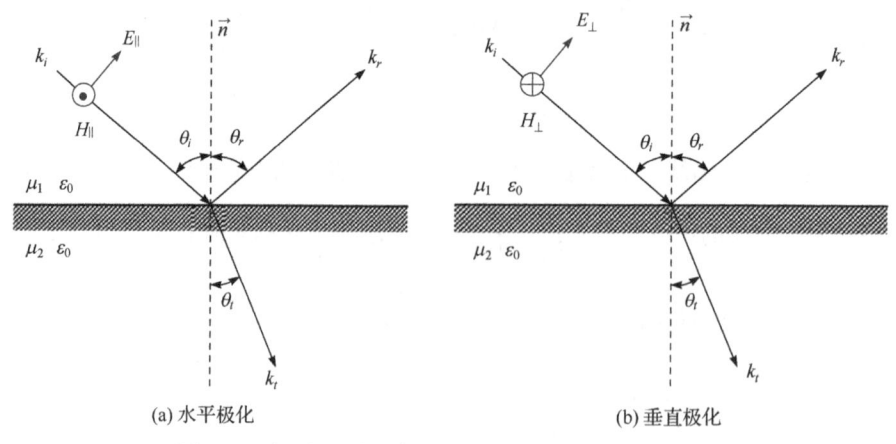

(a) 水平极化　　(b) 垂直极化

图 4.2　平面电磁波入射介质平板的反射、折射示意图

1. 无耗介质的 Snell 折射定律

无耗介质 $\sigma = 0$,式(4.3)中的相对介电常数 ε_r 为实数。$c = \dfrac{1}{\sqrt{\varepsilon_0 \mu_0}}$,$v_1 = \dfrac{1}{\sqrt{\varepsilon_1 \mu_1}} = \dfrac{1}{\sqrt{\varepsilon_0 \varepsilon_{r1} \mu_0}} = \dfrac{c}{\sqrt{\varepsilon_{r1}}}$,$v_2 = \dfrac{1}{\sqrt{\varepsilon_2 \mu_2}} = \dfrac{1}{\sqrt{\varepsilon_0 \varepsilon_{r2} \mu_0}} = \dfrac{c}{\sqrt{\varepsilon_{r2}}}$。则对于电磁波从自由空间入射介质空间,无耗介质的 Snell 折射定律为

$$\sin \theta_1 = \sqrt{\varepsilon_{r2}} \sin \theta_2 \tag{4.5}$$

2. 有耗介质的 Snell 折射定律

有耗介质 $\sigma \neq 0$,相对介电常数为复数,即 $\varepsilon_r = \varepsilon_r' + j\varepsilon_r''$。

对于电场的波动方程 $\nabla^2 \boldsymbol{E} - \mu_0 \sigma \dfrac{\partial}{\partial t} \boldsymbol{E} - \mu_0 \varepsilon \dfrac{\partial^2}{\partial t^2} \boldsymbol{E} = 0$,令 $\boldsymbol{E}(r,t) = \boldsymbol{E}(r) e^{j\omega t}$,则[1]

$$\nabla^2 \boldsymbol{E}(r) - j\mu_0 \sigma \omega \boldsymbol{E}(r) + \mu_0 \varepsilon \omega^2 \boldsymbol{E}(r) = 0 \tag{4.6}$$

$$\nabla^2 \boldsymbol{E}(r) - \left(j\mu_0 \sigma \omega - \dfrac{\varepsilon_r \omega^2}{c^2} \right) \boldsymbol{E}(r) = \nabla^2 \boldsymbol{E}(r) - \gamma^2 \boldsymbol{E}(r) = 0 \tag{4.7}$$

式中,$\gamma^2 = j\mu_0 \omega (\sigma + j\omega \varepsilon) = j\mu_0 \sigma \omega - \dfrac{\varepsilon_r \omega^2}{c^2}$。

方程(4.7)的解的形式为 $e^{\pm \gamma x}$、$e^{\pm \gamma y}$、$e^{\pm \gamma z}$,或者 $\cosh \gamma x$、$\cosh \gamma y$、$\cosh \gamma z$ 和 $\sinh \gamma x$、$\sinh \gamma y$、$\sinh \gamma z$。

$$\gamma = \sqrt{j\mu_0 \omega (\sigma + j\omega \varepsilon)} = \alpha + j\beta \tag{4.8}$$

$$\gamma^2 = \gamma_x^2 + \gamma_y^2 + \gamma_z^2 \tag{4.9}$$

上式中,γ 为传播常数;α 为衰减常数;β 为相常数。且式(4.8)只考虑 σ 为正,根号取正。

相对介电常数 $\varepsilon_r = \varepsilon_r' + j\varepsilon_r''$,$\dfrac{1}{c^2} = \varepsilon_0 \mu_0$,则

$$\gamma^2 = j\mu_0 \omega \left(\sigma + j\omega \varepsilon_0 (\varepsilon_r' + j\varepsilon_r'') \right) = -\dfrac{\varepsilon_r' \omega^2}{c^2} + j \left(\mu_0 \sigma \omega - \dfrac{\varepsilon_r'' \omega^2}{c^2} \right) \tag{4.10}$$

考虑电磁波的空间传播,波矢量 $\boldsymbol{\gamma} = \boldsymbol{\alpha} + j\boldsymbol{\beta}$,则 $\gamma_x = \alpha_x + j\beta_x$,$\gamma_y = \alpha_y + j\beta_y$,$\gamma_z = \alpha_z + j\beta_z$。

$$\gamma^2 = (\boldsymbol{\alpha} + j\boldsymbol{\beta})^2 = \alpha^2 - \beta^2 + 2j\boldsymbol{\alpha} \cdot \boldsymbol{\beta} \tag{4.11}$$

比较式(4.10)和式(4.11),可得

$$\alpha^2 - \beta^2 = -\frac{\varepsilon_r' \omega^2}{c^2}, \quad 2\boldsymbol{\alpha} \cdot \boldsymbol{\beta} = \mu_0 \sigma \omega - \frac{\varepsilon_r'' \omega^2}{c^2} \tag{4.12}$$

电场在介质分界面的切向分量连续，则入射波矢分量 $\gamma_{1x} = \gamma_{2x} = \gamma_1 \sin\theta_1 = j\frac{\omega}{c}\sin\theta_1$。由 $\gamma_{2x} = \alpha_x + j\beta_x = j\frac{\omega}{c}\sin\theta_1$，可得 $\beta_x = \frac{\omega}{c}\sin\theta_1$，$\alpha_x = 0$。又因为入射平面为 xy 平面，γ 没有 z 分量，所以 $\alpha_z = 0$，$\beta_z = 0$。又 $\boldsymbol{\alpha} = \alpha_y \hat{y}$，$\boldsymbol{\beta} = \beta_x \hat{x} + \beta_y \hat{y}$。所以，$\alpha^2 - \beta^2 = \alpha_y^2 - \beta_x^2 - \beta_y^2 = -\frac{\varepsilon_r' \omega^2}{c^2}$，$2\boldsymbol{\alpha} \cdot \boldsymbol{\beta} = 2\alpha_y \beta_y = \mu_0 \sigma \omega - \frac{\varepsilon_r'' \omega^2}{c^2}$。

联立求解，可得

$$\begin{cases} \beta_x = \frac{\omega}{c}\sin\theta_1 \\ \alpha_y^2 - \beta_x^2 - \beta_y^2 = -\frac{\varepsilon_r' \omega^2}{c^2} \\ 2\alpha_y \beta_y = \mu_0 \sigma \omega - \frac{\varepsilon_r'' \omega^2}{c^2} \end{cases} \tag{4.13}$$

$$\begin{cases} \beta_x^2 = \left(\frac{\omega}{c}\sin\theta_1\right)^2 \\ \alpha_y^2 = -\frac{1}{2}\left(\frac{\varepsilon_r' \omega^2}{c^2} - \frac{\omega^2}{c^2}\sin^2\theta_1\right) + \frac{1}{2}\sqrt{\left(\frac{\varepsilon_r' \omega^2}{c^2} - \frac{\omega^2}{c^2}\sin^2\theta_1\right)^2 - \left(\mu_0\sigma\omega - \frac{\varepsilon_r'' \omega^2}{c^2}\right)^2} \\ \beta_y^2 = +\frac{1}{2}\left(\frac{\varepsilon_r' \omega^2}{c^2} - \frac{\omega^2}{c^2}\sin^2\theta_1\right) + \frac{1}{2}\sqrt{\left(\frac{\varepsilon_r' \omega^2}{c^2} - \frac{\omega^2}{c^2}\sin^2\theta_1\right)^2 - \left(\mu_0\sigma\omega - \frac{\varepsilon_r'' \omega^2}{c^2}\right)^2} \end{cases} \tag{4.14}$$

对于平面电磁波由自由空间入射介质平面，其折射率为

$$n = \frac{\sin\theta_1}{\sin\theta_2} = \frac{c}{v} = \frac{c\beta}{\omega} = \frac{c}{\omega}\sqrt{\beta_x^2 + \beta_y^2}$$

$$= \frac{c}{\omega}\sqrt{\left(\frac{\omega}{c}\sin\theta_1\right)^2 + \frac{1}{2}\left(\frac{\varepsilon_r' \omega^2}{c^2} - \frac{\omega^2}{c^2}\sin^2\theta_1\right) + \frac{1}{2}\sqrt{\left(\frac{\varepsilon_r' \omega^2}{c^2} - \frac{\omega^2}{c^2}\sin^2\theta_1\right)^2 - \left(\mu_0\sigma\omega - \frac{\varepsilon_r'' \omega^2}{c^2}\right)^2}}$$

$$= \frac{c}{\omega}\sqrt{\frac{1}{2}\left(\frac{\varepsilon_r' \omega^2}{c^2} + \frac{\omega^2}{c^2}\sin^2\theta_1\right) + \frac{1}{2}\sqrt{\left(\frac{\varepsilon_r' \omega^2}{c^2} - \frac{\omega^2}{c^2}\sin^2\theta_1\right)^2 + \left(\mu_0\sigma\omega + \frac{\varepsilon_r'' \omega^2}{c^2}\right)^2}}$$

$$= \sqrt{\frac{1}{2}\left(\sin^2\theta_1 + \varepsilon_r'\right) + \frac{1}{2}\sqrt{\left(\varepsilon_r' - \sin^2\theta_1\right)^2 + \left(\frac{\sigma}{\varepsilon_0 \omega} + \varepsilon_r''\right)^2}}$$

$$\tag{4.15}$$

讨论：$\frac{\sigma}{\varepsilon_0 \omega} + \varepsilon_r'' \ll \varepsilon_r'$，即介质为低耗材料时，

$$\sqrt{\frac{1}{2}\left(\varepsilon_r' - \sin^2\theta_1\right)^2 + \left(\frac{\sigma}{\varepsilon_0\omega} + \varepsilon_r''\right)^2} \approx \frac{1}{2}\left(\varepsilon_r' - \sin^2\theta_1\right)$$

$$n = \frac{\sin\theta_1}{\sin\theta_2} \approx \sqrt{\frac{1}{2}\left(\sin^2\theta_1 + \varepsilon_r'\right) + \frac{1}{2}\left(\varepsilon_r' - \sin^2\theta_1\right)} = \sqrt{\varepsilon_r'} \quad (4.16)$$

σ 和 ε_r'' 均为 0，即无耗介质时，

$$\frac{1}{2}\sqrt{\left(\varepsilon_r' - \sin^2\theta_1\right)^2 + \left(\frac{\sigma}{\varepsilon_0\omega} + \varepsilon_r'\right)^2} = \frac{1}{2}\left(\varepsilon_r' - \sin^2\theta_1\right)$$

$$n = \frac{\sin\theta_1}{\sin\theta_2} = \sqrt{\frac{1}{2}\left(\sin^2\theta_1 + \varepsilon_r'\right) + \frac{1}{2}\left(\varepsilon_r' - \sin^2\theta_1\right)} = \sqrt{\varepsilon_r'} \quad (4.17)$$

$\frac{\sigma}{\varepsilon_0\omega} \gg 1$，即介质为良导体材料时，

$$\frac{1}{2}\sqrt{\left(\varepsilon_r' - \sin^2\theta_1\right)^2 + \left(\frac{\sigma}{\varepsilon_0\omega} + \varepsilon_r''\right)^2} = \frac{1}{2}\frac{\sigma}{\varepsilon_0\omega}$$

$$n = \frac{\sin\theta_1}{\sin\theta_2} = \sqrt{\frac{1}{2}\left(\sin^2\theta_1 + \varepsilon_r'\right) + \frac{1}{2}\frac{\sigma}{\varepsilon_0\omega}} = \sqrt{\frac{1}{2}\frac{\sigma}{\varepsilon_0\omega}} \quad (4.18)$$

4.2 单层介质平板功率传输系数和透射系数

单层介质天线罩结构可以通过等效传输线矩阵方法进行分析。该方法通过简明的矩阵级联形式解释了电磁波与介质相互作用的问题，它基于以下假设。

(1) 电磁波在天线近区内为平面波，入射到天线罩上的电磁波为平面波，且从天线口径辐射沿直线传播。

(2) 天线罩的曲率半径远大于入射波工作波长[1,2]。

在此假设下，天线发射的电磁波与罩壁的相互作用可近似为平面波与介质平板之间的作用，天线罩壁的传输特性和反射特性可用等效传输线理论描述，即天线罩壁与局部平面近似，且无须考虑天线罩的具体外形、天线特性以及罩内天线的实际辐射方向图[3]。

4.2.1 电磁波极化分解原理

对于符合平板近似条件的天线罩系统，可将罩壁上的局部区域看作平板介质。

入射的横电磁波(TEM波)，即电场 E 方向、磁场 H 方向和电磁波传输方向 k 相互垂直，E 和 H 都位于等相位面，如图 4.3 所示，其中 θ_i、θ_r 和 θ_t 分别为入射角、反射角和折射角，k_r 和 k_t 分别为反射波和折射波矢分量。

电磁波的传播方向 k 和介质分界面的法线 n 组成的平面称为电磁波的入射平面。根据与入射面的关系，入射波可以分解为水平极化 $E_\parallel$ 和垂直极化 $E_\perp$ 两个相互垂直的分量。这两种极化波在两种介质分界面的反射系数与传输系数有所不同。入射电磁波的极化方式如图 4.4 所示[4]。

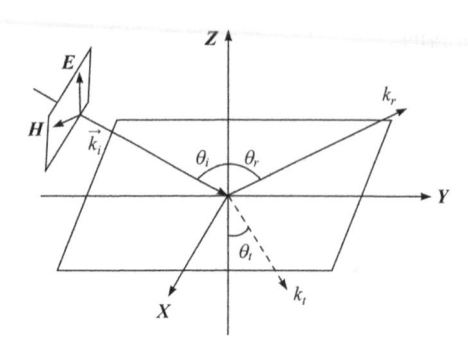

图 4.3 平面波斜入射至介质分界面状态图

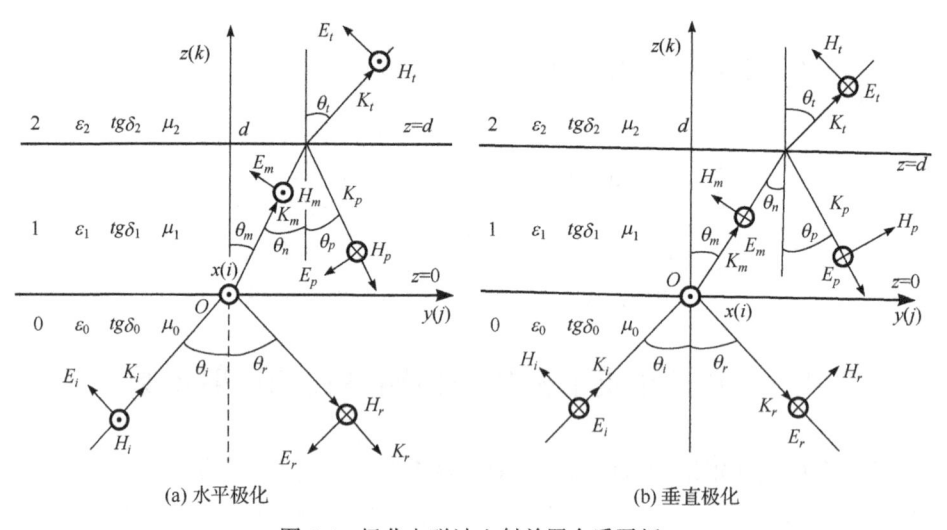

(a) 水平极化　　　　　　　　　　(b) 垂直极化

图 4.4 极化电磁波入射单层介质平板

4.2.2 功率传输系数和透射系数

由图 4.4 所示的极化电磁波入射单层介质平板示意图，可以获得不同极化下的功率传输系数。

(1) 对于水平极化波，单层平板的反射系数为[2]

$$R_\parallel = \frac{\left(A^\parallel + B^\parallel / Z_{c2}^\parallel\right) - Z_{c0}^\parallel \left(C^\parallel + D^\parallel / Z_{c2}^\parallel\right)}{\left(A^\parallel + B^\parallel / Z_{c2}^\parallel\right) + Z_{c0}^\parallel \left(C^\parallel + D^\parallel / Z_{c2}^\parallel\right)} \qquad (4.19)$$

单层平板的透射系数为

$$T_{\|} = \frac{2}{\left(A^{\|} + B^{\|}\big/Z_{c2}^{\|}\right) + Z_{c0}^{\|}\left(C^{\|} + D^{\|}\big/Z_{c2}^{\|}\right)} \tag{4.20}$$

式中，水平极化下介质 1 的等效特征阻抗 $Z_{c1}^{\|} = Z_1 \cos\theta_1 = \sqrt{\frac{\mu_0}{\tilde{\varepsilon}_1}}\cos\theta_1$；介质 2 的等效特征阻抗 $Z_{c2}^{\|} = Z_2 \cos\theta_2 = \sqrt{\frac{\mu_0}{\tilde{\varepsilon}_2}}\cos\theta_2$；$Z_0 = \sqrt{\frac{\mu_0}{\varepsilon_0}}$，$Z_2 = \sqrt{\frac{\mu_2}{\tilde{\varepsilon}_2}}$。

(2) 对于垂直极化波，单层平板的反射系数为[2]

$$R_\perp = \frac{\left(A^\perp + B^\perp\big/Z_{c2}^\perp\right) - Z_{c0}^\perp\left(C^\perp + D^\perp\big/Z_{c2}^\perp\right)}{\left(A^\perp + B^\perp\big/Z_{c2}^\perp\right) + Z_{c0}^\perp\left(C^\perp + D^\perp\big/Z_{c2}^\perp\right)} \tag{4.21}$$

单层平板的透射系数为

$$T_\perp = \frac{Z_0}{Z_2}\frac{2}{\left(A^\perp + B^\perp\big/Z_{c2}^\perp\right) + Z_{c0}^\perp\left(C^\perp + D^\perp\big/Z_{c2}^\perp\right)} \tag{4.22}$$

式中，垂直极化下介质 1 的等效特征阻抗 $Z_{c0}^\perp = Z_1\big/\cos\theta_1$；介质 2 的等效特征阻抗 $Z_{c2}^\perp = Z_2\big/\cos\theta_2 = \sqrt{\frac{\mu_0}{\tilde{\varepsilon}_2}}\frac{1}{\cos\theta_2}$。

对于单层平板天线罩，$Z_2 = Z_0$，$\cos\theta_2 = \cos\theta_1$，所以单层平板天线罩的反射系数为

$$R_c = \frac{\left(A + B\big/Z_{c0}\right) - \left(Z_{c0}C + D\right)}{\left(A + B\big/Z_{c0}\right) + \left(Z_{c0}C + D\right)} = \frac{B\big/Z_{c0} - Z_{c0}C}{2A + B\big/Z_{c0} + Z_{c0}C} \tag{4.23}$$

$$T_c = \frac{2}{\left(A + B\big/Z_{c0}\right) + \left(Z_{c0}C + D\right)} = \frac{2}{2A + B\big/Z_{c0} + Z_{c0}C} \tag{4.24}$$

式中，Z_{c0} 和 Z_{c1} 与极化有关。水平极化状态下，变量 Z_{c1} 取水平分量，即 $Z_{c1}^{\|} = Z_1 \cos\theta_1 = \sqrt{\frac{\mu_1}{\tilde{\varepsilon}_1}}\cos\theta_1$；垂直极化状态下，取垂直分量，即 $Z_{c1}^\perp = Z_1\big/\cos\theta_1$。对于无耗介质，$Z_1 = \sqrt{\frac{\mu_1}{\varepsilon_1}}$。

4.2.3 半波长壁厚平板罩

当电磁波从自由空间入射到平板天线罩表面时，会发生反射和折射现象，其中，折射满足式(4.15)所示的 Snell 折射定律。

1. 无耗单层平板罩[1]

对于无耗 $\gamma = j\beta$， $\text{sh}(\gamma l) = j\sin(\beta l)$， $\text{ch}(\gamma l) = \cos(\beta l)$，则 $A = D = \cos(\beta l)$。令 $B' = \dfrac{B}{Z_{c0}} = \dfrac{Z_{c1}}{Z_{c0}} j\sin(\beta l) = jN\sin(\beta l)$， $C' = Z_{c0}C = \dfrac{Z_{c0}}{Z_{c1}}\text{sh}(\gamma l) = \dfrac{Z_{c0}}{Z_{c1}} j\sin(\beta l)$， $N = Z_{c1}/Z_{c0}$， Z_{c0} 为自由空间的特征阻抗。

由式(4.17)可得 θ_1 和 θ_0 关系为

$$\sin\theta_1 = \frac{1}{\sqrt{\varepsilon'_{1r}}}\sin\theta_0 \tag{4.25}$$

$$\cos\theta_1 = \sqrt{1-\frac{1}{\varepsilon'_{1r}}\sin^2\theta_0} = \frac{1}{\sqrt{\varepsilon'_{1r}}}\sqrt{\varepsilon'_{1r}-\sin^2\theta_0} \tag{4.26}$$

对于水平极化， $Z_{c1} = \sqrt{\dfrac{\mu_1}{\varepsilon_1}} = \sqrt{\dfrac{\mu_{r1}\mu_0}{\varepsilon'_{1r}\varepsilon_0}} = Z_{c0}\sqrt{\dfrac{\mu_{r1}}{\varepsilon'_{1r}}} = Z_{c0}\dfrac{1}{\sqrt{\varepsilon'_{1r}}}$，其中， $\mu_{r1} = 1$。

$$N = \frac{Z_{c1}}{Z_{c0}}\frac{\cos\theta_1}{\cos\theta_0} = \frac{\sqrt{\varepsilon'_{1r}-\sin^2\theta_0}}{\sqrt{\varepsilon'_{1r}}\sqrt{\varepsilon'_{1r}}\sqrt{1-\sin^2\theta_0}} = \frac{\sqrt{\varepsilon'_{1r}-\sin^2\theta_0}}{\varepsilon'_{1r}\sqrt{1-\sin^2\theta_0}}$$

$$N - \frac{1}{N} = \frac{\sqrt{\varepsilon'_{1r}-\sin^2\theta_0}}{\varepsilon'_{1r}\sqrt{1-\sin^2\theta_0}} - \frac{\varepsilon'_{1r}\sqrt{1-\sin^2\theta_0}}{\sqrt{\varepsilon'_{1r}-\sin^2\theta_0}}$$

对于垂直极化，

$$N = \frac{Z_{c1}}{Z_{c0}}\frac{\cos\theta_0}{\cos\theta_1} = \frac{\dfrac{1}{\sqrt{\varepsilon'_{1r}}}\sqrt{1-\sin^2\theta_0}}{\dfrac{1}{\sqrt{\varepsilon'_{1r}}}\sqrt{\varepsilon'_{1r}-\sin^2\theta_0}} = \frac{\sqrt{1-\sin^2\theta_0}}{\sqrt{\varepsilon'_{1r}-\sin^2\theta_0}}$$

$$N - \frac{1}{N} = \frac{\sqrt{\varepsilon'_{1r}-\sin^2\theta_0}}{\sqrt{1-\sin^2\theta_0}} - \frac{\sqrt{1-\sin^2\theta_0}}{\sqrt{\varepsilon'_{1r}-\sin^2\theta_0}}$$

反射系数和透射系数为

$$R_c = \frac{B/Z_{c0} - Z_{c0}C}{2A + B/Z_{c0} + Z_{c0}C} = \frac{B' - C'}{2A + B' + C'} \tag{4.27}$$

$$T_c = \frac{2}{2A + B/Z_{c0} + Z_{c0}C} = \frac{2}{2A + B' + C'} \tag{4.28}$$

$$R_c = \frac{jN\sin(\beta l) - j\dfrac{1}{N}\sin(\beta l)}{2\cos(\beta l) + jN\sin(\beta l) + j\dfrac{1}{N}\sin(\beta l)} = \frac{j\left(N - \dfrac{1}{N}\right)\sin(\beta l)}{2\cos(\beta l) + j\left(N + \dfrac{1}{N}\right)\sin(\beta l)} \tag{4.29}$$

$$T_c = \frac{2}{2\cos(\beta l) + j\left(N + \dfrac{1}{N}\right)\sin(\beta l)} \tag{4.30}$$

若单层厚度为半波长的整数倍，即 $l = \dfrac{n\lambda_0}{2}$，$\beta l = \dfrac{2\pi}{\lambda_0}\dfrac{n\lambda_0}{2} = n\pi$，$n = 1, 2, 3, \cdots$，则

$$R_c = 0 \tag{4.31}$$

$$T_c = 1 \tag{4.32}$$

对于任意入射角 θ_0，由式(4.29)可得

$$\left(N - \frac{1}{N}\right)\sin(\beta l) = \left(\frac{Z_1\cos\theta_0}{Z_0\cos\theta_1} - \frac{Z_0\cos\theta_1}{Z_1\cos\theta_0}\right)\sin(\boldsymbol{\beta}\cdot\boldsymbol{l}) = 0 \tag{4.33}$$

因为 $Z_1 \neq Z_0$，$\sin(\boldsymbol{\beta}\cdot\boldsymbol{l}) = \sin(\beta l\cos\theta_1) = \sin\left(\dfrac{2\pi l}{\lambda_0}\sqrt{\varepsilon'_{1r}}\dfrac{1}{\sqrt{\varepsilon'_{1r}}}\sqrt{\varepsilon'_{1r} - \sin^2\theta_0}\right) = 0$，则

$$\frac{2\pi l}{\lambda_0}\sqrt{\varepsilon'_{1r} - \sin^2\theta_0} = n\pi \tag{4.34}$$

$$l = \frac{n\lambda_0}{2\sqrt{\varepsilon'_{1r} - \sin^2\theta_0}} \tag{4.35}$$

这就是对于入射角为 θ_0 的半波长天线罩的无耗罩壁最佳厚度设计公式。

2. 有耗单层平板罩

对于有耗介质，θ_1 和 θ_0 的关系由 Snell 折射定律式(4.15)决定。

一般情况下[1]，$\alpha = \omega\sqrt{\mu\varepsilon}\left\{\dfrac{1}{2}\left[\sqrt{1+\left(\dfrac{\sigma}{\omega\varepsilon}\right)^2}-1\right]\right\}^{1/2}$，$\beta = \omega\sqrt{\mu\varepsilon}\left\{\dfrac{1}{2}\left[\sqrt{1+\left(\dfrac{\sigma}{\omega\varepsilon}\right)^2}+1\right]\right\}^{1/2}$。当介质为良导体时，$\left(\dfrac{\sigma}{\omega\varepsilon}\right)^2 \gg 1$，则 $\alpha = \sqrt{\dfrac{\omega\sigma\mu}{2}}$，$\beta = \sqrt{\dfrac{\sigma\omega\mu}{2}}$；当介质为良介质时，$\left(\dfrac{\sigma}{\omega\varepsilon}\right)^2 \ll 1$，则 $\alpha = \dfrac{\sigma}{2}\sqrt{\dfrac{\mu}{\varepsilon}}$，$\beta = \omega\sqrt{\mu\varepsilon}$；采用低耗介质材料时，$\left(\dfrac{\sigma}{\omega\varepsilon}\right)^2 < 1$，则 $\alpha = \dfrac{\sigma}{2}\sqrt{\dfrac{\mu}{\varepsilon}}\left(1-\dfrac{1}{4}\left(\dfrac{\sigma}{\omega\varepsilon}\right)^2\right)$，$\beta \approx \omega\sqrt{\mu\varepsilon}\left[1+\dfrac{1}{8}\left(\dfrac{\sigma}{\omega\varepsilon}\right)^2 - \dfrac{1}{32}\left(\dfrac{\sigma}{\omega\varepsilon}\right)^4\right] \approx \omega\sqrt{\mu\varepsilon}\left[1+\dfrac{1}{8}\left(\dfrac{\sigma}{\omega\varepsilon}\right)^2\right]$。通常损耗角正切值 tan$\delta$ 小于 0.05 视为低耗介质材料。目前大多数天线罩所使用的复合材料为低耗介质材料。

对于低耗介质材料[4]，

$$\beta_0 \sin\theta_0 = \beta_1 \sin\theta_1 \tag{4.36}$$

$$\cos\theta_1 = \sqrt{1-\sin^2\theta_1} = \sqrt{1-\left(\dfrac{\gamma_0 \sin\theta_0}{\gamma_1}\right)^2} = \sqrt{1-\left(\dfrac{j\beta_0}{\alpha_1+j\beta_1}\right)^2 \sin^2\theta_0} \tag{4.37}$$

因为，$\beta_0 = \omega\sqrt{\mu_0\varepsilon_0}$，$\alpha_1 = \dfrac{\sigma}{2}\sqrt{\dfrac{\mu_0}{\varepsilon_1}}$，$\beta_1 \approx \omega\sqrt{\mu_0\varepsilon_1}\left[1+\dfrac{1}{8}\left(\dfrac{\sigma}{\omega\varepsilon_1}\right)^2\right]$，则

$$\cos\theta_1 = \sqrt{1-\left(\dfrac{j\omega\varepsilon_0\sqrt{(\varepsilon'_{1r}+j\varepsilon''_{1r})}}{\dfrac{\sigma}{2}+j\omega\varepsilon_0(\varepsilon'_{1r}+j\varepsilon''_{1r})\left[1+\dfrac{1}{8}\left(\dfrac{\sigma}{\omega\varepsilon_0(\varepsilon'_{1r}+j\varepsilon''_{1r})}\right)^2\right]}\right)^2 \sin^2\theta_0} =$$

$$\sqrt{1-\left(\dfrac{j\omega\varepsilon_0\sqrt{(\varepsilon'_{1r}(1-j\tan\delta_1))}}{\dfrac{\sigma}{2}+j\omega\varepsilon_0\varepsilon'_{1r}(1-j\tan\delta_1)\left[1+\dfrac{1}{8}\left(\dfrac{\sigma}{\omega\varepsilon_0\varepsilon'_{1r}(1-j\tan\delta_1)}\right)^2\right]}\right)^2 \sin^2\theta_0} \tag{4.38}$$

$$R_c = \frac{B' - C'}{2A + B' + C'} = \frac{\left(N - \dfrac{1}{N}\right)\mathrm{sh}(\gamma_1 l)}{2\mathrm{ch}(\gamma_1 l) + N\mathrm{sh}(\gamma_1 l) + \dfrac{1}{N}\mathrm{sh}(\gamma l)} \tag{4.39}$$

$$T_c = \frac{2}{2A + B' + C'} = \frac{2}{2\mathrm{ch}(\gamma_1 l) + N\mathrm{sh}(\gamma_1 l) + \dfrac{1}{N}\mathrm{sh}(\gamma_1 l)} \tag{4.40}$$

若单层厚度为半波长的整数倍，即 $l = \dfrac{n\lambda_0}{2}$，$n = 1, 2, 3, \cdots$，并使得单层平板罩的反射系数为 0，则

$$\mathrm{sh}(\gamma_1 l) = \mathrm{sh}\left[(\alpha_1 + \mathrm{j}\beta_1) l\right] = \mathrm{sh}(\alpha_1 l)\mathrm{ch}(\mathrm{j}\beta_1 l) + \mathrm{ch}(\alpha_1 l)\mathrm{sh}(\mathrm{j}\beta_1 l) =$$
$$\mathrm{sh}(\alpha_1 l)\cos(\beta_1 l) + \mathrm{jch}(\alpha_1 l)\sin(\mathrm{j}\beta_1 l) = 0 \tag{4.41}$$

利用辅助角公式 $a \cdot \cos(x) + b \cdot \sin(x) = \sqrt{a^2 + b^2}\sin[x + \varphi]$，$\varphi = \arctan\left(\dfrac{a}{b}\right)$ 和双曲线恒等式 $\mathrm{ch}^2(x) - \mathrm{sh}^2(x) = 1$，以及 $\dfrac{\mathrm{sh}(x)}{\mathrm{ch}(x)} = \mathrm{th}(x)$，则式(4.41)变为

$$\mathrm{sh}(\alpha_1 l)\cos(\beta_1 l) + \mathrm{jch}(\alpha_1 l)\sin(\beta_1 l)$$
$$= \sqrt{\mathrm{sh}^2(\alpha_1 l) - \mathrm{ch}^2(\alpha_1 l)}\sin\left[(\beta_1 l) + \varphi\right] = \mathrm{j}\sin\left[(\beta_1 l) + \varphi\right] \tag{4.42}$$

$$\varphi = \arctan\left(\frac{\mathrm{sh}(\alpha_1 l)}{\mathrm{ch}(\alpha_1 l)}\right) = \arctan\left(\mathrm{th}(\alpha_1 l)\right) \tag{4.43}$$

注意，$y = \arctan(x)$ 是有值域的，其值域为 $(-\pi/2, \pi/2)$，对于 x 在 $(-\pi/2, \pi/2)$ 范围内(在通常的天线罩设计中会满足这一角度范围)，$\varphi = \mathrm{th}(\alpha_1 l)$，则有

$$\sin\left[(\beta_1 l) + \mathrm{th}(\alpha_1 l)\right] = \sin\left[(\boldsymbol{\beta}_1 \cdot \boldsymbol{l}) + \mathrm{th}(\boldsymbol{\alpha}_1 \cdot \boldsymbol{l})\right]$$
$$\approx \sin\left[(\boldsymbol{\beta}_1 \cdot \boldsymbol{l}) + (\boldsymbol{\alpha}_1 \cdot \boldsymbol{l})\right] = \sin\left[(\beta_1 + \alpha_1) l \cos\theta_1\right] = 0 \tag{4.44}$$

若单层厚度为半波长的整数倍，即 $l = \dfrac{n\lambda_0}{2}$，$(\beta_1 + \alpha_1) l \cos\theta_1 = n\pi$，$n = 1, 2, 3, \cdots$，则

$$l = \frac{n\pi}{(\beta_1 + \alpha_1)\cos\theta_1} \tag{4.45}$$

由此获得低耗介质天线罩厚度计算关系公式。

4.3 影响介质天线罩功率传输系数(透波率)的因素

从上一节的讨论中我们知道,介质平板天线罩的功率传输系数在辐射功率不变的情况下,主要受介质材料、入射电磁波的极化方式以及电磁波入射角的影响。

4.3.1 极化方式对功率传输系数的影响

以相对介电常数 $\varepsilon_r = 3.3$,损耗角正切 $\tan\delta = 5\times10^{-3}$ 的石英氰酸酯玻璃钢复合材料构成厚度为 2×10^{-3} m 的单层天线罩为例。采用等效传输线理论方法对频带 1.2~18 GHz 范围,入射角 0°~90°范围,水平(TE)和垂直(TM)极化方式下的功率传输系数进行分析,如图 4.5 所示。可以看出,极化方式不同,透射规律亦有差

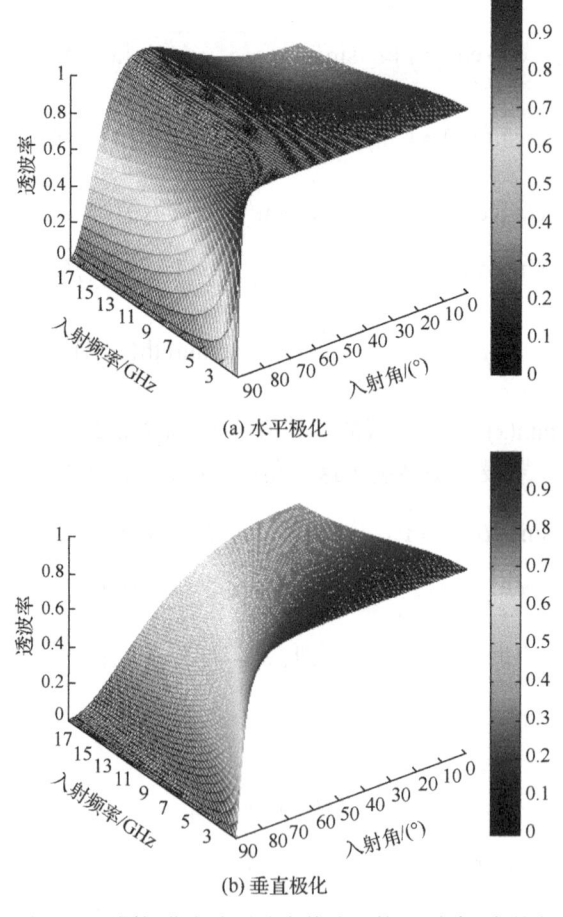

(a) 水平极化

(b) 垂直极化

图 4.5 不同极化方式对功率传输系数(透波率)的影响

别。水平极化波存在一个界面反射系数为 0 的布儒斯特角 θ_B，$\theta_B = \arctan\sqrt{\varepsilon_2/\varepsilon_1}$，无论 $\varepsilon_1 > \varepsilon_2$，还是 $\varepsilon_1 < \varepsilon_2$，当入射角等于布儒斯特角时，天线罩的透波率都接近最大；而垂直极化波在不同的介质分界面不可能出现全折射现象。

图 4.6 给出了入射电磁波频率 10 GHz 时，透波率和反射率随入射角的变化，同时给出了该频率下水平极化波入射时产生的布儒斯特角 θ_B。从图中可以清晰地看出，水平极化的透波率整体上优于垂直极化的透波率。因此，在进行介质天线罩的电性能设计时，主要的设计难点在于垂直极化。只要垂直极化的天线罩电性能满足指标要求，水平极化通常也能满足。所以，下面的讨论和计算均是基于垂直极化方式进行的。

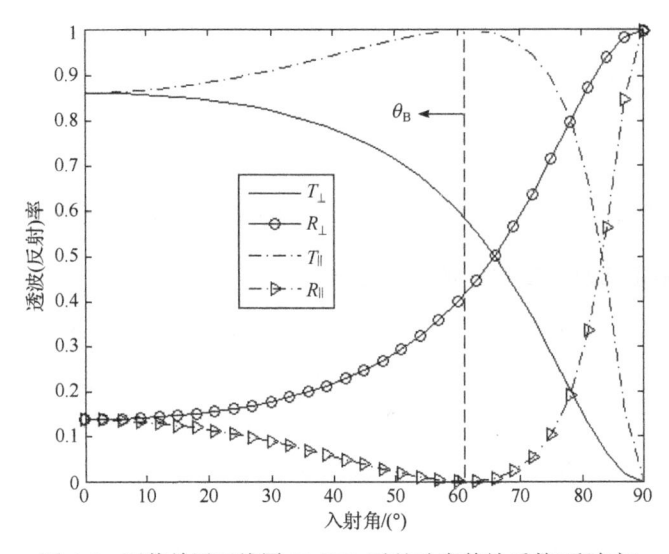

图 4.6 石英单层天线罩 10 GHz 时的功率传输系数(透波率)

4.3.2 介电常数对功率传输系数的影响

复合材料的介电性能(相对介电常数和损耗角正切)对天线罩的透波性能起着决定性作用，所以在进行天线罩的设计时，选择材料是关键的一步。图 4.7 展示了不同材料的介电常数对功率传输系数的影响，其中平板的厚度为 1.8×10^{-3} m，损耗角正切值为 0。图 4.7 中横轴为相对介电常数，纵轴为透波率大于 60% 的最大入射角。

从图 4.7 可以看出，随着介电常数的增加，满足一定功率传输系数要求的入射角范围逐渐缩小。频率为 18 GHz，介电常数为 2.5 时，透波率大于 60% 的最大入射角为 58°；介电常数为 3.3 时，透波率大于 60% 的最大入射角为 41°；介电常数为 4.0 时，透波率大于 60% 的最大入射角只有 25°。因此，介电常数越小，同一频带内符合功率传输系数要求的入射角范围越大。从天线罩电性能的角度考虑，应该选取介电常数较小的材料。

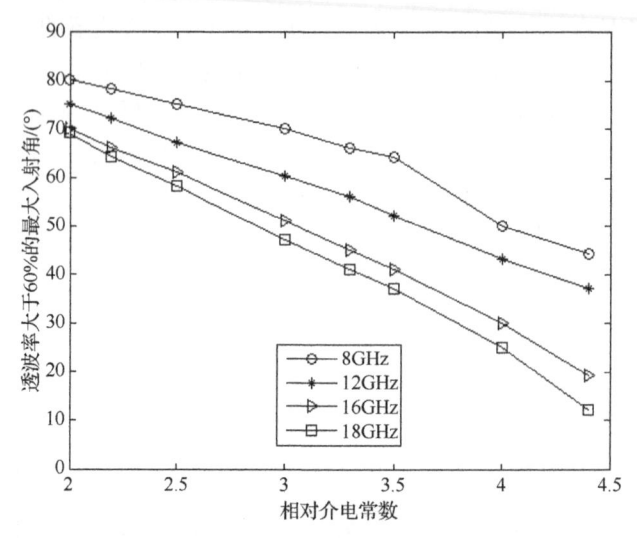

图 4.7 复合材料相对介电常数对功率传输系数(透波率)的影响

4.3.3 损耗角正切对功率传输系数的影响

图 4.8 给出了材料介电常数为 3.0、厚度为 7×10^{-3} m、电磁波频率为 18 GHz 时，不同损耗角正切下功率传输系数随入射角的变化。从图中可以看出，当相对介电常数一定时，损耗角正切值越小，天线罩透波性能越好。从天线罩电性能的角度考虑，应选择损耗角正切值小的材料，这也符合前述损耗角正切的物理意义。

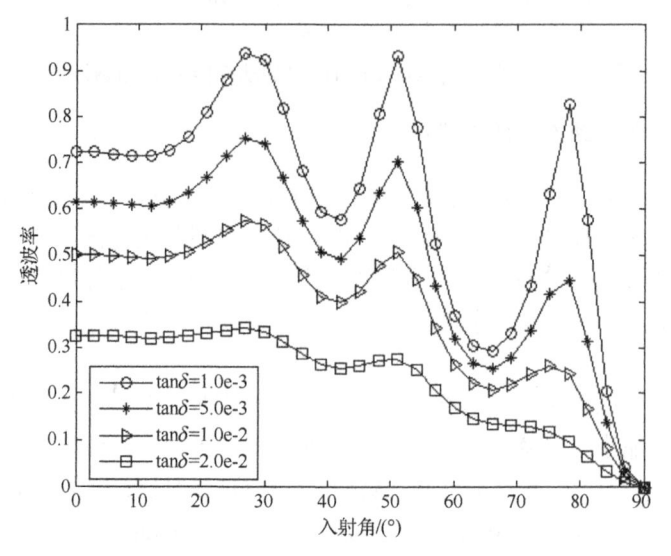

图 4.8 复合材料损耗角正切对功率传输系数(透波率)的影响

图 4.9 展示了介电常数为 3.3、损耗角正切值为 0、厚度为 6.6×10^{-3} m 的平板，在不同入射角(0°、30°、45°与60°)下功率传输系数随频率变化的曲线。图中标记了介质半波长对应的频率点 $f_{\lambda/2}$。可以看出，半波长实心壁天线罩可在某窄频带、较大入射角范围内具有较大的功率传输系数。入射角为 45°时，在 $f_{\lambda/2}\pm3$GHz 范围内，功率传输系数最低值为 0.6173。半波长实心壁天线罩的缺点是结构较重，且工作频带较窄。

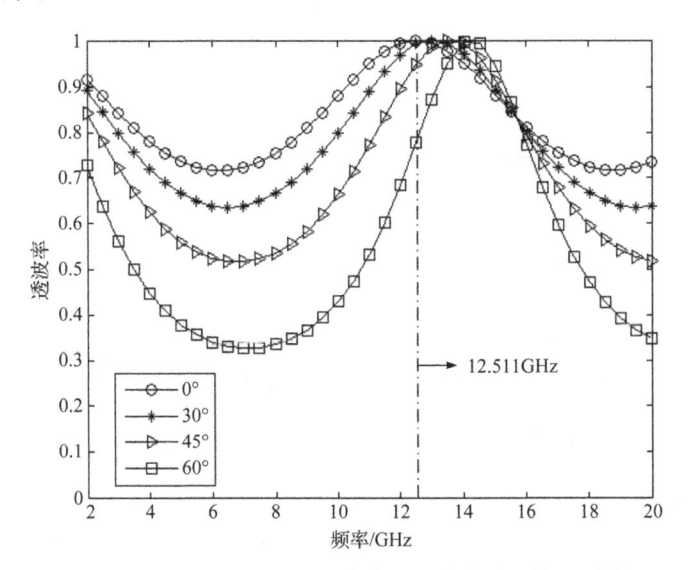

图 4.9 半波长实心壁不同入射角的功率传输系数(透波率)

4.4 多层介质平板功率传输系数和透射系数

在天线罩设计中，最简单的结构是单层平板形式，高频天线罩多采用介质半波长壁厚度；在低频(1GHz 以下)时，多采用薄壁厚度(一般小于介质中波长的 1/20)。而在中频(如 X 和 S 波段)时，可采用 A 夹层平板结构。天线罩需要更宽带宽(大于 1 个倍频程)时，通常采用多层结构，此时，天线罩的电性能可以采用多次反射、透射的小反射理论来计算，计算过程相当繁杂，而采用网络理论推导的多层夹层电性能计算方法则既简单又具备通用性[1]。

图 4.10 为电磁波入射多层介质平板的示意图，d_i、ε_i 和 μ_i 分别表示第 i 层介质的厚度、介电常数和磁导率；N 为多层介质平板的总层数。在通常的天线罩设计中，多层介质平板的两边均为自由空间。

N 个不同的介质平板依次叠加时，可以等效为 N 个四端口网络的级联。入射波经过多层介质平板的过程可以等效为 N 个等效传输线的级联，如图 4.11 所示。

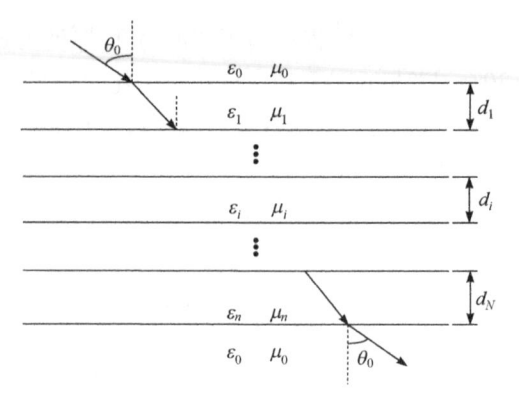

图 4.10 电磁波入射多层介质平板示意图

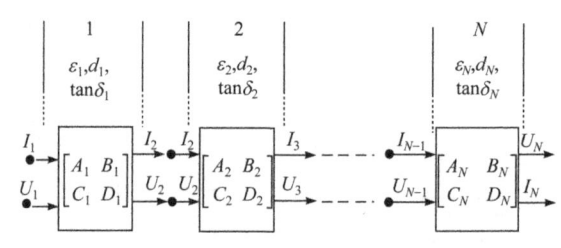

图 4.11 多层介质平板等效传输线网络图

总的级联网络的传输矩阵为各子网络传输矩阵的乘积，可以表示为

$$\begin{bmatrix} U_0 \\ I_0 \end{bmatrix} = \begin{bmatrix} A_1 & B_1 \\ C_1 & D_1 \end{bmatrix} \begin{bmatrix} A_2 & B_2 \\ C_2 & D_2 \end{bmatrix} \cdots \begin{bmatrix} A_N & B_N \\ C_N & D_N \end{bmatrix} \begin{bmatrix} U_{N+} \\ I_{N+1} \end{bmatrix} = \begin{bmatrix} A & B \\ C & D \end{bmatrix} \begin{bmatrix} U_{N+} \\ I_{N+1} \end{bmatrix} \quad (4.46)$$

所以，多层平板的传输矩阵为

$$\begin{bmatrix} A & B \\ C & D \end{bmatrix} = \begin{bmatrix} A_1 & B_1 \\ C_1 & D_1 \end{bmatrix} \begin{bmatrix} A_2 & B_2 \\ C_2 & D_2 \end{bmatrix} \cdots \begin{bmatrix} A_N & B_N \\ C_N & D_N \end{bmatrix} \quad (4.47)$$

式中，$\begin{bmatrix} A_i & B_i \\ C_i & D_i \end{bmatrix}$ 对应第 i 层介质平板的传输矩阵。

4.4.1 多层介质平板的传输矩阵单元计算

多层介质平板的传输矩阵具体表达式为

$$\begin{cases} A_i = \text{ch}(j\gamma_i d_i) = D_i \\ B_i = Z_{0i} \text{sh}(j\gamma_i d_i) \\ C_i = \text{sh}(j\gamma_i d_i) / Z_{0i} \end{cases} \quad (4.48)$$

式中，Z_{0i} 为第 i 层介质的特征阻抗，$i = 1, 2, \cdots, N$。Z_{0i} 可以用水平和垂直的等效

特征阻抗 Z_{ci} 表示。

$$Z_{0i} = \begin{cases} Z_{ci}^{\parallel} = Z_i \cos\theta_i = Z_0 \dfrac{\varepsilon_0}{\varepsilon_{ri}} \sqrt{\dfrac{\varepsilon_{ri}}{\varepsilon_0} - \sin^2\theta_0} \\ Z_{ci}^{\perp} = Z_i \Big/ \cos\theta_i = Z_0 \Big/ \sqrt{\dfrac{\varepsilon_{ri}}{\varepsilon_0} - \sin^2\theta_0} \end{cases} \quad (4.49)$$

式中，$\varepsilon_{ri} = \varepsilon_{ri}' + j\varepsilon_{ri}'' = \varepsilon_{ri}'(1 - j\tan\delta_i)$，$\tan\delta_i$ 是第 i 层介质平板的损耗角正切；Z_0 为自由空间的特征阻抗。

4.4.2 多层介质平板的厚度计算

为了求得多层介质天线罩的厚度，可以采用下面的计算式：

$$\gamma_i d_i = \frac{2\pi d_i}{\lambda_0} \sqrt{\frac{\varepsilon_{ri}}{\varepsilon_0} - \sin^2\theta_0} \quad (4.50)$$

4.4.3 多层介质平板的反射和透射系数

在天线罩设计中，由多层介质平板的传输矩阵可以计算出多层介质的复数反射系数 R_N 和复数透射系数 T_N[1]：

$$R_N = \frac{\left(A + B/Z_{ci}\right) - \left(Z_{ci}C + D\right)}{\left(A + B/Z_{ci}\right) + \left(Z_{ci}C + D\right)} = |R_N| e^{-j\Phi_{R_N}} = R_{N1} - jR_{N2} \quad (4.51)$$

$$T_N = \frac{2}{\left(A + B/Z_{ci}\right) + \left(Z_{ci}C + D\right)} = |T_N| e^{-j\Phi_{T_N}} = T_{N1} - jT_{N2} \quad (4.52)$$

此外，多层介质平板的功率反射系数 $|R_N|^2 = |R_{N1}|^2 + |R_{N2}|^2$，$R_{N1}$ 和 R_{N2} 分别为反射系数 R_N 的实部和虚部；多层介质平板的功率透射系数 $|T_N|^2 = |T_{N1}|^2 + |T_{N2}|^2$，$T_{N1}$ 和 T_{N2} 分别为透射系数 T_N 的实部和虚部。

4.4.4 多层介质平板的插入相位移

电磁波穿过多层介质平板所产生的插入相位移，即 IPD 表示为

$$\text{IPD} = \Phi_{T_N} - \frac{2\pi d}{\lambda}\cos\theta_0 = \Phi_{T_N} - \frac{2\pi}{\lambda_0}\cos\theta_0 \cdot \sum_{i=1}^{N} d_i \sqrt{\varepsilon_{ri}} \quad (4.53)$$

式中，$d = d_1 + d_2 + \cdots + d_N$ 为多层介质平板的总厚度；λ_0 为入射电磁波的中心频率。

$$\Phi_{TN} = \arctan \frac{T_{N2}}{T_{N1}} \tag{4.54}$$

4.4.5 多层介质平板的反射相位

$$\Phi_{RN} = \arctan \frac{R_{N2}}{R_{N1}} \tag{4.55}$$

一般讨论的天线罩的透波率是指功率传输系数，即其传输系数 $|T_N|$ 的平方：

$$T_t = |T|^2 \tag{4.56}$$

4.5 平板天线罩入射角的确定

在平板天线罩的罩壁结构设计过程中，一个需要解决的问题是最佳入射角的确定。该入射角是指电磁波入射方向与罩壁法线方向之间的特殊夹角，考虑到曲面结构天线罩在不同位置的入射角各不相同，最重要的问题是选取其中最具有代表性的入射角。只有在确定了这一角度之后，才能根据它设计具有最高电磁波透过系数的罩壁结构。因此，最佳入射角是决定罩壁结构的直接因素之一。

考虑到曲面天线罩上每一点的入射角不完全相同，首先可以对天线罩曲面进行网格剖分，然后以各个剖分单元的中心点作为计算入射角的采样点，以各个采样点的入射场场强幅值作为加权系数，对采样点的入射角进行统计处理，最终确定需要重点优化的入射角范围。

上述过程中各个入射点的角度计算方法为，首先通过采样平面波谱理论模拟雷达天线的辐射口面，然后根据相应近场计算公式计算各点的电场 E_i 与磁场 H_i，并将各点的入射场等效为以能流方向传播的准平面波，其中，入射点处电磁波的传输方向 S 为

$$S = \frac{\frac{1}{2}\mathrm{Re}\{E_i \times H_i^*\}}{\frac{1}{2}|\mathrm{Re}\{E_i \times H_i^*\}|} \tag{4.57}$$

采样点处的入射角为

$$\theta_i = \arccos(S \cdot n) \tag{4.58}$$

式中，n 为天线罩内表面单位法向量。

4.6 本章小结

本章针对介质平板天线罩的电性能设计，从电磁波入射介质的传输特性出发，推导了反射系数和透射系数，并通过传输线的传输矩阵表示方法引入了平板天线罩的等效传输线设计方法。详细分析了无耗和有耗介质的天线罩散射特性、最佳半波长厚度设计理论，并讨论了极化、相对介电常数、损耗角正切等对电磁波入射介质天线罩透波率的影响。上述内容为后续实际天线罩设计奠定了理论基础。

参 考 文 献

[1] 杜耀惟. 天线罩电性能设计方法. 北京: 国防工业出版社, 1993.
[2] Shifflett J A. CADDRAD: a physical optics radar/radome analysis code for arbitrary 3D geometries. IEEE Antennas and Propagation Magazine, 1998, 39(6):73-79.
[3] 张天信. 运用射线跟踪技术计算天线罩对天线辐射性能的影响. 现代雷达, 1992 (2): 90-97.
[4] Pozar D M. Microwave Engineering Solutions. Hoboken N.J.: John Wiley & Sons, 2005.

第 5 章 天线罩电性能高频分析方法

从 20 世纪 60 年代开始，计算技术的出现推动了天线罩分析技术的发展。G. Tricoles 利用射线跟踪法，即几何光学(Geometry Optics，GO)法计算了正切卵形天线罩的远区方向图和瞄准误差等[1]。Kilcoyne 应用二维射线跟踪法(Two-Dimensional Ray Tracing) 计算了二维正切卵形天线罩的功率传输系数[2]。Tavis 提出了三维射线跟踪法(Three Dimensional Ray Tracing)[3]，分析了三维正切卵形天线罩。由于几何光学法能够有效预测大尺寸天线罩的性能，较长一段时间内在天线罩分析计算中占据重要地位。随着天线罩种类的增多，几何光学法在计算较小尺寸天线罩时的局限性愈加凸显。因此，人们在几何光学法的基础上，提出了口径积分-表面积分法(Aperture Integration-Surface Integration，AI-SI)[4]，即物理光学(Physical Optics，PO)法。物理光学法是在几何光学法的基础上提出的，两种算法均忽略了天线罩对天线的二次反射影响，并将罩体表面等效为平板，因此，高频算法计算量小、运行速度快，但计算精度不高，且仅适用于罩体曲面半径相对较大的天线罩。利用高频算法分析曲率半径较大的罩体结果较为准确，而低频算法则能够准确分析任意结构罩体。可以将高频算法与低频算法相结合，即用低频算法计算曲率半径较小的部分，如正切卵形罩的前端，用高频算法计算罩体后面曲率半径较大的部分。因此，对于大尺寸复杂天线罩模型的分析，利用高频与低频混合方法可以有效得出计算结果。随后，Wu 与 Rudduck 提出了平面波谱-表面积分法(Plane Wave Spectrum-Surface Integration，PWS-SI)[5,6]。

本章将聚焦几何光学法和物理光学法，通过简单的数学推导，得到相应的天线罩电性能计算方程，为实际天线罩电性能的设计与分析奠定基础。

5.1 几何光学法分析方法

几何光学法，又称射线追踪法，是麦克斯韦方程的零波长近似，也就是说，几何光学的尺度远大于波长，因此，忽略了光的衍射效应。该方法常用于光学原理的聚焦设备分析[3]。在用几何光学法近似地对天线系统进行分析和综合时，通常不考虑衍射和干涉的影响。在高频条件下，几何光学法可以得到电磁波在天线罩内传播的麦克斯韦方程的近似解。在几何光学法中，假设电磁波沿着射线的路径传播，波阵面处处与射线垂直[3]。用几何光学法分析天线罩的基础是，辐射口径远大于波长时,考虑射线方向垂直等相位面,在介质分界面上满足 Snell 反射折射定律。因此,可以在天线罩外获得一个等效的口径。通过计算该口径的幅度和相位分布,可以进一步计算远区的辐射场,最终求得天线-天线罩系统的天线辐射方向图,并得到相关的散射特性。

5.1.1 几何光学法原理

1. 几何光学法的基本原理

几何光学法的基本原理包括以下几点。
1) 光线概念
将物体上的点视为几何点,发出的光束视为无数几何光线的集合,光线的方向代表光能的传播方向。
2) 光线传播定律
(1) 直线传播定律:光在均匀媒质中沿直线方向传播。
(2) 独立传播定律:两束光在传播途中相遇时互不干扰,仍按各自的途径继续传播。
(3) 反射定律和折射定律:光在传播途中遇到两种不同媒质的光滑分界面时,一部分光线反射,另一部分光线折射,反射光线和折射光线的传播方向分别由反射定律和折射定律决定。

用几何光学法设计天线-天线罩系统的电性能,具有概念简单、精度合理的特点,适用于发射或接收模式。对于波长较大的天线罩,几何光学法具有良好的瞄准误差预测精度。

2. 天线口径离散化

对于天线口径,通常采用离散化方法对其进行数值处理。图 5.1 所示为天线口径坐标示意图。

图 5.1 中,$P(x_0, y_0, z_0)$、$P(x, y, z)$ 和 $P(x_m, y_n, z_p)$ 分别为天线口径的中心、空间任意观察点和天线口径面上任意一点的位置;R_0 为 $P(x_0, y_0, z_0)$ 与 $P(x, y, z)$ 之间的距离;R_{mn} 为 $P(x, y, z)$ 与 $P(x_m, y_n, z_p)$ 之间的距离;R_i 为 $P(x_0, y_0, z_0)$ 与 $P(x_m, y_n, z_p)$ 之间的距离;r_0 为 $P(x_0, y_0, z_0)$ 至 $P(x, y, z)$ 的单位方向矢量;r_i 为 $P(x_0, y_0, z_0)$ 至 $P(x_m, y_n, z_p)$ 的方向矢量。

将 X 轴和 Y 轴坐标方向的计算空间进行离散化处理。假设 M、N 分别为 X 轴与 Y 轴方向的网格总数;d_x 和 d_y 分别为天线在 XOY 平面离散化的 X 轴与 Y 轴网格剖分大小;λ_{min} 为天线工作最高频率所对应的波长。如图 5.2 所示,每波长剖分网格数大于 2 时,由网格剖分带来的第一副瓣电平误差约为 3%[7],随着剖分网格数的增加，误差逐渐减小。则当 d_x、$d_y \leqslant 0.5 \lambda_{min}$ 时，由网格离散化引起的天线方向图误差可以忽略，通常，我们只对天线的主瓣和第一副瓣感兴趣，最大的网格剖分 d_x 和 d_y 小于 $\lambda_{min}/2$，网格剖分数大小取 $\lambda_{min}/10$ 较为合适。

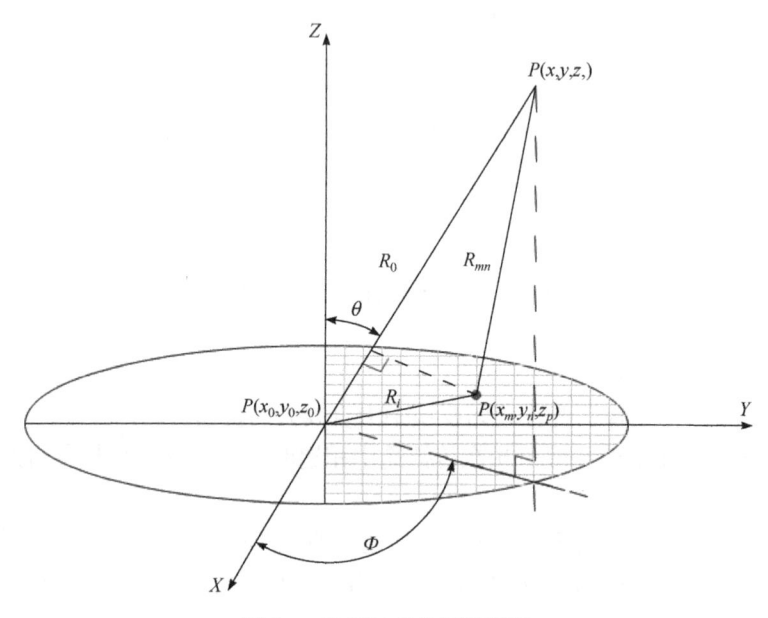

图 5.1　天线口径坐标示意图

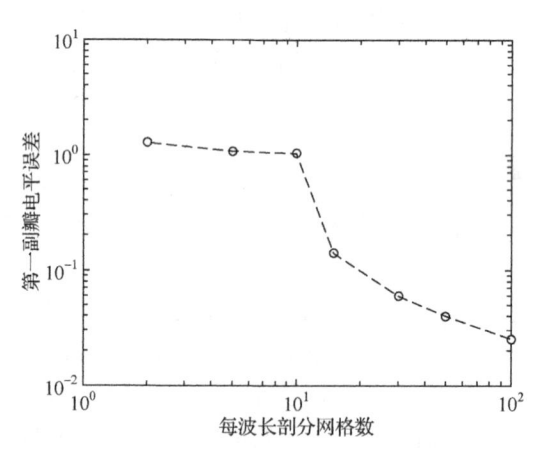

图 5.2　网格剖分对天线第一副瓣的影响

假设每一个离散的网格点均放置无穷小的电偶极子，每个电偶极子激励的幅度和相位按照一定的规律分布。只考虑天线的主瓣和第一副瓣电平时，所有电偶极子产生的电场辐射方向图可表示为

第5章 天线罩电性能高频分析方法

$$E_f = \sum_{m=1}^{M}\sum_{n=1}^{N} F_{mn}^a \frac{\exp(-jkR_{mn})}{R_{mn}} \tag{5.1}$$

式中，k 为波数；F_{mn}^a 为不同位置电偶极子的幅度和相位分布函数。为满足远场条件，即 $R_{mn} \geq 2D_0^2/\lambda$，$R_{mn}$ 趋于无穷大时，如图 5.1 所示，$R_{mn} = R_0 - \vec{r}_i \cdot \vec{r}_0$，则有

$$\frac{\exp(-jkR_{mn})}{R_{mn}} = \frac{\exp(-jkR_0)}{R_0}\exp(jk\vec{r}_i \cdot \vec{r}_0) \tag{5.2}$$

将式(5.2)代入式(5.1)可得

$$E_f = \sum_{m=1}^{M}\sum_{n=1}^{N} F_{mn}^a \frac{\exp(-jkR_0)}{R_0}\exp(jk\vec{r}_i \cdot \vec{r}_0) \tag{5.3}$$

式中，$\vec{r}_i = (x_m-x_0, y_n-y_0, z_p-z_0)$；$\vec{r}_0 = (\sin\theta\cos\varphi, \sin\theta\sin\varphi, \cos\theta)$。

令 $\psi = \vec{r}_i \cdot \vec{r}_0$，则化简式(5.3)并归一化后可写为

$$E_f = \sum_{m=1}^{M}\sum_{n=1}^{N} F_{mn}^a \exp(jk\psi) \tag{5.4}$$

式中，

$$\psi = (x_m - x_0)\sin\theta\cos\varphi + (y_n - y_0)\sin\theta\sin\varphi + (z_p - z_0)\cos\theta \tag{5.5}$$

假设天线口径位于 XOY 平面，所以有 $x_m = md_x$，$y_n = nd_y$，$z_p = z_0$。天线口径中心位于原点时，式(5.5)可化简为

$$\psi = x_m \sin\theta\cos\varphi + y_n \sin\theta\sin\varphi \tag{5.6}$$

将式(5.6)代入式(5.4)，可得

$$E_f = \sum_{m=1}^{M}\sum_{n=1}^{N} F_{mn}^a \exp\left[jk\left(x_m \sin\theta\cos\varphi + y_n \sin\theta\sin\varphi\right)\right] \tag{5.7}$$

对于单脉冲天线，幅度和相位激励函数 F_{mn}^a 可以有下列几种形式：

$$F_{mn}^a = \cos\left(\pi \cdot \frac{R_i}{D_0}\right) \tag{5.8}$$

$$F_{mn}^a = \sin\left(2\pi \cdot \frac{R_i}{D_0}\right) \tag{5.9}$$

$$F_{mn}^a = \sin\left(2\pi \cdot \frac{y_n}{D_0}\right) \tag{5.10}$$

对于给定的网格步长 d_x、d_y，方位角 θ、ϕ，幅度和相位激励函数 F_{mn}^a，可以计算出单脉冲天线方向图。

3. 天线罩几何光学法原理

天线罩的几何光学法有两个基本假设[8]。

(1) 天线罩的曲率半径相当大,局部区域可以近似视为平板结构。

(2) 天线口径大于 5 个波长,辐射的近场区是单一的平面波。

地面大型单脉冲天线罩基本满足上述两个假设,因此,几何光学法在实际天线罩设计中应用广泛。该方法占用计算资源少,可以在个人计算机上运行。几何光学法的经典假设是入射到天线罩的电磁波近似为均匀平面波。同时,天线罩的介质壳体处处可以近似为局部平面,从而可以用第 3 章的等效传输线理论计算得到功率传输系数和插入相位移,然后计算天线罩的透射场和反射场。但是当天线罩电尺寸小于 5 个波长时,几何光学法的上述两个基本假设不再成立,此时计算误差将变得无法接受[8]。

如图 5.3 所示,几何光学法选择一些垂直于口径的等间隔平行射线,并根据天线口径上的激励场分布确定每条射线的强度和相位。在天线罩的外部,利用几何光学法建立一个等效的天线等效口径。天线发出的每一根射线通过天线罩壁投射到等效口径上,借助传输线理论计算射线与天线罩壁交点处的功率传输系数、功率反射系数和插入相位移。然后,利用这些参数修改原天线口径的幅度和相位,得到天线-天线罩系统的口径场分布。最后,通过口面积分,计算得到天线-天线罩系统的远场方向图。

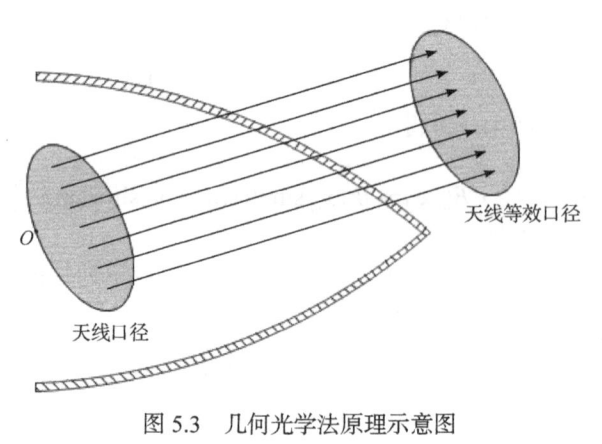

图 5.3 几何光学法原理示意图

修改后的电场方向图为

$$E_f = \sum_{m=1}^{M}\sum_{m=1}^{N} F_{mn}^R \exp(jk\psi) \quad (5.11)$$

$$F_{mn}^R = T_{mn} F_{mn}^a \quad (5.12)$$

电场方程(5.12)中，T_{mn} 为对应电偶极子坐标位置发出的射线与天线罩壁交点处的复功率传输系数。复功率传输系数的影响因素有天线工作频率、天线罩构成材料、天线罩的罩壁形式(如单层、A 夹层、C 夹层或多层等)、各层的厚度、入射角(入射面内入射线与其法向量的夹角)和极化方式。入射波入射时，在天线罩内部会分解为水平极化和垂直极化两种电磁波。不同极化方式的入射波入射天线罩时，需要选择对应的复功率传输系数 T_{mn}。式(5.4)和式(5.12)联立可以求得天线罩的各项电性能指标，如功率传输系数、功率反射系数、插入相位移和瞄准误差等。

几何光学法求解天线-天线罩系统步骤可分为：
(1) 建立天线罩模型。
(2) 推导天线与天线罩坐标系的转换关系。
(3) 求解入射线与天线罩壁的交点。
(4) 求解入射线与天线罩壁交点处的法向量。
(5) 在入射线与天线罩壁交点处，入射电磁波分解为垂直极化和水平极化两个分量，利用传输线理论分别计算电磁波在不同极化方式下的功率传输系数和插入相位移，在天线罩外部，垂直极化和水平极化分量将进行合成，形成天线罩外的电磁波。
(6) 在等效辐射口径面上进行积分，计算远场方向图。

5.1.2 坐标变换公式

在求解入射线与天线罩曲面交点前，须建立天线坐标系与天线罩坐标系间的坐标变换关系。

如图 5.4 所示，天线罩坐标系原点始终位于天线罩底面的几何中心，天线坐标系的原点 O 在天线口面的几何中心。其中，L_0 为天线罩长度，D_0 为天线罩底面直径，水平方位角(AZ)是中心线在 XOY 平面投影与天线波束指向中心之间的夹角，俯仰角(EL)是中心线在 XOZ 平面投影与天线波束指向中心之间的夹角。

天线罩坐标系为 $X^R Y^R Z^R$-O，天线的坐标系为 XYZ-O；天线罩坐标系相对于天线罩坐标系的位置为 (x_0, y_0, z_0)；天线的扫描角为 (AZ, EL)，天线口径上的源点在天线坐标系中为 (x_i, y_i, z_i)，转换到天线罩坐标系中坐标为 (x_i^R, x_i^R, x_i^R)；转化关系为

$$\begin{bmatrix} x_i^R \\ y_i^R \\ z_i^R \end{bmatrix} = \begin{bmatrix} \cos AZ \cos EL & -\cos AZ \sin EL & -\sin AZ \\ \sin EL & \cos EL & 0 \\ \sin AZ \cos EL & -\sin AZ \sin EL & \cos AZ \end{bmatrix} \begin{bmatrix} x_i \\ y_i \\ z_i \end{bmatrix} + \begin{bmatrix} x_0 \\ y_0 \\ z_0 \end{bmatrix} \quad (5.13)$$

天线罩坐标系到天线坐标系的转换关系为

(a) AZ图

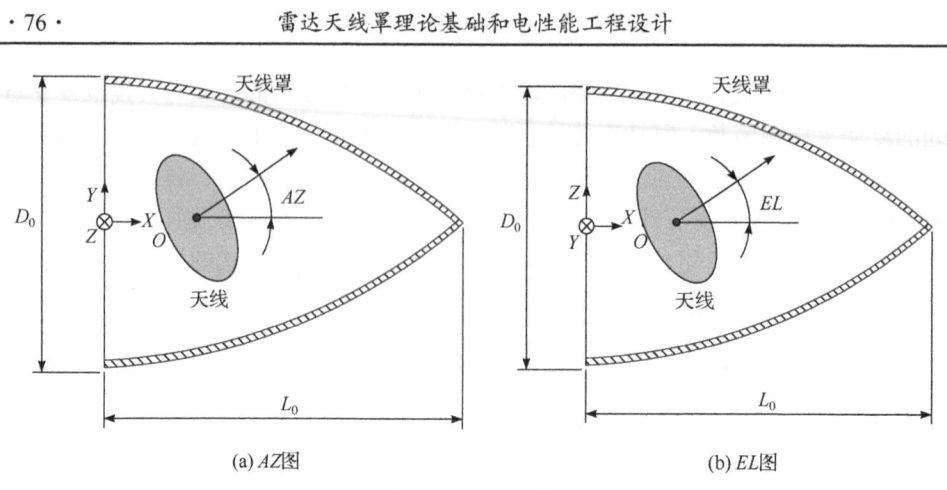

(b) EL图

图 5.4　坐标变换

$$\begin{bmatrix} x_i \\ y_i \\ z_i \end{bmatrix} = \begin{bmatrix} \cos EL \cos AZ & \sin EL & \cos EL \sin AZ \\ -\sin EL \cos AZ & \cos EL & -\sin AZ \sin EL \\ -\sin AZ & 0 & \cos AZ \end{bmatrix} \left(\begin{bmatrix} x_i^R \\ y_i^R \\ z_i^R \end{bmatrix} - \begin{bmatrix} x_0 \\ y_0 \\ z_0 \end{bmatrix} \right) \quad (5.14)$$

5.1.3　天线罩模型

选取四种典型的天线罩模型进行介绍，包括地面大型单脉冲天线常用的截球形天线罩、现代飞行器机头常用的正切卵形天线罩、导弹头采用的气动外形较佳的锥形天线罩，以及机身侧面采用的抛物柱面天线罩。

1. 截球形天线罩

假设截球形天线罩的球心为 $O(0,0,0)$，球半径为 R，则截球形天线罩的外形方程为

$$x^2 + y^2 + z^2 = R^2 \quad (5.15)$$

2. 正切卵形天线罩

图 5.5 所示为正切卵形天线罩 XOY 平面剖面图，其中，$P(x,y,z)$ 为天线罩内表面一点，此时的锐度比为 L_0/D_0。则 XOY 平面正切卵形天线罩的数学表达式可写为

$$(B+y)^2 + x^2 = R^2 \quad (5.16)$$

式中，

$$B^2 = \frac{4L_0^2 - D_0^2}{4D_0^2} \quad (5.17)$$

$$R^2 = \frac{4L_0^2 + D_0^2}{4D_0^2} \tag{5.18}$$

三维坐标系中的正切卵形天线罩为式(5.14)绕 x 轴旋转而成，表达式可写为

$$(B + \sqrt{y^2 + z^2})^2 + x^2 = R^2 \tag{5.19}$$

3. 锥形天线罩

三维直角坐标系中，锥形天线罩的一般表达式为

$$f(x, y, z) = y^2 + z^2 - f(x) \tag{5.20}$$

如图 5.6 所示，当 $f(x)$ 为 x 的一阶函数时，锥形天线罩数学表达式可写为

$$\sqrt{y^2 + z^2} = -\frac{D_0}{2L_0}x + \frac{D_0}{2} \tag{5.21}$$

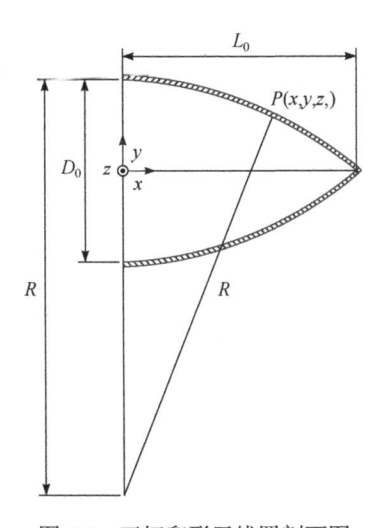

图 5.5 正切卵形天线罩剖面图　　图 5.6 锥形天线罩剖面图

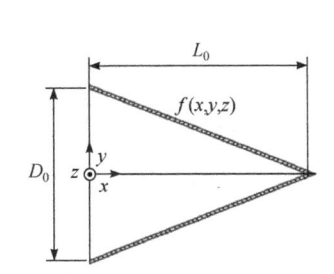

对于某些天线罩，虽然符合式(5.21)，但 $f(x)$ 为 x 的高阶函数，此类天线罩的横截面仍为圆对称的，但绕中心线的旋转线不是简单的直线或二次曲线，可能是四阶或更高阶的曲线，如歼八飞机的机头罩旋转曲线则为四阶[8]，其机头罩三维示意图如图 5.7 所示。

4. 抛物柱面天线罩

机身侧面天线罩通常为抛物柱面形状，假设天线罩上侧抛物线为 L_1，下侧抛物线为 L_2，L_1 与 L_2 相等时，曲线外形方程(L_1、L_2 在 YOZ 平面)可表示为

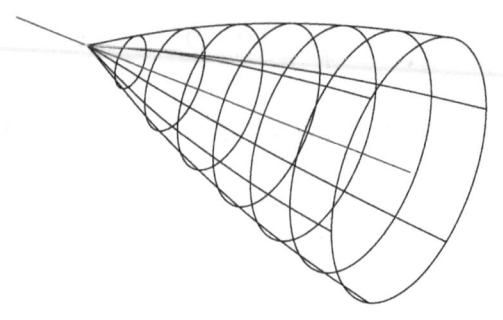

图 5.7　歼八机头罩三维示意图

$$f(y,z) = y^2 - 2p \cdot z \tag{5.22}$$

实际应用中，考虑到天线罩和飞机整体设计的匹配，机翼天线罩的 L_1 与 L_2 大小通常不相等，且不一定为简单抛物线，$f(y,z)$ 有可能为变量 y 和 z 的复杂函数，如图 5.8 所示。此时，天线罩整体的曲面方程需要考虑由上侧抛物线到下侧抛物线的渐变过程，曲面难以用简单的方程式表示，后续的交点求解等步骤也较为复杂。此类天线罩建模可借助专业软件完成，比如法国达索公司的产品建模设计软件 CATIA。天线罩建模将在后续章节中详细介绍。

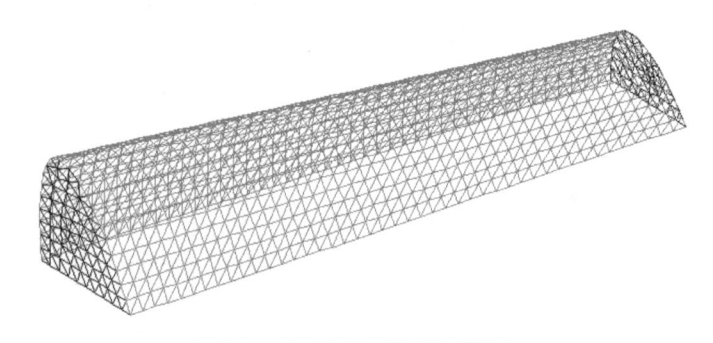

图 5.8　抛物柱面天线罩示意图

5.1.4　求解入射线与天线罩壁的交点

求解入射线与天线罩壁的交点在数学上是求解直线与曲面方程的交点，求解方法有多种，如联立直线方程、曲面方程解方程组法，二分法等。对于阶数较低的曲面方程，方程组求解法较为简单有效；而对于高阶曲面方程，二分法运算速度较快，且程序实现也较为简单。下面将详细介绍二分法求解入射线与天线罩壁交点的过程。

如图 5.9 所示，波矢量 k_i 可表示为

$$\boldsymbol{k}_i = k_x \hat{e}_x + k_y \hat{e}_y + k_z \hat{e}_z \tag{5.23}$$

第 5 章 天线罩电性能高频分析方法

式(5.23)中,

$$\begin{cases} k_x = \cos EL \cos AZ \\ k_y = -\sin AZ \\ k_z = -\sin EL \cos AZ \end{cases} \quad (5.24)$$

式中,AZ 相当于球坐标系中的 φ,EL 相当于球坐标系中 θ 的余角。

二分法的基本思路是,已知天线罩内一点 P_0 和波矢量 $\boldsymbol{k}_i$,首先以较大的步长求得天线罩外一点 P_1;然后设定一定的误差,通过二分法得到入射线与天线罩壁的交点。二分法的核心就是通过不断二分线段,来求这条线段与路径的交点。每次二分线段之后取和路径相交的那一段线段继续二分。这样很快收敛,迭代几次便可以得到一个高精度的交点。下面以正切卵形天线罩为例,给出二分法的计算步骤。

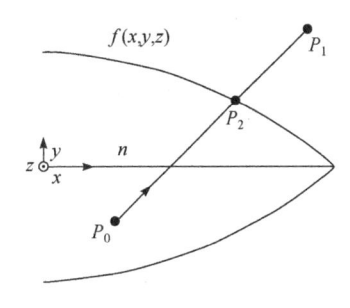

图 5.9 入射线与天线罩壁交点求解图

已知天线罩内一点 $P_0(x_0, y_0, z_0)$ 和入射方向矢量 $\boldsymbol{k}_i$。

第一步:设定增进步长 k,迅速求解天线罩外一点 $P_1(x_1, y_1, z_1)$。

第二步:根据天线罩模型数学方程 $f(x,y,z) = (B + \sqrt{y^2 + z^2})^2 + x^2 - R^2$、天线罩内一点 P_0、天线罩外一点 P_1,利用二分法求解射线与天线罩的交点 $P_2(x_2, y_2, z_2)$。

如图 5.10 所示,在程序设计中,增进步长 k 和求解误差 error 可自行设定。在计算算例中,给定的求解误差 error $= 1.0 \times 10^{-5}$,即 $f(x_2, y_2, z_2) \leqslant 1.0 \times 10^{-5}$,点 P_2 满足上述条件时,循环结束,保存 P_2 点,进行下一步外法向矢量和入射角的求解。

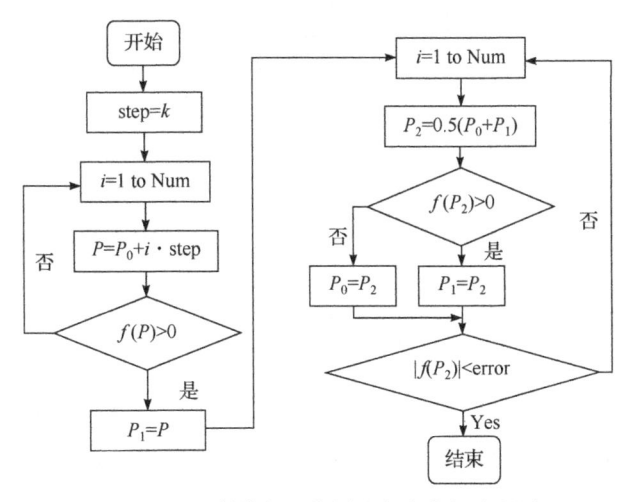

图 5.10 入射线与天线罩壁交点求解流程图

5.1.5 求解外法向矢量和入射角

图 5.11 所示为图 5.9 点 P_2 处的放大图示，n 为内法向矢量，入射角 θ_i 在由 k_i 和 n 组成的平面内，k_r 为反射矢量。

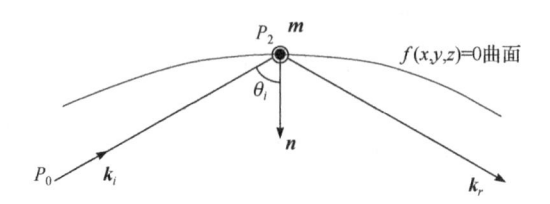

图 5.11 法向量和入射角求解示意图

内法向矢量 n 求解公式如下：

$$n = \frac{(f_x, f_y, f_z)}{\sqrt{f_x^2 + f_y^2 + f_z^2}} \tag{5.25}$$

式中，$f_x = \dfrac{\partial f(x,y,z)}{\partial x}$，$f_y = \dfrac{\partial f(x,y,z)}{\partial y}$，$f_z = \dfrac{\partial f(x,y,z)}{\partial z}$。

对于正切卵形天线罩，

$$\begin{cases} f_x = 2x \\ f_y = \dfrac{2y\left(\sqrt{y^2 + z^2} + B\right)}{\sqrt{y^2 + z^2}} \\ f_z = \dfrac{2z\left(\sqrt{y^2 + z^2} + B\right)}{\sqrt{y^2 + z^2}} \end{cases} \tag{5.26}$$

对于锥形天线罩，

$$\begin{cases} f_x = \dfrac{D_0}{2L_0} \\ f_y = \dfrac{-y}{\sqrt{y^2 + z^2}} \\ f_z = \dfrac{-z}{\sqrt{y^2 + z^2}} \end{cases} \tag{5.27}$$

在 P_2 点，入射矢量与天线罩曲面方程的法向量构成的锐角称为入射角 θ_i，可写为

$$\cos\theta_i = \boldsymbol{k}\cdot\boldsymbol{n} \tag{5.28}$$

反射点处曲面的反射方向矢量为 $\boldsymbol{k}_r$，根据反射线和入射线位于同一平面，且反射角等于入射角，则

$$\begin{cases} \boldsymbol{m}\cdot\boldsymbol{n} = 0 \\ \boldsymbol{m}\cdot\boldsymbol{k}_r = 0 \\ \boldsymbol{n}\cdot\boldsymbol{k}_r = -\boldsymbol{k}_i\cdot\boldsymbol{n} = 0 \end{cases} \tag{5.29}$$

式中，$\boldsymbol{m} = m_x\hat{e}_x + m_y\hat{e}_y + m_z\hat{e}_z$；$\boldsymbol{n} = n_x\hat{e}_x + n_y\hat{e}_y + n_z\hat{e}_z$。

式(5.29)可以写成矩阵形式：

$$\begin{bmatrix} n_z - n_y & n_x - n_z & n_y - n_x \\ k_{iy}n_z - k_{iz}n_y & k_{iz}n_x - k_{ix}n_z & k_{ix}n_y - k_{iy}n_x \\ n_x & n_y & n_z \end{bmatrix} \begin{bmatrix} k_{rx} \\ k_{ry} \\ k_{rz} \end{bmatrix} = \begin{bmatrix} (n_z - n_y)k_{ix} + (n_x - n_z)k_{iy} + (n_y - n_x)k_{iz} \\ 0 \\ -(n_xk_{ix} + n_yk_{iy} + n_zk_{iz}) \end{bmatrix} \tag{5.30}$$

式 (5.30) 形如 $\boldsymbol{Ax} = \boldsymbol{b}$ 矩阵，所以由逆矩阵形式 $\boldsymbol{x} = \boldsymbol{A}^{-1}\boldsymbol{b}$，可得

$$\begin{bmatrix} k_{rx} \\ k_{ry} \\ k_{rz} \end{bmatrix} = \begin{bmatrix} -\dfrac{n_xN_0}{N_1} - N_2\dfrac{k_{ix}n_y^2 - k_{iy}n_xn_y + k_{ix}n_z^2 - k_{iz}n_xn_z}{N_1N_3} \\ -\dfrac{n_yN_0}{N_1} - N_2\dfrac{k_{iy}n_x^2 - k_{ix}n_xn_y + k_{iy}n_z^2 - k_{iz}n_yn_z}{N_1N_3} \\ -\dfrac{n_zN_0}{N_1} - N_2\dfrac{k_{iz}n_x^2 - k_{ix}n_xn_z + k_{iz}n_y^2 - k_{iy}n_yn_z}{N_1N_3} \end{bmatrix} \tag{5.31}$$

式(5.31)中，

$$\begin{cases} N_0 = k_{ix}n_x + k_{iy}n_y + k_{iz}n_z \\ N_1 = n_x^2 + n_y^2 + n_z^2 \\ N_2 = k_{iz}(n_x - n_y) - k_{iy}(n_x - n_z) + k_{ix}(n_y - n_z) \\ N_3 = n_x(k_{iy} - S_{iz}) + n_y(k_{iz} - S_{ix}) + n_z(k_{ix} - S_{iy}) \end{cases} \tag{5.32}$$

由式(5.25)、式(5.28)与式(5.31)，可求得入射线与天线罩壁点的外法向矢量、入射角和反射矢量，通过编写程序，实现简单曲面的射线跟踪部分，并通过算例进行仿真验证。

图 5.12 为 $f(x,y,z) = x^2+z^2+y-16$ 曲面在 $z = 0$，即 XOY 平面时的内单条射线追踪结果。图 5.13 为 $f(x,y,z) = x^2+z^2+y-16$ 曲面内 75 条射线的追踪效果，其中，图 5.13(a)中"*"表示入射点，图 5.14(b)中"*"表示反射线与入射口面的交点。

入射点均在 $y=0$ 平面(入射口面)内，分别在 $x^2+z^2=9$、$x^2+z^2=4$ 和 $x^2+z^2=1$ 圆上，入射矢量 $k_i = (1, 1, 0)$，所有入射线均经过 7 次反射后回到入射口面，射线分布如图 5.13(b)所示。

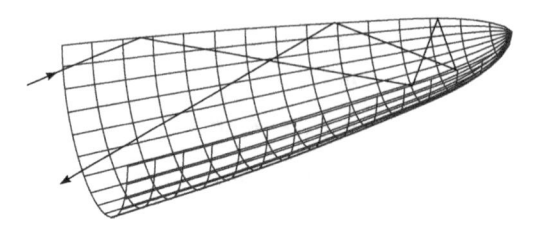

图 5.12　简单曲面单条射线追踪结果

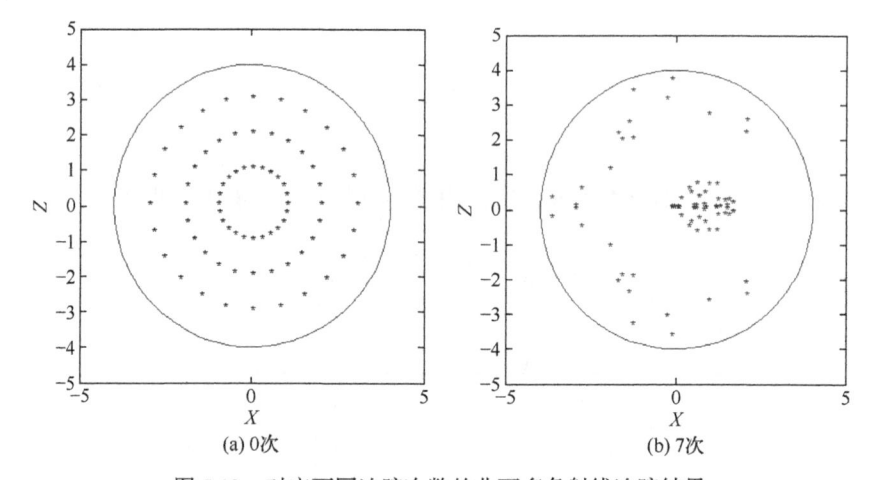

(a) 0次

(b) 7次

图 5.13　对应不同追踪次数的曲面多条射线追踪结果

图 5.14 给出了多曲面形式(曲面可以通过分段函数或者拟合实现)的单条射线

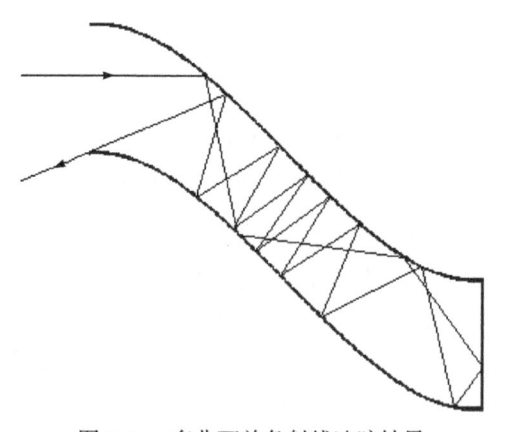

图 5.14　多曲面单条射线追踪结果

追踪结果。上述结果均通过几何关系进行了检验，从而验证了入射线与天线罩壁交点、法向矢量、入射角和反射矢量求解的正确性。

5.1.6 电场分解与合成

入射电磁波从天线罩内壁到外壁经历多次反射和透射现象，由于不同极化波的功率传输系数和插入相位移计算公式不同，在入射波到达交点前，需要进行电磁波的分解，通过天线罩后，进行电磁波的合成。图 5.15 给出了任意极化波的电场分解和合成过程。

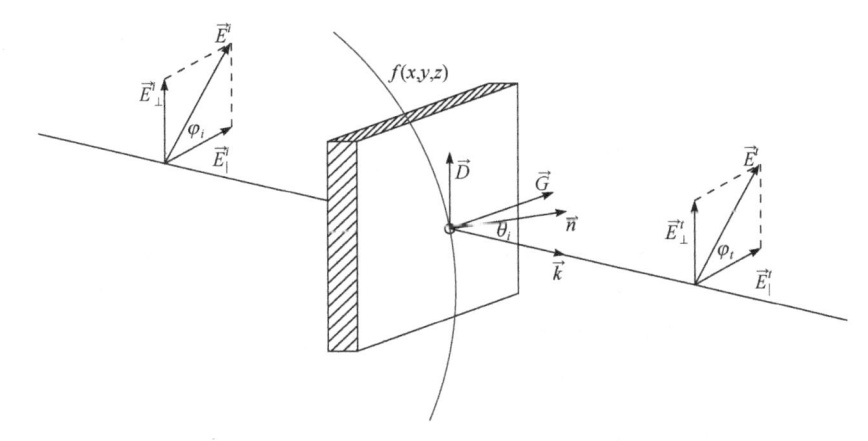

图 5.15 电场分解与合成示意图

图 5.15 中，垂直极化矢量 $\boldsymbol{D} = \boldsymbol{n} \times \boldsymbol{k}$，水平极化矢量 $\boldsymbol{G} = \boldsymbol{D} \times \boldsymbol{k}$，具体可写为

$$\boldsymbol{D} = \frac{\left(n_y k_z - n_z k_y\right)\hat{e}_x + \left(n_y k_x - n_x k_z\right)\hat{e}_y + \left(n_z k_y - n_y k_x\right)\hat{e}_z}{\sqrt{\left(n_y k_z - n_z k_y\right)^2 + \left(n_y k_x - n_x k_z\right)^2 + \left(n_z k_y - n_y k_x\right)^2}} \tag{5.33}$$

$$\boldsymbol{G} = \frac{\left(d_y k_z - d_z k_y\right)\hat{e}_x + \left(d_y k_x - d_x k_z\right)\hat{e}_y + \left(d_z k_y - d_y k_x\right)\hat{e}_z}{\sqrt{\left(d_y k_z - d_z k_y\right)^2 + \left(d_y k_x - d_x k_z\right)^2 + \left(d_z k_y - d_y k_x\right)^2}} \tag{5.34}$$

式中，$\boldsymbol{D} = d_x \hat{e}_x + d_y \hat{e}_y + d_z \hat{e}_z$；$\boldsymbol{G} = g_x \hat{e}_x + g_y \hat{e}_y + g_z \hat{e}_z$。

入射电磁波的电场分解为垂直极化分量和水平极化分量：

$$\boldsymbol{E}^i = \boldsymbol{E}^i_\perp + \boldsymbol{E}^i_\| \tag{5.35}$$

其入射电场的垂直极化分量和水平极化分量为

$$E^i_\perp = \boldsymbol{E}^i \cdot \boldsymbol{D} \tag{5.36a}$$

$$E_\parallel^i = \boldsymbol{E}^i \cdot \boldsymbol{G} \tag{5.36b}$$

假设在内表面交点透射电磁波的电场传输系数为 $\vec{T}$，则可分解为垂直极化分量和水平极化分量，垂直极化分量的电场传输系数为 $\boldsymbol{T}_\perp^i = T_\perp \angle IPD_\perp$，水平极化分量的电场传输系数为 $\boldsymbol{T}_\parallel^i = T_\parallel \angle IPD_\perp$，则在天线罩外部总的合成电场为

$$\boldsymbol{E}^t = \boldsymbol{E}_\perp^t + \boldsymbol{E}_\parallel^t \tag{5.37}$$

式中，合成的电场垂直极化分量和水平极化分量为

$$\boldsymbol{E}_\perp^t = \boldsymbol{E}_\perp^i \cdot \boldsymbol{T}_\perp^i \tag{5.38a}$$

$$\boldsymbol{E}_\parallel^t = \boldsymbol{E}_\parallel^i \cdot \boldsymbol{T}_\parallel^i \tag{5.38b}$$

5.2 几何光学法计算算例

作为验证算例，选择单层结构正切卵形天线罩，天线罩长度 $L_0 = 0.6096\text{ m}$，底面直径 $D_0 = L_0/2$，天线半径 $R_a = L_0/3$，天线罩材料的相对介电常数 $\varepsilon_r = 3.0 \times (1-10^{-3})$，单层厚度 $d = 1.27 \times 10^{-3}\text{ m}$，方位角 $AZ = 0°$，俯仰角 $EL = 0°$。天线为单脉冲天线，幅度和相位激励函数 F_{mn}^a 由式(5.11)来选取。

图 5.16 所示为入射线与天线罩壁交点示意图，从图中可以看出，所有交点的包络已经显示出正切卵形天线罩的形状。图 5.17(a)～(b)分别为算例中功率传输系数和插入相位移随频率变化的关系曲线，为了进行对比，图中给出了参考文献[7]和几何光学方法所获得的数据，两者计算数值基本吻合。

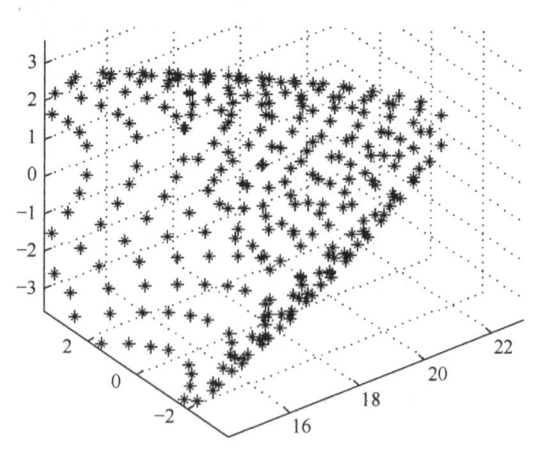

图 5.16 入射线与天线罩壁交点示意图

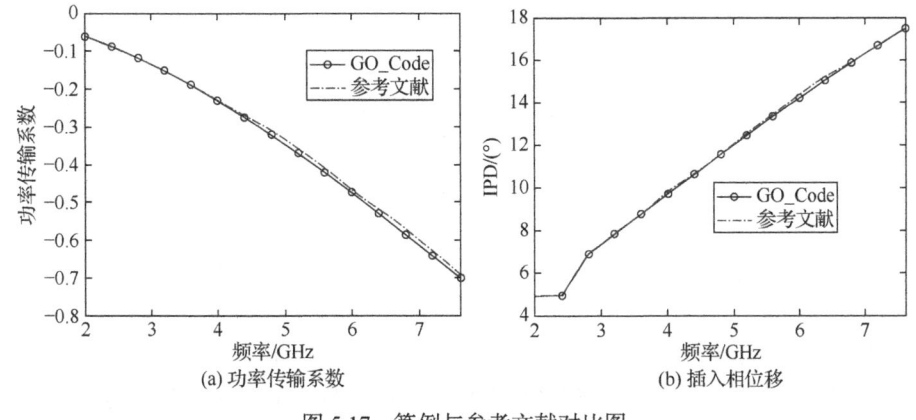

图 5.17 算例与参考文献对比图

5.3 物理光学法分析方法

物理光学法是电磁计算中的一种高频近似方法，它通过散射体表面的感应电流积分来表示散射场。这种方法基于高频近似，适用于处理高频电磁波与物体的相互作用，特别是在远场散射问题中表现出色。物理光学法是在几何光学法的基础上提出来的，适用于结构表面曲率半径远大于波长的情况。在计算天线罩系统性能时，忽略了天线罩对天线的干涉影响，因此，被广泛应用于天线罩分析与设计。在天线罩的电性能计算中，常用的物理光学法包括口径积分-表面积分(AI-SI)方法[5]和平面波谱-表面积分(PWS-SI)方法[6]。

在高频条件下，可以得到电磁波在天线罩内传播的麦克斯韦方程的近似解。在天线罩设计中，可以先根据第 4 章的四端口网络方法换算出罩体外表面的电场和磁场值，再通过外表面电场计算出远区辐射场，最终求得天线罩系统的远区电场方向图。通过对比无罩和有罩情况下的远区电场方向图，得到透波率、瞄准误差、主波束半功率点宽度的相对变化等天线罩的主要电性能参数。

5.3.1 口径积分-表面积分和平面波谱-表面积分

利用口径积分-表面积分方法和平面波谱-表面积分方法研究天线罩的性能基本思路是，首先根据天线的辐射场计算天线罩内外表面的等效电磁场，然后以天线罩外表面的等效电磁场作为惠更斯源计算辐射远区场。核心原理是利用口径积分-表面积分的方法计算天线的辐射近区场和远区场。该方法能够分析任意口面形状、任意口面分布的天线口面场，具有更广泛的实用性和适用性。虽然任意口面形状可以通过简单的数学关系得到，但对于如何得到任意天线的口面分布仍然相对困难。

利用 AI-SI 和 PWS-SI 方法分析天线-天线罩系统的步骤如下：

(1) 建立天线罩三维曲面模型。

(2) 将天线口面剖分，利用近场辐射公式计算出天线在天线罩内壁的电磁波总场。

(3) 利用天线与天线罩坐标系的转换关系，将天线坐标系下的天线罩内壁电场和磁场转换到天线罩坐标系下。

(4) 利用能流密度公式确认电磁波的辐射方向，计算出内表面入射角。

(5) 利用等效传输线理论分别计算电磁波在不同极化条件下的传输系数(复数)。

(6) 将内表面电磁场分解成垂直极化分量和水平极化分量，利用对应的传输系数得到天线罩外壁垂直极化和水平极化下的电磁场，通过不同极化分量的矢量合成得到天线罩外表面电场和磁场的合成场。

(7) 通过天线罩外表面积分和远区辐射公式得到有天线罩情况下的远区电场辐射方向图。

(8) 计算没有天线罩时，天线产生的远区电场方向图。

(9) 比较有罩和无罩时的远区电场方向图，得到不同扫描角下的瞄准误差和透波率等相关性能指标。

5.3.2　AI-SI 的数学模型

假定天线口径为 A，法向单位矢量为 $\boldsymbol{n}_A$，激励的电场为 $\boldsymbol{E}_a$，则等效磁流为

$$\boldsymbol{M} = \boldsymbol{E}_a \times \boldsymbol{n}_A \tag{5.39}$$

$$\boldsymbol{F} = \frac{\varepsilon}{4\pi} \iint_S \boldsymbol{M} \frac{\mathrm{e}^{-\mathrm{j}kr}}{r} \mathrm{d}s \tag{5.40}$$

式中，$k=2\pi/\lambda$，λ 为自由空间波长；$r = |\boldsymbol{r}_s - \boldsymbol{r}_a|$，$\boldsymbol{r}_s$ 是天线罩场点的位置矢量，$\boldsymbol{r}_a$ 是天线口径源点的矢量位置。由于电场辐射方向沿矢径方向，则入射到天线罩上的感应电场为

$$\boldsymbol{E} = -\nabla \times \frac{\boldsymbol{F}}{\varepsilon} = -\nabla \times \frac{1}{4\pi} \iint \boldsymbol{M} \frac{\mathrm{e}^{-\mathrm{j}kr}}{r} \mathrm{d}s = -\frac{1}{4\pi} \iint \left(\mathrm{j}k + \frac{1}{r} \right) \boldsymbol{M} \times \frac{\mathrm{e}^{-\mathrm{j}kr}}{r} \mathrm{d}s \tag{5.41}$$

而入射到天线罩上的感应磁场为

$$\boldsymbol{E} = \frac{1}{\mathrm{j}\omega\mu\varepsilon} \nabla \times \nabla \times \boldsymbol{F} = \frac{1}{\mathrm{j}\omega\mu\varepsilon} \left[\nabla\nabla \cdot \boldsymbol{F} + k^2 \boldsymbol{F} \right] \tag{5.42}$$

经过运算，得到天线罩内表面上的入射磁场：

$$\boldsymbol{H} = \frac{1}{\mathrm{j}4\pi\omega\mu} \iint \frac{\mathrm{e}^{-\mathrm{j}kr}}{r} \left[-\boldsymbol{M}\frac{1}{r}\left(\mathrm{j}k + \frac{1}{r}\right) - (\boldsymbol{M} \cdot \hat{\boldsymbol{r}})\hat{\boldsymbol{r}}\left(k^2 - \mathrm{j}\frac{3k}{r} - \frac{3}{r^2}\right) + k^2 \boldsymbol{M} \right] \mathrm{d}s \tag{5.43}$$

式中，$\hat{r}$ 是的 r 单位矢量。

入射到天线罩内表面上的功率密度为

$$S = \frac{1}{2}\text{Re}(E \times H^*) + \frac{1}{2}\text{Re}(E \times H^* e^{j2\omega t}) \tag{5.44}$$

式(5.44)对时间求平均值，其第二项为 0。由此可知，入射电磁波的功率密度传播方向为

$$\hat{s} = \frac{\text{Re}(\times H^*)}{|\text{Re}(E \times H^*)|} \tag{5.45}$$

根据第 3 章关于电磁波在多层介质传输特性的介绍，入射电场透过天线罩的透射场，在其外表面产生沿着天线罩表面的切向电场和磁场，由水平和垂直分量获得：

$$E^t = E_\parallel^i T_\parallel e^{-j\eta_\parallel} \hat{e}_\parallel + E_\perp^i T_\perp e^{-j\eta_\perp} \hat{e}_\perp \tag{5.46}$$

$$H^t = H_\parallel^i T_\perp e^{-j\eta_\parallel} \hat{e}_\parallel + H_\perp^i T_\parallel e^{-j\eta_\perp} \hat{e}_\perp \tag{5.47}$$

式中，$\eta = \varphi_t - 2\pi d \cos\theta / \lambda$，$d$ 为天线罩壁厚度；T 为透射系数。

在天线罩的内表面产生切向电磁场，由水平和垂直分量获得：

$$E^r = E_\parallel^i R_\parallel \hat{e}_\parallel' + E_\perp^i R_\perp \hat{e}_\perp \tag{5.48}$$

$$H^r = H_\parallel^i R_\perp \hat{e}_\parallel' + H_\perp^i R_\parallel \hat{e}_\perp \tag{5.49}$$

电磁波传播方向和水平及垂直方向之间的关系为

$$\hat{e}_\perp' = \hat{e}_\perp \times k_r = \hat{e}_\perp \times [\hat{s} \times 2(n \cdot \hat{s})n] \tag{5.50}$$

式(5.46)~式(5.50)中，$E_\parallel^i$、$E_\perp^i$、$H_\parallel^i$、$H_\perp^i$ 分别表示电磁和磁场的水平和垂直分量；$R_\parallel$、$R_\perp$、$T_\parallel$、$T_\perp$ 分别表示入射电场的反射、透射系数的水平、垂直分量；$\hat{e}_\parallel$、$\hat{e}_\perp$ 分别表示入射场的水平和垂直极化分量的单位矢量；$\hat{e}_\parallel'$、$\hat{e}_\perp$ 分别表示反射场的水平和垂直极化分量的单位矢量。

沿天线罩内表面对切向电场和磁场作矢量积分，求得远区的辐射场，其表达式为

$$E(\theta,\varphi) = -j\frac{k}{4\pi R}e^{-jkR}\hat{r} \times \iint \left[n \times E^t - \sqrt{\frac{\mu_0}{\varepsilon_0}}\hat{r} \times n \times H^t\right]e^{-jk \cdot r}ds \tag{5.51}$$

$$H(\theta,\varphi) = -j\frac{k}{4\pi R}e^{-jkR}\hat{r} \times \iint \left[n \times H^t - \sqrt{\frac{\mu_0}{\varepsilon_0}}\hat{r} \times n \times E^t\right]e^{-jk \cdot r}ds \tag{5.52}$$

式中，$\hat{r}$ 为远区观察点的单位矢量；E^t、H^t 为天线罩表面的切向电磁和磁场分

量,是反射场或者透射切向电场。

5.3.3 天线口面的离散化

为了生成天线的辐射场,首先需要对天线口面进行网格剖分。图 5.18 为二维矩形天线口径的网格剖分示意图。

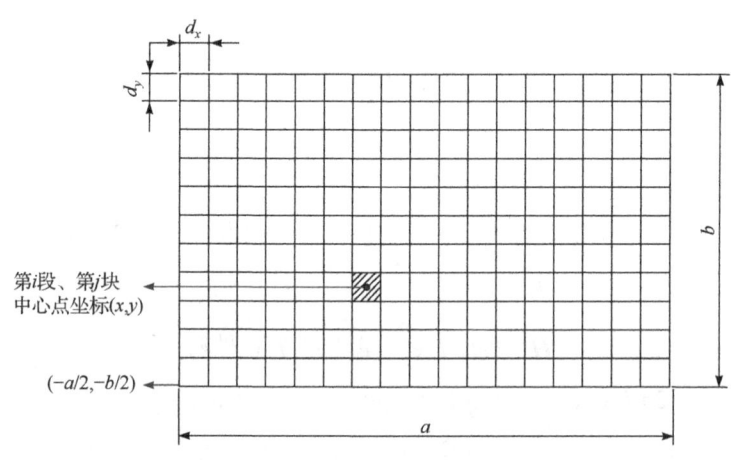

图 5.18 矩形天线口径网格剖分示意图

矩形天线口面中心处于天线坐标系原点,a 和 b 分别代表口面的长度和宽度,则口面左下角顶点坐标为$(-a/2, -b/2)$,右上角顶点坐标为$(a/2, b/2)$。在 x 轴和 y 轴方向上,以 d_x 和 d_y 为网格步长,将天线口径剖分成 M 和 N 等分,则第 i 段、第 j 块的中心坐标(x, y)为

$$x = -\frac{a}{2} + \left(i - \frac{1}{2}\right)d_x \tag{5.53}$$

$$y = -\frac{b}{2} + \left(j - \frac{1}{2}\right)d_y \tag{5.54}$$

在积分计算时,以每个小方块的中心点场值近似代替整个小方块的场值,遍历所有分块并求和,从而得到天线口面的辐射场。

此外,天线还存在圆形口面的情况,这就需要在矩形口径的基础上稍加改进。为了减少剖分误差带来的影响,采用正方形方块进行口面剖分。如图 5.19 所示,设口面半径为 r,为网络步进 d 使用 $\lambda/4$ 进行剖分,则 x 轴和 y 轴的剖分单元数均为 M。可以看出,与半径为 r 的圆环重叠的口面分块,有些大部分处于圆环内,有些则处于圆环外。对于分块中心点位于半径上或内部的视为有效分块,而中心点位于半径外的视为无效分块。这样处理虽然有舍有进,但只要剖分单元数达到一定级别,这种口面处理方法带来的误差较小。

第5章 天线罩电性能高频分析方法

$x^2+y^2 \leqslant r^2$ 时，为有效分区，这部分区域按照矩形口面积分处理。

$x^2+y^2 > r^2$ 时，为无效分区，这部分区域在积分时将其权值赋 0，即口面电场和磁场都为 0。

设 λ_{min} 为天线工作最高频率对应的波长，d_x 和 d_y 分别为天线在 XOY 平面离散的 X 轴和 Y 轴网格步长。如图 5.20 所示，由角锥喇叭天线口面剖分产生的远区场，剖分步长大于 λ_{min} 时，已经完全改变了方向图形状，产生了难以接受的误差；剖分步长

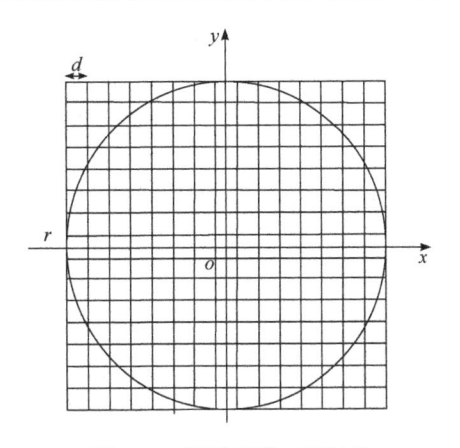

图 5.19 圆形天线口面剖分

小于 $\lambda_{min}/2$ 时，给第一副瓣电平带来的影响很小，但其他副瓣仍有较大的影响；剖分步长小于 $\lambda_{min}/4$ 时，不论主瓣还是副瓣的电平误差都很小；剖分步长小于 $\lambda_{min}/8$ 时，天线产生的辐射方向图趋于稳定，随着剖分间隔的减小，误差越来越小。通常我们进行透波率和瞄准误差等计算时，仅考虑主瓣和第一副瓣的影响。每波长剖分单元步长小于 $\lambda_{min}/2$ 时，由网格剖分带来的第一副瓣电平误差是很小的，只有 3%左右。随着剖分单元数的增加，计算量不断增加，在计算天线远区场和天线罩内壁电磁场时，每个罩体剖分单元都需要计算一次口径场，考虑到计算时间和精度的权衡，一般选择剖分间隔小于 $\lambda_{min}/5$。这样既能够满足一定的精度要求，又能够在较短的时间内完成计算。

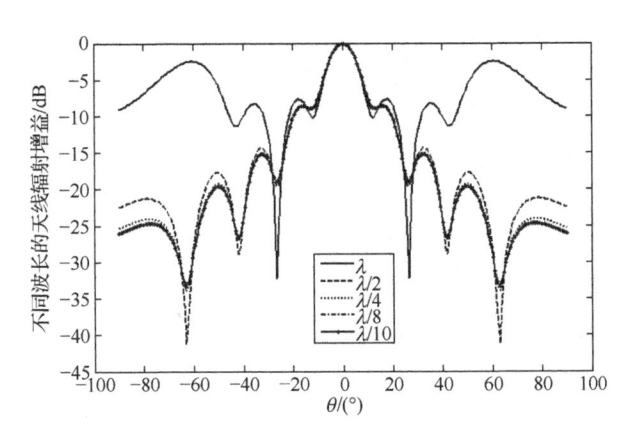

图 5.20 网格剖分对天线方向图的影响

适用于物理光学法的天线口面场分布一般有均匀口面场[9]和角锥喇叭天线口面场[10]分布。均匀口面场是指整个口面场强统一，设电场幅值 $E_0 = 1$，电场方向为 $\hat{y}$，则天线口面的电场和磁场分别为

$$E(x,y,z) = E_0 \mathrm{e}^{-\mathrm{j}kz}\hat{y} \tag{5.55}$$

$$H(x,y,z) = \frac{1}{\eta}n \times E(x,y,z) = -E_0 \mathrm{e}^{-\mathrm{j}kz}\hat{x} \tag{5.56}$$

式中，η 为波阻抗；n 为口面辐射方向，其方向与 Z 轴正方向一致，即 $n=(0,0,1)$。

口面一般位于 $z = 0$ 的天线坐标系的 XOY 平面内，所以式(5.39)和式(5.40)可以化简为

$$E(x,y,z) = E_0 \hat{y} \tag{5.57}$$

$$H(x,y,z) = -E_0 \frac{1}{\eta}\hat{x} \tag{5.58}$$

典型角锥喇叭天线口面分布函数为

$$E(x,y,z) = E_0 \cos\left(\frac{\pi x}{a}\right) \mathrm{e}^{-\mathrm{j}k\left(\frac{x^2}{2l_H}+\frac{y^2}{2l_E}\right)}\hat{y} \tag{5.59}$$

$$H(x,y,z) = -E_0 \frac{1}{\eta}\cos\left(\frac{\pi x}{a}\right)\mathrm{e}^{-\mathrm{j}k\left(\frac{x^2}{2l_H}+\frac{y^2}{2l_E}\right)}\hat{x} \tag{5.60}$$

其中，a 代表天线口面长边的长度；l_H 和 l_E 决定了角锥喇叭张开的角度。

5.3.4 天线近场的计算

天线近场计算的基本思想是使用口面积分的方法，对每个子辐射单元产生的近场进行积分求和。通过离散化，可以将这一过程转换为计算机数值计算中使用的数值求和，必须在如下限制条件下进行。

(1) 传输介质必须是线性、同性和无源介质。
(2) 辐射口径面 S 必须是平面。
(3) 忽略辐射口径面 S 的边缘效应。
(4) 口径面法线方向辐射 TEM 波。
(5) 场点与源点之间的距离满足 $R \gg \lambda/2\pi$。

计算天线近场辐射积分方程为

$$E(x',y',z') = \frac{\mathrm{j}k}{4\pi}\int_s u_r \times \left[(n \times E) - \sqrt{\frac{\mu}{\varepsilon}}u_r \times (n \times E)\right]\frac{\mathrm{e}^{-\mathrm{j}kr}}{r}\mathrm{d}s \tag{5.61}$$

$$H(x',y',z') = \frac{\mathrm{j}k}{4\pi}\int_s u_r \times \left[(n \times H) - \sqrt{\frac{\varepsilon}{\mu}}u_r \times (n \times H)\right]\frac{\mathrm{e}^{-\mathrm{j}kr}}{r}\mathrm{d}s \tag{5.62}$$

图 5.21 所示为天线近场计算坐标之间的关系，其中，r 代表子口径面中心点

到近场辐射点的距离，u_r 表示 r 方向的单位矢量，n 是口面的法线方向，即 TEM 波的辐射方向，E 和 H 分别代表天线口面的电场和磁场。设天线口面子分块中心点坐标为 $(x, y, 0)$，天线罩内壁分块中心点坐标为 (x', y', z')，则

$$r = \sqrt{(x'-x)^2 + (y'-y)^2 + (z'-0)^2} \tag{5.63}$$

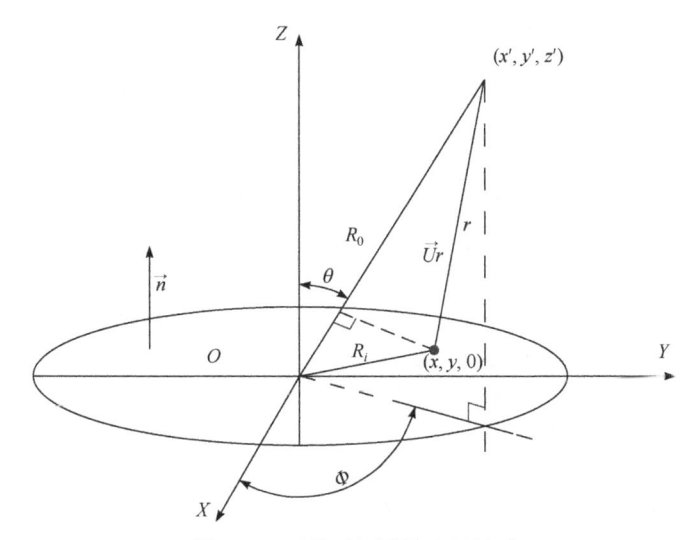

图 5.21 天线近场计算坐标关系

设 $P = u_r \times \left[(n \times E) - \sqrt{\dfrac{\mu}{\varepsilon}} u_r \times (n \times H) \right]$，$Q = u_r \times \left[(n \times H) - \sqrt{\dfrac{\varepsilon}{\mu}} u_r \times (n \times E) \right]$。

根据矢量运算数学公式 $a \times b \times c = (a \cdot c)b - (a \cdot b)c$，则 $u_r \times [u_r \times (n \times H)] = u_r \times [(u_r \cdot H)n - (u_r \cdot n)H] = (u_r \cdot H)(u_r \times n) - (u_r \cdot n)(u_r \times H)$。经过推导，可得

$$\begin{aligned}
u \times (n \times E) &= \left[(u_{rx}\hat{x} + u_{ry}\hat{y} + u_{rz}\hat{z}) \cdot (E_x\hat{x} + E_y\hat{y} + E_z\hat{z}) \right] (n_x\hat{x} + n_y\hat{y} + n_z\hat{z}) \\
&\quad - \left[(u_{rx}\hat{x} + u_{ry}\hat{y} + u_{rz}\hat{z}) \cdot (n_x\hat{x} + n_y\hat{y} + n_z\hat{z}) \right] (E_x\hat{x} + E_y\hat{y} + E_z\hat{z}) \\
&= (u_{rx}E_x + u_{ry}E_y + u_{rz}E_z)(n_x\hat{x} + n_y\hat{y} + n_z\hat{z}) - (u_{rx}n_x + u_{ry}n_y + u_{rz}n_z)(E_x\hat{x} + E_y\hat{y} + E_z\hat{z}) \\
&= \left[u_{ry}(E_y n_x - n_x E_y) + u_{rz}(E_z n_x - n_z E_x) \right]\hat{x} + \left[u_{rx}(E_x n_y - n_x E_y) + u_{rz}(E_z n_y \right. \\
&\quad \left. - n_z E_y) \right]\hat{y} + \left[u_{rx}(E_x n_z - n_x E_z) + u_{ry}(E_y n_z - n_y E_z) \right]\hat{z}
\end{aligned}$$

$$\begin{aligned}
u_r &\times [u_r \times (n \times H)] \\
&= (u_{rx}H_x + u_{ry}H_y + u_{rz}H_z)(u_{rx}\hat{x} + u_{ry}\hat{y} + u_{rz}\hat{z}) \times (n_x\hat{x} + n_y\hat{y} + n_z\hat{z}) \\
&\quad - (u_{rx}n_x + u_{ry}n_y + u_{rz}n_z)(u_{rx}\hat{x} + u_{ry}\hat{y} + u_{rz}\hat{z}) \times (H_x\hat{x} + H_y\hat{y} + H_z\hat{z})
\end{aligned}$$

$$= \left(u_{rx}H_x + u_{ry}H_y + u_{rz}H_z\right)\left[\left(u_{ry}n_z - n_y u_{rz}\right)\hat{x} + \left(u_{rz}n_x - n_z u_{rx}\right)\hat{y}\right.$$
$$\left.+ \left(u_{rx}n_y - n_x u_{ry}\right)\hat{z}\right]$$
$$- \left(u_{rx}n_x + u_{ry}n_y + u_{rz}n_z\right)\left[\left(u_{ry}H_z - H_y u_{rz}\right)\hat{x} + \left(u_{rz}H_x - H_z u_{rx}\right)\hat{y}\right.$$
$$\left.+ \left(u_{rx}H_y - H_x u_{ry}\right)\hat{z}\right]$$
$$= \left[u_{rz}u_{rx}\left(H_y n_x - H_x n_y\right) + u_{rz}u_{rz}\left(H_y n_z - H_y n_z\right)\right.$$
$$\left.+ u_{ry}u_{rx}\left(H_x n_z - H_z n_x\right) + u_{ry}u_{ry}\left(H_y n_z - H_z n_y\right)\right]\hat{x}$$
$$+ \left[u_{rx}u_{rx}\left(H_z n_x - H_x n_z\right) + u_{rx}u_{ry}\left(H_z n_y - H_y n_z\right)\right.$$
$$\left.+ u_{rz}u_{ry}\left(H_y n_x - H_x n_y\right) + u_{rz}u_{rz}\left(H_z n_x - H_x n_z\right)\right]\hat{y}$$
$$+ \left[u_{rx}u_{rx}\left(H_x n_y - H_y n_x\right) + u_{rx}u_{rz}\left(H_z n_y - H_y n_z\right)\right.$$
$$\left.+ u_{ry}u_{ry}\left(H_y n_x - H_x n_y\right) + u_{ry}u_{rz}\left(H_z n_x - H_x n_z\right)\right]\hat{z}$$

结合上述两式，可得

$$P_x = u_{rx}\left\{E_z n_x - E_x n_z - \sqrt{\frac{\mu}{\varepsilon}}\left[u_{rx}\left(H_y n_x - H_x n_y\right) + u_{rz}\left(H_y n_z - H_z n_y\right)\right]\right\}$$
$$+ u_{ry}\left\{E_y n_x - E_x n_y - \sqrt{\frac{\mu}{\varepsilon}}\left[u_{rx}\left(H_x n_z - H_z n_x\right) + u_{ry}\left(H_y n_z - H_z n_y\right)\right]\right\} \quad (5.64)$$

$$P_y = u_{rx}\left\{E_x n_y - E_y n_x - \sqrt{\frac{\mu}{\varepsilon}}\left[u_{rx}\left(H_z n_x - H_x n_z\right) + u_{ry}\left(H_z n_y - H_y n_z\right)\right]\right\}$$
$$+ u_{rz}\left\{E_z n_y - E_y n_z - \sqrt{\frac{\mu}{\varepsilon}}\left[u_{ry}\left(H_y n_x - H_x n_y\right) + u_{rz}\left(H_z n_x - H_x n_z\right)\right]\right\} \quad (5.65)$$

$$P_z = u_{rx}\left\{E_x n_z - E_z n_x - \sqrt{\frac{\mu}{\varepsilon}}\left[u_{rx}\left(H_x n_y - H_y n_x\right) + u_{rz}\left(H_z n_y - H_y n_z\right)\right]\right\}$$
$$+ u_{ry}\left\{E_z n_z - E_z n_y - \sqrt{\frac{\mu}{\varepsilon}}\left[u_{ry}\left(H_x n_y - H_y n_x\right) + u_{rz}\left(H_x n_z - H_z n_x\right)\right]\right\} \quad (5.66)$$

将式(5.64)、式(5.65)、式(5.66)带入式(5.61)，化简可得

$$\boldsymbol{E}(x', y', z') = \frac{jk}{4\pi}\int_s \left(P_x \hat{x} + P_y \hat{y} + P_z \hat{z}\right)\frac{\mathrm{e}^{-jkr}}{r}\mathrm{d}s \quad (5.67)$$

同理，对于磁场的相关参数 Q_x、Q_y 和 Q_z，可以推导出

$$Q_x = u_{rx}\left\{H_z n_x - H_x n_z - \sqrt{\frac{\varepsilon}{\mu}}\left[u_{rx}(E_y n_x - E_x n_y) + u_{rz}(E_y n_z - E_z n_y)\right]\right\}$$
$$+ u_{ry}\left\{H_y n_x - H_x n_y - \sqrt{\frac{\varepsilon}{\mu}}\left[u_{rx}(E_x n_z - E_z n_x) + u_{ry}(E_y n_z - E_z n_y)\right]\right\} \quad (5.68)$$

$$Q_y = u_{rx}\left\{H_x n_y - H_y n_x - \sqrt{\frac{\varepsilon}{\mu}}\left[u_{rx}(E_z n_x - E_x n_z) + u_{ry}(E_z n_y - E_y n_z)\right]\right\}$$
$$+ u_{rz}\left\{H_z n_y - H_y n_z - \sqrt{\frac{\varepsilon}{\mu}}\left[u_{ry}(E_y n_x - E_x n_y) + u_{rz}(E_z n_x - E_x n_z)\right]\right\} \quad (5.69)$$

$$Q_z = u_{rx}\left\{H_x n_z - H_z n_x - \sqrt{\frac{\varepsilon}{\mu}}\left[u_{rx}(E_x n_y - E_y n_x) + u_{rz}(E_z n_y - E_y n_z)\right]\right\}$$
$$+ u_{ry}\left\{E_z n_z - E_z n_y - \sqrt{\frac{\varepsilon}{\mu}}\left[u_{ry}(E_x n_y - E_y n_x) + u_{rz}(E_x n_z - E_z n_x)\right]\right\} \quad (5.70)$$

将式(5.68)、式(5.69)、式(5.70)带入式(5.62)，化简可得

$$H(x', y', z') = \frac{jk}{4\pi}\int_s (Q_x \hat{x} + Q_y \hat{y} + Q_z \hat{z})\frac{e^{-jkr}}{r} ds \quad (5.71)$$

由于式(5.67)和式(5.71)的积分式比较复杂，针对具体问题很难得到准确的积分表达式，一般采用数值积分方法中的高斯积分或者辛格积分转换为离散的数值求和形式。比如离散的高斯积分，其表达式为

$$E(y') = \frac{jk}{4\pi}\sum_{-a/2}^{a/2}\sum_{-b/2}^{b/2} P_x \frac{e^{-jkr}}{r} dxdy \quad (5.72)$$

为了验证计算方法的正确性，我们利用上述公式计算直径 10λ 的均匀圆口径分布天线的近场，并与参考文献[8]的数据进行对比。设近场平面位于天线口面上方 z 处，分别计算 $z = 2\lambda$，10λ，20λ，40λ 处的电场值，如图 5.22 所示。

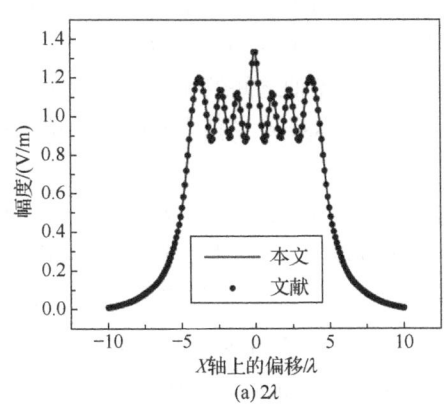

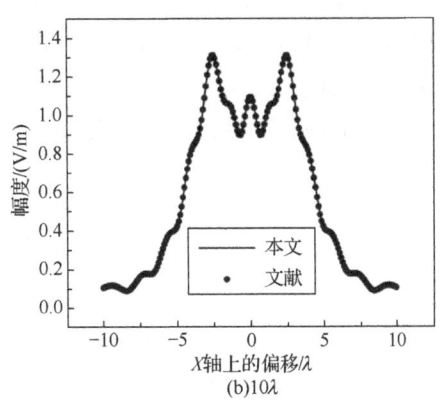

(a) 2λ

(b) 10λ

(c) 20λ   (d) 40λ

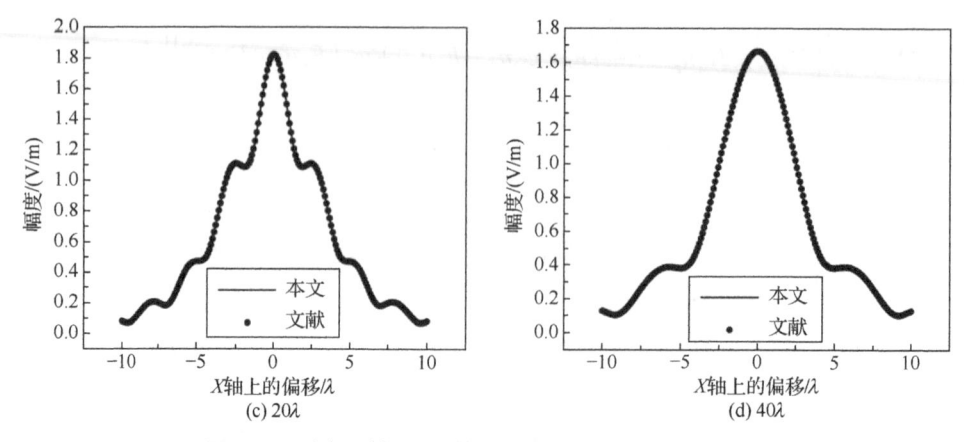

图 5.22 对应 X 轴的不同偏移下的圆口径天线电场近场

可见，天线的近场与场点的空间位置有很大关系，在 10λ 以下处于电抗区，电抗储存能量但是不能传输能量，导致幅值出现剧烈抖动，超过 20λ 进入菲涅耳区，此区域电抗的影响减小，逐渐形成天线远区方向图的包络，符合天线辐射的相关特性，且与文献中数据相符，证明了本章公式推导以及口面剖分方法的正确性。

5.4　天线与天线罩之间坐标变换关系

计算天线罩功率传输系数和瞄准误差时，通常需要对天线进行旋转扫射，此时天线坐标系和天线罩坐标系会产生偏转，因此，需要通过相应的转换方法将天线坐标系下产生的场值转换到天线罩坐标系(即系统坐标系)。为了实现天线能够在天线罩内任意旋转，采用先进行水平旋转，再进行俯仰旋转的方式来实现。

如图 5.23 和图 5.24 所示，天线罩坐标系的原点位于天线罩底座的几何中心，天线坐标系的原点则位于天线的几何中心。天线口面跟随万向轴，在天线坐标系下以球坐标进行旋转，具体可以分为沿天线坐标系的 Y 轴和 Z 轴旋转两个部分。沿 Z 轴旋转时，天线口面的法线与天线罩坐标系的 X 轴之间的夹角称为水平方位角 φ；沿 Y 轴旋转时，天线口面的法线与天线罩坐标系的 Z 轴之间的夹角称为俯仰角 θ。

如图 5.25 所示，设 $X_RY_RZ_R$-O_R 代表天线罩坐标系，$X_AY_AZ_A$-O_A 代表天线坐标系，万向旋转轴轴心位于 O_R，轴长为 L_A，俯仰旋转角为 θ，水平方位角为 0°，则三维旋转坐标系简化为二维坐标系。天线罩坐标系下天线罩内壁场点坐标为 (x_i^R, y_i^R, z_i^R)，场点在天线坐标系下坐标为 (x_i, y_i, z_i)。根据几何关系，可得

$$O_RA = L_A\cos\theta, \quad O_AA = L_A\sin\theta, \quad EG = x_i\cos\theta$$

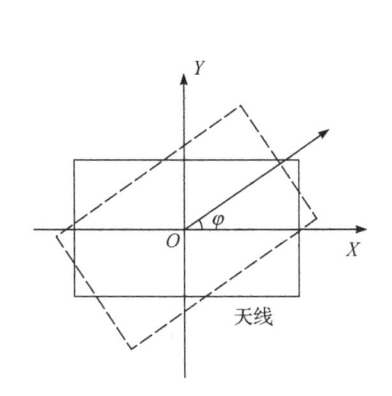

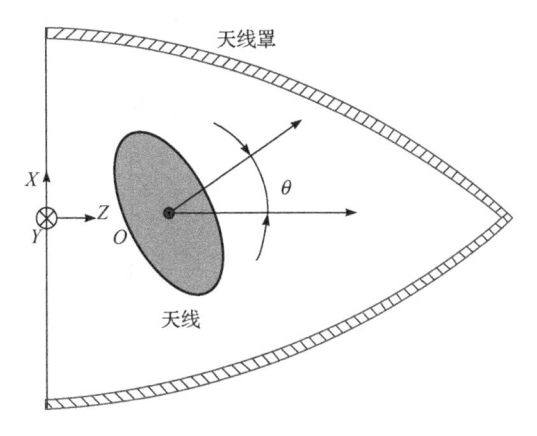

图 5.23 天线水平旋转示意图　　图 5.24 天线俯仰旋转示意图

$$EF = x_i \sin\theta, \quad FH = z_i \sin\theta, \quad AC = z_i \cos\theta$$

所以，

$$x_i^R = O_A A + EG + FH = L_A \sin\theta + x_i \cos\theta + z_i \sin\theta \tag{5.73}$$

$$z_i^R = O_R A + AC - EF = L_A \cos\theta + z_i \cos\theta - z_i \sin\theta \tag{5.74}$$

$$y_i^R = y_i \tag{5.75}$$

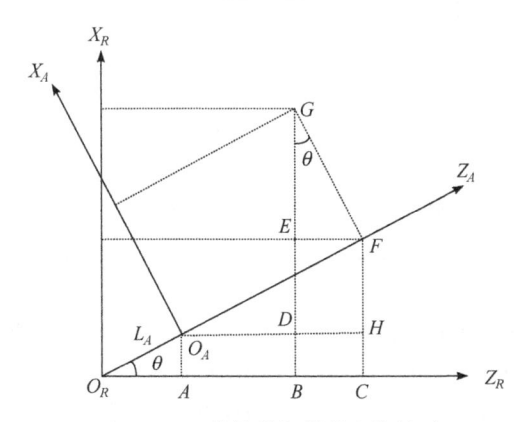

图 5.25 天线俯仰扫描的变换关系

于是，天线在天线罩内仅作俯仰旋转时，天线坐标系到天线罩坐标系的转换关系为

$$\begin{bmatrix} x_i^R \\ y_i^R \\ z_i^R \end{bmatrix} = \begin{bmatrix} \cos\theta & 0 & \sin\theta \\ 0 & 1 & 0 \\ -\sin\theta & 0 & \sin\theta \end{bmatrix} \begin{bmatrix} x_i \\ y_i \\ z_i \end{bmatrix} + L_A \begin{bmatrix} \sin\theta \\ 0 \\ \cos\theta \end{bmatrix} \tag{5.76}$$

同理，天线口面围绕 Z 轴在 XOY 平面内进行水平方位旋转，几何关系基本不变，但由于在 XOY 平面内旋转时，万向轴的轴长对两个坐标系之间的变换没有影响，所以将其省去，如图 5.26 所示，天线坐标系到天线罩坐标系的转换关系为

$$\begin{bmatrix} x_i^R \\ y_i^R \\ z_i^R \end{bmatrix} = \begin{bmatrix} \cos\varphi & -\sin\varphi & 0 \\ \sin\varphi & \cos\varphi & 0 \\ 0 & 0 & 1 \end{bmatrix} \begin{bmatrix} x_i \\ y_i \\ z_i \end{bmatrix} \tag{5.77}$$

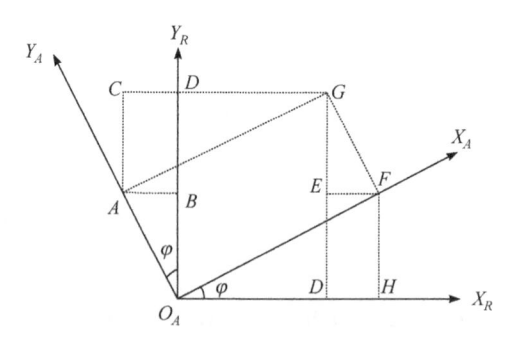

图 5.26 天线水平扫描的变换关系

由于单独进行水平方位扫描或者俯仰扫描都无法得到天线的任意旋转角，因此，可以先通过水平方位旋转 θ，然后在此基础上再进行俯仰旋转 φ，即将式(5.76)和式(5.77)的矩阵进行级联，得到天线任意扫描角的变换关系：

$$\begin{bmatrix} x_i^R \\ y_i^R \\ z_i^R \end{bmatrix} = \begin{bmatrix} \cos\theta\cos\varphi & \cos\theta\sin\varphi & \sin\theta \\ -\sin\varphi & \cos\varphi & 0 \\ -\sin\theta\cos\varphi & -\sin\theta\sin\varphi & \cos\theta \end{bmatrix} \begin{bmatrix} x_i \\ y_i \\ z_i \end{bmatrix} + L_A \begin{bmatrix} \cos\theta \\ 0 \\ \sin\theta \end{bmatrix} \tag{5.78}$$

同理，对式(5.77)进行逆变换，得到天线罩坐标系到天线坐标系的转换关系：

$$\begin{bmatrix} x_i \\ y_i \\ z_i \end{bmatrix} = \begin{bmatrix} \cos\theta\cos\varphi & -\sin\varphi & -\sin\theta\cos\varphi \\ \cos\theta\sin\varphi & \cos\varphi & -\sin\theta\sin\varphi \\ \sin\theta & 0 & \cos\theta \end{bmatrix} \begin{bmatrix} x_i^R - L_A\cos\theta \\ y_i^R \\ z_i^R - L_A\sin\theta \end{bmatrix} \begin{bmatrix} x_i \\ y_i \\ z_i \end{bmatrix} \tag{5.79}$$

天线在天线罩内壁产生的矢量参数 $\boldsymbol{E}$ 和 $\boldsymbol{H}$ 都是基于天线坐标系的，而天线罩的内表面法线方向却是在天线罩坐标系下，因此，需要通过相应的矢量变换关系进行处理。根据数学关系，矢量的方向与以矢量三个分量作为点坐标和坐标原点产生的方向一致。因此，天线坐标系到天线罩坐标系的矢量变换关系类似于式(5.77)的坐标变换关系，见式(5.80)、式(5.81)，(E_x^A, E_y^A, E_z^A)、(H_x^A, H_y^A, H_z^A) 分别为天线坐标系下电场和磁场的 x、y、z 分量，(E_x^R, E_y^R, E_z^R)、(H_x^R, H_y^R, H_z^R)

分别为天线罩坐标系下电场和磁场的 x、y、z 分量。

$$\begin{bmatrix} E_x^R \\ E_y^R \\ E_z^R \end{bmatrix} = \begin{bmatrix} \cos\theta\cos\varphi & \cos\theta\sin\varphi & \sin\theta \\ -\sin\varphi & \cos\varphi & 0 \\ -\sin\theta\cos\varphi & -\sin\theta\sin\varphi & \cos\theta \end{bmatrix} \begin{bmatrix} E_x^A \\ E_y^A \\ E_z^A \end{bmatrix} \quad (5.80)$$

$$\begin{bmatrix} H_x^R \\ H_y^R \\ H_z^R \end{bmatrix} = \begin{bmatrix} \cos\theta\cos\varphi & \cos\theta\sin\varphi & \sin\theta \\ -\sin\varphi & \cos\varphi & 0 \\ -\sin\theta\cos\varphi & -\sin\theta\sin\varphi & \cos\theta \end{bmatrix} \begin{bmatrix} H_x^A \\ H_y^A \\ H_z^A \end{bmatrix} \quad (5.81)$$

5.4.1 求解内壁电磁波入射角

利用天线在天线罩内壁场点上产生的总场，可以计算该场点的波印廷方向 S，这种处理方式符合电磁波辐射的物理意义。对于随时间做正弦变化（$e^{j\omega t}$）的电磁波，其波印廷方向由式(5.82)确定。

$$S = \frac{1}{2}\mathrm{Re}(E \times H^*) + \frac{1}{2}\mathrm{Re}(E \times H^*)e^{-j2\omega t} \quad (5.82)$$

式中，H^* 是 H 的共轭复数，Re 代表取实部。

式(5.82)表示在某点通过单位面积的瞬时功率，是坡印廷矢量的时域表示。式中包含两项，一项与时间无关，另一项按波的基频二倍变化。因此，S 的平均值不仅与时间无关，且空间方向也是固定的。这个方向也可以用单位矢量来确定。通过计算矢量 $\mathrm{Re}(E \times H^*)/2$ 的大小，得到各空间分量 S_x, S_y, S_z，就能计算出相应的单位矢量，从而得到单位波印廷矢量，即入射线的方向为

$$\hat{P} = \frac{S}{|S|} = P_x\hat{x} + P_y\hat{y} + P_z\hat{z} \quad (5.83)$$

图 5.27 是三角面元中心点 P 处入射线及法线方向的示意图，n 为内法向矢量，入射角 θ_i 位于由坐标转换后的波印廷矢量 k_i 和 n 组成的平面内，k_r 为反射矢量。

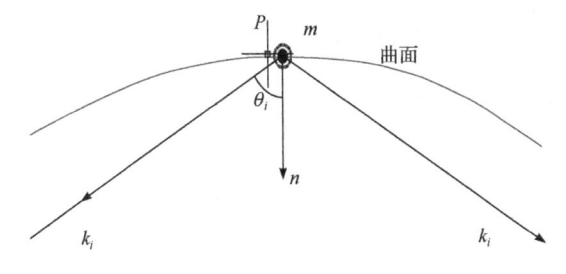

图 5.27 入射角求解示意图

在 P 点，入射矢量与天线罩曲面方程在 P 点的法向量构成的锐角称为入射角 θ_i，可以用一个简单的矢量关系表示。

$$\cos\theta_i = \boldsymbol{P} \cdot \boldsymbol{n} = P_x n_x + P_y n_y + P_z n_z \tag{5.84}$$

$$\theta_i = \arccos\left(P_x n_x + P_y n_y + P_z n_z\right) \tag{5.85}$$

5.4.2 求解天线罩外表面电磁场

入射电磁波从天线罩内壁到外壁会经历多次反射和透射现象，而物理光学法忽略了反射对天线的影响。根据第 2 章的分析，不同极化波的传输系数与插入相位移不同，因此，在入射波到达交点前需要进行电磁波的分解，经过天线罩壁内的场值转换后，再对罩壁外表面透射电磁波进行合成。通过平面法线方向 $\boldsymbol{n}$ 和电磁波传播方向 $\boldsymbol{k}$ 来确定垂直极化($\boldsymbol{D}$)和水平极化($\boldsymbol{G}$)的单位矢量。水平极化是电磁波处于由电磁波入射方向 $\boldsymbol{k}$ 和平面法线方向 $\boldsymbol{n}$ 确定的平面内的分量；垂直极化是电磁波平行于电磁波入射方向 $\boldsymbol{k}$ 和平面法线方向 $\boldsymbol{n}$ 确定的平面法线的分量。这个过程类似于图 5.16 给出的入射电磁波极化分解。

参考图 5.16，垂直极化矢量 $\boldsymbol{D} = \boldsymbol{n} \times \boldsymbol{k}$，具体可写为

$$\boldsymbol{D} = \frac{\left(n_y k_z - n_z k_y\right)\hat{x} + \left(n_z k_x - n_x k_z\right)\hat{y} + \left(n_x k_y - n_y k_x\right)\hat{z}}{\sqrt{\left(n_y k_z - n_z k_y\right)^2 + \left(n_z k_x - n_x k_z\right)^2 + \left(n_x k_y - n_y k_x\right)^2}} \tag{5.86}$$

上式可以简化为

$$\boldsymbol{D} = d_x \hat{x} + d_x \hat{x} + d_z \hat{z} \tag{5.87}$$

水平极化矢量 $\boldsymbol{G} = \boldsymbol{D} \times \boldsymbol{k}$，表达为

$$\boldsymbol{G} = \frac{\left(d_y k_z - d_z k_y\right)\hat{x} + \left(d_z k_x - d_x k_z\right)\hat{y} + \left(d_x k_y - d_y k_x\right)\hat{z}}{\sqrt{\left(d_y k_z - d_z k_y\right)^2 + \left(d_z k_x - d_x k_z\right)^2 + \left(d_x k_y - d_y k_x\right)^2}} \tag{5.88}$$

简化表示为

$$\boldsymbol{G} = g_x \hat{x} + g_x \hat{x} + g_z \hat{z} \tag{5.89}$$

求解内表面切线场需要用式(5.84)和式(5.85)，可以将天线坐标系内的内表面场值换算到天线罩坐标系下的场值。类似于几何光学法式(5.35)，入射电磁波的电场和磁场分解为垂直极化分量和水平极化分量。

式(5.92)中的 $E_\parallel^i$ 和 $E_\perp^i$ 分别表示为

$$E_\parallel^i = \left(\boldsymbol{E}^i \cdot \boldsymbol{G}\right)\boldsymbol{G} \tag{5.90}$$

$$E_\perp^i = \left(E^i \cdot D\right)D \tag{5.91}$$

假设在天线罩内壁入射点透射电磁波的电场传输系数为 $\bar{T}$，则水平极化和垂直极化下电场传输系数分别为 $T_\parallel$ 和 $T_\perp$，其中，$T_\parallel$ 和 $T_\perp$ 均为复数，则在天线罩外表面合成的电场为

$$E^i = \left(E_\parallel^i \cdot G\right)GT_\parallel + \left(E_\perp^i \cdot D\right)DT_\perp \tag{5.92}$$

同理，外表面透射合成的磁场为

$$H^i = \left(H_\parallel^i \cdot G\right)GT_\perp + \left(H_\perp^i \cdot D\right)DT_\parallel \tag{5.93}$$

5.4.3 远区场求解

观察通过天线罩外表面电场和磁场产生远区场值的过程，发现其仍然满足 Kirchhoff 的矢量公式的限定条件，因为内场入射电磁波类似于 TEM 波，透过天线罩后不改变传输方向，仍然是 TEM 波，远场距离满足 $R \gg \lambda/2\pi$ 条件(λ 为天线罩的工作频率)。在进行天线罩表面积分时，用三角面元拟合天线罩外形，而三角面元本身是一个平面，因此，也满足辐射口径面 S 必须是平面的条件。综上所述，远区场的求解公式与式(5.61)和式(5.62)相同，仅相关参数变量的意义不同，再次表达如下：

$$E(x',y',z') = \frac{\mathrm{j}k}{4\pi}\int_s u_r \times \left[(n \times E) - \sqrt{\frac{\mu}{\varepsilon}}u_r \times (n \times H)\right]\frac{\mathrm{e}^{-\mathrm{j}kr}}{r}\mathrm{d}s \tag{5.94}$$

$$H(x',y',z') = \frac{\mathrm{j}k}{4\pi}\int_s u_r \times \left[(n \times H) - \sqrt{\frac{\varepsilon}{\mu}}u_r \times (n \times E)\right]\frac{\mathrm{e}^{-\mathrm{j}kr}}{r}\mathrm{d}s \tag{5.95}$$

式中，r 代表天线罩外表面子单元中心点到远场场点的距离；u_r 表示 r 方向的单位矢量；n 是外表面子单元的法线方向；E 和 H 分别代表外表面子单元中心点的电场和磁场。

物理光学法对天线罩电性能分析的步骤如图 5.28 所示。由于天线罩的几何外形，电磁波在天线罩的内罩壁上会产生反射，反射电场会在其他区域形成二次入射场，产生二次反射、再入射、再反射，最终形成多次，即多经反射效应。通常，二次以上的反射场幅度会急剧下降，因此，一般仅考虑一次反射场的影响。首先，计算在局部平面上的透射场和反射场，然后，在内表面上对反射场进行全封闭面的积分，得到反射场，接着，计算外表面的切向场矢量积分，求得表面电流，最后，通过电流源的远场辐射，获得最后的辐射特性。

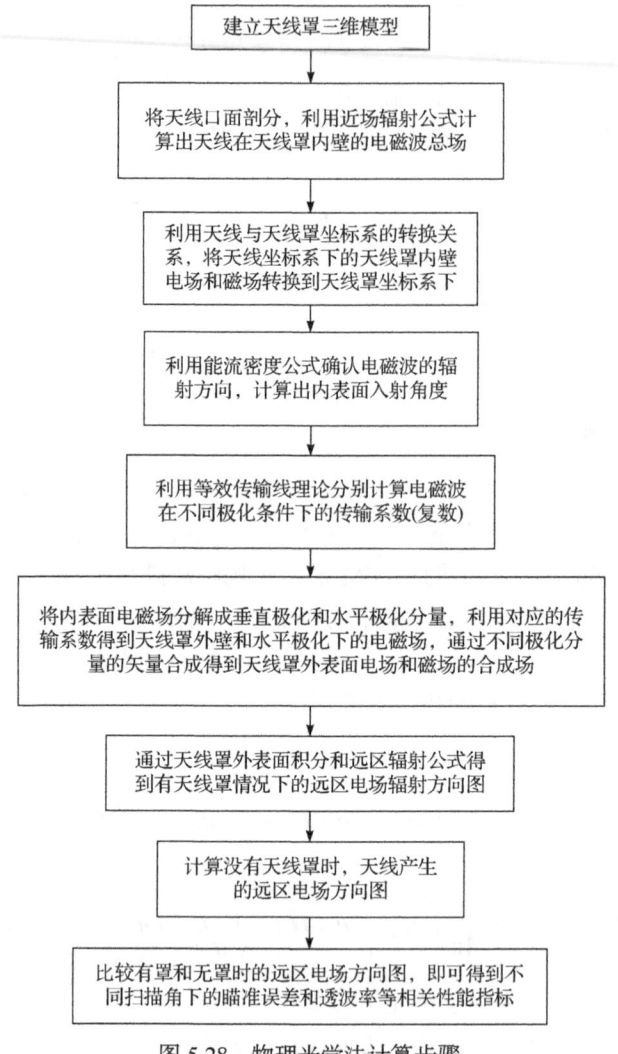

```
┌─────────────────────────┐
│   建立天线罩三维模型    │
└───────────┬─────────────┘
            ↓
┌─────────────────────────────────┐
│ 将天线口面剖分，利用近场辐射公式计 │
│ 算出天线在天线罩内壁的电磁波总场 │
└───────────┬─────────────────────┘
            ↓
┌─────────────────────────────────┐
│ 利用天线与天线罩坐标系的转换关   │
│ 系，将天线坐标系下的天线罩内壁   │
│ 电场和磁场转换到天线罩坐标系下   │
└───────────┬─────────────────────┘
            ↓
┌─────────────────────────────────┐
│ 利用能流密度公式确认电磁波的辐   │
│ 射方向，计算出内表面入射角度     │
└───────────┬─────────────────────┘
            ↓
┌─────────────────────────────────┐
│ 利用等效传输线理论分别计算电磁波 │
│ 在不同极化条件下的传输系数(复数) │
└───────────┬─────────────────────┘
            ↓
┌───────────────────────────────────────────────┐
│ 将内表面电磁场分解成垂直极化和水平极化分量，利用对应的传 │
│ 输系数得到天线罩外壁和水平极化下的电磁场，通过不同极化分 │
│ 量的矢量合成得到天线罩外表面电场和磁场的合成场           │
└───────────┬───────────────────────────────────┘
            ↓
┌─────────────────────────────────┐
│ 通过天线罩外表面积分和远区辐射公式得 │
│ 到有天线罩情况下的远区电场辐射方向图 │
└───────────┬─────────────────────┘
            ↓
┌─────────────────────────────────┐
│ 计算没有天线罩时，天线产生       │
│ 的远区电场方向图                 │
└───────────┬─────────────────────┘
            ↓
┌─────────────────────────────────────┐
│ 比较有罩和无罩时的远区电场方向图，即可得到不 │
│ 同扫描角下的瞄准误差和透波率等相关性能指标   │
└─────────────────────────────────────┘
```

图 5.28 物理光学法计算步骤

5.5 物理光学法计算算例

为了验证算法的正确性，选择罩体长度和底部圆直径比例为 2∶1 的正切卵形天线罩作为验证算例，罩体长度为 20λ，罩体地面圆直径为 10λ。天线为角锥喇叭天线，其参数为 $a = 194.41\text{mm}$，$b = 144.01\text{mm}$，$l_H = 342.49\text{mm}$，$l_E = 319.99\text{mm}$，天线口面距离天线罩底座距离为 30mm。天线罩为单层结构，单层厚度 $d = 2.0\text{mm}$，方位角 $\varphi = 0°$，俯仰角 $\theta = 0°$。

从图 5.29 和图 5.30 可以看出，有罩情况下，天线远区归一化方向图与无罩情况下天线远区归一化方向图贴合得很好，仅在大观察角度有一些偏差。可能的原因包括，天线罩内表面引起的多径效应；天线罩表面剖分密度不够高，采用剖分单元来拟合天线罩曲面产生的误差较大；高斯数值积分的不连续性带来的误差，大观察角度时场值很小对数值误差的敏感性很高；另外，采用理想的等效传输线平板理论进行天线罩内壁场和外壁场的换算，导致电磁场的不连续性。有罩和无罩情况远场方向图的良好一致性，表明物理光学法在计算天线罩内外壁电磁场及远场辐射公式时是正确的。功率传输系数的计算通过比较有罩和无罩情况下主瓣的最大值得到，从图中可以看出，主瓣变化平缓，因此，大观察角度的波浪起伏对功率传输系数的计算没有影响。

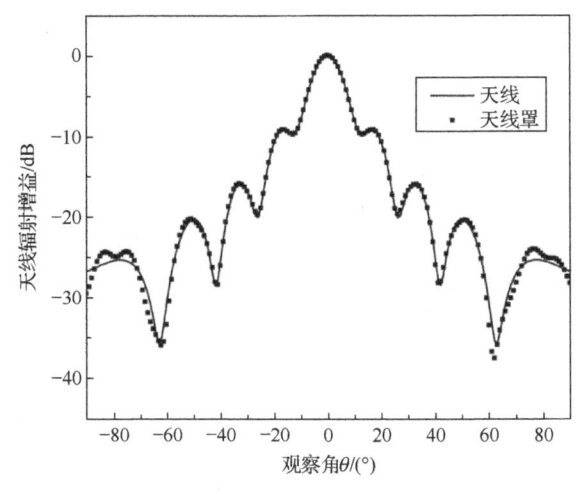

图 5.29 正切卵形空气罩 E 面归一化方向图

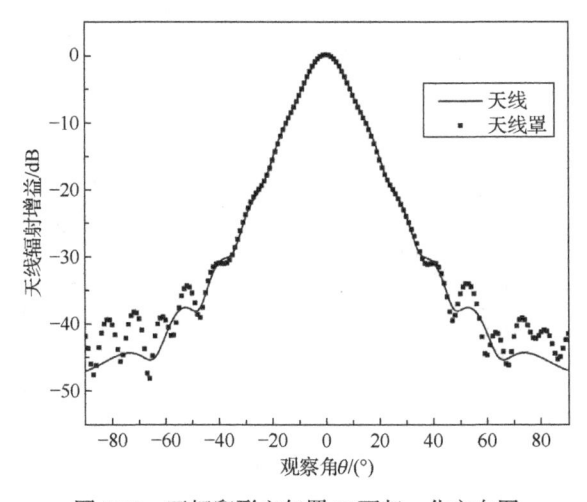

图 5.30 正切卵形空气罩 H 面归一化方向图

图 5.31 所示为正切卵形介质天线罩的远区辐射场归一化方向图,工作频率为 9.375GHz,介质的相对介电常数为 3.3,损耗角正切值 0.01,单层罩壁厚度 5mm。可以看出由于存在介质损耗,天线通过天线罩后产生的远区辐射方向图发生了衰减,但是两者方向图包络接近,说明上述罩体对天线的波束畸变影响较小。图 5.32 所示为天线俯仰旋转 $\theta=30°$ 时的方向图,观察在 $-80°\sim-30°$,加罩后的方向图出现波浪起伏,原因可能是数值积分误差和罩体剖分的影响,当角度为 $80°\sim100°$ 时,加罩后方向图明显衰减,这是由于天线口面经过旋转后,物理光学法只取口面上方罩体的表面电场和磁场,部分电磁波从底部泄漏未被采集引起衰减。由于瞄准误差通常不会大于 $1°$,所以图中无法明显显示方向图的偏转。

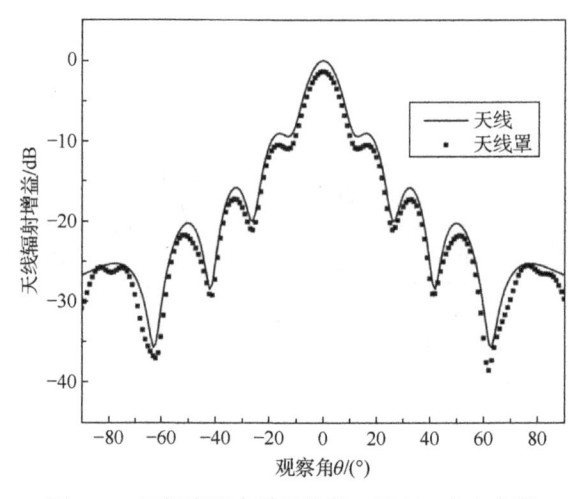

图 5.31 正切卵形介质天线罩 E 面归一化方向图

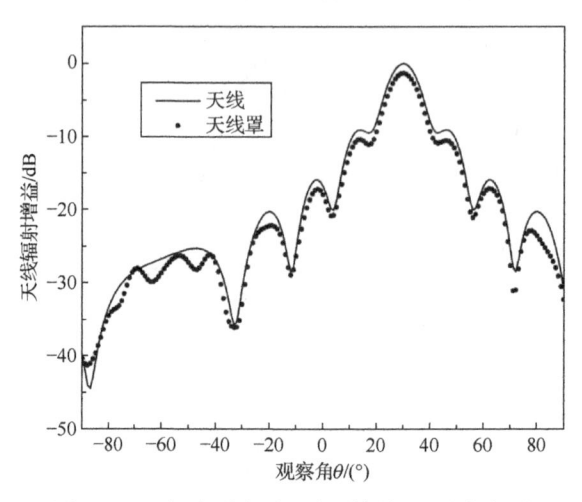

图 5.32 正切卵形介质天线罩旋转 30°的方向图

图 5.33 所示为扫描角为 0°~60°时整罩的功率传输系数，从结果来看，正切卵形天线罩功率传输系数的变化趋势是从 0°扫描角开始逐渐增大，到 30° 左右保持稳定，到 55°左右开始下滑。这是由于正切卵形天线罩的头部斜率较大，导致电磁波的入射角较大，所以功率传输系数较低。

图 5.34 所示为扫描角为 0°~40°时正切卵形介质天线罩的瞄准误差，相关参数与计算正切卵形天线罩一致，可以有效预测天线罩的瞄准误差。本章介绍的物理光学法的算法与参考文献[11]的结果吻合较好，瞄准误差在很小的扫描角内达到最大值，之后衰减呈振荡变化。产生差距的原因可能有天线口面分布不同、天线罩剖分单元较大，导致结构对称性较差。

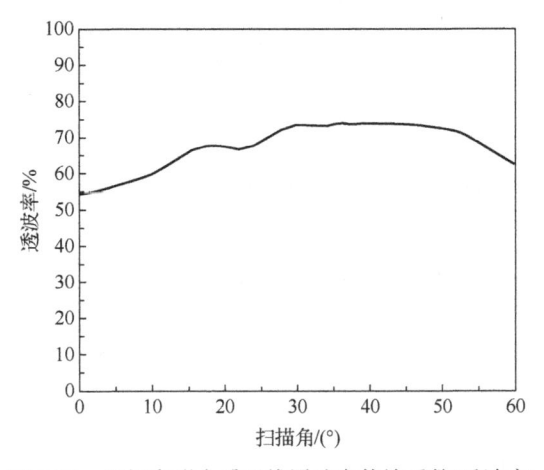

图 5.33 正切卵形介质天线罩功率传输系数(透波率)

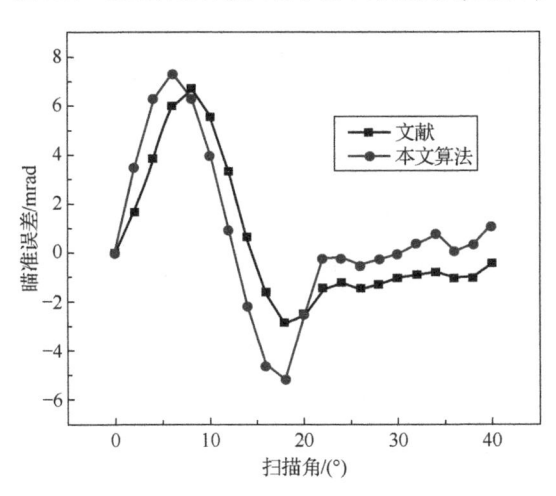

图 5.34 正切卵形介质天线罩瞄准误差

瞄准误差的影响因素众多，主要包括天线罩的外形、罩体厚度、罩体结构参数、天线在天线罩中的位置，以及天线口面分布形式等，这些都会引起罩体表面电磁场的相位不对称性。瞄准误差在军事上有重要意义，瞄准误差偏大会导致波束指向偏移较大，从而引发脱靶现象。在进行天线罩的理论计算时，通常假设是均匀同性介质材料，而在实际天线罩的制造过程中，由于材料的不均匀性和天线罩模型的不对称性，瞄准误差往往大于理论计算值。因此，制造天线罩时需要严格控制制作公差，尽量减少人为因素对天线罩瞄准误差的影响。此外，为了降低瞄准误差，可以采用极化补偿法、相位补偿法以及内壁修磨法等，这些方法能够有效降低天线罩的瞄准误差。

5.6 天线罩电性能优化设计

天线罩电性能的优化设计是将电性能设计与优化设计理论和方法相结合，利用计算机技术自动或半自动地寻找实现目标要求(包括电性能指标和隐身指标)的最佳设计方案。

图 5.35 所示为天线罩电性能优化设计的主要流程，其优化方法主要包括粒子群算法、遗传算法和免疫克隆算法等。不同雷达系统的优化原则存在相同之处，

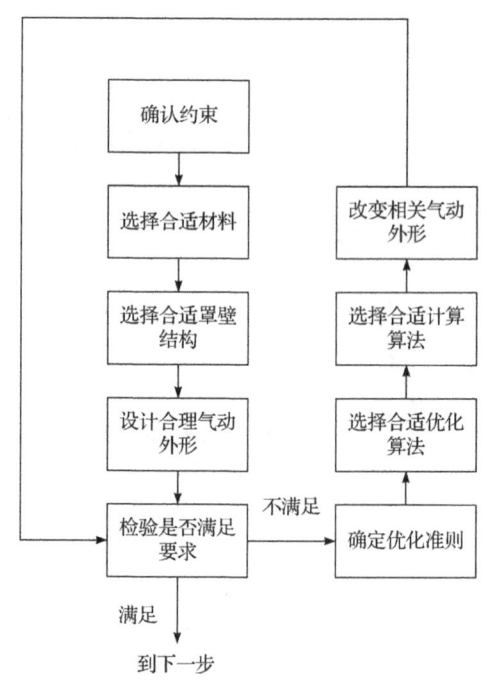

图 5.35 天线罩电性能优化设计流程图

主要包括最小功率反射系数、最大功率传输系数、低瞄准误差、低镜像瓣电平和小方向图副瓣等，有时，多项优化原则会综合应用，须根据不同的雷达系统自主选择。例如，宽带天线罩一般采用"高传输、低反射"准则，而窄带天线罩一般以最低功率反射系数为优化准则。

以下通过一个实例进行验证。

5.6.1 天线罩指标和材料

1. 天线罩主要电性能指标

(1) 频率范围：Ku(12～18GHz)波段。
(2) 覆盖空域：水平方向-30°～+30°，俯仰方向-35°～+35°。
(3) 功率传输效率：平均功率传输系数大于等于70%，最低值不小于65%。
(4) 瞄准误差：≤7mrad。
(5) 和波束主瓣不分离，在3dB天线波瓣带宽内，由天线罩引起的天线主波束方向图的展宽不应超过5%。

注意：以上电性能指标是针对天线罩在带防雨蚀、抗静电涂层并安装分流条后的装机状态。

考虑到A夹层天线罩具有较高的结构强度，并且在较宽频率范围内表现出良好的传输性能和相位特性，因此，采用A夹层结构进行设计。

2. 天线罩材料方案论证

(1) 蒙皮材料选用改性氰酸酯石英布浸料J-245R200/0.2XBQ，其相关性能参数见表5.1。

表5.1 蒙皮材料相关性能参数

公称密度/(kg/m³)	介电常数	损耗角正切
1800	3.80	0.008

(2) 芯层材料选用NOMENX蜂窝，其相关性能参数见表5.2。

表5.2 芯层材料相关性能参数

孔格尺寸/mm	公称密度/(kg/m³)	介电常数	损耗角正切
2.75	76	1.1118	0.0042

(3) 泡沫胶材料可选J-245C，其相关性能参数见表5.3。

表 5.3　泡沫胶材料相关性能参数

公称密度/(kg/m³)	介电常数	损耗角正切
1200	≤3.30	≤0.015

(4) 防雨蚀涂层材料选用 S04-9501H.Y，其抗雨蚀性能通过德国宇航的试验，性能达到 MIL-C-83231 的要求，其相关性能参数见表 5.4。

表 5.4　防雨蚀涂层材料相关性能参数

介电常数	损耗角正切
3.50	0.053

(5) 抗静电涂层选用丙烯酸聚氨酯树脂 PUB 系列抗静电涂料，该涂料已在多种天线罩中使用，情况良好，其相关性能参数见表 5.5。

表 5.5　抗静电涂层材料相关性能参数

介电常数	损耗角正切
6.30	0.02

5.6.2　电性能设计和分析

1. 入射角选取

影响功率传输系数的主要因素是夹层厚度和电磁波的入射角。对于弯曲曲面的天线罩模型，罩的内部天线发射到罩壁每一处的电磁波入射角都不同，因此，首先需要确定最佳入射角。

具体做法是对天线前向辐射区域的天线罩部分进行网格剖分，每个剖分单元的中心点定义为罩壁最佳入射角的采样点。通过口面积分理论模拟天线辐射口面，根据辐射至相应中心点的能流密度与中心点法向量的夹角计算采样处入射角，并以加权平均入射角作为设计角。考虑到天线口面大小和天线波瓣宽度的影响，最终计算的加权平均入射角为 62°。

2. 平板夹层设计

采用等效传输线理论进行初步设计，以垂直极化下中心频率 15GHz 为计算频点，并代入平均入射角进行蒙皮和芯层厚度参数扫描，结果如图 5.36 所示。芯层厚度取值范围 3~7mm，蒙皮厚度取值范围 0.5~2mm，可以看出，芯层取值在

4mm，蒙皮取值在 0.6mm 时，平均功率传输系数最大。

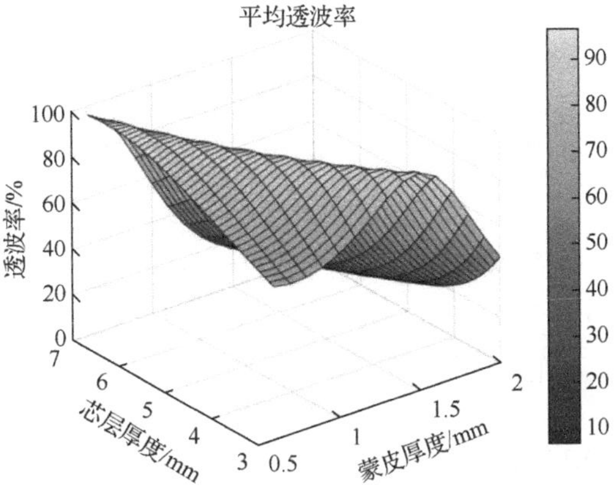

图 5.36 垂直极化下 15GHz 厚度参数扫描

考虑到力学方面的载荷指标和天线罩总重量要求，初步 A 夹层设计方案见表 5.6。

表 5.6 A 夹层设计方案

序号	介电常数	损耗角正切	厚度/mm	材料
1	3.8	0.008	0.8	外蒙皮
2	3.3	0.015	0.1	胶膜
3	1.1118	0.0042	4.0	芯层
4	3.3	0.015	0.1	胶膜
5	3.8	0.008	0.6	内蒙皮

对于上述设计方案，可以通过全波电磁仿真软件进行平板电性能厚度验证。

3. 平板罩的全波软件仿真验证

根据平板设计得到的初始夹层厚度，利用 CST 软件仿真 Ku 波段下水平极化和垂直极化的功率传输系数，如图 5.37 所示。

由图 5.37 可以看出，Ku 波段下水平极化功率传输系数大于垂直极化功率传输系数，这与理论推导一致。同时，在 18GHz 频率时，垂直极化功率传输系数最小，为 82%，大于 70%，符合指标要求。因此，最终选取此夹层设计作为天线罩壁结构。

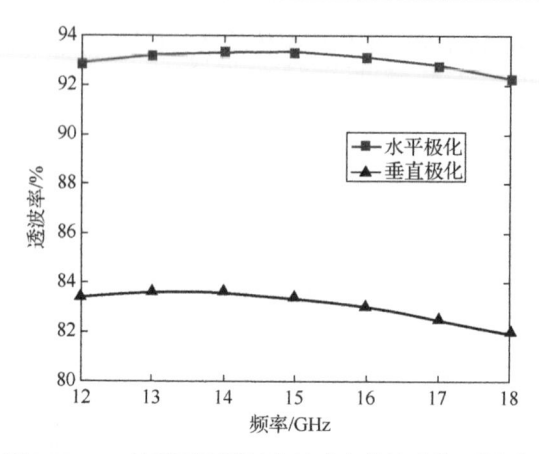

图 5.37　Ku 波段下不同极化的功率传输系数(透波率)

5.6.3　天线罩电性能计算

为准确评估当前方案所能实现的技术指标，综合考虑计算时间和计算速度，仍采用物理光学法，引入实际外形数模文档，选用已完成的罩壁结构参数，进行天线罩电性能的计算仿真。天线罩实例和具体天线的初始位置如图 5.38 和图 5.39 所示，天线距离最远处底点(X 轴负方向)100mm，距离上边最远点(Y 轴正方向)400mm，沿中心轴方向距离天线罩顶点(Z 轴正方向)1000mm。沿 X 轴方向为俯仰旋转，沿 Y 轴方向为水平旋转。

图 5.38　天线罩实例示意图

首先，在中心频点(15GHz)，计算初始位置对应的不同空域范围内(水平角和俯仰角分别取 0°，±5°，±20°，±35°)不同极化下的功率传输系数，结果如图 5.40 所示。

由图 5.40 可以看出，水平极化下的功率传输系数均满足要求，而垂直极化下各角度的功率传输系数均低于 70%，不满足要求。考虑到天线罩尖锐的外形以及水平极化波和垂直极化波的特性，这一结果基本符合预期。接下来，以垂直极化为重点优化对象，研究头罩匹配透波规律。

图 5.39 天线初始位置示意图

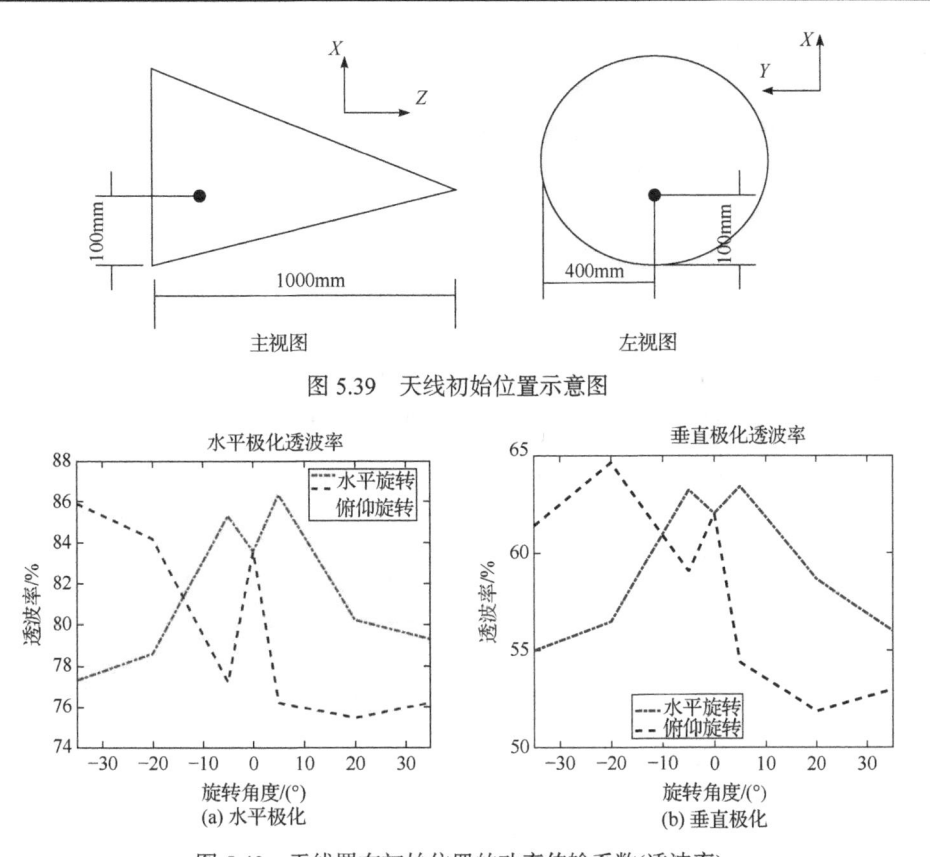

图 5.40 天线罩在初始位置的功率传输系数(透波率)

5.6.4 将粒子群优化算法引入电性能设计

罩罩优化匹配的要求是，研究天线与天线罩相对位置变化对电性能的影响规律，实际上是寻找一个最优位置，使得天线安装在此处时电性能最佳。基于这一要求，粒子群优化(Particle Swarm Optimizer，PSO)算法是一种很好的解决方案，可以借助计算机资源配置粒子群算法，自动寻找这一位置，进而研究罩罩匹配规律。

1. 粒子群算法原理

PSO 算法通过群体中粒子之间的合作与共享产生的群体智能来指导优化搜索，具有收敛速度快且设置参数较少的优点[12]。

标准 PSO 算法的思想是，设计一群具有速度和位置属性的粒子，每个粒子单独搜寻最优解，将其记为当前个体极值并与其他粒子比较，把最优的个体极值作为粒子群的当前全局最优解。所有粒子根据自身的当前个体极值和当前全局最优解来调整速度和位置，通过迭代直至收敛。

基本 PSO 算法的实现步骤如下：

(1) 初始化粒子数目和每个粒子的速度及位置。

(2) 计算每个粒子对应的适应度值。

(3) 对于每个粒子的适应度值，比较其与自身经历的最好位置，取适应度值优者作为当前个体的最好位置。

(4) 将步骤(3)位置对应的适应度值与群体的历史最优适应度值进行比较，并将较优者的位置记为当前全局的最好位置。

(5) 按照速度和位置更新公式更新速度和位置。

(6) 判断条件是否满足，满足就结束计算，否则返回步骤(2)。

以上流程如图 5.41 所示。

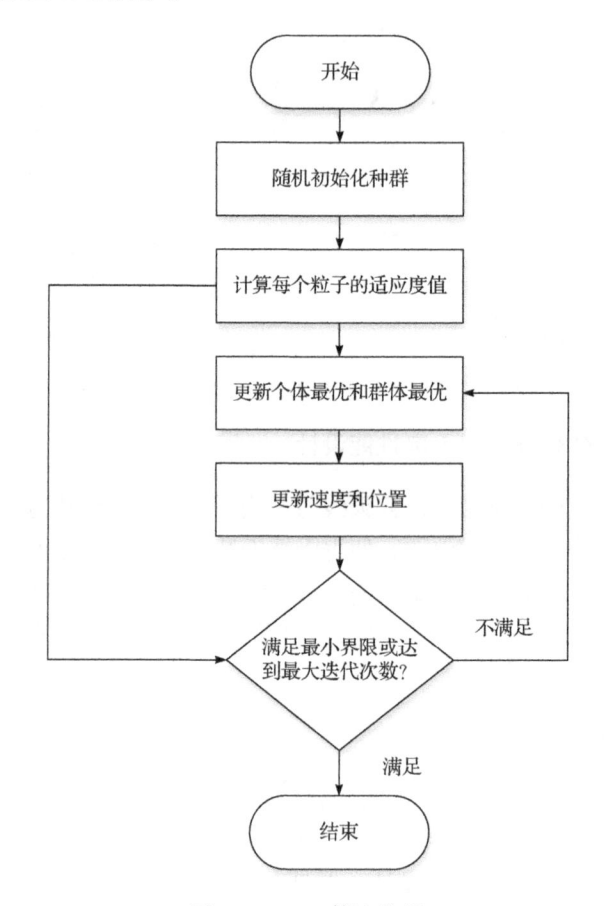

图 5.41 PSO 算法流程

2. 优化设计

天线罩的电性能重点关注功率传输系数，因此，以功率传输系数作为每个粒子的适应度值，在实际的天线-天线罩系统中，天线辐射区域会尽量避开头部尖锐处，以保证较高的透波率。因此，天线的水平角和俯仰角设置为 15°，研究此角度下天线在罩子底面 XOY 内移动时，天线罩的垂直极化透波率变化。

在天线罩底面二维搜索空间中随机初始化 N 个粒子，并取 N 为 10，将第 i 个粒子的初始位置表示为一个二维的矢量 X_i：

$$X_i = (x_{i1}, x_{i2}), i=1, 2, 3, \cdots, N \tag{5.96}$$

第 i 个粒子的初始速度 V_i 也是一个二维的矢量，记为

$$V_i = (v_{i1}, v_{i2}), i=1, 2, 3, \cdots, N \tag{5.97}$$

将第 i 个粒子搜索到的最大功率传输系数记为个体极值 P_{best}：

$$P_{\text{best}} = p_i^k, i = 1, 2, 3, \cdots, N; k = 1, 2, 3, \cdots, K \tag{5.98}$$

式中，k 为当前迭代次数；K 为最大迭代次数，设为 100。

整个粒子群搜索到的最大功率传输系数记为全局极值 G_{best}：

$$G_{\text{best}} = g_k, k = 1, 2, 3, \cdots, K \tag{5.99}$$

粒子根据式(5.96)和式(5.97)更新自己的速度和位置，从而找到这两个最优值：

$$v_{id}^{k+1} = wv_{id}^k + c_1 r_1 \left(p_i^k - x_{id}^k \right) + c_2 r_2 \left(g_k - x_{id}^k \right) \tag{5.100}$$

$$x_{id}^{k+1} = x_{id}^k + v_{id}^k \tag{5.101}$$

式中，$i = 1, 2, \cdots, 10$；$d = 1, 2$；k 为当前迭代次数；w 为惯性权重，是调节对解空间搜索范围的一非负数；r_1、r_2 为 0~1 范围内的均匀随机数，用来保持群体的多样性；c_1、c_2 为学习因子，也称加速常数，均设为 1.49。

在进行参数调试时，发现有必要对粒子速度的最大值进行限制，设其为 $v_{\max}$，其值过小会导致搜索不充分，从而陷入局部解，太大又会导致粒子跳过最优解。此外，速度的最小值取 $v_{\min}$，最终速度取值范围为 –2~10。

惯性权重 w 起着权衡局部最优能力和全局最优能力的作用，选择合适的 w 有助于 PSO 算法均衡其搜索与开发能力，典型的权值为 1。为了改善 PSO 算法的收敛性能，采用线性递减权值策略，其函数形式通常为

$$w = w_{\max} - \frac{w_{\max} - w_{\min}}{iter_{\max}} \cdot k \tag{5.102}$$

式中，$w_{\max}$ 为最大权重，设为 0.9；$w_{\min}$ 为最小权重，设为 0.4；$iter_{\max}$ 为最大迭代次数，即 100；k 为当前迭代次数，计算结果如图 5.42 所示。

(a) 循环次数与功率传输系数(透波率)变化关系

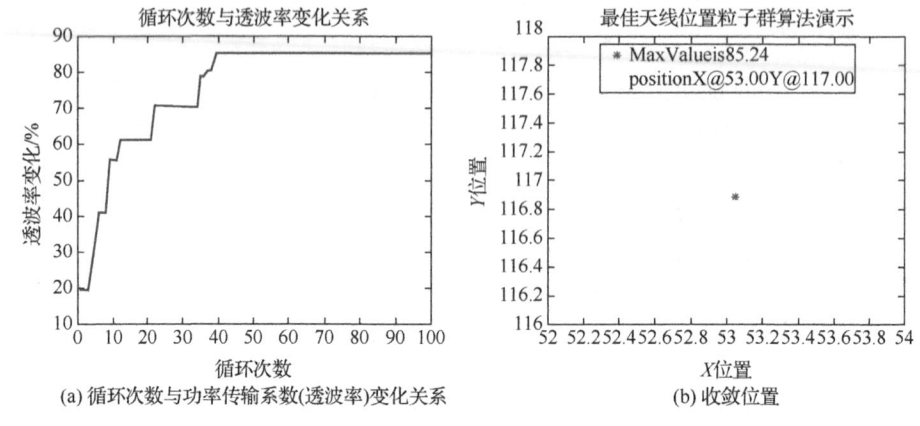

(b) 收敛位置

图 5.42　PSO 算法计算结果

从图 5.42(a)可以看出，随机初始化的位置功率传输系数非常低，只有 20%，随着循环次数的增加，功率传输系数逐渐增大；在循环次数达到 40 代后，透波率不再变化，固定在 85.24%，说明算法已经收敛。图 5.42(b)所示为粒子位置变化算法收敛后，粒子所处位置和对应的适应度值(功率传输系数)，可以看出，粒子在位置 $X=53, Y=117$ 处收敛，此处对应的透波率最大。

基于上述理论，可以获得最佳位置在不同角度下的垂直极化和水平极化功率传输系数。

从图 5.43 可以看出，优化天线位置后，对应最佳位置的功率传输系数不论是垂直极化还是水平极化均相比之前的图 5.40(a)、(b)有所提高，最重要的是，垂直极化下的透波率均大于 80%，满足设计指标的要求(不小于 70%)。这表明，采用现代优化方法进行天线罩设计，比未采用优化方法的功率传输系数有所提高。

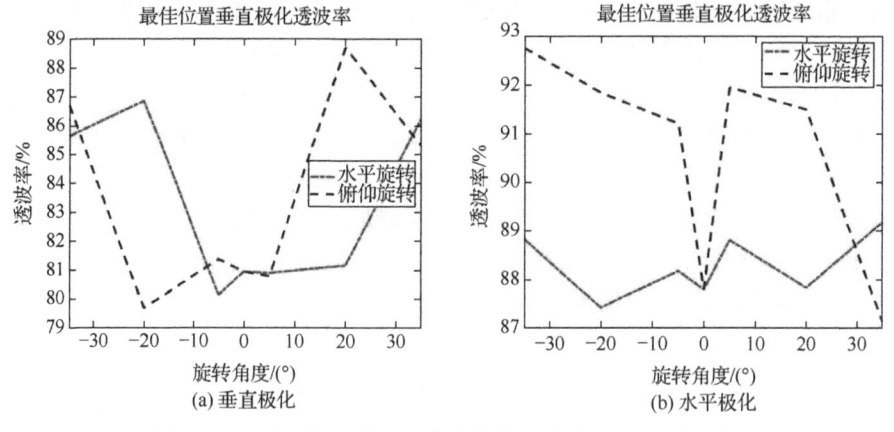

(a) 垂直极化

(b) 水平极化

图 5.43　对应不同极化和最佳位置的功率传输系数(透波率)

最后，给出天线罩结构电性能的物理光学法设计流程图，如图5.44所示。

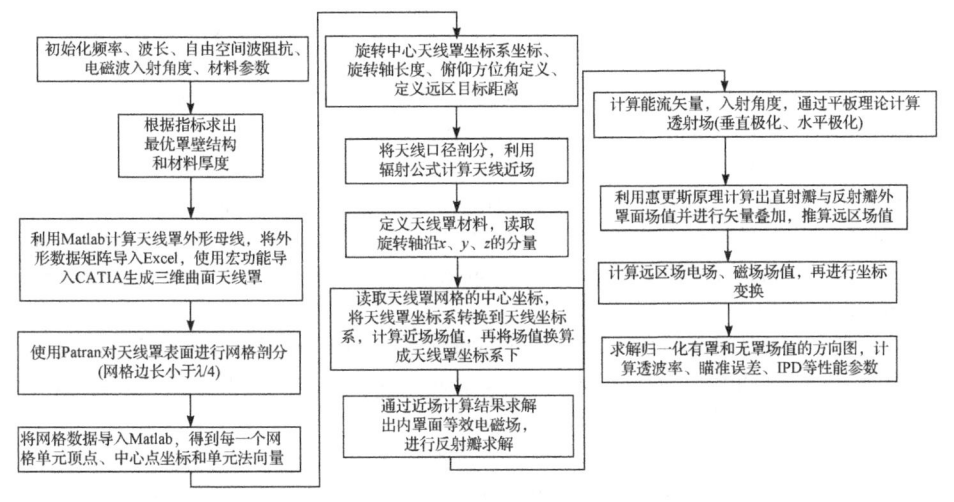

图 5.44 天线罩结构电性能设计流程图

5.7 本章小结

本章详细介绍了天线罩几何光学法原理，给出了单脉冲天线的口径离散化公式，以及天线与天线罩坐标系之间的换算公式。程序建立了常见的天线罩模型，完成了入射线与天线罩壁交点、外法向矢量、入射角和反射矢量的求解，以及电磁波在天线罩壁内部的分解与外部的合成。在本章的末尾，以正切卵形天线罩为例，给出了功率传输系数和插入相位移计算结果，并与参考文献进行了对比，验证了计算方法和程序的正确性。

本章还介绍了物理光学法中天线口面剖分方式方法、天线近场计算公式，推导了天线坐标系与天线罩坐标系之间的换算关系，详细讲解了电磁波极化分解透过天线罩后在天线罩外表面合成的方法，以及远区电场求解公式。在此基础上，运用 GUI 编程将上述模块集成软件包，软件界面简洁友好，操作方便，有效减少了工程设计人员的误操作。通过正切卵形空气罩的算例验证了算法的正确性，计算了长宽比为 2∶1 的正切卵形介质天线罩的瞄准误差，与参考文献结果吻合良好。本章内容作为本书的核心算法，为后续章节的分析提供了理论指导，后面将运用物理光学法与商用软件结合，提高软件的使用范围，增强工程应用性。

本章最后详细介绍了 PSO 算法，并利用其对天线-天线罩系统的相对位置进行优化。结果表明，引入的 PSO 算法具有良好的收敛性，成功找到了最佳天线安装位置并得到了验证，电性能设计也达到了预期标准。

参 考 文 献

[1] Tricoles G. Radiation patterns and boresight error of a microwave antenna enclosed in an axially symmetric dielectric shell. JOSA, 1964, 54(9): 1094-1097.
[2] Kilcoyne N R. A two-dimensioanl ray-tracing method for the calculation of radome boresignt error and antenna pattern distortion. Ohio Statw Univ. Columus Electroscience Lab, 1969: 14-40.
[3] Tavis M. A Three-Dimensional Ray-Tracing Method for the Calculation of Radome Boresight Error and Antenna Pattern Distortion. Aerospace Corp San Bernardino Calif San Bernardino Operations, 1971.
[4] Meng H, Dou W, Chen T, et al. Analysis of radome using aperture integration-surface integration method with modified transmission coefficient. Journal of Infrared, Millimeter, and Terahertz Waves, 2009, 30(2): 199-210.
[5] Wu D C, Rudduck R. Plane wave spectrum-surface integration technique for radome analysis. IEEE Transactions on Antennas and Propagation, 1974, 22(3): 497-500.
[6] Tricoles G, Rope E L, Hayward R A. Wave propagation through axially symmetric dielectric shells. Defense Technical Information Center: DTIC Technical Reports Database, 1981.
[7] Kozakoff D J. Analysis of Radome-Enclosed Antennas. Norwood: Artech House, 2010.
[8] 杜耀惟. 天线罩电性能设计方法. 北京: 国防工业出版社, 1993.
[9] 韦中华. 物理光学法分析天线罩瞄准误差.成都: 电子科技大学, 2006.
[10] Paris D. Digital computer analysis of aperture antennas. IEEE Transactions on Antennas and Propagation, 1968, 16(2): 262-264.
[11] Shen Z, Volakis J L. A hybrid physical optics-moment method for large nose radome antennas. IEEE Antennas and Propagation Society International Symposium, 1999, 4: 2554-2557.
[12] 李丽, 牛奔. 粒子群优化算法. 北京: 冶金工业出版社, 2009.

第6章 天线罩电性能设计的电磁全波计算方法

全波方法，即基于麦克斯韦方程的完全数值计算方法，是一种理论上适用于全频段、全尺寸的求解方案，也是目前天线罩电性能设计中使用较为广泛的方法，尤其在现代天线罩，如频率选择表面(FSS)天线罩的电性能设计中尤为重要。根据麦克斯韦方程组的求解形式，全波方法可以分为积分方程(Integral Equation，IE)方法和微分方程(Differential Equation，DE)方法。根据处理的电磁场的求解域，又分为频域(Frequency domain，FD)方法和时域(Time Domain，TD)方法。针对不同天线罩的电磁工程应用场景，从求解形式和方法的组合中不断研究出全波方法的扩展型求解方案。

6.1 电磁全波计算方法简介

电磁全波计算方法在天线罩电性能计算中使用广泛，主要有三种方法：有限元法(Finite Element Method, FEM)[1-3]、矩量法 (Method of Moments, MoM) [4,5]和时域有限差分法(Finite Difference Time-Domain，FDTD)[6,7]。

FEM 是以变分原理为基础，求解麦克斯韦微分方程边值问题的数值计算方法。在求解过程中，FEM 将微分方程解的直接解形式(即所谓的"强"形式)，转化为与权函数乘积的积分形式(即所谓的"弱"形式)，随后离散求解。经典的 FEM 多用于求解频域中的电磁场，可直接获得频域响应。随着算法研究的不断深入，目前已经发展出时域有限元(Finite Element Time Domain，FETD)法，以及将加权余量法中的迦略金方法应用到有限元框架下的间断加略金时域(Discontinued Galerkin Time Domain，DGTD)法，进一步拓展了有限元法的应用范围。由于 FEM 近乎可以处理绝大多数微分方程解的问题，所以在电磁计算中得到了广泛应用[8,9]。

MoM 是在麦克斯韦方程的积分形式中，以格林函数形式表示电场和磁场，通过基函数展开，将电流密度分布作为求解对象，构造阻抗矩阵、电流项和源项之间的矩阵等式，求解的未知量多为频域中电流密度。这种方法将电磁场问题的求解转化为一个大规模矩阵的求解问题，从而衍生出了许多针对阻抗矩阵的高效处理方法，例如，多层快速多极子法(Multilevel Fast Multipole Method，MLFMM)和奇异值分解(Singular Value Decomposition，SVD)法等。由于该方法基于积分方程形式，因此，特别适合解决开放边界的电磁场问题，如雷达散射截面(Radar Cross Section, RCS)[10,11]的计算。

FDTD 是 Yee 基于微分形式的麦克斯韦方程组提出的一种数值求解方法，通过用差分替代连续微分项实现计算。该方法的显著特点是直接从麦克斯韦方程组出发，避免了复杂的中间转换表达式，从而保持了电磁场计算的物理直观性和数学上的简洁性[12,13]。

6.2 天线罩几何数模产生和网格化处理

电磁全波方法在天线罩电性能设计中的应用，首先需要对所设计的天线罩外形结构进行数值化处理，也就是将天线罩结构数模化，进而网格化。

天线罩的外形为了满足飞行器气动性能要求，一般设计为曲面流线型，目前的研究与设计存在两个主要问题。

(1) 大多数仿真、制作和测试是基于平板模型进行的，而实际的天线罩往往具有复杂的力学结构，以满足实际飞行器的气动性能和隐身性能要求，此外，天线罩通常处于天线的非均匀照射下，导致其在不同角度下的传输特性差异较大；

(2) 设计普遍基于平面波激励对无限大平板单元结构的分析，而在研究曲面天线罩甚至 FSS 天线罩对天线的影响时，需要将实际天线与天线罩体进行一体化设计和仿真分析。

6.2.1 典型天线罩的数模产生

天线罩模型通常由解析的曲线方程所确定，因此，电性能设计的步骤须以天线罩模型的建立为基础，然而，对于模型复杂或通过数据表给出的天线罩，程序建模较为复杂，并且在求解交点时会增加难度。为了更好地解决工程应用中的实际问题，必须解决天线罩的建模问题，常常借助 CATIA [14]和计算机辅助设计(CAD)来辅助天线罩设计。CATIA 和 CAD 在功能、应用领域和用户群体上有所不同。CATIA 是一款由达索系统开发的多功能 CAD 软件，主要用于复杂产品的设计和制造，尤其在航空航天、汽车设计等领域具有广泛应用。CATIA 具有强大的曲面建模功能、全面的仿真分析工具，并支持多学科协同设计。而 CAD 则是一个更广泛的术语，指的是计算机辅助设计，涵盖多种软件工具，如 AutoCAD、SolidWorks 等。

借助 CATIA 创建了几个典型天线罩模型，过程中使用了 CATIA 的批量导入点和旋转等基本操作；批量导入可借助 CATIA 安装位置中的\GSD_PointSplineLoftFromExcel.xls 表格来完成，其完整路径为\intel_a\code\command\

GSD_PointSplineLoftFromExcel.xls，xls 中自带宏定义，可选择生成全点、样条线和扫描面。图 6.1 所示为生成的样条线在 CATIA 中旋转一周形成的正切卵形、圆锥形与卡曼形天线罩曲面。

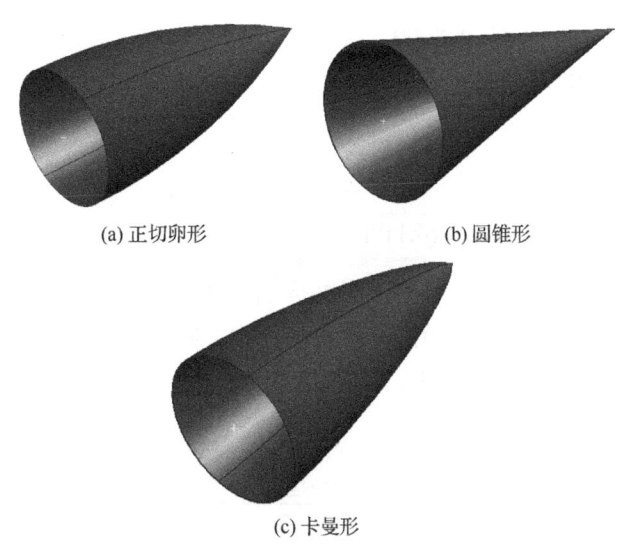

(a) 正切卵形

(b) 圆锥形

(c) 卡曼形

图 6.1 天线罩 CATIA 图

6.2.2 复杂天线罩的数模产生

对图 6.2 所示的某机型的机头天线罩，研究其建模问题。

(a) 主视图

(b) 左视图

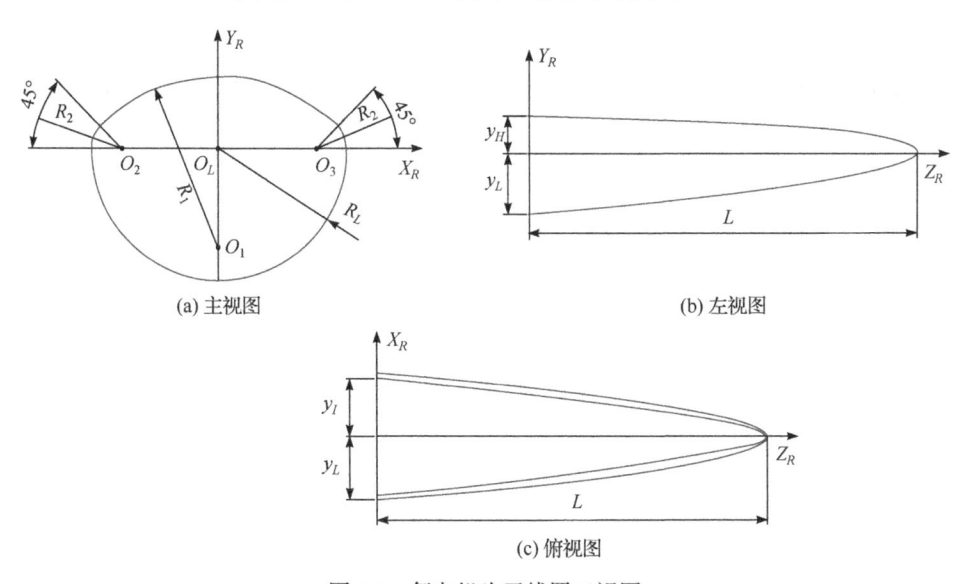

(c) 俯视图

图 6.2 复杂机头天线罩三视图

对于图 6.2 中的左视图，天线罩外形方程满足：

$$y_R^2 + cz_R^2 + 2fy_Rz_R + 2qy_R + 2rz_R + d = 0 \tag{6.1}$$

式中，$c = 0.005112772, f = -0.0175, q = 91.6900, r = 11.3126, d = -94345.25$，代入可得 $L = 2619.4194, y_H = 228.8600, y_L = 412.2400$。

对于图 6.2 中的主视图，假设：

$$Q_5 = 2fz_R + 2Q \tag{6.2}$$

$$Q_6 = cz_R^2 + 2rz_R + d \tag{6.3}$$

联立式(6.1)～式(6.3)，式(6.1)可简化为

$$y_R^2 + Q_5 y_R + Q_6 = 0 \tag{6.4}$$

每个天线罩截面($z=z_R$)均由四个圆相切而成，四个圆的半径分别为 R_L，R_1，R_2 和 R_2，对应的圆心分别为 O_L，O_1，O_2 和 O_3，四个圆的半径和圆心均为 z_R 的函数。

$$R_L = \frac{Q_5 + \sqrt{Q_5^2 - 4Q_6}}{2} \tag{6.5}$$

$$R_1 = \frac{(1+\sqrt{2})Q_5 + \sqrt{Q_5^2 - 4Q_6}}{2} \tag{6.6}$$

$$R_2 = \frac{-(1+\sqrt{2})Q_5 + \sqrt{Q_5^2 - 4Q_6}}{2} \tag{6.7}$$

式中，$O_L(0, 0, z_R)$，$O_1(0, -\frac{1+\sqrt{2}}{\sqrt{2}}Q_5, z_R)$，$O_2(-\frac{1+\sqrt{2}}{\sqrt{2}}Q_5, 0, z_R)$，$O_3(\frac{1+\sqrt{2}}{\sqrt{2}}Q_5, 0, z_R)$。

$z_R = 0$ 时，即主视图中，

$$R_L = y_L \tag{6.8}$$

$$R_1 = \frac{(1+\sqrt{2})y_L - y_H}{\sqrt{2}} \tag{6.9}$$

$$R_2 = \frac{(1+\sqrt{2})y_H - y_L}{\sqrt{2}} \tag{6.10}$$

式中，$O_L(0, 0, z_R)$，$O_1(0, -\frac{1+\sqrt{2}}{\sqrt{2}}(y_L-y_H), 0)$，$O_2(-\frac{1+\sqrt{2}}{\sqrt{2}}(y_L-y_H), 0, 0)$，$O_3(\frac{1+\sqrt{2}}{\sqrt{2}}(y_L-y_H), 0, 0)$。

下面给出四个圆弧的范围。

圆弧 1：以 O_3 为圆心，R_2 的圆弧范围在 $[0°, 45°]$。
圆弧 2：以 O_1 为圆心，R_1 的圆弧范围在 $[45°, 135°]$。
圆弧 3：以 O_2 为圆心，R_2 的圆弧范围在 $[135°, 180°]$。
圆弧 4：以 O_L 为圆心，R_L 的圆弧范围在 $[180°, 360°]$。

对于图 6.2 中的俯视图，根据式(6.4)可绘制俯视图中的外轮廓线，圆弧 1 和圆弧 2 的切点定义为 $P(P_x, P_y, P_z)$，则有

$$P_x = R_L - R_2 \left(1 - \cos \frac{\pi}{4}\right) \tag{6.11}$$

$$P_y = R_2 \cos \frac{\pi}{4} \tag{6.12}$$

$$P_z = z_R \tag{6.13}$$

考虑式(6.11)~式(6.13)，结合式(6.5)与式(6.7)，可绘制俯视图中的内轮廓线。

6.2.3 天线罩的网格剖分

有些天线罩的外形较为复杂，或者只有数据表数据，此时需要通过多个函数表达式进行分段表示，或使用复杂的曲面拟合算法，这给通过程序建立天线罩模型带来了诸多不便。对于此类天线罩，可以借助仿真软件 CATIA 来完成建模工作。

图 6.3 所示为借助 CATIA 建立的实用天线罩模型，证明了可操作性。对任意形状天线罩，其电磁性能求解思路如图 6.4 所示。

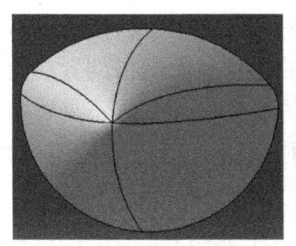

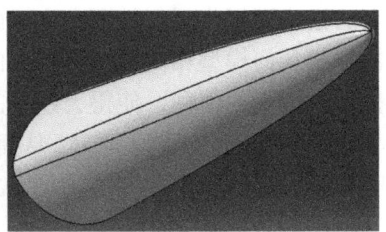

(a) 正视图　　(b) 左视图

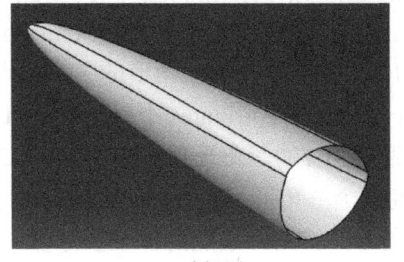

(c) 右视图

图 6.3　某机型机头天线罩 CATIA 图

任意形状天线罩求解流程如下：

(1) 借助仿真软件 CATIA 建立天线罩模型。

(2) 对天线罩模型进行网格化处理，将复杂外形分解为多个三角面元。

(3) 天线罩的罩壁结构设计，选择单层或夹层罩壁形式。

(4) 采用几何光学法、物理光学法或者全波电磁软件程序计算，获得天线罩的功率传输系数、插入相位移和瞄准误差等指标。

(5) 计算结果是否满足要求，若不满足，可返回并修改天线罩模型，比如遇到曲率半径大小、锐度比等问题时，可以修改天线罩结构，如选择薄壁与夹层结构。

完成天线罩建模后，需要采用网格剖分技术对天线罩进行剖分处理。PATRAN [15]是工业领域最著名的有限元前后处理器，是一个开放式、多功能的三维机械计算机辅助工程(MCAE)软件包，提供集工程设计、工程分析和结果评估功能于一体的，具有交互图形界面的计算机辅助工程(CAE)集成环境。PATRAN 可以直接读取当前各主流 CAD 系统的几何造型，生成有限元模型，且读入的 CAD 模型保持其原有的格式而不作近似处理，生成的有限元单元、模型的载荷、边界条件和材料特性都与几何模型相关联。其强大的任意曲面网格剖分功能，为天线罩的仿真计算提供了很大的便利，使得天线罩的工程设计人员不需要掌握电磁全波方法、物理光学法和网格剖分相关原理，从而提高了工程开发的实用性和通用性。

由流程图可以看出，需要建立从 CATIA 模型到程序计算的接口，CATIA 天线罩模型经过网格剖分软件 PATRAN 剖分后，生成图 6.5 所示的数据格式。

图 6.5 中，某天线罩剖分网格的数据所选择的生成格式为.rpt，剖分类型为三角形剖分，包含 314 个三角形节点。在 Element Connectivity 中，ID 表示编号，以 ID 为 1 的 Element 为例，表示第一个三角形的三个顶点编号分别为 Pos1 = 18、Pos2 = 24 和 Pos3 = 17；在 Node Attributes 中，ID 对应 Element 中的 Pos，以 ID 为 2 的 Node 为例，表示编号为 2 的三角形顶点坐标为 $x = 22.693401$, $y = 0.590484$, $z = -0.322583$。若需查询某个三角形，先查询其 Element 编号，找到对应的 Pos1、Pos2、Pos3，然后再查找对应三角形顶点的三维坐标值。

CATIA 模型到程序计算的接口依据后续计算的需要，必须获得每一个三角形的顶点坐标、三角形所在平面的外法向量和三角形面积。程序读入前的文件格式为 .txt 文档，该文档存储的数据为一个矩阵，列数为 14，每一行存储一个三角

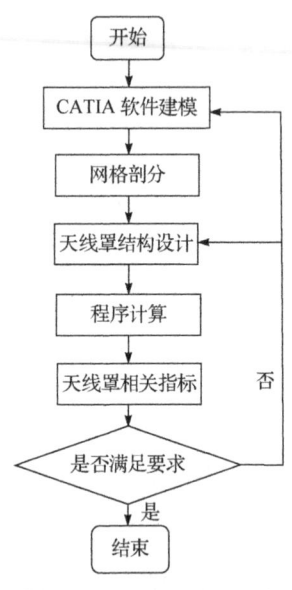

图 6.4 任意形状天线罩求解流程图

图 6.5　PATRAN 剖分网格数据格式图

形的完整信息。其中，第 1 列存储编号，第 2 至第 4 列存储三角形第一个顶点坐标，第 5 至第 7 列存储第二个顶点坐标，第 8 至第 10 列存储第三个顶点坐标，第 11 列存储三角形面积，第 12 至第 14 列存储外方向矢量。某天线罩剖分数据转化后的数据格式如图 6.6 所示。

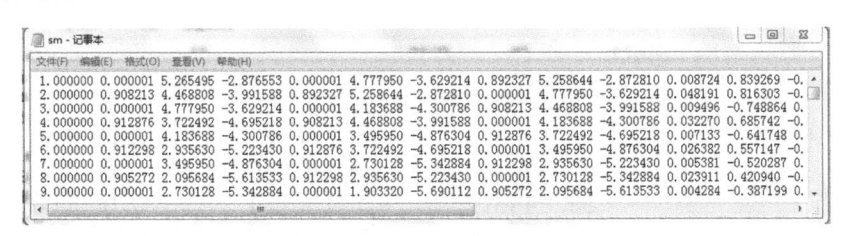

图 6.6　接口转化后的数据格式图

PATRAN 可以将曲面剖分为三角形和四边形，为了便于电磁算法的计算，需要确定剖分单元的中心点坐标以及单元平面的法线方向，选择三角面元剖分方式。通过数据接口，可以将 CATIA 建模产生的 CAD 模型导入 PATRAN 软件，设置剖分单元的几何尺寸，进行剖分处理，进而生成天线罩剖分图。可以导出剖分结果的数据文件，并在图形软件 MATLAB 中进行图形重现。图 6.7 所示为正切卵形和某机载吊舱天线罩的 CATIA 模型网格剖分图，可以看到，网格剖分准确且稳定，网格之间接触良好。

PATRAN 提供了剖分单元网格信息导出功能，使得 PATRAN 的网格剖分能够与全波方法、几何光学法和物理光学法的理论仿真计算相结合。PATRAN 输出数据参数主要有 Total number of entities、Element Attributes、Element Connectivity、Node Attributes。

(a) 正切卵形　　　　　　(b) 机载吊舱

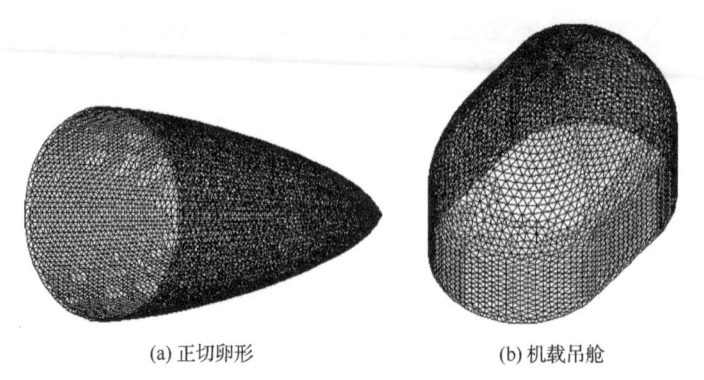

图 6.7　天线罩剖分图

例如，计算方法的程序接口，只需要用到 Node Attributes 和 Element Connectivity 两种数据参数，分别存储在 point.txt 和 unit.txt 文件中，具体的数据表述形式如图 6.8 和图 6.9 所示。point.txt 文件中的数据代表剖分三角单元网格的顶点编号及相应的空间坐标(x, y, z)，以编号为 1 的顶点为例，其空间坐标为 (99.8723, −5.0507, 0)。unit.txt 文件中第 1 列是剖分三角单元网格的编号，接下来的第 2～第 4 列表示该单元由哪三个顶点组成，以编号为 1 的单元网格为例，该网格由三个顶点(编号分别为 891，880，889)来确定。

1	99.872368	−5.050744	0.000000
2	99.488266	−10.103722	0.000000
3	98.848671	−15.130754	0.000000
4	97.955238	−20.118929	0.000000
5	96.810249	−25.055439	0.000000
6	95.416656	−29.927607	0.000000
7	93.778030	−34.722919	0.000000
8	91.898582	−39.429062	0.000000
9	89.783134	−44.033955	0.000000
10	87.437119	−48.525764	0.000000
11	84.866570	−52.892960	0.000000

图 6.8　Node Attributes 数据示意图

如图 6.10 所示，在单元连接文件中对应的三角单元由三个顶点 $A(x_a, y_a, z_a)$、$B(x_b, y_b, z_b)$、$C(x_c, y_c, z_c)$ 组成，则

$$\boldsymbol{AB} = (x_b-x_a, y_b-y_a, z_b-z_a);\quad \boldsymbol{BC} = (x_b-x_c, y_b-y_c, z_b-z_c)$$

根据空间几何关系，三角面元中心点 P 坐标为

图 6.9　Element Connectivity 数据示意图

$$P = \frac{A+B+C}{2} = \frac{1}{2}(x_a + x_b + x_c, y_a + y_b + y_c, z_a + z_b + z_c) \qquad (6.14)$$

三角面元面积为

$$S = \sqrt{Q(Q-AB)(Q-BC)(Q-AC)} \qquad (6.15)$$

式中，$Q = \dfrac{AB + AC + BC}{2}$。

根据数学关系，$a \times b$ 垂直于由 a 和 b 矢量确定的平面，所以三角面元的法线方向为

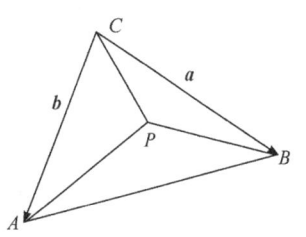

$$\boldsymbol{n} = \boldsymbol{AB} \times \boldsymbol{BC} \qquad (6.16)$$

图 6.10　剖分单元参数求解示意图

6.3　利用 FEKO 计算天线口面场

FEKO[16]是 EMSS 公司旗下的一款强大的三维全波电磁仿真软件，其核心算法是矩量法。在此基础上又引入了多层快速多极子(MLFMM)计算方法[17]，使得 FEKO 计算电大尺寸问题成为一种可能。FEKO 软件的 MLFMM+FEM 混合算法可以求解含高度非均匀介质的电大尺寸问题，特别适合处理结构之间通过自由空间耦合的问题。MLFMM 区域(如辐射区域)和 FEM 区域(如介质区域)之间的空间并不需要划分网格，这使得矩阵规模很小，从而大大降低了所需的计算资源。FEKO 采用基于高阶基函数(HOBF)的矩量法，支持采用大尺寸三角单元来精确计算模型的电流分布，在保证精度的同时减少所需内存，并缩短计算时间。此外，FEKO 还包含丰富的高频计算方法，如 PO 法、大面元物理光学 (Large Element PO)

法、GO 法，以及一致性几何绕射理论 (Uniform Geometrical Theory of Diffraction, UTD)[18]等，能够利用较少的资源快速求解超电大尺寸问题。

天线-天线罩系统结构复杂，特别是大型天线罩，使用全波电磁仿真会占用大量计算机资源，普通工作站无法满足其对内存和计算能力的要求。虽然 FEKO 提供了几何光学法、物理光学法等高频算法，但这些高频算法只能用于 RCS 加速计算，无法应用于天线罩性能的仿真加速。在计算天线罩内外表面的电场和磁场时，仍然需要运用矩量法进行大量的矩阵运算，对计算机内存和计算时间的要求并没有降低。不过，FEKO 提供了仿真天线近场的功能，通过得到等效的惠更斯面元来代替原来天线的影响，这符合电磁场辐射问题的相关理论。

为了验证这种方法的正确性，下面对角锥喇叭天线进行仿真计算，该天线的口径参数为 $a = 194.41$mm，$b = 144.01$mm，$l_H = 342.49$mm，$l_E = 319.99$mm，中心工作频率 9.375 GHz。仿真计算结果显示，角锥喇叭天线的口面电场和磁场的二维分布图如图 6.11 所示。接着，分别提取角锥喇叭天线口面电场和磁场的等效源文件(*.efe 和*.hfe)，并利用这两个等效源建立仿真模型，最终得到天线的远区方向图，如图 6.12 所示。

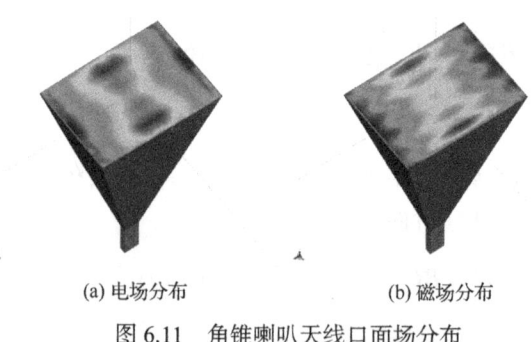

(a) 电场分布　　　　(b) 磁场分布

图 6.11　角锥喇叭天线口面场分布

从图 6.12 可以看出，利用等效源计算得到的天线远区辐射场与原天线模型仿真计算的远区辐射场基本完全贴合。为了比较两种方法的计算效率，使用一台个人计算机，其主要硬件参数为双核 2.1GHz CPU 和 2G 内存。利用天线模型仿真计算一个频点的远区辐射场需要 210s，而利用等效源计算远区辐射场仅需 5s。因此，通过在前期消耗一定时间计算近场等效源，再利用等效源计算近场和远区场，可以节省大量的计算资源。这种方法在天线-天线罩一体化研究设计中具有很好的实际应用价值。

根据 FEKO 软件的等效源理论方法，可以利用 FEKO 软件仿真任意口面场的天线，并将仿真得到的电磁场近场数据作为后续用物理光学法和全波计算方法的激励源。同时，结合任意天线罩模型建模和剖分方法，可以实现对任意天线-天线

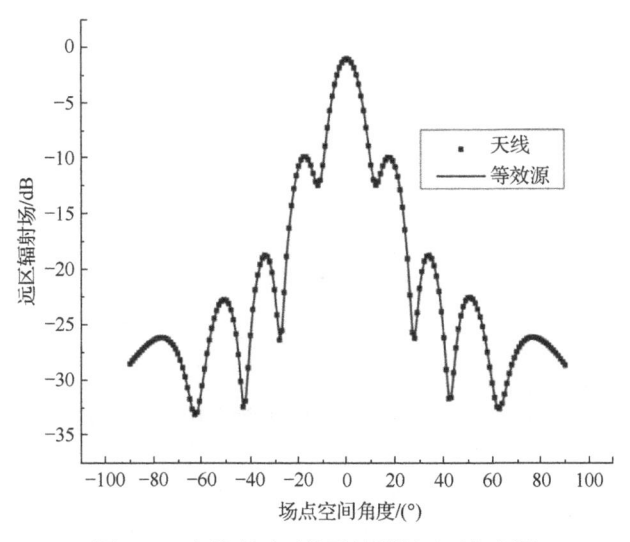

图 6.12 角锥喇叭天线及等效源远区方向图

罩系统的分析与设计。为了将 FEKO 软件所产生的天线近场导入到几何光学法、物理光学法的电性能设计软件和全波电磁软件中进行天线近场及远区场计算，需要引入一个软件接口。在此情况下，天线-天线罩系统的设计方法类似于物理光学法中的天线口面剖分方法，可以将口面剖分为子分块，并以子分块的中心点场值代表整个子分块的场值。经过程序处理得到物理光学法软件中可使用的天线激励场分布，如图 6.13 所示，处理得到的口面场分布与图 6.11 中 FEKO 产生的口面场分布一致。

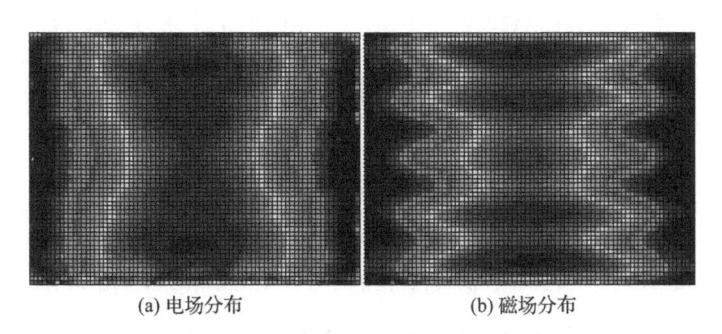

(a) 电场分布　　(b) 磁场分布

图 6.13　角锥喇叭天线激励场分布

6.4　基于 MOM-MLFMM 的多层天线罩电性能仿真

在上一节中，详细分析了使用 FEKO 计算天线口面场的方法，现在采用全波电磁计算方法中的矩量法-多层快速多极子法(MOM-MLFMM)，来分析多层天线罩对多天线、天线阵列远场方向图的影响。

如图 6.14 所示，9 个理想电偶极子的线阵列天线沿 Z 轴方向排列，坐标原点位置为(0, 0, 0)。电偶极子具有等幅不同相的特性，阵列单元子之间的相位差为 π/4，且单元间距为 3λ/8。在距离天线 3λ/2 处，有一块 6 层非均匀平板介质罩，该平板罩的长、宽、高分别为 l=3.6λ、m=3.6λ、h=0.1λ，且其介电性能是以 ε_1 = 2 + 0.005j 和 ε_2 = 1.5 + 0.0035j 交替变化的。

采用 MOM-MLFMM 对阵列天线加非均匀平板介质天线罩进行仿真计算，该非均匀平板天线罩被剖分为 20222 个三角面元。图 6.15 所示为不加载平板天线罩和加载平板介质天线罩的方向图，同时给出了传统体积分(VIE)法的解析解。

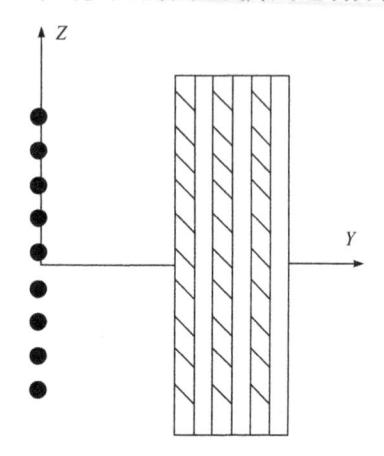

图 6.14　线阵列天线(9 个天线单元)和 6 层非均匀平板介质罩

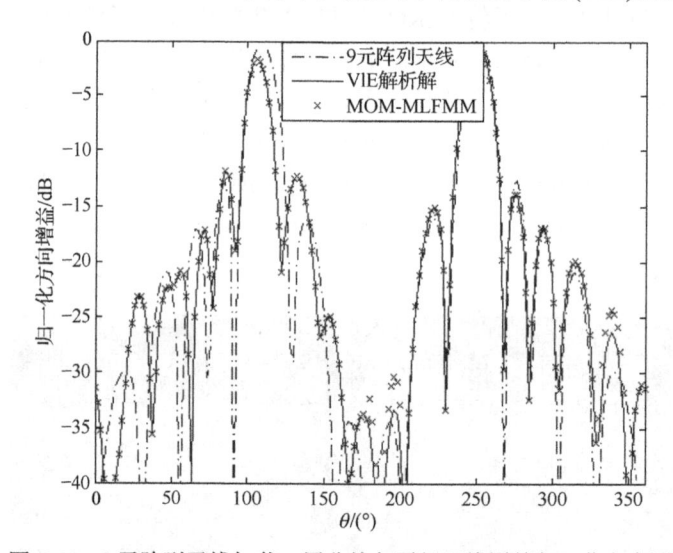

图 6.15　9 元阵列天线加载 6 层非均匀平板天线罩的归一化方向图

从图 6.15 中可以看出，MOM-MLFMM 和 VIE 法的结果吻合得非常好。证明了 MOM-MLFMM 的计算精度非常高。仅在 –25dB 以下的副瓣电平处，MOM-MLFMM 出现了较小的波动误差，这在工程范围内是可以接受的。同时，通过分析可知，加上非均匀平板介质罩后，在透射方向 0°～180°，主瓣方向图发生 2°的偏移并降低 2dB，同时主瓣电平变窄 4°，副瓣电平大约增高 4dB；在反射方向 180°～360°，主瓣方向图大约降低 1dB，偏移 0.5°，副瓣电平降低 0.5dB，偏移 1°。这些波束的变化都是非均匀介质平板对阵列天线方向图造成的影响。以此为基础，可以分析任意多层天线罩对天线方向图的影响。

综上所述，通过 MOM-MLFMM 的计算实例分析，充分验证了该方法的精度，表明该方法能够为天线罩的电性能设计提供有价值的参考。

6.5 本章小结

本章简要介绍了基本的全波电磁计算方法(FDTD、FEM 和 MoM)，并探讨了基于 GO 法和 PO 法的全波电磁方法在天线罩电性能设计方面的应用，特别是在天线-天线罩系统设计方面具有一定优势。虽然全波电磁方法相对计算时间长，建模较为复杂，但它具有计算精度高和建模准确等优点，能够与 GO 法和 PO 法相互验证，进行天线罩的电性能设计。此外，本章还详细说明了如何将全波算法和建模算法有机结合，形成有效的设计方法。

参 考 文 献

[1] Jin J M. The Finite Element Method in Electromagnetics. Hoboken: John Wiley & Sons, 2015.

[2] Davidson D B. Computational Electromagnetics for RF and Microwave engineering. Cambridge University Press, 2010.

[3] Jiao D, Jin J M. A general approach for the stability analysis of the time-domain finite- element method for electromagnetic simulations. IEEE Transactions on Antennas and Propagation, 2002, 50(11): 1624-1632.

[4] Gibson W C. The Method of Moments in Electromagnetics. Florida: CRC press, 2021.

[5] Mu X, Zhou H X, Chen K, et al. Higher order method of moments with a parallel out-of-core LU solver on GPU/CPU platform. IEEE Transactions on Antennas and Propagation, 2014, 62(11): 5634-5646.

[6] Hao Y, Mittra R. FDTD Modeling of Metamaterials: Theory and Applications. Artech House, 2008.

[7] Sullivan D M. Electromagnetic Simulation Using the FDTD Method. Hoboken: John Wiley & Sons, 2013.

[8] 王建国. 电磁场有限元方法. 西安电子科技大学出版社, 1998.

[9] 刘国强, 赵凌云, 蒋继娅. Ansoft 工程电磁场有限元分析. 北京: 电子工业出版社, 2005.

[10] Fang X, Cao Q, Zhou Y, et al. Multiscale compressed and spliced Sherman–Morrison–Woodbury algorithm with characteristic basis function method. IEEE Transactions on Electromagnetic Compatibility, 2017, 60(3): 716-724.

[11] Fang X, Cao Q, Zhou Y, et al. Multiscale compressed block decomposition method with characteristic basis function method and fast adaptive cross approximation. IEEE Transactions

on Electromagnetic Compatibility, 2019. 61(1): 191-199.
[12] Alsunaidi M A, Al-Jabr A A. A general ADE-FDTD algorithm for the simulation of dispersive structures. IEEE Photonics Technology Letters, 2009, 21(12): 817-819.
[13] Garcia S G, Lee T W, Hagness S C. On the accuracy of the ADI-FDTD method. IEEE Antennas and Wireless Propagation Letters, 2002, 1: 31-34.
[14] 丁源, 刘庆伟. CATIA V5 R21 中文版从入门到精通. 北京: 清华大学出版社, 2012.
[15] 黄聪, 刘兵山. PATRAN 从入门到精通. 北京: 中国水利水电出版社, 2003.
[16] 刘源. FEKO 仿真原理与工程应用. 北京: 机械工业出版社, 2017.
[17] Tzoulis A, Eibert T F. A hybrid FEBI-MLFMM-UTD method for numerical solutions of electromagnetic problems including arbitrarily shaped and electrically large objects. IEEE Transactions on Antennas and Propagation, 2005, 53(10): 3358-3366.
[18] 梁昌洪, 崔斌, 宗卫华. 费马原理确定柱面和锥面反射点的解析表示式. 电波科学学报, 2004, 19 (2) :153 - 156.

第 7 章　平面和曲面频选天线罩电性能设计

频率选择表面天线罩，简称 FSSR，是在传统天线罩基础上发展起来的可以缩减雷达散射截面，即 RCS 的新型天线罩结构。它是通过将 FSS 结构加载于天线罩结构来实现前向 RCS 的优化，可以看出，FSSR 由 FSS 和天线罩两部分组成，不仅可以保护雷达系统免受恶劣环境影响，同时还能降低 RCS[1]，实现目标隐身效果。它在工作频段内能够高效传输电磁波，而在工作频段外则实现深截止，类似金属罩的功能，通过专门设计的外形将敌方雷达波的镜像强散射偏移出威胁区域[2]。

7.1　频率选择表面天线罩(FSSR)的构造和功能

FSSR 的发展可以追溯到 20 世纪 60 年代，当时，美国军机在欧洲上空经常受到来自苏联防空导弹的威胁，为了提高战斗机的生存能力，美国国防部命令 B. A. Munk 等对飞行器隐身技术进行深入研究，FSS 就是其中的一个重要内容。数十年后，1974 年，研制出当时世界上第一个 FSS 天线罩——锥形金属天线罩[3,4]。随着全球雷达设备、材料科学和电磁测试设备的不断发展，FSS 的理论设计、制作和测试也在不断完善。目前，俄罗斯和美国的 FSS 技术已经相当成熟，其技术成果体现在第五代战机 T-50 和 F-35 上。除了在飞行器上使用 FSS 技术，据报道，美国军方还在其新一代两栖登陆舰的相控阵雷达应用了 FSS 隐身技术，以提高其在海上的生存能力。例如，F-22 机头天线罩和舰船的相控阵雷达都使用了这种技术，如图 7.1 所示。

图 7.1　美军 FSS 技术相关应用实例

介质天线罩加载 FSS 结构形成 FSSR，其除了具有传统天线罩的传输等特性，还能够提升和改变天线罩的电性能，具体效果取决于 FSS 结构的选取。FSS 通常是周期性结构，从结构类型上主要分为两大类：贴片型和缝隙型。基于设计的不同类型，FSS 可以对电磁波的传播特性进行定向调控(如反射、传输等)，实现特定频率下的全反射或全传输。此外，FSS 还可以加载有源器件，构成吸波器、反射器和滤波器等。

带通型 FSS 应用于机载天线罩，可以降低工作频段外机头前向的 RCS。图 7.2 所示为带通型 FSS 天线罩的作用和频率响应示意图。雷达天线被罩在具有图 7.2(a) 所示带通特性的某 FSSR 内部。图 7.2(b) 中，处于工作频段内时，FSSR 表现为电磁透明状态，天线罩对电磁波的传输几乎没有衰减；而处于工作频段外时，FSS 天线罩处于非电磁透波状态，入射到天线罩表面的电磁波会产生较强的镜面反射，使得前向 RCS 明显缩减。

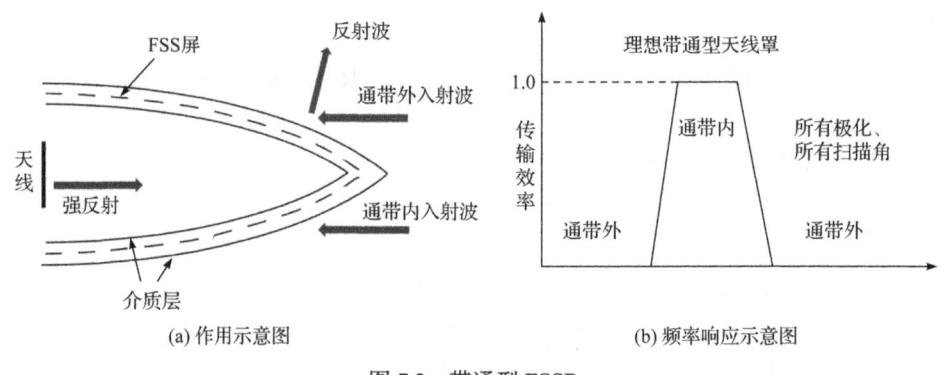

(a) 作用示意图　　　　(b) 频率响应示意图

图 7.2　带通型 FSSR

因此，新型 FSSR 的出现和发展大大提高了天线罩在外界电磁波干扰下的生存能力和电磁波的透射能力。如果将 FSS 结构替换为有源 FSS(即 AFSS)，则 FSSR 在复杂电磁环境中将更有效地提高隐身能力和应变能力。

7.2　FSS 结构的建模仿真

天线罩的外形通常设计为曲面流线型，以满足飞行器的气动性能。然而，目前在研究与设计中主要面临两个问题。

(1) 普遍采用平板模型进行仿真、制作和测试，而实际天线罩通常具有复杂的力学结构，以满足实际飞行器的气动性能和隐身性能要求，并且天线罩处于天线的非均匀照射下，导致不同角度下的传输特性差异较大。

(2) 大多数设计是基于平面波激励对无限大平板单元结构的分析，而在研究

FSSR 对天线的影响时，需要将实际天线与 FSSR 进行一体化设计与仿真。

7.2.1 FSS 单元形式

FSS 由简单的金属图案粘接在介质基底上的二维周期性排列结构组成。传统的 FSS 结构可以看作一种平面结构滤波器，分为低通型、高通型、带通型和带阻型四种类型，如图 7.3 所示。在 FSS 单元结构内部可以加载一些集总电阻元件，实现 FSS 吸收电磁波的功能。同时，某些 FSS 结构上还可以加载集总电容或者集总电感，从而改变 FSS 的电抗成分。

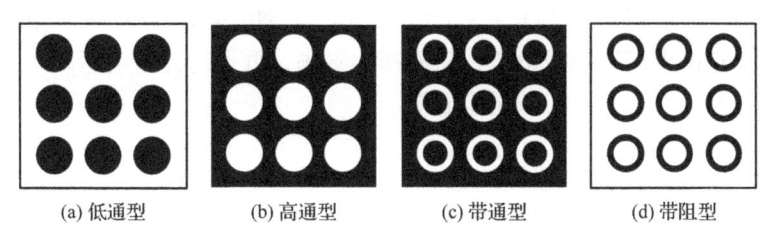

(a) 低通型　　(b) 高通型　　(c) 带通型　　(d) 带阻型

图 7.3　四种 FSS 类型

为了获得更好的频率响应曲线，FSS 结构通常通过多层结构的级联，实现层与层之间的电磁耦合和阻抗匹配，从而使频响曲线具有"陡降""窄过渡带""平顶""宽带"和"低传输损耗"等特性。20 世纪 60 年代，美国俄亥俄州立大学 Ben. A. Munk 教授开始对 FSS 和电路模拟吸波体进行深入研究。2007 年，Kamal Sarabandi 和 Nader Behdad 提出了一种新型带通频率选择表面，该结构不同于传统的 FSS，利用金属网栅(感性表面)和金属贴片(容性表面)级联而成，结构单元尺寸远小于工作波长，属于小型化 FSS[5]。在此基础上，2010 年，Muder 与 Nader 提出了一种由非谐振结构组成的低剖面、带通特性 FSS 设计方法[6]，该方法通过使用等效电路模型优化感性表面和容性表面的等效电感与等效电容值，以及电容层与电感层的排列方式，优化后的结构为角度不敏感的高阶带通 FSS 结构，整体结构剖面厚度仅为 $(N-1)\lambda_0/30$ (N 为滤波结构阶数，λ_0 为中心工作频段波长)。2017 年，Muaad Hussein 和 Jiafeng Zhou 提出了三层级联带通结构，上下层为旋转对称的小型化谐振结构，中间层为金属网栅结构，该结构是谐振结构与非谐振结构的混合 FSS，具有低剖面和陡截止特性[7]。

7.2.2 FSS 结构的空间滤波机制

FSS 结构的空间滤波机制主要通过在反射面上放置周期性的金属贴片或金属缝隙来实现。这些金属贴片或金属缝隙在特定频率下允许电磁波无衰减地通过，而在其他频率下则将电磁波完全反射，从而形成一种空间滤波器。

图 7.4 为 FSS 结构谐振示意图，图 7.4(a)中一个自由移动的电子被放置在无限长的直导线中，入射电磁波极化方向与长导线平行。在入射电磁波的作用下，自由电子在长导线内做上下运动，入射电磁波的能量一部分转化为电子的动能，剩余能量以电磁波的形式穿过导线做前向辐射。特定频率的电磁波入射到长导线时发生共振，入射电磁波的能量将全波转化为电子的动能，导致没有电磁波在导线处发生透射。图 7.4(b)中，将长导线旋转 90°放置，在入射电磁波的作用下，束缚在导线内的电子无法做上下运动，无法将能量转化为电子的动能，电磁波无损耗地在长导线处发生透射。

根据第 2 章麦克斯韦方程式(2.1)~式(2.4)和电磁波的波动方程式(2.7)~式(2.8)，运动的电子会形成电流，从而产生磁场，电子进行简谐运动时，会产生交变电流，从而产生波动形式的电磁波。

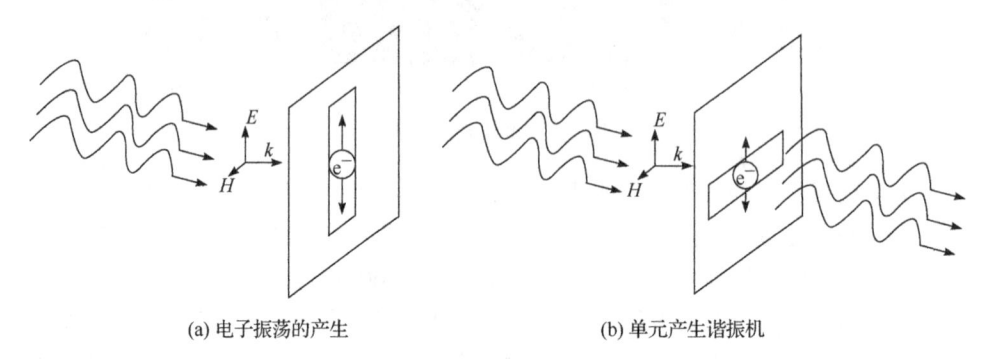

(a) 电子振荡的产生　　　　　　(b) 单元产生谐振机

图 7.4　FSS 结构谐振示意图

FSS 结构的基本工作原理是通过周期性排列的金属贴片或金属缝隙来控制电磁波的传输和反射。在谐振频率附近，贴片型 FSS 表现为全反射，而孔径型 FSS 表现为全传输。这种特性使得 FSS 能够在特定频率下允许电磁波通过，而在其他频率下则阻止其通过，从而实现空间滤波的功能。

上述分析可以应用于大尺寸的带栅阵列结构，电场垂直和水平入射到带栅阵列，如图 7.5(a)、(b)所示。垂直入射时，带栅方向与极化方向正交，而水平入射时二者方向相同。分析可知，当正交极化电磁波入射到带栅阵列时，带栅阵列类似于低通滤波器。图 7.3(a)所示的 FSS 在任意极化作用下呈现出"低通高阻"特性，这类结构被称为容性 FSS。图 7.3(b)所示的 FSS 在任意极化作用下呈现出"高通低阻"特性，该类结构被称为感性 FSS。

对于图 7.3(c)所示的带通型 FSS 结构，低频电磁波入射到表面时，将导致电子持续加速，基本将能量转化为电子的动能，从而呈现低传输特性；而高频电磁波入射时，电子在激励下快速振动，辐射效应较弱，透射特性也表现为低传输特性，因此，整体结构呈现带通特性。对于图 7.3(d)中的带阻型 FSS 结构，特定频

(a) 垂直　　　　　　　　　　　(b) 水平

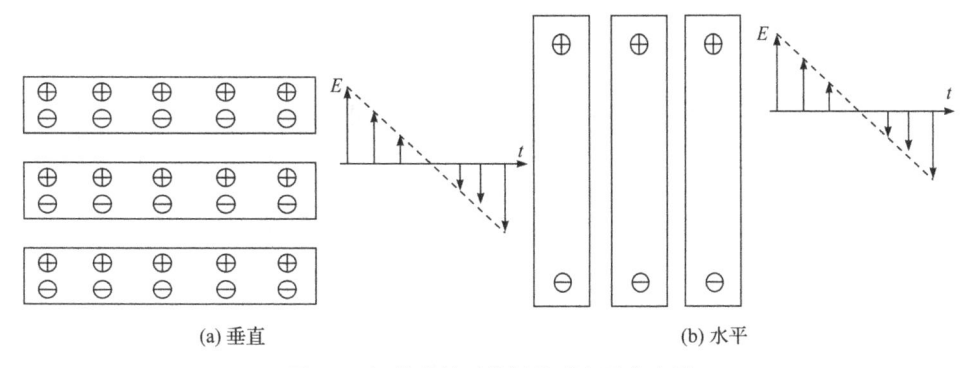

图 7.5　极化条件下带栅阵列电子分布图

率的电磁波入射到 FSS 结构时，电磁波的频率与做简谐运动的电子的频率相同且相位一致，导致入射电磁波的能量全部转化为电子的动能，即透射系数为零，从而呈现带阻特性。尽管实际情况下 FSS 结构形状各异，但其滤波机理都可以通过上述理论进行分析。

7.3　平面 FSSR 建模及仿真

FSSR 实际上涉及 FSS 单元和结构的设计。根据谐振特性，FSS 结构通常可以分为三类：谐振结构、非谐振结构和微元嵌入结构。谐振结构 FSS 具有自身的谐振频率，入射电磁波频率与谐振频率相同时，会发生共振现象，电磁波将透过 FSS 并向外辐射能量，谐振结构 FSS 通常采用多层谐振结构级联形成宽通带；非谐振结构 FSS 通过改变周期单元尺寸以及多层结构的排列方式，利用层与层之间的互补耦合形成通带；微元嵌入结构 FSS 是在单层谐振结构 FSS 内嵌入一种或者多种单元尺寸远小于谐振频率波长的微单元，可以实现同层微元嵌入或多层微元嵌入，它具有极化不敏感和角度不敏感特性，这使得它可以作为 FSS 天线罩的基本设计结构。图 7.6(a)、(b)和(c)分别对应常见的谐振结构 FSS、非谐振结构 FSS 和微元嵌入结构 FSS。

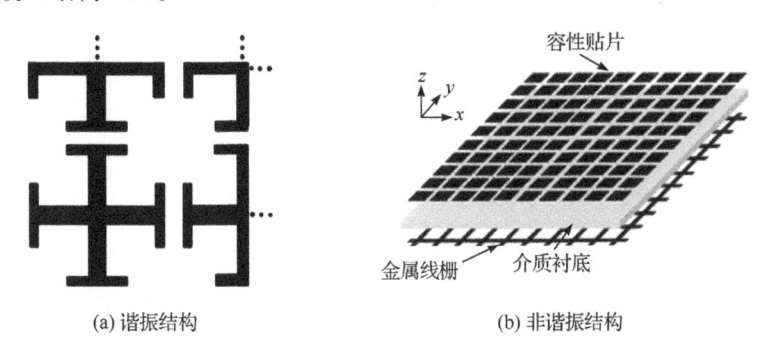

(a) 谐振结构　　　　　　　　　　　(b) 非谐振结构

(c) 微元嵌入结构

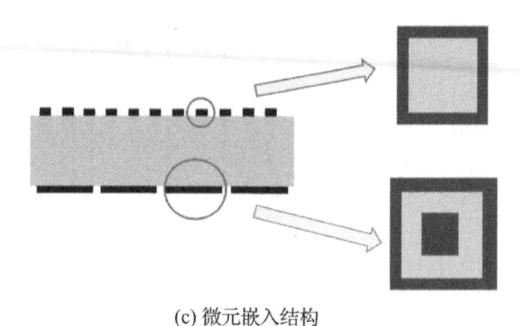

图 7.6　FSS 结构分类

7.3.1　A 夹层介质天线罩设计

复合材料的 FSSR 实现，除了需要设计 FSS 单元和结构，重点还需要考虑介质天线罩的电性能指标的实现。设计时需要从罩体本身复合材料的蒙皮和芯层选取、厚度等参数进行综合考虑。作为一个平面 FSSR 实例，本节设计的 A 夹层复合材料 FSSR，可以实现在 X 波段带内平顶透波且具有带外陡降和截止特性。

蒙皮材料体系选择具有高强度、耐腐蚀、低吸湿性和优良介电性能的氰酸酯石英布浸预料，芯层材料选用具有良好透波性能和力学性能的 Nomax 蜂窝材料，FSS 结构的膜基材选用耐高温的聚酰亚胺薄膜。根据第 4 章的等效传输线理论，对蒙皮和芯层厚度进行优化设计。将 X 波段中心频率作为初始化频率，计算 A 夹层天线罩不同芯层厚度和蒙皮厚度的透波率结果，如图 7.7 所示。

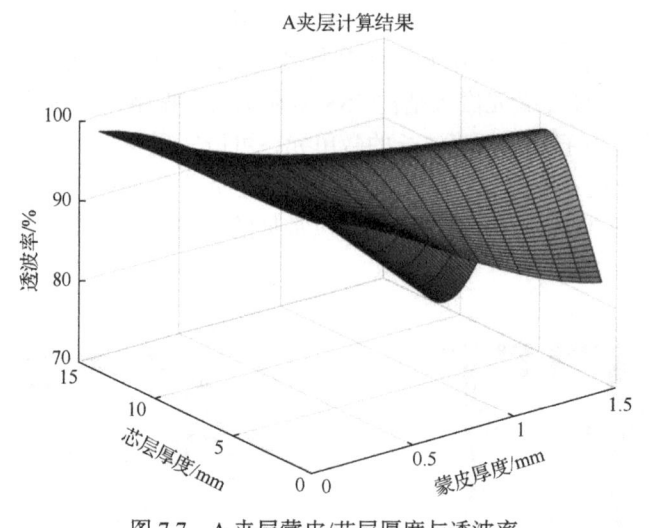

图 7.7　A 夹层蒙皮/芯层厚度与透波率

表 7.1 列出了 A 夹层复合材料天线罩材料体系的介电常数和损耗角正切，根

据图 7.7 的计算结果，得出了 A 夹层天线罩在最佳透波性能下的材料厚度数据。图 7.8 展示了 X 波段内，电磁波入射角在 0°~60°的透波率结果。从图中可以看出，所设计的天线罩透波率大于 96%，呈现出优异的电磁波传输特性，同时具有良好的角度稳定性。

表 7.1 A 夹层天线罩结构参数

结构	介电常数	损耗角正切	厚度/mm
内蒙皮	3.1	0.01	0.8
芯层	1.1	0.005	6.1
外蒙皮	3.1	0.01	0.8
FSS 膜基材	3.1	0.007	0.07

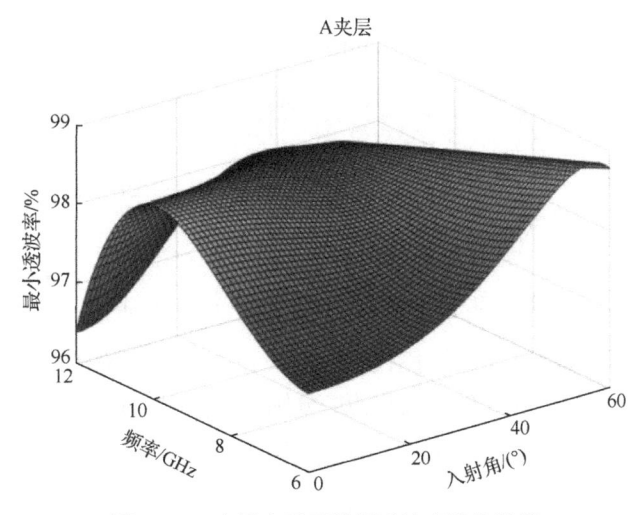

图 7.8　A 夹层介质天线罩透波率优化结果

7.3.2　平面 FSSR 设计

FSS 单元采用双层带通型结构，即对称双屏的巴特沃斯 (Butterworth)型单元[8]。为了实现良好的极化一致性和角度稳定性，选用旋转对称的六边形金属环，在环内嵌套由三个 T 形结构拼接而成的倒 Y 形金属贴片[9]，为确保复合材料天线罩传输具有良好的角度稳定性，FSS 单元采用斜排列结构，FSS 单元的具体结构如图 7.9 所示。

所设计的 A 夹层复合材料 FSSR 如图 7.10 所示。双层 FSS 薄膜分别嵌入内、外蒙皮的中间处，芯层采用 Nomax 蜂窝材料。通过对复合材料天线罩的 FSS 单元结构进行参数优化，最终得到的结构参数为金属环外半径 a_1 = 5mm，金属环内

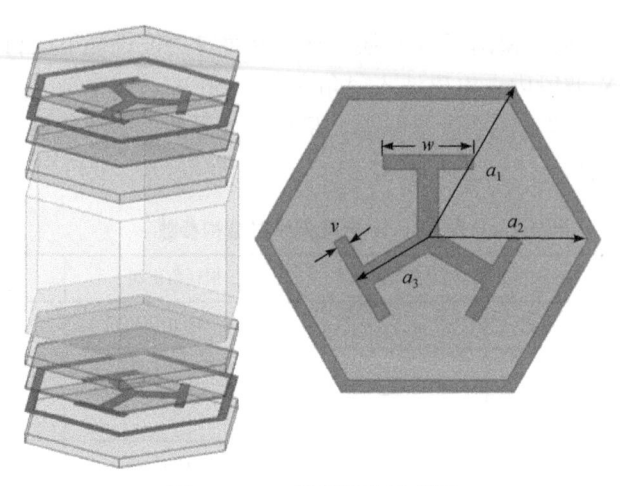

图 7.9 FSS 单元结构示意图

半径 a_2 = 4.6mm，倒 Y 形半径 a_3 = 2mm，T 形结构宽度 w = 2.6mm, v = 0.4mm。

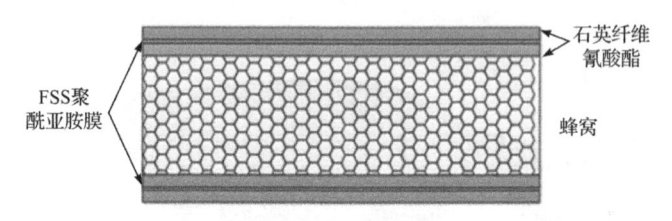

图 7.10 A 夹层复合材料 FSSR 结构示意图

图 7.11 所示为该结构的反射系数 S_{11} 曲线和透射系数 S_{21} 曲线。曲线表明，所设计的 FSSR 存在两个相邻的传输极点，分别为 9.4GHz 和 10.4GHz。两个临近的

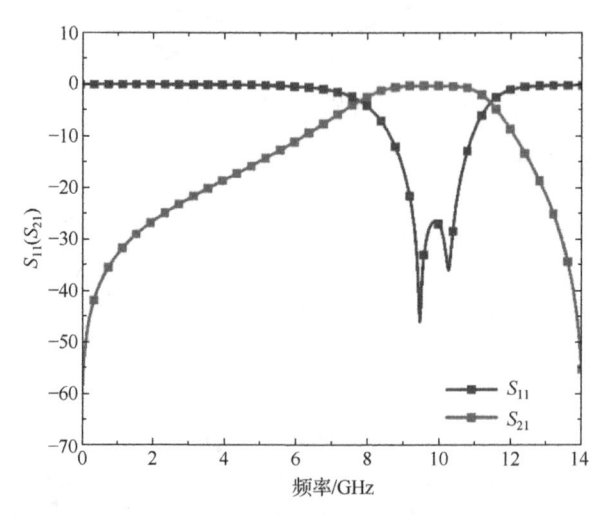

图 7.11 A 夹层平板复合材料天线罩的 S_{11} 和 S_{21} 系数

传输极点形成一个宽带透波区域，-3dB 带宽为 3.53GHz。同时，通带具有良好的平顶透波特性。

7.4 曲面 FSSR 建模及仿真

近年来，随着 FSSR 性能指标要求越来越精确，单纯的 FSS 也面临一些挑战。多天线系统和相控阵天线可以工作在多个频段，这就需要宽频甚至多频段 FSS 来适应天线的工作特性。近年来，对多频段 FSS 的研究提出了多种方法，包括多种 FSS 结构的组合[10]、分形 FSS[11]、多周期 FSS[12]和多层结构 FSS[13,14]，以实现多频特性，然而这些方法中 FSS 结构变得更加复杂，其体积和质量也在不断增加，因此，小型化也成为 FSSR 设计需要考虑的一个重要问题。对于尺寸较大的 FSS 结构，还存在与曲面天线罩共形的困难，基于此，需要在保持 FSS 传输特性不变的情况下，对 FSS 结构进行小型化设计，如单元弯曲和加载集总元件都是较为有效的方法，其中，单元结构弯曲相对简单，它是利用曲折单元结构实现 FSS 的小型化，避免了复杂元件对天线罩本身结构产生破坏，因而被广泛应用。

为了将传统的硬介质基板的 FSS 共形到大曲率天线罩，曲面 FSSR 设计、加工技术以及柔性 FSS 设计应运而生。2016 年，陈乔毅研究员提出了一种表面寻迹 FSSR 设计方法，针对旋转对称的单曲率天线罩，通过母线分段设计方案进行 FSS 排布。而针对不可展开曲面和多曲率天线罩，则通过分片和平面展开方式进行 FSS 排布[15]。2018 年，福州大学王向峰等提出了一种由多自由度激光机器人联合自动转台进行一体化厚屏曲面 FSSR 加工的方法，制作的共形曲面 FSSR，如图 7.12(a)所示，该缝隙曲面 FSSR 呈现出良好的滤波特性，带内透波率高于 80%，带外透波率低于 10%，验证了该加工方案的可行性[16]。2021 年，Nisanci 和 Paulis 提出了一种易弯曲的单极化 FSS 结构，利用短切碳纤维与环氧树脂复合而成 FSS，代替了传统的金属结构。该结构不仅具有易加工生产和极佳的机械弯曲特性，且固化后的碳纤维结构与环氧树脂为一体化结构，避免了金属层与介质基板的粘接问题。如图 7.12(b)所示，将该结构应用于卡塞格伦天线的抛物面反射面，在工作频点具有良好的反射特性，同时整体结构具备轻质特点[17]。

曲面 FSSR 的电性能设计除了与平板 FSSR 设计方法相类似，还需要考虑 FSS 单元和结构在曲面上(如柱面和锥体面)的布局，并且要考虑单元对电磁波的极化、入射方向等诸多因素的影响。FSS 单元的布局是最基本的设计技术。由于物理光学法尚不能处理 FSSR 电性能计算问题，因此，通常采用全波电磁求解方法进行分析。

(a) 激光加工   (b) 碳纤维

图 7.12 曲面 FSSR 结构

7.4.1 HFSS-MATLAB-Api 介绍

HFSS 是 Ansoft 公司开发的一款基于有限元法(FEM)的微波射频技术 EDA 电磁仿真软件，其仿真性能准确且高效。此外，它提供丰富的边界条件，可以模拟多种所需的仿真边界条件(如 Perfect E、Perfect H、Radiation、Symmetry、Master/Slave 等)。然而，在一些比较复杂且工程量比较大的设计中，HFSS 仍存在一定的缺陷。例如，用户需要建立复杂曲面模型或大量重复性模型时，HFSS 难以直接实现这一功能。为了解决这个问题，HFSS 软件为用户集成了脚本接口，允许用户自己编写指令对 HFSS 进行控制，而不局限于 HFSS 界面的特定功能，从而实现个性化设计流程、在线分析、自动化仿真以及输入输出数据的功能。

MATLAB 是一个主要用于科学计算、可视化以及交互式程序设计的高科技计算环境，随着 MATLAB 功能越来越强大，越来越多的算法工作者选择 MATLAB 作为首选软件，除了其简洁、可视化的操作平台为用户提供直观的使用体验，MATLAB 还集成了目前最强大的数学运算库，便于用户调用。实际上，MATLAB 本质上是一个矩阵运算工具，它将用户的输入数据转化为矩阵进行数学运算，相比于其他计算机语言，MATLAB 主要有以下显著特点[18]。

(1) MATLAB 具有高效的数值运算功能和符号计算功能，可以帮助用户避免复杂冗余的数学分步运算。

(2) MATLAB 提供直观的可视化操作界面，用户无须进行复杂的编译，语法也较为开放，在没有明显语法错误的情况下，用户可以灵活编写编码和进行定义。

(3) MATLAB 具有全面的图形绘制功能，用户可以根据需要选择不同的图表类型进行绘制，且代码简洁易懂，便于修改，例如，MATLAB 的图示功能 Legend、annotation 命令用于图形标注，以及高维数据的可视化方法等。

(4) MATLAB 不仅具备基本功能，还拥有强大的工具箱(Tool Box)拓展功能，可以供不同专业领域的用户快速调用，随着软件版本的更新，MATLAB 的功能将越来越丰富。

HFSS-MATLAB-Api 脚本[19]是将 HFSS 软件与 MATLAB 软件相结合的一种

接口脚本，Api 是一种相关应用程序的可编程化交互接口，它可以作为两个软件的桥梁进行双向控制，融合了 HFSS 强大的建模仿真功能与 MATLAB 强大的控制功能。Api 实际上是 MATLAB Tool Box 中集成的一个脚本文件，它利用 HFSS 预留的接口脚本 VBScript 对 HFSS 软件的设计和仿真进行控制。用户使用该接口程序时，MATLAB 首先会生成一个可执行的 vbs 脚本文件，然后通过调用该脚本文件来运行 HFSS 应用，从而根据用户在 MATLAB 中编写的程序，自动化地控制 HFSS 软件进行空间模型的快速建立、修正、仿真以及数据后处理等功能。

7.4.2 曲面 FSSR 建模方法

基于 HFSS-MATLAB-Api 的介绍，提出了一种利用上述两个软件创建曲面 FSS 单元的方法，该方法通过 MATLAB 使用 HFSS script 接口控制 HFSS 命令的执行。因此，基于该接口编写数据分析及控制算法，能够实现快速自动化的曲面建模。首先，将曲面天线罩和曲面 FSS 单元模型导入 MATLAB，然后，在 MATLAB 中根据天线罩的曲面外形参数进行分析计算，产生计算数据结果，最后，以 vbs 脚本文件的形式控制 HFSS 软件进行曲面 FSS 建模。

以内壁半径 150 mm、高 400 mm 的正切卵形天线罩为例，具体算法实现流程如下。

(1) 初始化天线罩外形数据，根据正切卵形母线公式(7.1)导入正切卵形天线罩的外形参数，并初始化 FSS 数据，包括 FSS 单元的大小，以及所需要排列的周期个数。

$$f(x,y) = 1 - \left(\frac{x}{a}\right)^v - \left(\frac{z}{b}\right)^v \tag{7.1}$$

式中，x, y 代表二维坐标系下母线所在平面的点的坐标；a 为半径，b 为罩体长度，单位为 mm。根据正切卵形天线罩的母线公式，计算得出模型空间坐标(x, y, z)，以及外表面天线罩壁的切向向量和法向向量。

(2) 利用 HFSS script 接口读取频率选择表面单元三维模型(中心点坐标为坐标原点)，以圆环贴片(图 7.13)和正切卵形天线罩(图 7.14)为例，设置母线方向上需要建立的 FSS 单元数量，根据天线罩尺寸、FSS 单元的大小和设置的 FSS 单元数量，计算天线罩表面 FSS 的坐标位置，母线方向上 FSS 单元的位置分布如图 7.15 所示。

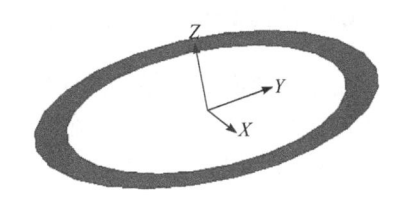

图 7.13 圆环贴片 FSS 单元

(3) 将频选单元模型逐次移至天线罩表面，通过 MATLAB 控制 HFSS 中的 Modeler-Surface-Wrapsheet 操作命令进行弯曲操作，多次循环调整，得到周期性

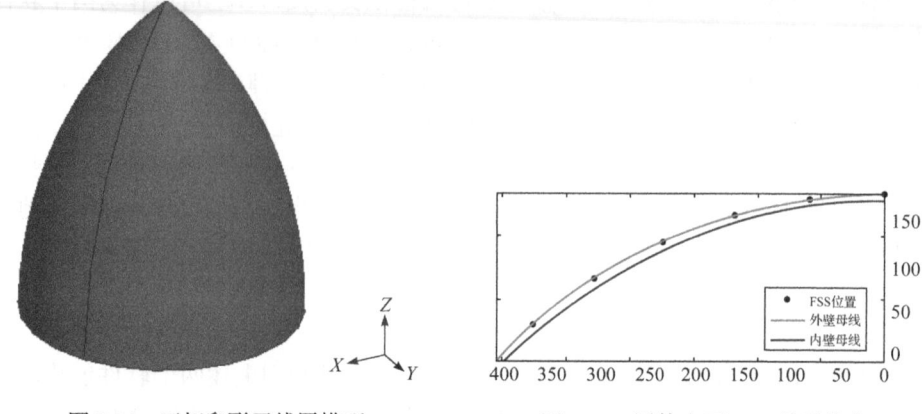

图 7.14 正切卵形天线罩模型

图 7.15 罩体表面 FSS 单元分布

排列的曲面频率选择模型,其最终排列效果如图 7.16(a)所示。

(4) 将曲面 FSS 模型附着于 A 夹层天线罩表面,如图 7.16(b)所示。整个建模过程所需时间与 FSS 大小及排布周期有关,图例建模时间较短(不超过 2min)。

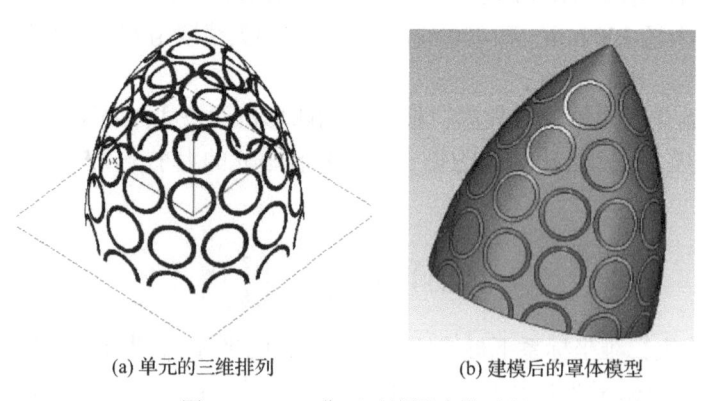

(a) 单元的三维排列

(b) 建模后的罩体模型

图 7.16 FSS 曲面天线罩建模过程

7.4.3 曲面 FSSR 的"模拟测试法"

基于曲面 FSS 结构的建模方法,需要对曲面 FSSR 进行电性能仿真研究。由于曲面结构的不连续性,在商用仿真软件(如 CST、HFSS)中无法直接仿真无限大周期结构,如图 7.17 所示,因此,无法通过直接仿真无限大模型提取散射参数(S 参数)并分析其性能。

目前,通常通过远场仿真曲面 FSS 的双站 RCS 来确定其散射参数[20,21],需要注意的是,在实际的天线罩电性能测试中,发射天线和接收天线分别位于罩体内

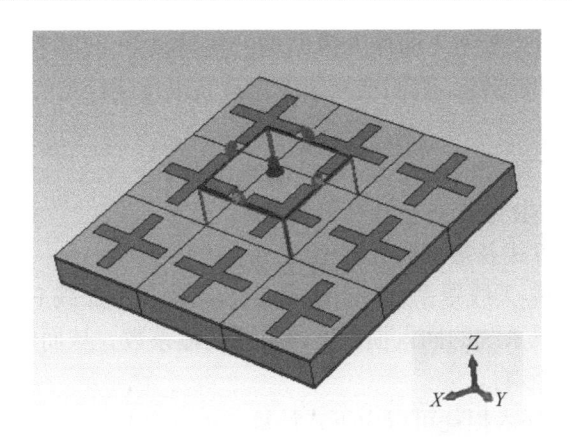

图 7.17　FSS 结构的周期性

部和外部，如图 7.18 所示。通过对比系统加载天线罩和不加载天线罩时接收天线的电平和相位差异，可以分析天线罩电性能的优劣。基于此，我们提出了一种"模拟测试法"，对曲面有限大 FSS 结构的散射参数进行仿真计算。该方法建立了一个天线-FSSR 系统，采用具体的天线作为激励，模拟测试系统中的接收天线，得到空间电磁场的分布。通过对比加载曲面 FSS 结构/不加载曲面 FSS 结构的天线远场增益，可以得出有限大曲面 FSS 的散射参数。

图 7.18　天线罩暗室测试图

以正切卵形 FSSR 系统为例，其尺寸较大且系统内包含天线，考虑到全波电磁仿真软件 HFSS 对网格剖分要求严格且精细，而另一款全波电磁仿真软件 CST 则支持对局部网格进行非均匀设置。为了提高计算速度，并在网格剖分过程中节省时间，需要分区域对整个系统进行网格剖分，此外，CST 还有数据后处理模块 (Template Based Post Processing)，方便进行大量数据的自动化处理。通过实际仿真对比，发现对于大尺寸天线-天线罩系统，在 CST 中对网格进行优化后，CTS 的计算时间比 HFSS 高精度计算要快数十倍，因此，我们选择 CST 作为系统仿真软件。为了研究宽波束天线下曲面 FSS 结构的辐射状态,同时兼顾曲面结构下 FSS 单元对入射电场的敏感性,我们选择圆极化且波束宽度较宽的平面螺旋天线作为系统激励天线。

"模拟测试法"研究曲面 FSSR 电性能的流程如下。

(1) 对天线-FSSR 系统进行建模及网格剖分。

(2) 设置求解方式及数据后处理模块。

(3) 分别对天线-天线罩系统进行加载 FSS 结构和不加载 FSS 结构的仿真。

(4) 计算天线罩系统的插入损耗,即电磁传输系数,从而研究 FSS 弯曲结构对电磁散射特性的影响。

天线罩系统的插入损耗可以由下式计算:

$$T(dB) = G_{FSS}(dB) - G_{Ant}(dB) \tag{7.2}$$

式中,G_{FSS} 指 FSSR 结构在远场下的方向图增益;G_{Ant} 指天线在远场下的方向图增益。

7.5　曲面 FSS 结构的仿真验证实例

7.5.1　FSS 单元模型及曲面 FSSR 系统建模

考虑正切卵形曲面 FSSR 系统,首先设计一款贴片形 FSS 结构,并将其附加在透波率优化后的 A 夹层天线罩上蒙皮表面。图 7.19 为所设计的 FSS 单元,优化后单元的尺寸是 65mm×65mm,内半径 24.5mm,外半径 30mm。其散射参数如图 7.20 所示,阻带中心谐振频率 1.7GHz,阻带-10dB 带宽 1.4~2.04GHz,由于考虑曲面 FSS 对天线罩电性能以及 RCS 的影响,重点关注-3dB 以上的传输频段,因此,选取图 7.20 中 2.8~3.6GHz 的传输频带进行分析。

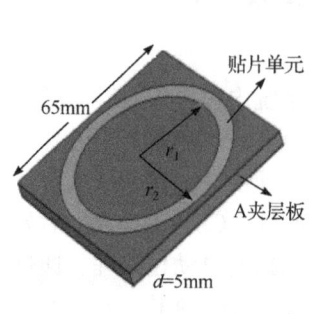

图 7.19　A 夹层 FSS 单元结构

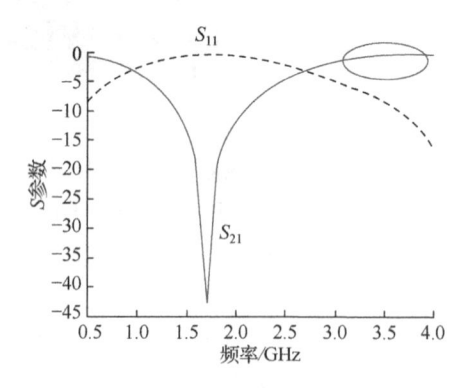

图 7.20　A 夹层 FSS 散射参数

针对 FSS 单元的工作频段，设计一款图 7.21 所示的工作频段 0.8~6GHz 的平面螺旋天线作为激励，天线工作中心频率 3.4GHz 下增益 9.28dB，E 面 3dB 波束宽度 69.2°，副瓣–22dB，H 面 3dB 波束宽度 68.6°，副瓣–24.4dB。将图 7.21 中的平面螺旋天线放置于曲面 FSSR 的内部，图 7.22 展示了天线-曲面 FSSR 系统的仿真模型。

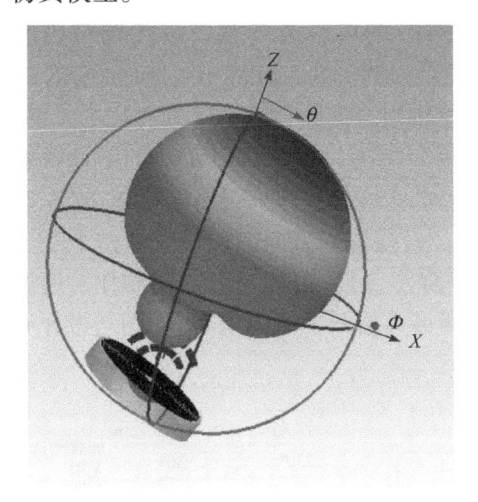

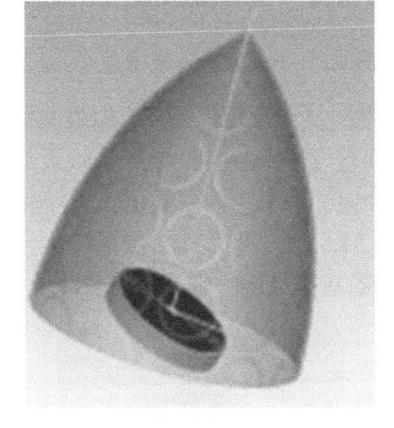

图 7.21 平面螺旋天线 3.4GHz 远场方向图　　图 7.22 天线-曲面 FSSR 系统模型

为了模拟天线在罩内的真实情况，除了满足飞行气动性能的锥体头部，天线罩侧面的电性能更为关键，因此，将内部的螺旋天线进行旋转，确保电磁波更多地入射到侧面部分。首先，研究介质天线罩的透波性能，A 夹层介质天线罩由三层不同介电常数的材料组成，为了保证仿真精度和准确性，对天线罩侧面曲率变化较大且分层的区域划分精细网格(1/20 个空气波长)，对其他区域划分粗网格(1/6~1/8 个空气波长)，整个天线-天线罩系统共包含 2200 万个网格，由于网格数较大，在收敛精度设置为 0.001 的情况下，使用 64G 内存、2T 硬盘、8 核处理器的计算机，仿真运行时间为 4h。

7.5.2　曲面 FSSR 系统仿真

根据 A 夹层介质天线罩透波率优化结果，在 0~6 GHz 频段内，小角度入射透波率均可达到 90%以上。选取 3.4GHz 频点进行 A 夹层天线罩的电性能验证性分析，分别仿真无罩天线与带罩天线在斜 20°入射时的远场辐射方向图。图 7.23 所示为有/无天线罩时 E 面辐射方向图的对比结果，可见天线的最大增益出现在 20°左右，即天线偏转角度。由仿真结果可知，加载天线罩后，由于天线罩材料自身的损耗和罩壁多次反射(多径效应)，天线方向图的最大增益下降了 0.26dB。因此，在该入射角下的功率传输系数为 94%，方向图未发生显著畸变，透波效果很好，

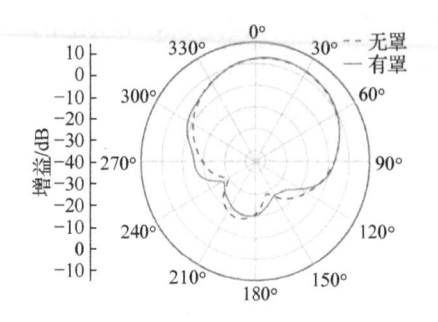

图 7.23 A 夹层天线罩增益

表明该 A 夹层正切卵形天线罩满足实际电性能设计要求。

在 A 夹层正切卵形天线罩满足设计指标要求的基础上，对加载 FSS 单元的曲面 FSSR 进行仿真分析，研究在传输带内及阻带频点下曲面 FSSR 的电性能变化。以传输带内的 3GHz 频点为例，图 7.24 展示了曲面 FSSR 的远场三维辐射方向图，图 7.25 则对比了无罩、加载曲面介质罩、加载曲面 FSSR 的 E 面辐射方向图。从结果可以看出，加载曲面 FSSR 后的天线辐射方向仍然保持在 20°左右 (上下有 1°的偏差)，与带介质天线罩相比，天线辐射方向图的最大增益下降了 0.253dB，功率传输系数(透波率)相比带罩下降了 5.15%，与天线本身相比，透波率为 88.85%。此外，与带罩相比，E 面副瓣最大抬升了 1.2dB，方向图与带介质天线罩基本保持一致，没有发生大的畸变。

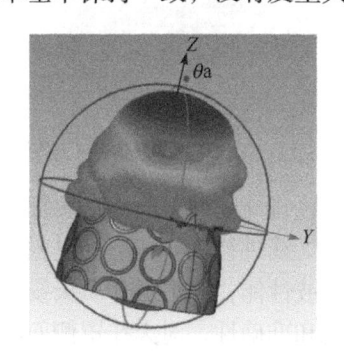

图 7.24　3GHz 远场三维辐射方向图

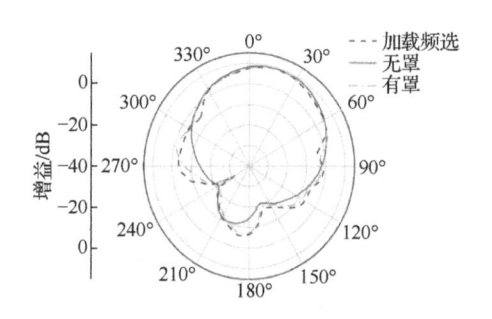

图 7.25　E 面辐射方向图对比

图 7.26 展示了传输带内透波率的变化情况，从图中可以看出，传输频带内加载曲面 FSSR 的透波率基本保持在 85%以上，并且随着频率的增大，透波率逐渐增大，这也与 FSS 单元 S_{21} 在 2.8~3.6GHz 频段内不断增大，接近于 0dB 的传输特性相符，如图 7.20 所示。表明该曲面 FSS 在传输带内对天线罩电性能的影响较小，并且与平板结构具有相似的传输特性，仍能满足天线罩的电性能设计要求。

阻带分析以阻带内的频点 1.7GHz 为例，仿真分析了曲面 FSSR 在该频点处的效果。分析结果如图 7.27 所示，天线方向图 E 面的最大增益为 2.91dB，H 面的最大增益仅为 1.24dB。天线辐射的能量只有一少部分透过，大部分被反射回罩内，表明该 FSS 单元加载在曲面上具有类似的阻带抑制特性和传输带通过特性，与平板仿真结果相似，同时也验证了所提出的"模拟测试法"的正确性。

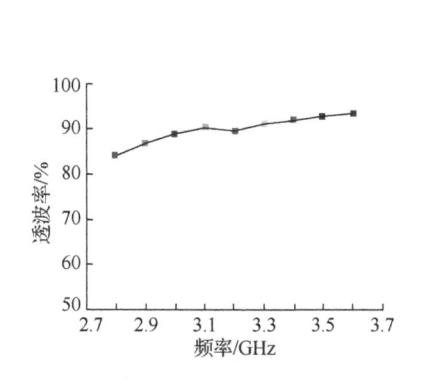

图 7.26　传输带内功率传输系数(透波率)变化 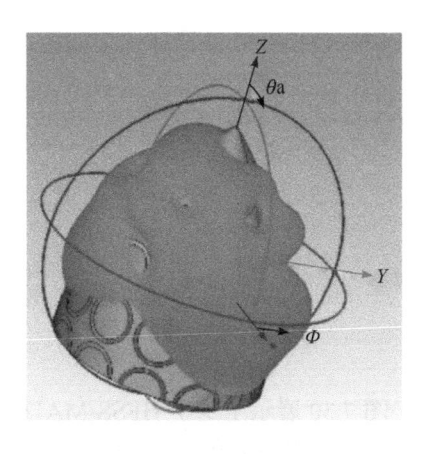　　图 7.27　阻带 1.7GHz 天线方向图

7.6　快速 FSSR 建模的软件实现

为了方便实现上述建模方法,并简化在 MATLAB 与全波电磁仿真软件 HFSS 之间的来回切换,利用 MATLAB 的图形用户界面(GUI)将 MATLAB-HFSS 快速建模输入输出集成到一个界面上,从而便于曲面 FSSR 的电性能计算。

MATLAB 的图形用户界面功能是其除基础运算功能外的重要功能之一,包含多种 GUI 对象,这些基本可以分为三种类型:用户界面控件对象、下拉式菜单对象以及内容式菜单对象。为了便于使用 GUI 对象功能设计出操作方便、集成度高、功能完善的图形用户界面,首先需要清楚地了解 GUI 中各个对象之间的层次关系,图 7.28 展示了梳理后的 GUI 对象层次树。

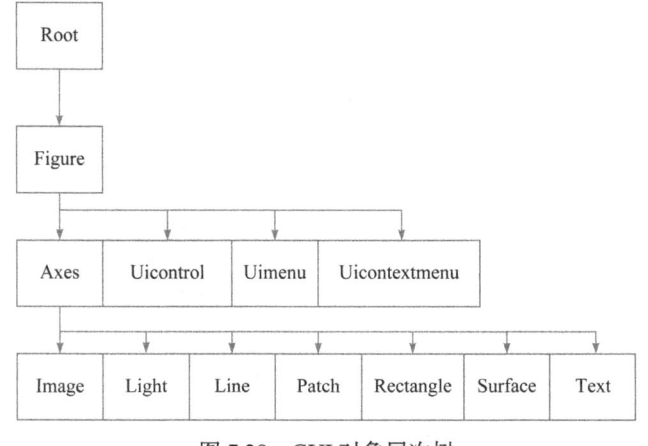

图 7.28　GUI 对象层次树

快速建模的软件设计框架如图 7.29 所示。

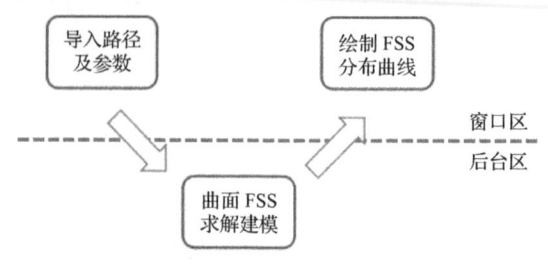

图 7.29 软件设计框架图

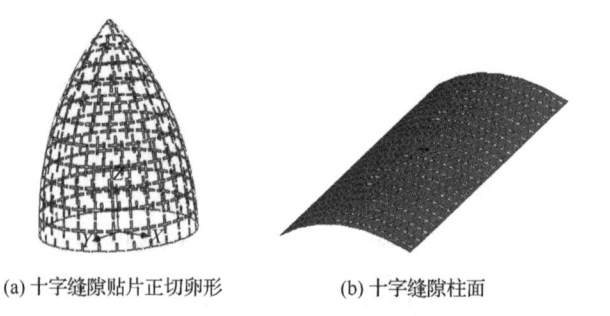

图 7.30 展示了基于 HFSS-MATLAB-Api 的曲面 FSSR 建模软件界面，用户只需导入天线罩模型和 FSS 单元模型，并输入相应的参数，就可以开始进行建模。该软件具有良好的人机交互功能，图 7.31 展示了几种曲面 FSSR 的建模实例。

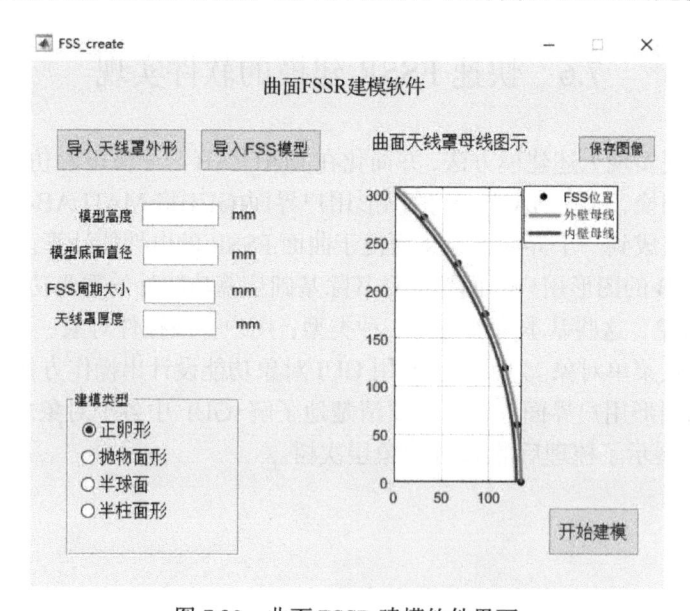

图 7.30 曲面 FSSR 建模软件界面

(a) 十字缝隙贴片正切卵形　　(b) 十字缝隙柱面

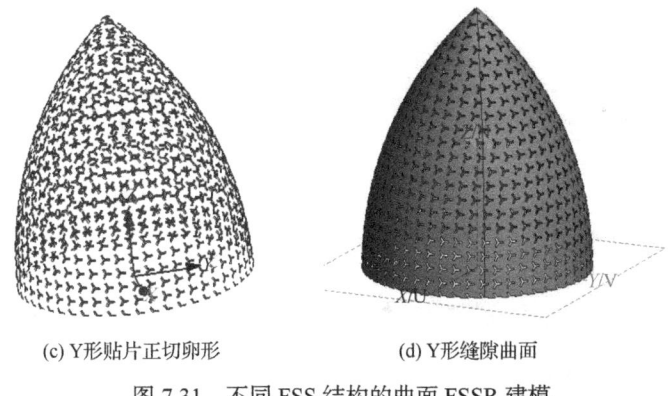

(c) Y形贴片正切卵形　　　　　　(d) Y形缝隙曲面

图 7.31　不同 FSS 结构的曲面 FSSR 建模

7.7　基于圆极化天线的曲面 FSSR 的电性能

采用"模拟测试法"计算曲面 FSS 结构的散射参数,通过分析天线在加载 FSS/不加载 FSS 曲面情况下的远场增益,求得曲面 FSS 的散射参数。

7.7.1　缝隙型 FSSR 设计

FSS 天线罩的散射特性根据其结构、分布方式、介质的介电常数、入射波的特性而具有不同的传输特性,因此,FSS 天线罩的设计主要涉及 FSS 单元的结构形式、天线罩不同层的厚度选择,以及介质材料的相对介电常数。作为实例,设计了一款缝隙型曲面 FSS 结构,并探讨了不同弯曲形状对天线罩电性能的影响。

本研究的天线罩工作在 X 频段,考虑到宽带需求,选择 A 夹层天线罩作为 FSS 结构的介质衬底,具体结构见表 7.2。为了研究不同极化方式和不同弯曲曲率下的曲面 FSS 结构对电磁散射参数的影响,首先设计了一款具有一致性(双极化)和角度稳定性的 FSS 单元。同时,为了保证天线罩内部的天线能够正常辐射,FSS 单元的谐振频率应与天线的工作频率一致。因此,设计了一款十字缝隙型 FSS 单元,其结构和散射参数如图 7.32 所示。该单元的十字短边宽度为 2.2mm,长边长度为 12.8mm,单元面积为 16mm×16mm,中心谐振频率为 9.987GHz,−3dB 带宽为 8.55～11.434GHz。

表 7.2　A 夹层天线罩结构参数

结构	相对介电常数	损耗角正切	厚度/mm
蒙皮	3.30	0.03	0.40
芯层	1.08	0.005	3.90
蒙皮	3.30	0.03	0.40

注：磁介电常数为 1,磁损耗角正切为 0。

(a) 单元结构   (b) 散射参数

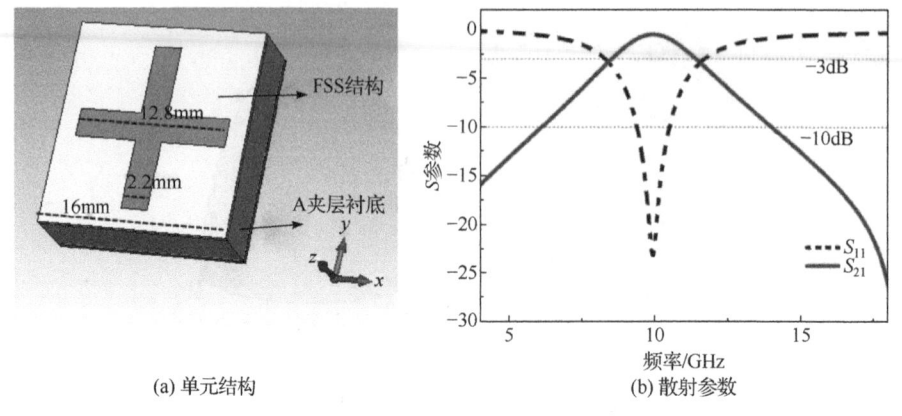

图 7.32 十字缝隙型 FSS 结构

7.7.2 天线-曲面 FSSR 系统设计

在全波电磁仿真天线罩电性能的过程中，天线罩通常采用真实的三维模型，而天线通常采用真实模型或用偶极子阵列替代。为了模拟宽带圆极化天线-曲面 FSSR 系统，天线模型采用平面螺旋天线。在天线-曲面 FSSR 系统的设计中，涉及天线工作带宽、天线罩工作带宽以及曲面 FSS 工作带宽。因此，需要明确三者之间的关系。天线罩通常具备较宽的带宽，但存在最佳透波率的设计问题。设计 FSS 结构的目的是在天线工作的频段内进行有效辐射。因此，FSS 结构的工作带宽必须包含在天线工作频带内，才能确保曲面 FSSR 能够缩减 RCS 而不影响正常的天线辐射。综上，三者的带宽关系为，天线罩带宽 > 天线带宽 > FSS 结构带宽。

7.7.3 背腔式高频平面螺旋天线的设计

由于曲面 FSS 结构对入射电场方向敏感，在选择激励天线时，首先研究其极化特性，分别采用水平极化(电场方向平行于曲面母线)和垂直极化(电场方向垂直于曲面母线)的辐射，对曲面 FSSR 进行仿真分析，图 7.33 所示为系统的散射参数 S_{11}，图中两条曲线分别代表垂直极化和水平极化下曲面 FSSR 系统的频率响应。可以明显看出，垂直极化下中心频点有明显偏移，整个频带内散射特性与水平极化下相比较差，有明显抖动。

为了减少极化特性对曲面 FSS 结构的影响，针对十字缝隙结构 FSS 的频率特性，设计了一款高频平面螺旋天线。顾名思义，平面螺旋天线是一种以平面螺旋结构向空间辐射电磁波的天线，一般的平面螺旋天线分为两种类型：等脚平面螺旋天线和阿基米德平面螺旋天线。平面螺旋天线是一种典型的非频率变化天线(电性能随频率变化很小)，同时也是一种超宽带天线(UWB)，具有体积小、主瓣波束宽、剖面低的特点。

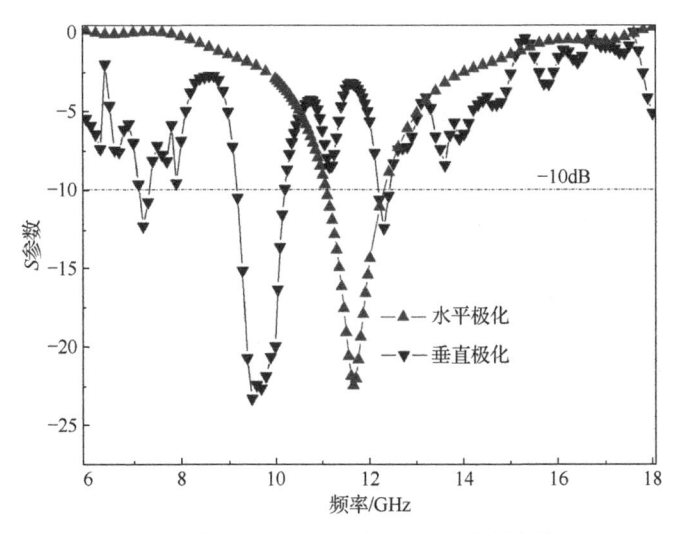

图 7.33 曲面 FSSR 在不同极化下的散射参数 S_{11}

等角螺旋天线由两条互相对称的臂组成，在极坐标下，其中一条臂可以由式(7.2)表示，另一臂则可通过旋转 180°得到。式(7.2)、(7.3)分别是非频变天线和等角平面螺旋天线需要满足的基本关系，式(7.1)中 $f(\theta)$ 为常数 r_0 时，即为等角平面螺旋天线的方程。

$$r = F(\theta,\varphi) = e^{a\varphi} f(\theta) \tag{7.3}$$

$$r = r_0 e^{a(\varphi-\varphi_0)} \tag{7.4}$$

式中，r 为螺旋天线的矢径(原点到螺旋天线的矢量半径)，r_0 是原点到螺旋天线起始点的距离，即馈电点间距为 $2r_0$；φ 为极坐标下螺旋臂上点的矢量角度，φ_0 是螺旋臂的起始角；a 为等角螺旋臂各点的切线与矢径 r 的夹角，表示螺旋臂从中心向周围扩散的快慢($\tan(a)=1/a$ 为螺旋率)，如图 7.34(a)所示。

阿基米德平面螺旋天线的外形方程满足式(7.5)：

$$r = r_0 + a(\varphi-\varphi_0) \tag{7.5}$$

式中，r、r_0、a、φ、φ_0 的意义与等角平面螺旋天线参数相同。由式(7.4)可知，阿基米德螺旋天线并不完全满足非频变天线的表达式(7.2)，从狭义角度来讲，它并不是完全意义上的非频变天线，但是它具有非频变天线的自相似结构，只要选取合适的结构参数及天线电长度，就可以成为广义上的 UWB 非频变天线。

阿基米德螺旋天线如图 7.34(b)所示，其矢径 r 和角度参数 a 之间呈一次线性变化。阿基米德螺旋天线尺寸较小。对于现代飞行器，其空间资源非常有限，天线小型化设计成为一个重要因素，因此，选取阿基米德平面螺旋天线作为系统的激励天线。

(a) 平面等角　　　　　　　　　　(b) 阿基米德螺旋天线

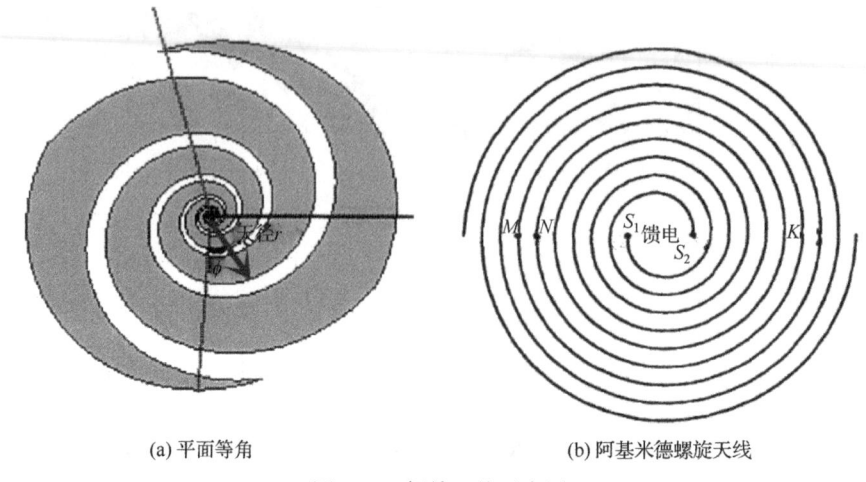

图 7.34　螺旋天线示意图

阿基米德螺旋天线的中心两点 S_1 和 S_2 分别为结构的两个馈电点，弧长 S_1M 和 S_2K 等长，即点 M 和点 K 分布在同一个以原点为圆心的圆周上。由于它们位于两个不同的螺旋臂上，两点的电流幅值相同，相位相差 180°。点 M 和点 N 是相邻圆周的点，弧长 NS_2 和 MS_1 的差值取决于螺旋率 a 的大小，a 较小时，弧长差值 KN 大致可以近似为圆的半周长 πr，则相邻点 M 和 N 的电流相位差值可以用后式表示：$\pi+k_0\pi r \approx \pi+(2\pi/\lambda)\pi r$, $r=2\pi/\lambda$ 时，两点近似电流相位差值为 2π，此时相邻的两臂电流同相，两臂之间形成最大辐射强度。

阿基米德平面螺旋天线的最大半径决定了天线工作的最低频率，满足 $R \geq 1.25\lambda_{max}/2\pi$。最小半径，即两个馈电点的间距 $2r_0$ 取决于最高工作频率，满足 $2r_0 < \lambda_{min}/4$。通常情况下，螺旋增长率 a 越小越好，但如果 a 太小，会导致螺旋臂过长，从而增加电流传输过程中的损耗。阿基米德螺旋天线的输入阻抗理论值为 188.5Ω，其阻抗大小与臂间间隙和臂宽度有关。

在进行宽带平面螺旋天线设计时，需要考虑以下几个问题。

(1) 馈线匹配是天线向外界辐射能量的重要环节，是衡量天线能否高效将能量辐射至空间的标准，如果天线未匹配，能量在传输过程中会产生很大的传输损耗，天线的辐射效率会很低。由于阿基米德螺旋天线的理论阻抗较大，难以与一般工程中使用的馈源（50 Ω 或 75 Ω）匹配，因此，需要对其进行阻抗匹配设计，由于所设计的天线是宽频带天线，因此，采用简单指数渐变的微带巴伦对平面螺旋天线结构进行匹配馈电。

(2) 一般的平面螺旋天线具有双向辐射特性，且其双向增益较低，但在我们的研究中只需要向曲面 FSSR 单向辐射的天线，因此，在辐射结构下方设计了一个背腔结构，一方面可以减少后向电磁波的绕射对仿真结果产生的影响，另一方面有助于提高辐射天线的增益。

(3) 阿基米德螺旋天线末端有截断部分，电流到达末端时会产生很大的反射，根据传输线理论，为了减小螺旋末端的反射电流，在末端采用简单的渐变型设计，同时为了拓展带宽并增加螺旋结构的稳定性，在天线辐射结构下方增加了介质基板，如图 7.35 所示。

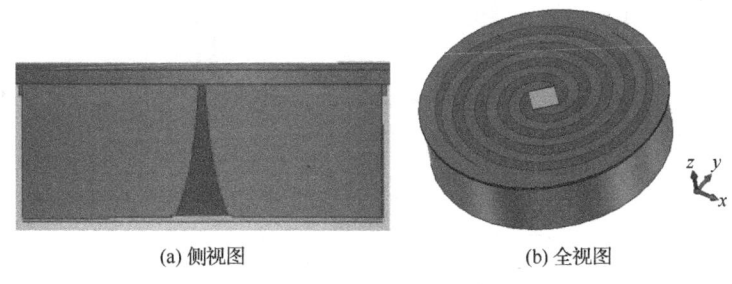

(a) 侧视图　　(b) 全视图

图 7.35　阿基米德平面螺旋天线

图 7.36 和 7.37 分别展示了该平面螺旋天线的 S 参数和 10GHz 频率下的轴比特性，从图中可以看出，所设计的天线具有较宽的工作频带，在 5.8~18GHz 范围内，其 S_{11} 均保持在-10dB 以下。图 7.37 中提取了角度 Φ 为 0°、30°、60°、90°的四个方位的轴比特性，可以观察到在约正负 90°内，轴比均小于 3dB，具有较好的圆极化特性。图 7.38 是该天线的 3D 远场辐射方向图，图 7.39 是电场矢量分布图，从图中可知，在垂直于天线辐射方向的平面内，电场矢量末端呈圆形分布，表明该天线具有圆极化特性且极化方向与螺旋天线的旋向保持一致。在工作频率 10GHz 下，天线增益为 9.53dB，E 面 3dB 波束宽度为 69.3°，副瓣为-26.8dB，H 面 3dB 波束宽度为 55.9°，副瓣为-25dB。

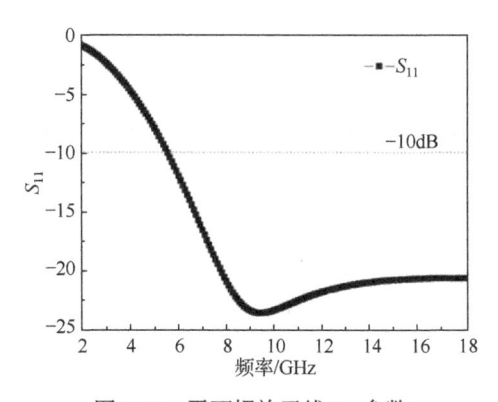

图 7.36　平面螺旋天线 S_{11} 参数

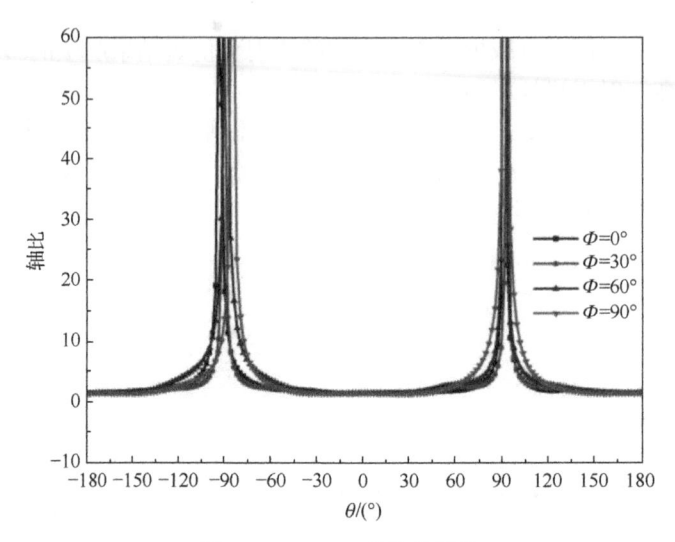

图 7.37　10GHz 的轴比特性

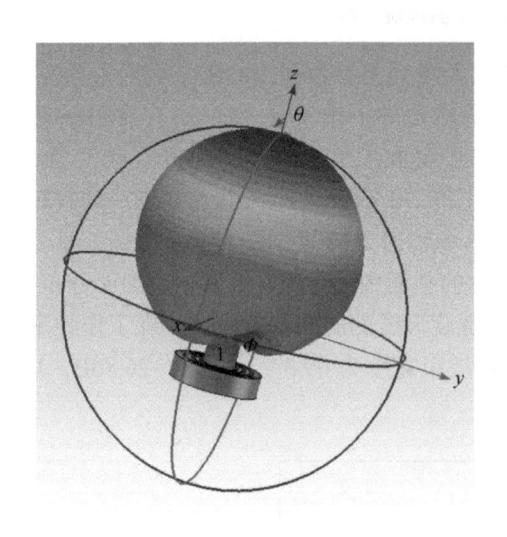

图 7.38　10GHz 平面螺旋天线方向图 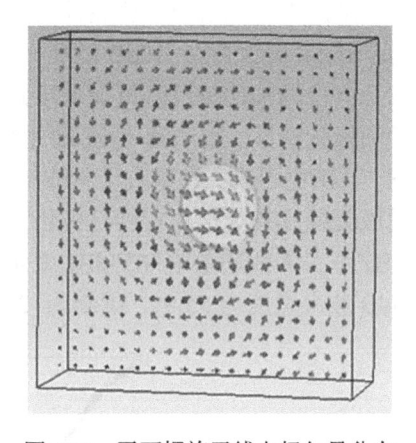　　图 7.39　平面螺旋天线电场矢量分布

7.7.4　天线-曲面 FSSR 系统建模

采用曲面 FSS 建模软件建立 A 夹层曲面 FSS 结构模型，并将其导入全波电磁仿真软件 CST 中，对天线和端口进行激励，建立天线-曲面 FSSR 仿真系统，如图 7.40 所示。

采用 CST 中的时域有限积分法(FIT)对整个系统的远场方向图以及表面电场分布进行仿真计算。需要注意的是，天线作为激励是整个系统辐射电磁波的部分，为了保证辐射场的精确性，对螺旋天线部分进行精密的网格剖分($\lambda_0/20$，λ_0为空气波长)。此外，A 夹层天线罩由三层不同介质材料组成，在分层处电磁波会产生多次复杂的折射与反射，为了确保辐射场在透过 A 夹层天线罩后到达 FSS 表面的计算精度，对曲面 FSSR 正 Z 轴方向的主要辐射区域以及 A 夹层分层区域进行精细网格剖分($\lambda_0/20$)。而对其他区域，则以 $\lambda_0/6\sim\lambda_0/8$ 来进行粗网格剖分。需要说明的是，此处天线和天线罩距离较远是为了更清楚地展示系统的组成部分和天线的辐射方向，实际仿真过程中，天线与天线罩的距离应保证天线罩处于天线的辐射近场区域。

图 7.40　天线-曲面 FSSR 系统

7.7.5　曲面 FSSR 系统的电性能分析

由于仿真数据量比较大，此处选取 10GHz 频点进行 A 夹层天线罩电性能验证性分析，仿真了天线在无罩、带介质罩、带 FSS 天线罩三种情况下垂直入射的远场辐射方向图，通过分析天线的增益、3dB 波束宽度以及瞄准误差(波束指向偏转)来评估柱面天线罩的电性能。图 7.41 是加罩后的天线辐射方向图，可以看出，加载 A 夹层柱面天线罩后的平面螺旋天线仍然保持比较好的辐射特性。图 7.42 为 10GHz 下 E 面方向图的对比结果，从 E 面方向图可以看出，天线的最大增益都在−1°~1°(即瞄准误差浮动范围)，且天线的辐射方向图没有产生显著畸变，表明加载天线罩和 FSS 后对天线辐射特性并没有产生很大影响。

分析计算仿真结果可知，加载介质天线罩后，由于天线罩材料自身的损耗以及罩壁存在的多径反射的作用，天线 E 面辐射方向图的最大增益下降了 0.55dB，因此，在该入射角下的功率传输系数为 88.1%，并且方向图没有发生显著畸变。加载 FSSR 结构后，最大增益相比带天线罩增加了 0.15dB，功率传输系数为 92.26%，这是因为加载曲面 FSS 结构后，天线的 3dB 波束宽度变小(图 7.42 中 30°和 60°之间 "带罩加 FSS" 和 "带罩" 的差异)，导致最大增益有所提高，如图 7.43

所示。以上结果表明,加载曲面 FSS 结构的柱面 A 夹层天线罩具有较好的透波性能,且对内部天线的辐射特性没有太大影响,满足项目对天线罩的设计指标要求。

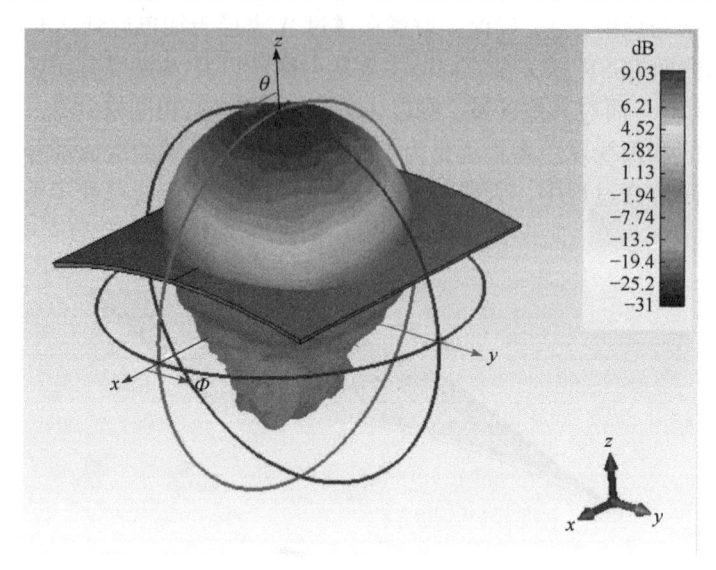

图 7.41　天线加载介质罩的三维辐射方向图

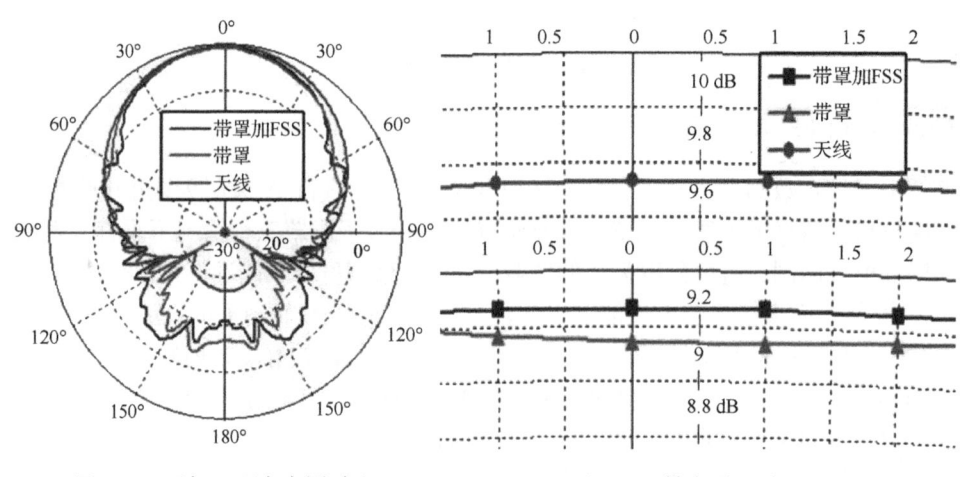

图 7.42　远场 E 面方向图对比

图 7.43　轴向增益对比图

7.7.6　曲面曲率对电性能影响分析

曲面的曲率是影响曲面 FSS 结构电性能的重要因素之一,也是研究平板 FSS 结构在弯曲状态下电性能变化的第一步。入射电磁波在传播过程中遇到弯曲曲面后会形成不同的入射角,尤其在弯曲程度较大时,入射电磁波在曲面边缘区域会产生比较大的入射角，FSS 结构相邻单元之间的相位差会产生变化，从而产生新的散射谱，这是 FSS 结构弯曲后电性能变化的重要原因。采用快速曲面 FSS 建模软件对同样平板大小的 A 夹层 FSS 天线罩进行不同角度 α 弯曲的计算。图 7.44 显示了同一排列方式、不同曲率 α 角(0°～150°)的 FSS 天线罩弯曲变化，在圆极化平面螺旋天线的照射下，其功率传输系数如图 7.45 所示。

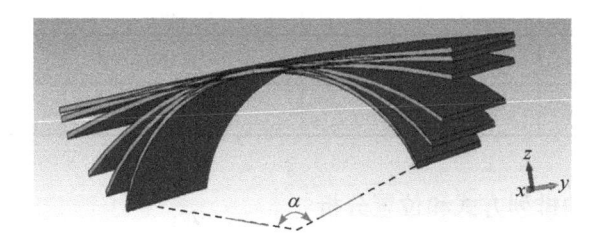

图 7.44　不同曲率 A 夹层 FSS 示意图

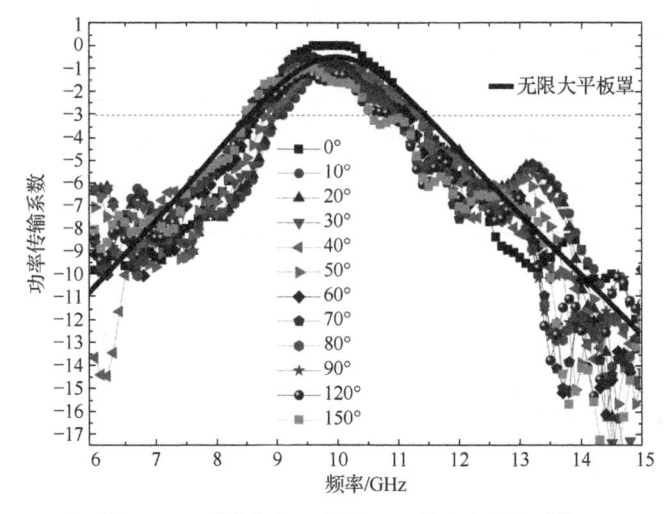

图 7.45　不同曲率 A 夹层 FSS 的功率传输系数

由图 7.45 可知，当 α 为 0°时，平板面积有限大 A 夹层 FSS 的功率传输系数与无限大平板 FSS 结构基本保持一致，但是在传输带内会高于无限大，这是由有限大平板 FSS 在宽波束天线激励下的绕射造成的。表 7.3 给出了详细数据，随着 α 角度的增大，变形加剧，曲面 FSS 结构的谐振点向低频移动，并且随着 α 角度的增大，曲面 FSS 结构的 3dB 传输带宽逐渐减小，且传输频带外 13～14GHz 频段出现了微小振荡，这是因为 FSS 弯曲后，产生了多角度入射(多经)效应，进而产生新的散射电磁波。尽管如此，上述结果表明，弯曲的 FSS 结构仍具有频率选择的特性。

表 7.3 不同曲率 FSS 结构对谐振频点和带宽的影响

弯曲角度(曲率)/(°)	谐振频点/GHz	−3dB 带宽/GHz	相对带宽/%
0	10.05	8.73～11.45	27.06
30	9.84	8.82～11.40	26.21
60	9.62	8.48～10.90	25.16
90	9.52	8.62～10.98	24.79
120	9.45	8.62～10.86	23.70

7.7.7 FSS 单元的排列方式和位置分析

FSS 单元的排列方式多样，例如平行排列、交叉排列等，图 7.46 右下角显示了 FSS 单元的分布。对于曲面 FSS 结构，同一曲率下，不同排列方式会对传输特性产生影响，选取曲率扇形中心角为 60°的曲面 FSS 进行排列方式分析，β 取 60°、70°、80°、90°，如图 7.46 所示。可以看到，随着 β 增大，相对带宽没有发生明显变化，谐振点和传输频带逐渐向低频移动。这表明，不同的 β 会对电磁传输特性产生影响。

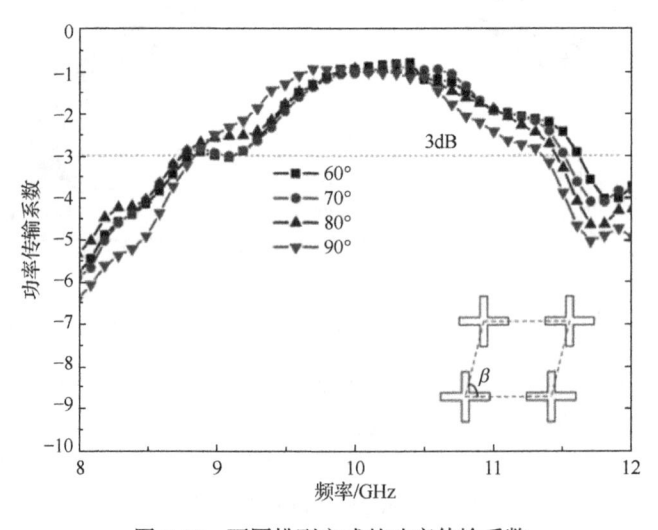

图 7.46 不同排列方式的功率传输系数

图 7.47 给出了 FSS 分别贴附在 A 夹层罩的内表面和外表面的传输特性，图中除了在带外高频处产生差异，两条曲线基本吻合，表明 FSS 结构贴附天线罩内的位置对其传输特性影响不大。

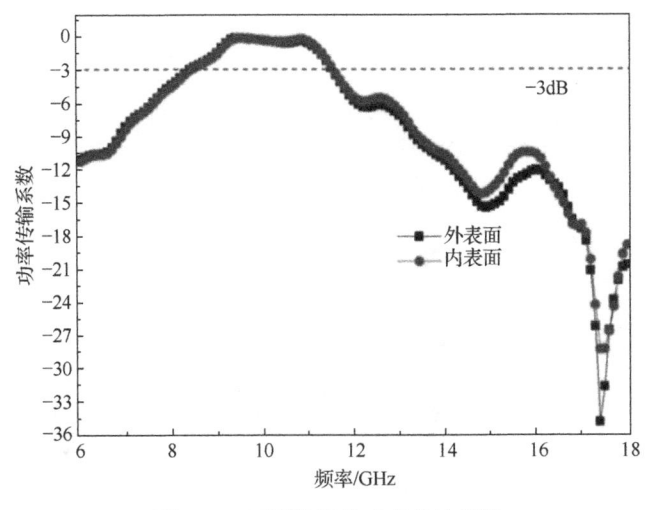

图 7.47 不同位置的功率传输系数

7.7.8 曲面 FSSR 的 RCS 变化分析

作为简单的应用，采用全波电磁软件仿真曲面 FSSR 的双站 RCS，以及曲面 FSS 的曲率变化对 RCS 的影响。在天线罩内放置一块长方体金属块，用来模拟实际天线(金属体)在罩体内产生的镜面反射，并采用波端口作为激励，模拟平面波激励来波的方向。图 7.48 和图 7.49 分别显示了不加载和加载曲面 FSS 单元的电场分布。从图 7.49 的电场分布可以看出，加载 FSS 后曲面 FSSR 表面电场产生散

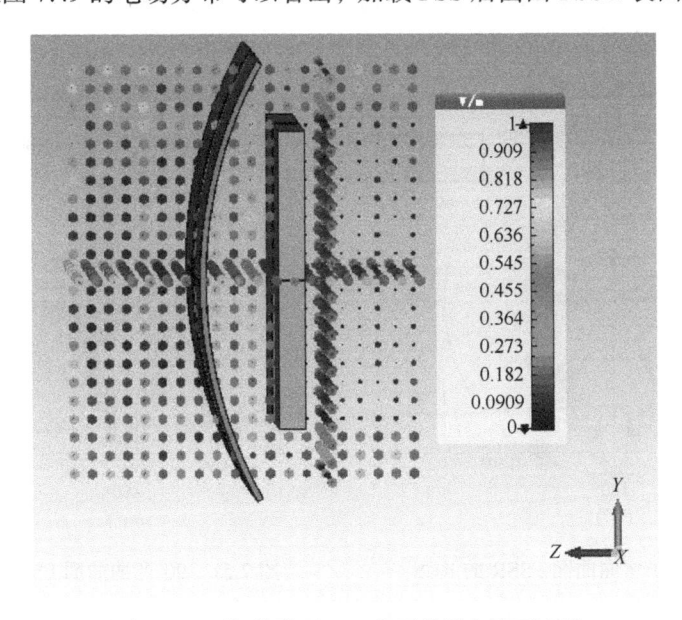

图 7.48 不加载曲面 FSS 的天线罩内镜面反射

射效应，有效降低了来波方向的散射场，实现了降低罩内天线镜面反射的效果，从而降低带内 RCS。

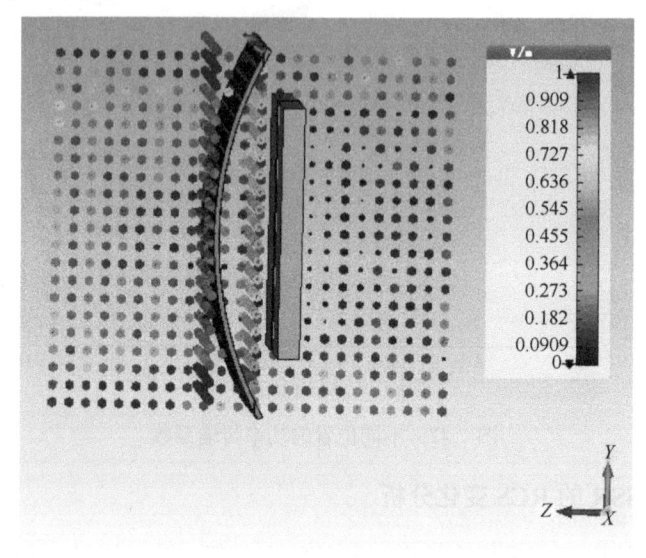

图 7.49　加载曲面 FSS 的天线罩漫反射

图 7.50 和图 7.51 分别是频率 7GHz 下、弯曲程度为 30°和 90°的双站 RCS 对比结果。从两图中可以明显看出，加载 FSS 天线罩的双站 RCS 与不加 FSS 时的 RCS 相比要小，且在 $\varPhi = 0°$ 的整个剖面内基本小于不加 FSS 的 RCS 值，从而验证了曲面 FSS 确实对天线罩内的镜面反射有一定的缩减功能。

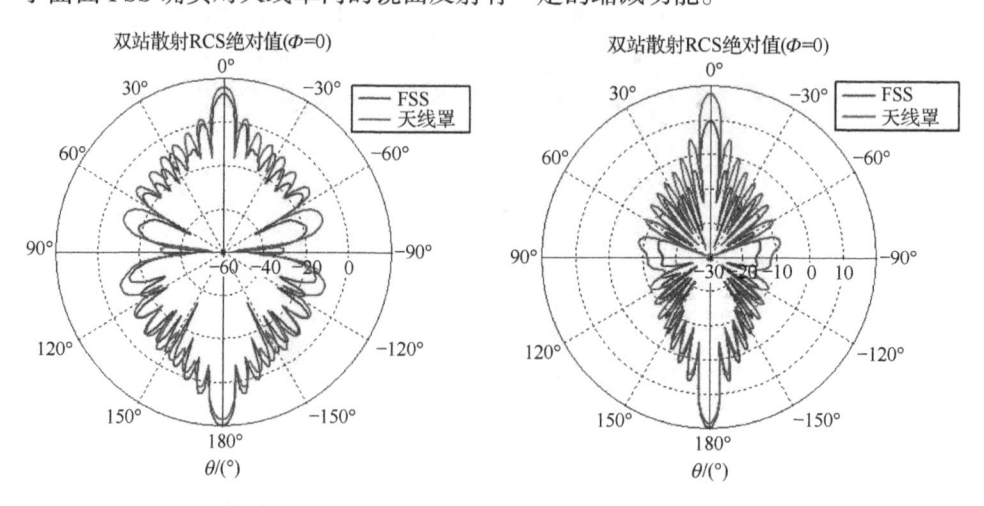

图 7.50　30°弯曲曲面 FSSR 的 RCS　　图 7.51　90°弯曲曲面 FSSR 的 RCS

图 7.52 是不同角度下加载/不加载曲面 FSS 的单站 RCS 缩减值的比较结果，

由于曲面 FSS 建模过程复杂，以及整个系统在全波电磁软件下的单次仿真数据量大，仅选取 30°、60°、90°三种角度进行分析。结果表明，带内 RCS 缩减值在 0~5dBsm，较小且随弯曲角度变化不大；而带外 RCS 缩减较大，且随角度的增大而增大，最高可达 18dBsm。16GHz 时，90°的 RCS 缩减值比 30°高出 10dBsm。究其原因，认为带内电磁波可以通过曲面 FSSR 入射到天线表面，从而形成较强的镜面反射，并二次辐射至空间，因此，对带内电磁波的曲面散射效应不明显；而带外电磁波无法通过曲面 FSS 结构，且由于曲面 FSS 的散射效果，电磁波不再沿原有的入射方向反射，从而有效降低了其来波方向的 RCS。这表明弯曲后的 FSS 具有更好的"带外隐身"效果，随着弯曲角度增大，漫反射逐渐增强，从而降低了轴向反射的电磁波，其轴向 RCS 缩减值也随之增大。

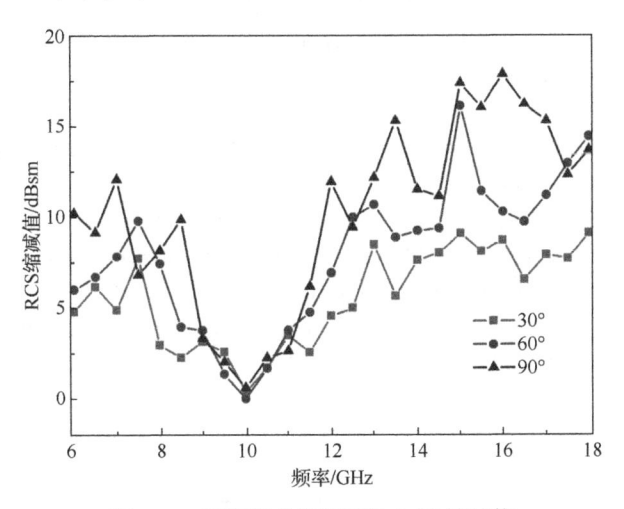

图 7.52　不同弯曲角度下的 RCS 缩减值

7.8　本 章 小 结

本章在介绍基本 FSS 单元的基础上，引入曲面 FSS 结构，讨论不同曲率对散射参数的影响。通过将曲面 FSS 结构加载到介质天线罩上，并采用全波电磁软件进行建模和网格剖分，研究不同曲率曲面 FSS 天线罩对电性能的影响。同时，研究 FSS 单元排列和弯曲曲率对雷达散射截面的影响。曲面 FSS 天线罩在当今机载和弹载雷达通信中具有重要的积极作用。

参 考 文 献

[1] 张强. 天线罩理论与设计方法.北京：国防工业出版社，2014.

[2] 刘晓春. 雷达天线罩电性能设计技术. 北京 航空工业出版社, 2017.
[3] Munk B A. Frequency Selective Surfaces: Theory and Design. New York: Willey, 2000.
[4] Munk B A. Finite Array Antennas and FSS. New York: Wiley, 2003.
[5] Sarabandi K, Behdad N A. Frequency selective surface with miniaturized elements. IEEE Transactions on Antennas and Propagation, 2007, 55(5):1239-1245.
[6] Al-Joumayly M A, Behdad N A. Generalized method for synthesizing low-profile, band-pass frequency selective surfaces with non-resonant constituting elements. IEEE Transactions on Antennas and Propagation, 2010, 58(12):4033-4041.
[7] Hussein M, Zhou J, Huang Y, et al. A low-profile miniaturized second-order bandpass frequency selective surface. IEEE Antennas and Wireless Propagation Letters, 2017, (16): 2791-2794.
[8] 陈毅乔. 曲面双层带通频率选择表面天线罩设计. 电讯技术, 2016, 56(4):5.
[9] 高文德. 曲面FSS天线罩成型工艺及其误差对电磁特性的影响研究. 大连理工大学, 2019.
[10] Romeu J, Rahmat-Samii Y. Fractal FSS: A novel dual-band frequency selective surface. IEEE Transactions on Antennas and Propagation, 2000, 48(7): 1097-1105.
[11] Gianvittorio J P, Romeu J, Blanch S, et al. Self-similar prefractal frequency selective surfaces for multiband and dual-polarized applications. IEEE Transactions on Antennas and Propagation, 2003, 51(11): 3088-3096.
[12] Tachikawa K, Sakakibara K, Kikuma N, et al. Transmission Properties of Dual-band Loop Slot Frequency Selective Surfaces on Plastic Board. 2012 15th International Symposium on Antenna Technology and Applied Electromagnetics, 2012.
[13] Weile D S, Michielssen E. Design of doubly periodic filter and polarizes structures using a hybridized genetic algorithm. Radio Science, 1999, 34(1): 51-63.
[14] Vardaxoglou J, Hossainzadeh A, Stylianou A. Technical Memorandum: Scattering from two-layer FSS with dissimilar lattice geometries. IEEE Proceedings H: Microwaves, Antennas and Propagation, 1993, 140: 59-61.
[15] 陈毅乔. 曲面双层带通频率选择表面天线罩设计. 电讯技术, 2016, 56(4):5.
[16] 王向峰, 高炳攀, 任志英, 等. 一体化曲面共形频率选择表面雷达罩. 光学精密工程, 2018, 6:1362-1369.
[17] Nisanci M H, Paulis F D. Easy to Design and Manufacture Frequency Selective Surfaces for Conformal Applications. IEEE Antennas and Wireless Propagation Letters, 2021, 20(5): 753-757.
[18] 唐向宏, 岳恒立, 郑雪峰. Matlab及在电子信息类课程中的应用. 北京: 电子工业出版社, 2009. 6: 43-48.
[19] 曲恒. 使用HFSS-MATLAB-Api设计天线的研究. 杭州电子科技大学, 2012.
[20] 王佳欢. 特定曲面频率选择表面的电磁散射特性研究. 长春理工大学, 2014.
[21] Fan Z, Chen M, Wang S, et al. Analysis of electromagnetic characteristics of finite periodic frequency selective surfaces. Chinese Journal of Radio Science, 2009, 24(4): 724-728.

第8章 天线罩的电性能测试

天线罩设计完成之后，为了验证制造的天线罩是否满足设计要求的电性能指标，需要对其进行性能验证。在仿真设计过程中，我们假定天线罩材料是各向均匀的，忽略了制造过程中的误差。然而，在天线罩的制作过程中，天线罩的厚度以及材料的介电常数往往无法保持一致性，这些误差会降低天线罩的电性能。因此，对天线罩的电性能测试和电性能设计一样重要，只有测试结果满足指标要求，才算真正完成天线罩的设计，从而确保工程产品的可靠性。

另外，天线罩内部若是单个天线，则该介质天线罩的优劣主要通过其透波性能来衡量；但对于多天线系统，天线罩对各个天线的相位影响同样至关重要[1]。当天线罩内放置的天线阵列采用干涉仪原理实现测向时，通过不同天线接收的相位差值来计算来波方向。然而，由于天线罩会对天线阵列中不同天线产生不同的插入相位延迟[2]，会引起测向误差。因此，减小天线罩对天线阵列测向性能的影响，对于保证侦察系统正常工作有很重要的意义。

本章重点对天线罩的电性能测试方法进行研究，包括测试环境的搭建和调试、仪器的校准、测试结果的数据后处理等方面，并结合不同平板天线罩的透波率和某型号机载前向罩的相位不一致性分别进行测试验证。同时，基于天线阵列可用作测向的相位干涉仪的原理，详细分析干涉仪的测向精度及误差来源，并对不同测向方法和实测数据进行对比。完善了天线阵列-天线罩系统电性能测试中的相位不一致性概念，分析其与测向误差之间的关系。通过实际夹层结构天线罩的测试数据，验证了相位不一致性和测向误差之间的正相关关系。

8.1 测试场地要求和准备

8.1.1 测试场地选取

为了降低电磁波的反射，减小测试误差，提高测试准确度，天线罩的电性能测试通常需要在开阔的电磁环境下进行。但是这样的测试环境极大地增加了测试成本，给测试带来诸多不便，所以，天线罩的测试一般选在室内的微波暗室中进行。

微波暗室是在一个有限空间内模拟一个自由无限大的环境。通常，微波暗室会选取较大的封闭房间，外面全部用金属材料包裹，内部全部使用吸波材料进行贴覆。微波暗室主要有以下三个作用。

(1) 提供足够的空间，使天线罩在测试时的发射天线与接收天线满足远场条件，使发射天线的电磁波入射到天线罩表面时是一个平面波的状态。

(2) 外面包裹金属材料，可以将暗室内的电磁波与外界隔离，既能保证测试的准确性，又能保证测试人员处在一个稳定且相对安全的电磁环境中。

(3) 内部贴覆的吸波材料用来吸收入射到墙面的电磁波，降低反射，从而模拟一个无限大的自由空间环境，使接收天线只能接收发射天线的信号，微波暗室的吸波特性一般能够达到–40dB，即入射到墙面的电磁波只有万分之一的能量会被反射回来[3]。

图 8.1 所示为微波暗室场地图。目前，国内不少研究所和大学都具备不同规格的微波暗室，测试条件相当完善，此处的描述主要侧重于原理性和一般性说明，而非具体的暗室条件。实际上，对于天线罩的测试，特别是天线罩功率传输系数的测试，对环境的要求并不苛刻，因为关注的主要是衡量天线罩本身对电磁波的穿透能力，后续内容将进一步说明。

图 8.1 微波暗室场地图

8.1.2 测试仪器选取

天线罩电性能的测试需要使用以下仪器：方位转台、矢量网络分析仪、校准件、发射与接收天线、力矩扳手、高频同轴线缆、衰减器、功率放大器以及测试固定夹具等，下面对主要仪器的功能进行说明。

(1) 方位转台：天线罩通常会有方位角的性能测试指标，方位转台可以满足对天线罩方位角测试的要求，一般来说，方位转台为金属圆柱形结构，测试时需要用吸波材料对圆柱进行包裹，减小电磁波的反射。

(2) 矢量网络分析仪：用来进行信号的发射和接收，可以对天线罩的散射参数进行测试(S_{11}，S_{21}等)，进而提取出所需的幅值和相位信息。

(3) 校准件：包括开路校准件、短路校准件、负载匹配校准件以及直通互连校准件，主要功能是消除矢量网络分析仪内部以及线缆之间的误差，提高测试精度，常用的校准方法有 SOLT 校准和 TRL 校准。

(4) 力矩扳手：用来固定矢网与线缆，以及天线与线缆的连接处，每次手动紧固连接处后，需要使用力矩扳手进行加固，当力矩扳手的弯曲角度达到10°时，即可停止加固，目的是防止电磁波泄漏。

(5) 衰减器：用来进行线缆中传输信号的衰减，在下一节将具体阐述其作用。

(6) 功率放大器：用来增加天线的发射功率，使天线接收的信号电平高于环境噪声的电平。

整个测试系统比较复杂，为了保证测试精度和工作效率，在系统搭建和测试过程中有以下注意事项。

(1) 根据天线远场计算公式，确保收发天线满足远场条件，另外发射天线和天线罩要放在一起。

(2) 每测一个角度的天线罩传输曲线时，需要测带罩和不带罩两种情况，在天线罩的安装和搬运过程中要保证测试平台上天线的位置不变，这时需要用激光器进行多次校准。

(3) 在进行远场方向图测试时，矢量网络分析仪接收端口需要连接低噪声放大器，发射端口需要连接功率放大器。另外，放大器的功率太大会对人体造成辐射损伤，测试的时候需要注意，暗室里需要人进去帮忙时必须关掉放大器。

(4) 收发天线需要通过激光器进行校准，并用紧固螺钉和螺母固定，同时要小心避免同轴缆线受损，转台和支架应使用吸波材料包裹，防止电磁波反射。此外，天线罩体型比较大，但转台较小，采用矩形泡沫材料固定天线罩，并用透明胶带加固，以防止在旋转过程中，天线罩因缆线拉扯而掉落。

(5) 使用 SMA 转接头连接天线和同轴线缆时，必须用力矩扳手加固，以防止用力过大导致滑丝。同时，同轴缆线要拉直，避免打结或用脚踩。

(6) 测试过程中，如果出现不稳定状况或者天线掉落等意外情况，应立即点击停止测试，防止测试设备受损，再次进行测试时，转台要重新归零。

8.1.3 收发天线距离计算

在测试场地和测试仪器准备好以后，需要进行测试环境搭建和调试。天线辐射的电磁波分为近场区和远场区，为了确保测试的准确性，收发天线之间的距离 R 应该满足天线的远场距离条件要求[4]：

$$R \geqslant \frac{2D^2}{\lambda} \tag{8.1}$$

式中，λ 为天线工作频率下的波长；D 为天线的口径。如果是天线阵列，D 则为天线阵列的口径。收发天线之间的距离满足式(8.1)，便符合测试的远场条件，此时天线的主瓣、副瓣和零点值已经完全形成。为了减小测试过程中地面和屋顶的反射，需要合理选择天线的架设高度 h，一般要求为[5]：

$$h \geqslant \frac{\lambda R}{2D} \quad (8.2)$$

式中，h 为天线的架设高度；R 为天线之间的距离；D 为天线的口径；λ 为测试频段下对应的波长。

此外，天线的架设高度应该满足天线到测试中心点的地面或屋顶的角度比天线的第一副瓣角度大 10°的要求，以减小地面和屋顶的反射，同时，四周墙壁对电磁波反射的影响应该小于–35dB。

8.1.4 矢量网络分析仪校准

矢量网络分析仪(简称矢网)作为信号的发射与接收仪器，每次测试之前需要进行校准，以确保测试精度，校准步骤如下。

(1) 每次测试前 30min，开机预热。

(2) 将高频同轴线缆连接到矢网的两个端口，选择需要校准的测试频段，调整矢网的发射功率(一般设置为 0dBm)，选择频率步进(默认 201 个点)，并调出矢网的 S 参数界面(S_{11}、S_{21})。

(3) 分别对矢网的发射端口和接收端口进行开路、短路、负载匹配校准，完成后，将两个端口互连，进行直通互连校准。

(4) 完成校准后，需要再次检验矢网是否校准成功。调出矢网的史密斯圆图，步骤是 reponse → formate → smithchart，根据归一化阻抗圆图的匹配理论，S_{11} 参数在圆图中心原点，S_{21} 参数在圆图实轴最右边，如图 8.2 所示，说明校准成功。

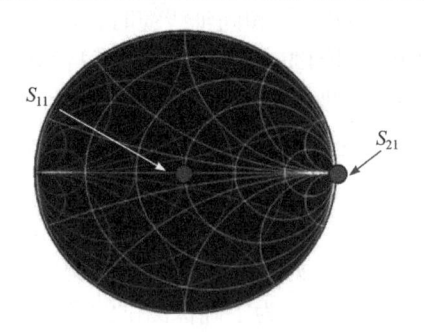

图 8.2 史密斯校准圆图

8.1.5 中频带宽设置

在天线罩的测试过程中,不仅需要测试其幅度,还需要测试相位。在进行相位测试的过程中,为了降低矢网本身对相位的影响,需要设置矢网的中频带宽。

矢网的中频带宽定义为矢网内部接收机的中频滤波器带宽,在设置中频带宽时,需要考虑矢网的动态范围和测试速度。中频带宽越宽,接收机接收的噪声越大,但是扫描速度更快,可以节省测试时间;而中频带宽越窄,接收机滤波器带宽越窄,信号的采样点数越多,测试速度会变慢,但是准确度会提高。

矢网默认的中频带宽为 30kHz,此时矢网本身会有 7°~8° 的相位抖动,这对相位测试会影响极大。因此,可以降低中频带宽,一般调整为 1.0kHz,这时矢网本身只有 1° 左右的相位抖动,提高了测试精度,有助于在测试过程中进行数据采集。因此,在进行天线罩相位测试时,一般将中频带宽设置为 1.0kHz。

8.1.6 空间信道电平衰减估算

这部分是测试环境调试中最重要的环节。矢量网络分析仪通常有发射端、接收端和参考端三个端口。为了确保幅度和相位测试的准确性,需要确保矢网接收端的电平与参考端的电平处于同一个数量级,即 $P_{接收端} \approx P_{参考端}$。因此,为了提高测试精度,需要对信道的电平值进行估算,图 8.3 所示为测试框图。从测试框图中可以看到,矢网的发射端发射信号,信号经过功分器分为两路,一条回路经过衰减器连接到矢网的参考端,另一条回路则先经过功率放大器,再经过发射天线,通过自由空间传播到接收天线,再通过高频同轴线缆将信号传输到矢网的接收端。

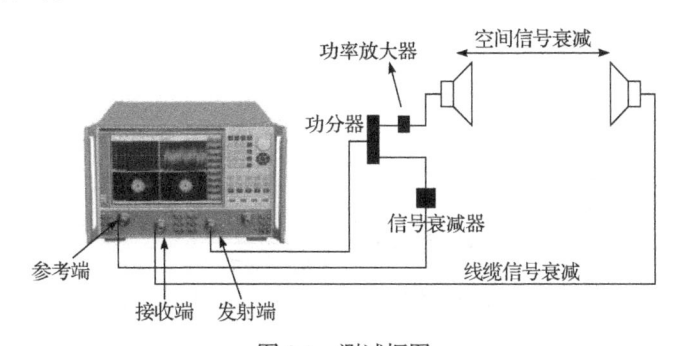

图 8.3 测试框图

矢网接收端得到的电平由以下几部分组成:

$$P_{接收端} = P_{发射} + P_{功放} + P_{信道衰减} + P_{接收天线} + P_{线缆衰减} \tag{8.3}$$

式(8.3)表明,矢网接收端的信号电平是由发射天线经过功率放大的电平、接收天线的电平、空间信号衰减的电平和高频电缆衰减的电平相加得到的(电平以 dB 形式表示并相加)。

1. 高频线缆损耗估算

高频线缆损耗的估算可以通过矢量网络分析仪进行，将矢量网络分析仪校准完成后，可以将测试回路中的同轴线缆两端分别接入矢网的发射端和接收端，读取此时的 S_{21}(dB)，此时的 S_{21} 值即为线缆对传输信号的衰减值，根据实际工程经验，常用的同轴高频线缆对信号的衰减大约为 1dB/m[6]。

2. 空间信号电平衰减的推导

在自由空间中，如果发射天线为理想的无方向性天线，其辐射功率为 P_1，那么在距离天线 r 处的球面上的功率密度 S_0 为

$$S_0 = \frac{P_1}{4\pi r^2} \tag{8.4}$$

功率流密度可以表示为

$$S_0 = \frac{1}{2}\text{Re}(\boldsymbol{E} \times \boldsymbol{H}^*) = \frac{E_0^2}{240\pi} \tag{8.5}$$

由此，距离天线 r 处的电场强度 E_0 值为

$$E_0 = \frac{\sqrt{60|P_1|}}{r} \tag{8.6}$$

假设发射天线为方向性天线，其辐射功率仍为 P_1，输入功率为 P_i，天线的增益系数为 G_i，则在距离天线最大辐射方向 r 处的电场为

$$E_0 = \frac{\sqrt{60|P_i|G_i}}{r} \tag{8.7}$$

如果 G_R 为接收天线的增益，有效接收面积为 A_e，则接收天线在距离发射天线 r 处接收的功率 P_R 为

$$P_R = S_0 A_e = \frac{P_i G_i}{4\pi r^2} \frac{\lambda^2 G_R}{4\pi} \tag{8.8}$$

此时，自由空间电磁波的传输损耗 L_{bf}，即输入功率与接收功率之比为

$$L_{bf} = \frac{P_i}{P_R} = \left(\frac{4\pi r}{\lambda}\right)^2 \frac{1}{G_i G_R} \tag{8.9}$$

一般将自由空间的损耗用 dB 的形式表示[6]：

$$L_{bf} = 10\lg\left(\frac{P_i}{P_R}\right) = 32.45 + 20\lg f(\text{MHz}) + 20\lg r(\text{km}) - G_i(\text{dB}) - G_R(\text{dB}) \tag{8.10}$$

由自由空间衰减公式可知，收发天线的增益已确定时，影响电磁波自由空间损耗的主要因素是收发天线之间的距离和工作的频率。

假设发射天线为喇叭天线，增益通常为 15dB，接收天线的增益为 0dB，根据式(8.10)，可计算出不同距离和不同频率下的空间损耗，见表 8.1。

表 8.1 不同距离和不同频率下的空间损耗(单位：dB)

频率/GHz \ 距离/m	2	5	10
5	37.45	45.41	51.43
10	43.47	51.43	57.45
15	46.99	54.95	60.97
18	48.58	56.54	62.56

从表 8.1 中可以看出，频率越高、收发天线之间的距离越大，天线在自由空间中的传播损耗就越大。一般情况下，矢网的噪声电平为-50dB，当频率超过 10GHz，收发天线的距离超过 5m 时，矢网接收的电平信号可能会淹没在噪声电平中。因此，为了能够测得有效信号电平，需要在满足远场测试距离时，尽量降低收发天线之间的距离，对应高频情况(如频率为 18GHz)，还需要在发射天线前端加上功率放大器，进行功率放大。

从图 8.3 的测试框图可以看出，矢网的参考端信号只经过同轴线缆的衰减，而接收端信号不仅经过同轴线缆，还经过空间的电平损耗。因此，参考端的电平与接收端的电平通常不在同一个数量级，为了使两者的电平值在一个数量级，需要在参考端的回路中加载一个信号衰减器，对信号进行适当衰减。

上文介绍了天线罩测试过程中的测试场地和测试仪器的选择，并研究了测试过程中测试环境搭建与信号电平调试的相关问题，包括收发天线之间的距离、矢量网络分析仪的校准、中频带宽的设置等。同时，详细推导了测试过程中信道电平的估算方法，为天线罩的电性能测试提供了理论依据。

8.2 时域门技术的引入

8.2.1 时域门技术原理介绍

事实上，在天线罩电性能或天线方向图测试中，想要完全消除反射波是不现实的，但是可以构建反射波尽量小的环境，天线罩电性能测试的典型场地如图 8.4 所示。

图 8.4 中，接收天线接收的信号除了直射波，还有来自地面、安装装置等的反射波。虽然可以通过增加天线架设高度或包裹吸波材料等措施减小反射波的影

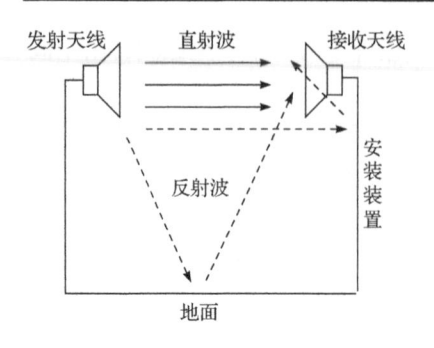

图 8.4 天线罩电性能测试典型场地

响,但在实际测试中,来自地面或安装装置的反射信号是不可避免的,这些反射信号会对接收天线构成干扰。为此,可以采用便捷高效的数字信号处理方法滤除反射波,从而大大简化了天线罩电性能测试时对环境的选择要求。

目前,天线罩系统中通信天线要求的频带主要为 8~12GHz,其相对带宽达 40%。较宽的带宽为时域门技术消除反射波提供了良好的基础。通常,采用 Chirp-Z 变换[7],利用时域门技术消除环境影响的原理如图 8.5 所示。

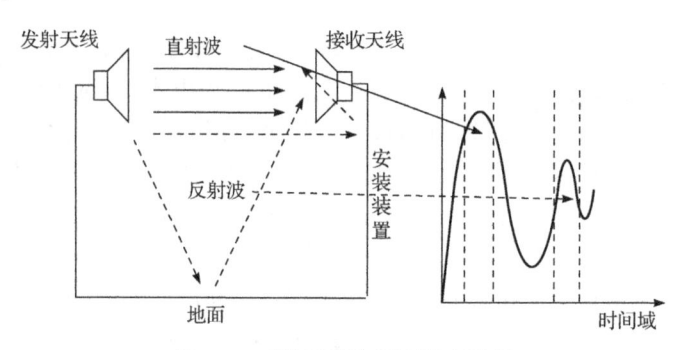

图 8.5 时域门消除环境影响原理

接收天线的频率域信号由矢量网络分析仪测量,数据包含天线工作频段内各频率点的电平值。通过反傅里叶变换将其转换到时间域,此时不同的时间点反映了接收天线接收的经不同路径到达的信号。由于发射天线与接收天线极化相同,且二者之间路径最短,因此,信号最先到达且幅度最大,如图 8.5 中的"直射波"。而其他反射信号,由于反射体的形状、材料以及经历的路径更长等因素的影响,与直射波相比强度低且滞后,如图 8.5 中的"反射波"。直射波和反射波清晰地分布在时域曲线上,而频域曲线则无法区分多路径信号的共同叠加。

为了滤除反射波,可以在时域序列中给直射波加一个时间的"门",以保证其幅值不变,同时阻止反射波通过。经处理后的时域信号再变换回频域,最终只保留直射波的频率响应曲线,这就是时域"门"消除反射信号的原理。

8.2.2 应用时域门要考虑的因素

1. 带宽与距离分辨率

天线的工作带宽有限,可以将其等效为一个无限频带的信号与一个"门"函

数乘积的响应。将门函数时域响应的主瓣作为时域分辨率，其与带宽的关系为[8]

$$\Delta t = 1/\left(f_{stop} - f_{start}\right) = 1/f_{span} \tag{8.11}$$

式中，f_{start} 为测试起始频率；f_{stop} 为测试截止频率；f_{span} 为频带宽度。

带宽与距离分辨率的关系为

$$\Delta d = C \cdot \Delta t \tag{8.12}$$

其中，C 为自由空间的波速。以常见的 X 波段和 Ku 波段为例计算，结果见表 8.2。

表 8.2 带宽与距离分辨率关系举例

	f_{start}/GHz	f_{stop}/GHz	Δt/ns	Δd/m
X 波段	8	12	0.25	0.75
Ku 波段	12	18	0.17	0.5

从表 8.2 可知，Ku 波段的带宽宽于 X 波段，其时域分辨率和距离分辨率均低于 X 波段，故带宽越宽，距离分辨率越精细。

2. 带宽与数据采样点数目

测试天线罩时，矢网采集的是频段内的若干个点频信号，这可以等效为一个冲击信号序列与连续频域信号的相乘。两者的时域信号卷积后形成一个周期性信号，该信号的周期反映了能观察到的最远距离，超过这个距离的信号将无法识别。具体关系式如下：

$$T = L/C \tag{8.13}$$

$$\Delta f = 1/T \tag{8.14}$$

$$\Delta f = f_{span}/N \tag{8.15}$$

式中，L 为信号传播路径的总长度；T 是能够清楚分辨的最小时间窗口，信号从矢网的信号源到接收机之间传播所需的时间必须小于 T；Δf 为信号的分辨率；N 为最少数据采样点数目。

根据确定的测试场地，可以推算出最少的数据采样点数目。假设测试距离为 5m，电缆等效长度为 10m，则传播路径总长度 L = 5m + 10m = 15m，分辨率 $\Delta f = 1/T = 20$MHz。

带宽与数据采样点的关系示例见表 8.3。

表 8.3 带宽与数据采样点关系示例

	f_{start}/GHz	f_{stop}/GHz	$N \geqslant f_{span}/\Delta f$
X 波段	8	12	200
Ku 波段	12	18	300

由表 8.3 可知，对于确定的测试系统，测试频带越宽，所需的数据采样点越多。然而，采样点数与测量速度之间存在矛盾，采样点数越多，分辨的距离越远，同时扫描速度会变慢。因此，在确保能够清楚测得接收天线信号的前提下，应尽量减少采样点数，以提高测试速度。

3. 时域门的宽度

时域门的宽度应合理选取，过宽有可能会包含非直接接收的其他反射信号，从而引入误差；过窄则可能过滤掉本应接收的信号，导致测量失准。

如图 8.6 所示，时域门的最小宽度值 T_{min} 计算如下[9]：

$$T_{min} \geqslant (L + 2d_\delta)/C \tag{8.16}$$

式中，L 为天线长度；$d_\delta(C/f_{span})$ 为天线的距离分辨率。

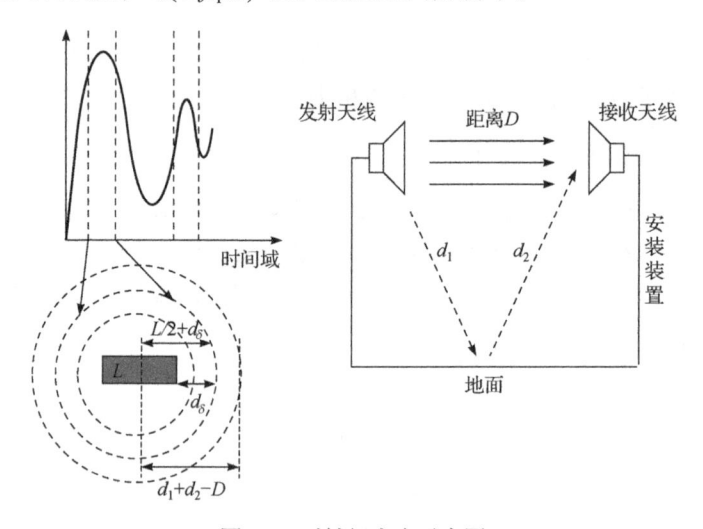

图 8.6 时域门宽度示意图

确定 T_{min} 后，要保证 $d_1+d_2-D > L/2+d_\delta$，对于反射信号落在时域门内的情况，即 $d_1+d_2-D < L/2+d$ 的信号，应通过其他方法进行消除。

对于一个确定场，时域门宽度可以精确计算，但由于测试环境复杂，计算过程烦琐且可重复性差。更简单的做法是通过矢网的时域(Time Domain)功能自动确定该参数，具体如下。

(1) 极化一致，并确保接收天线中心点对准发射天线中心点。

(2) 在矢网中设置足够多的采样点数目，并在 Math 选项中转换到时域。

(3) 打开矢网的 Marker 功能，使用 Marker 找到最高幅值对应的时间点 t。

(4) 使用 Marker 找到相邻的左右两个波谷，记录下对应的时间点 t_1 和 t_2，计算两者与 t 的差值，并把较大的差值记为 t_3。

(5) 选择 Gating 选项，以 t 为中心点，$2t_3$ 作为门的宽度，然后切换回频域。

8.3 平板天线罩透波率测试

8.3.1 平板天线罩大小确定

当发射天线离平板天线罩的距离以及天线的波瓣确定后，如果平板天线罩的面积不足，则无法有效阻挡发射天线主波瓣的电磁波。这会导致发射天线的部分电磁波没有经过天线罩，而是从天线罩的边缘直接被接收天线接收。绕射现象在大入射角测试中的影响尤为明显，因为在大入射角下，平板天线罩的有效测试面积随着入射角的增大而逐渐减小，为了减小绕射现象的发生，需要增加平板天线罩的面积。图 8.7 所示为平板天线罩测试俯视图。

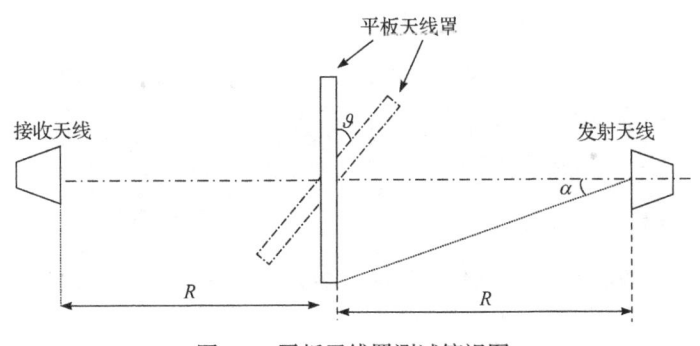

图 8.7 平板天线罩测试俯视图

从图 8.7 可以看到，天线波束宽度、天线到平板天线罩的距离以及测试的角度共同决定了平板天线罩的大小，公式如下：

$$A = a \cdot b \tag{8.17}$$

$$a = 2R \tan \alpha \frac{1}{\cos \theta} \tag{8.18}$$

式中，a 为平板天线罩的横向尺寸；b 为平板天线罩的纵向尺寸；θ 为最大入射角；α 为天线波瓣宽度；R 为发射天线到平板天线罩的距离。

8.3.2 透波率测试实例

根据夹层结构设计，制作 1m × 2m 的平板天线罩并进行相关测试。图 8.8(a) 和(b)分别为平板天线罩的实物和测试环境。

(a) 平板实物　　　　　　　(b) 测试环境

图 8.8　平板天线罩实物及测试环境

图 8.9 所示为加载和未加载时域门的散射参数测试结果。图 8.9(a)为未加载前的 S_{21} 曲线，可以看到幅值起伏不定，这是由于频域中主信号与各种杂波信号互相叠加；图 8.9(b)为切换到时域的曲线，可以看出明显有一个波峰，出现在 10.92ns 处，对应的电长度为 3.27m，与实际测试电缆长度一致；图 8.9(c)为选取合适的时域门宽度后重新切换回频域的曲线，可以看到此时的曲线较为平滑，几乎没有杂波成分，幅值稳定在 –36dB 左右，非常适合测试。

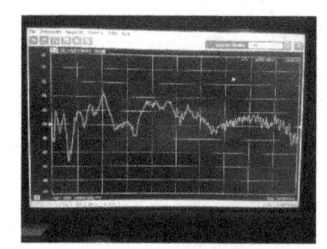

(a) 未加载时域门 S_{21} 曲线　　　　　(b) 时域曲线

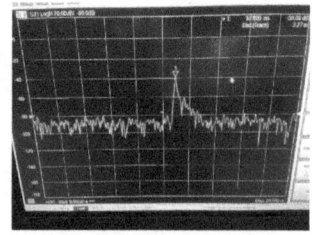

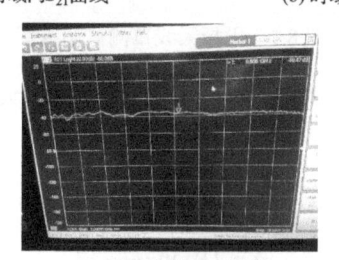

(c) 加载时域门 S_{21} 曲线

图 8.9　散射参数测试

利用时域门进行天线罩测试的具体步骤如下。

(1) 设置相应的频段、频点数、中频带宽等参数，并校准矢网。

(2) 对齐收发天线的口面，确保极化一致，并确保天线照射在天线罩中心位置，然后连接测试系统各部分并固定测试夹具。

(3) 选通时域门，滤除杂波信号。

(4) 以.csv 格式保存无天线罩时的 S_{21} 参数，0°放置平板天线罩，再保存有罩时的 S_{21} 参数。

(5) 以 15°为步进角度，转动放置天线罩的转台，每转动一次，都要重复步骤(3)，直至 45°入射角。

(6) 通过计算关系式来计算功率传输系数。

图 8.10 为该 A 夹层天线罩分别在入射角 0°、15°、30°和 45°下的功率传输系数测试结果。功率传输系数存在一定波动，这是时域门未能滤除的杂波信号造成的。

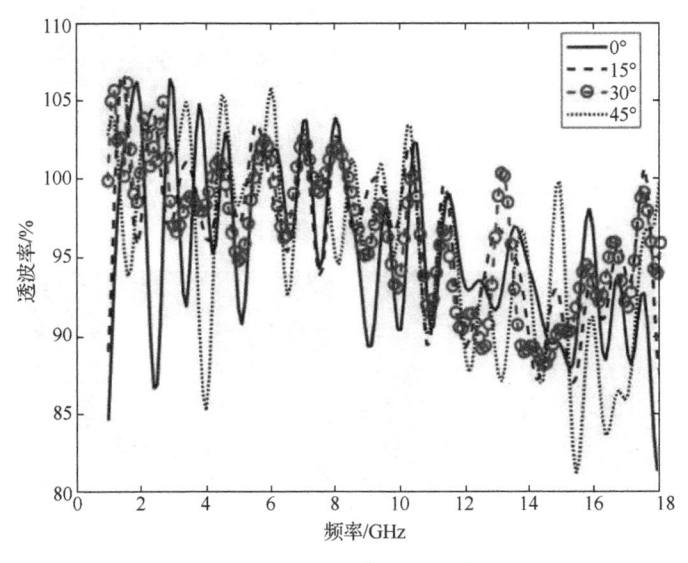

图 8.10　平板天线罩测试结果

为方便分析，表 8.4 列出了不同入射角下，对应全频段的平均功率传输系数。

表 8.4　不同入射角下平板天线罩全频段平均功率传输系数

频率 \ 入射角	0°	15°	30°	45°
1～18GHz	95.46%	96.39%	96.95%	95.84%

对上述平板天线罩测试结果进行分析，可以有如下结论：该天线罩的垂直极化平均透波率在全频段均大于 95%，符合平均透波率的要求；在不同入射角下，除了高频段(15～18GHz)中个别角度，平板天线罩的透波率均大于 85%。满足天线罩设计指标的要求。

为了更加熟悉测试方法，下面提供一个 C 夹层中空织物平板罩的测试示例作为参考。测试指标要求为,X 波段(8~12GHz),极化方式为水平极化和垂直极化,测试角度为 0°~60°,步进为 10°,并要求天线罩在任意极化下的插损小于 1dB。

图 8.11(a)为天线罩的截面图,其材料参数依次为 0.9mm 面层、7mm 绒经层、0.9mm 面层、7mm 绒经层和 0.9mm 面层。图 8.11(b)为无天线罩时的环境空测结果,图 8.12(a)为加载天线罩后的垂直入射测试结果,图 8.12(b)为加载天线罩后的斜入射测试结果。

(a) C夹层天线罩截面图　　(b) 测试环境(空测)

图 8.11　平板天线罩测试

(a) 垂直入射　　(b) 斜入射

图 8.12　不同角度的平板天线罩测试

具体测试步骤如下。

(1) 确定测试在 0°入射角的位置,确保收发天线口面对齐,固定测试夹具并校正矢网。

(2) 测试不加载天线罩时的接收功率(以 S 参数(dB)的形式保存),然后加载平板天线罩,再次测试带罩时的接收功率。

(3) 转动测试夹具,以 10°为步进,每转动一次角度,分别记录有罩和无罩时的接收功率,重复至 60°入射角。

(4) 通过下面的公式计算功率传输系数 $\lfloor T \rfloor^2$:

$$\lfloor T \rfloor^2 = 10\lg\left(\frac{(S_{21\text{无罩}} - S_{21\text{有罩}})}{10} \times 100\right) \tag{8.19}$$

功率传输系数以百分数的形式表示。

图 8.13 为垂直极化下，0°~60°入射角的功率传输系数测试结果，图 8.14 为水平极化下，0°~60°入射角的功率传输系数测试结果。

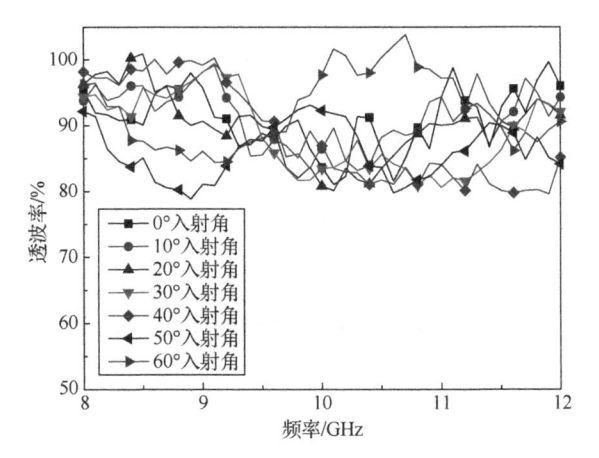

图 8.13　垂直极化 0°~60°入射角功率传输系数

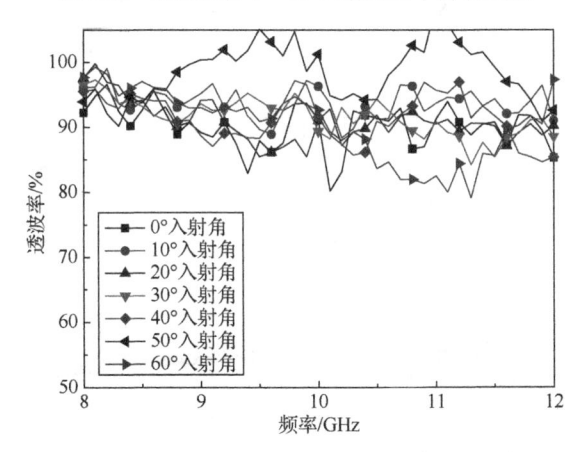

图 8.14　水平极化 0°~60°入射角功率传输系数

根据测试结果可知，垂直极化和水平极化在 0°~60°入射角的功率传输系数(透波率)最低约 80%，而项目测试的指标要求为最大插损 1dB，即透波率最低为 79.4%，所以测试结果满足指标要求。水平极化的平均透波率约为 90%，垂直极化的平均透波率约为 85%，水平极化的透波率优于垂直极化的透波率，这也与理论一致，验证了测试方法的正确性，个别频点透波率超过 100% 的情况出现在 50°和 60°的入射角，这是因为在大入射角时，有效测试面积尺寸减小，导致个别频点出现电磁波的绕射现象。

作为另外一个测试实例，在微波暗室中对 1.8mm 石英氰酸酯材料薄壁天线罩进行测试。按照无平板和有平板两种情况分别记录测试数据，垂直极化状态下，俯仰角为 0°，水平方位角为±45°，测试频段为 2~18GHz。图 8.15~图 8.18 分别给出了 4GHz、8GHz、14GHz 和 17.5GHz 几个频点下，等效平板的理论值与测试值的对比。

在实际测试中，单个频点水平方位角是以 1°间隔进行采样的，所以测试值在 0°~45°范围内由 45 个离散点组成，用曲线拟合方法能够更加清晰地表示曲线的走向，图 8.15~图 8.18 中同时给出了测试值的拟合曲线，用连续曲线近似地刻画了 45 个离散点的走向。从图 8.15~图 8.18 可以看出以下两点。

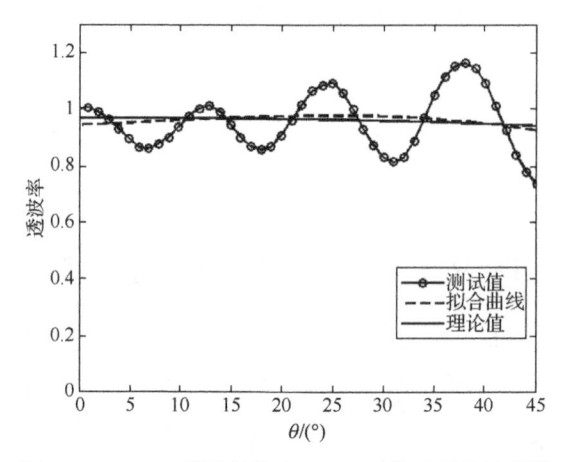

图 8.15　1.8mm 薄壁结构在 4GHz 时的功率传输系数

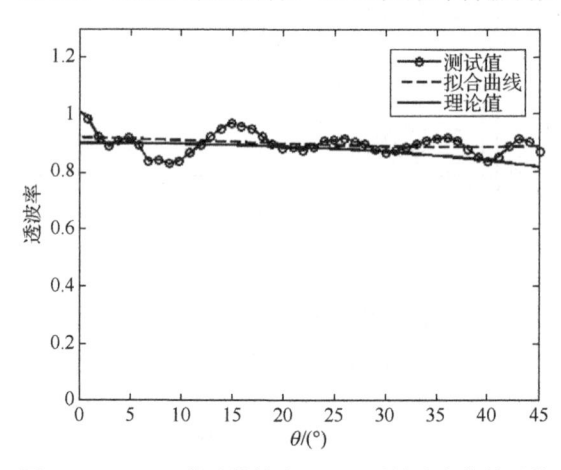

图 8.16　1.8mm 薄壁结构在 8GHz 时的功率传输系数

(1) 低频情况下，测试值抖动较大，且透波率出现大于 1 的现象。这是因为在低频段，电磁波绕射情况在有限大的等效平板上较明显。理论上，测试中要求等效平板无穷大，但实际上无法实现。在低频段 2~10GHz，功率传输系数可达 80%以上。

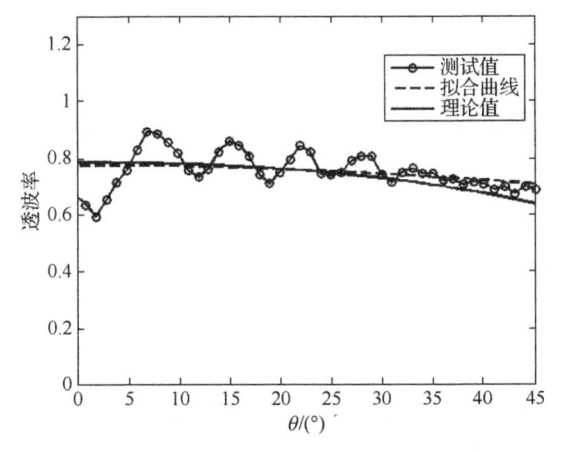

图 8.17　1.8mm 薄壁结构在 14GHz 时的功率传输系数

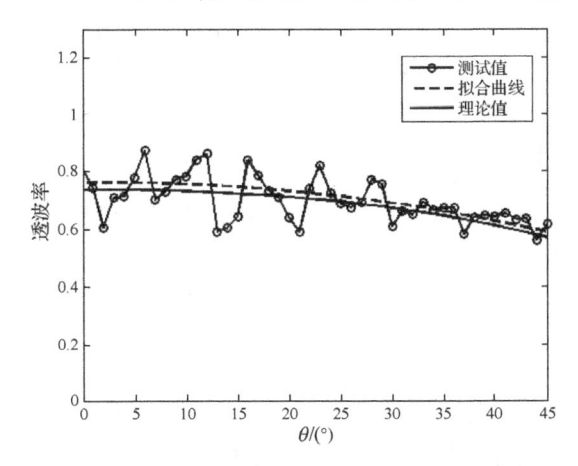

图 8.18　1.8mm 薄壁结构在 17.5GHz 时的功率传输系数

(2) 在高频段 11～18GHz，测试值与理论值吻合较好，功率传输系数达到 60%～80%。

总之，在实际测试环境下，测试值有轻微抖动在工程上是可以接受的。这是由于在实际测试中，测试设备、测试环境(温度或湿度)、天线与天线罩的工艺水平等都会对电磁波产生影响。此外，高频电磁波对环境因素的变化更为敏感，容易出现剧烈波动且易衰减，测试中的馈电缆线、天线支架等也会对电磁波产生影响。

通过对 1.8mm 石英氰酸酯材料的测试，在垂直极化状态下，方位角为±45°，俯仰角为 0°，等效平板在 2～18GHz 频段内的平均功率传输系数见表 8.5，同时列出了测试值与理论值。

表 8.5 石英氰酸酯平板天线罩平均功率传输系数

频率/GHz	测试值/%	理论值/%
2	94.1	98.8
4	97.5	96.8
8	92.4	88.7
12	76.8	77.5
16	70.5	70.5
18	72.2	67.8

从表 8.5 可知，实测数据与理论值吻合较好。所设计的石英氰酸酯平板天线罩的透波特性符合宽频透波特性要求，且功率传输系数 $\lfloor T \rfloor^2 \geq 65\%$，满足天线罩设计指标。因此，通过平板天线罩的测试研究，验证了设计方法的正确性。

8.4 多天线-天线罩系统中的相位不一致性测试

8.4.1 多天线测试系统

在多天线-天线罩系统中，除了与单天线-天线罩的电性能指标相似，还存在多天线对天线罩的特殊要求，比如相位不一致性。因此，测试这类参数需要采用图 8.19 所示的多天线测试系统，图 8.20 所示为俯仰角测试示意图。

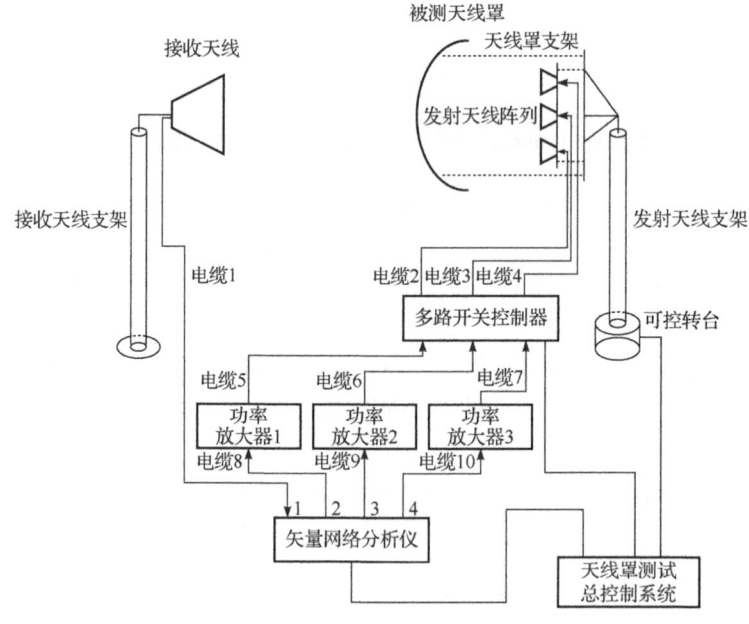

图 8.19 多天线测试系统框图

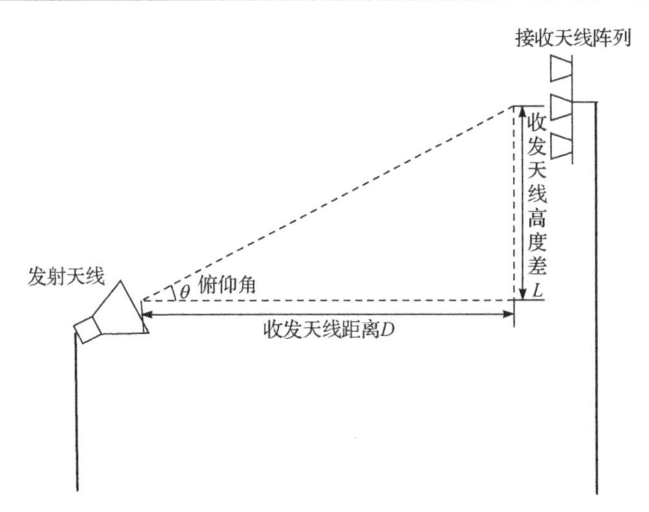

图 8.20　俯仰角测试示意图

8.4.2　相位不一致性测试

由于天线罩的存在，多天线系统的相位不一致性相比于不加载天线罩肯定会变差，但在实际的多天线-天线罩系统中，通常会给定一个相位误差的范围。原则上，只要误差不超过该范围，就可以通过雷达校准系统和程序解算来消除(或者减少)这一误差。

作为应用实例，根据项目指标，对一多天线-天线罩系统(图 8.21)的天线罩相位不一致性进行测试。频段为 1~18GHz，其中，低频段为 1~6GHz，高频段为 6~18GHz。极化方式为水平极化和垂直极化，俯仰角为 0°、5°、15°以及 30°。

具体要求如下。

(1) 优于±15°(在天线阵法线方向−45°、+30°范围内，含边界点，在 1~6GHz 频率范围内，允许 3%的测试点超差；在 6~18GHz 频率范围内，允许 3%的测试点超差)。

(2) 优于±18°(在天线阵法线方向−45°、+30°以外，在 1~6GHz 频率范围内，允许 10%的测试点超差；在 6~18GHz 频率范围内，允许 4%的测试点超差)。

注意，允许××%的测试点超差的含义是，在水平极化或垂直极化的测试角度(包含水平和俯仰)和频率范围内，超差的测试点数量占测试点总数量的比例，计算公式如下：

$$\sigma_p = \frac{M_2}{N_1 \cdot N_2 \cdot N_3 \cdot N_4} 100\% \qquad (8.20)$$

式中，M_2 是按基线要求的所有测试角度(包括水平和俯仰)和频率范围内的相位一致性超差点的数量；N_1 是该频段基线的数量；N_2 是该频段测试频率点的数量；N_3

是该阵列在方位面内测试的角度点数量；N_4 是该阵列在俯仰面内测试的角度点数量。

为了缩短测试时间并提高测试精度，该测试系统采用多通道电子开关，即每次方位角测试通过该电子通道开关采集所有高频或者低频段天线的幅值和相位。

图 8.21 为多天线系统的示意图，该系统采用同轴馈电。图 8.22 为测试天线罩实物。

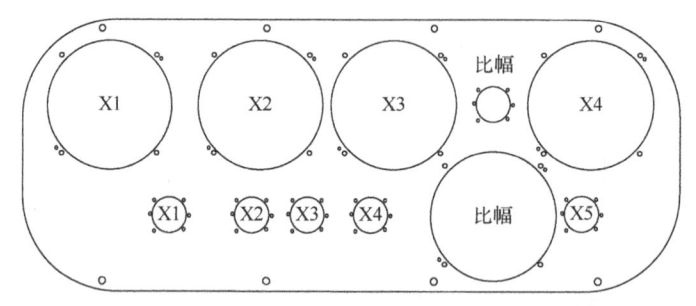

图 8.21　多天线系统示意图

图 8.22　测试天线罩实物

通常微波暗室不支持俯仰角的测试，针对此问题，可以根据图 8.20 所示的俯仰角测试示意图，通过调整收发天线之间的距离以及高度差，并适当抬高发射天线的仰角来解决。

表 8.6 为该天线系统高低频段的基线，其中，低频段有 3 条天线基线，高频段有 4 条天线基线，采用多条基线的方式可以在实际的测向系统中大大提高系统的精度。

表 8.6 天线系统高低频段基线表示

基线编号	阵列天线 低频段天线	阵列天线 高频段天线
d_1	T_3-T_2	T_3-T_2
d_2	T_2-T_1	T_4-T_3
d_3	T_4-T_3	T_2-T_1
d_4		T_5-T_1

俯仰角近似表达式为

$$\theta = \arctan\left(\frac{L}{D}\right) \tag{8.21}$$

式中，L 为收发天线高度差；D 收发天线距离。

多天线-天线罩系统的相位不一致性具体测试步骤如下。

(1) 连接各设备并确保系统处于正常工作状态，即所有通信电缆连接可靠且工作正常，所有仪表和测试设备安装稳定可靠且不产生位移，矢量网络分析仪处于线性工作区域，转台和工控设备运转正常，软件功能运行正常。

(2) 调整安装有被测多天线系统的转台，使多天线系统的法线方向与发射天线的视轴方向平行，并调整发射天线的高度，使其与多天线系统的俯仰面角度满足 α 的要求。将方位转台角度置零，并在转台旋转台面与固定台体之间做出定位标记。

(3) 安装覆盖 1~6GHz 频段的发射天线，并确保其处于垂直极化状态，用稳相电缆将 1~6GHz 平面螺旋天线连接到矢量网络分析仪，并用力矩扳手将其紧固。

(4) 设置信号源(矢量网络分析仪)扫频测试，频段为 1~6GHz，频率步进为 200MHz，发射功率为 0dBm。

(5) 设置转台测试角度范围为-60°~60°，角度步进为 2°，转速为 5°/min。

(6) 设置明确且易于分辨的系统采集幅相数据的输出文件名。

(7) 确认安装设置无误且测试暗室环境符合测试标准后，启动信号进行测试，获取无罩情况下各阵列天线的幅相数据文件。

(8) 将测试转台归零，确认旋转台面与固定台体之间的定位标记重合，如有累积转动误差，需消除后再进行下一测试步骤。

(9) 加装天线罩，确保在天线罩安装过程中测试支架、多天线系统和测试转台之间没有发生相对位移。

(10) 确认安装及对应输出文件名无误后，启动信号进行测试，获取带罩情况下各阵列天线的幅相数据文件。

(11) 将测试转台归零，确认旋转台面与固定台体之间的定位标记重合，如有累积转动误差，需消除后再进行下一个测试步骤。

(12) 调整测试频段为 6~18GHz，重复测试步骤(2)~(11)，其中，频率步进改为 500MHz，信号源发射功率、转台测试角度及角度步进设置不变。

(13) 规定俯仰面角度 α 的值为 0°、5°、15°、30，图 8.23 为按照上述步骤搭建的测试系统。

图 8.23　多天线-天线罩系统实际测试图

8.4.3　相位不一致性的测试结果

由于测试数据量大，下面仅给出 0°俯仰角，水平极化下部分频点的相位不一致性测试结果。

图 8.24~图 8.27 为低频段下频率为 1GHz、3GHz、5GHz、6GHz 的相位不一致性测试结果，图 8.28~图 8.31 为高频段下频率为 8GHz、10GHz、14GHz、16GHz 的相位不一致性测试结果。

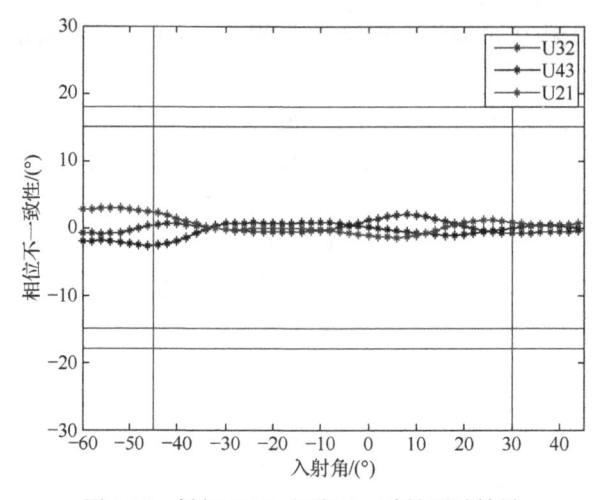

图 8.24　低频 1GHz 相位不一致性测试结果

第 8 章 天线罩的电性能测试

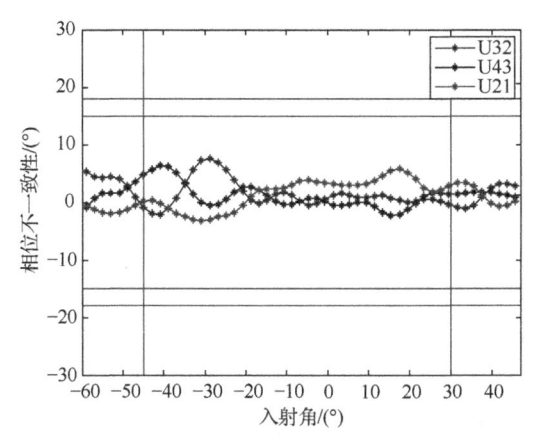

图 8.25 低频 3GHz 相位不一致性测试结果

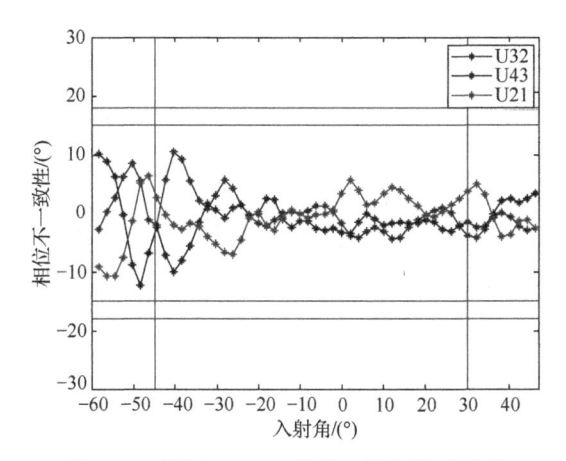

图 8.26 低频 5GHz 相位不一致性测试结果

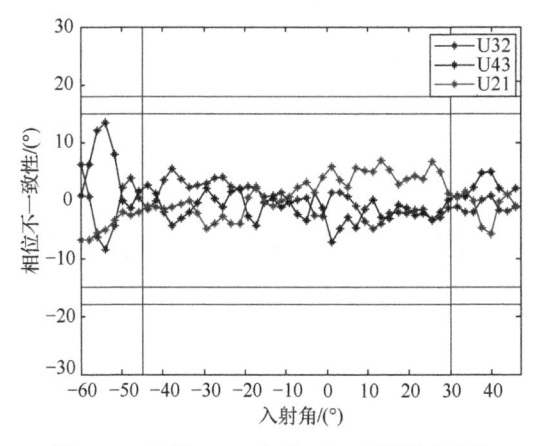

图 8.27 低频 6GHz 相位不一致性测试结果

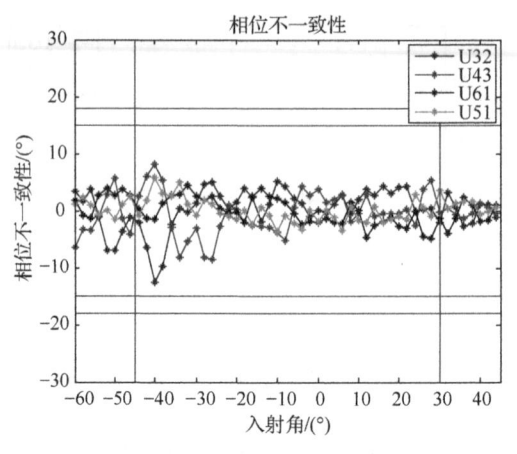

图 8.28　高频 8GHz 相位不一致性测试结果

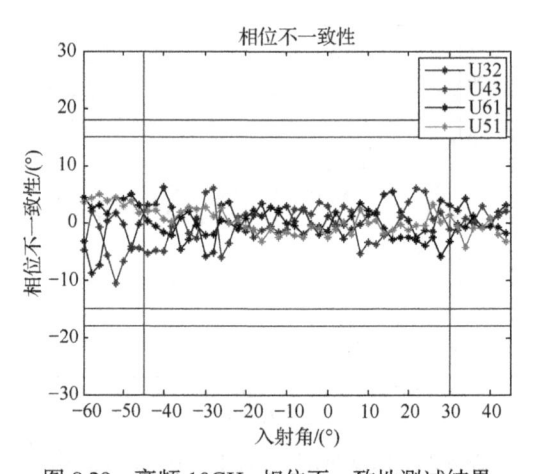

图 8.29　高频 10GHz 相位不一致性测试结果

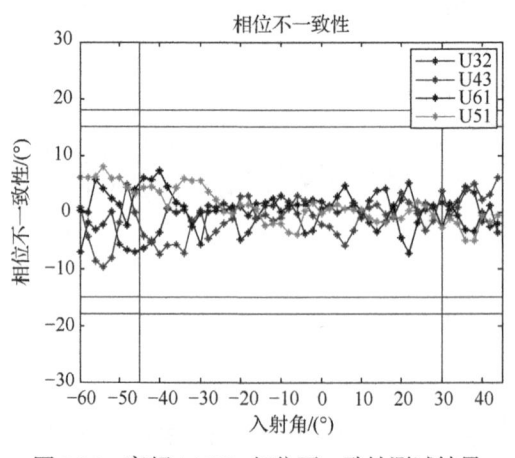

图 8.30　高频 14GHz 相位不一致性测试结果

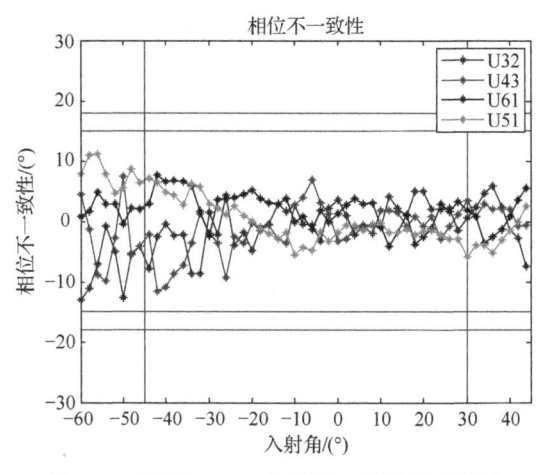

图 8.31 高频 16GHz 相位不一致性测试结果

分析上述测试结果，低频段(1～6GHz)和高频段(6～18GHz)的相位不一致性测试结果均满足项目指标要求。天线罩微小的制作工艺误差对相位的影响在高频段比低频段更大，从而导致个别角度出现相位不一致性超出指标的情况。然而，只要将相位不一致性的超差点控制在合理范围内，就不会影响实际系统工作时的测向功能。

8.5 多天线和天线阵列-天线罩系统的测向误差

如果天线罩内部只有单个天线，则该介质天线罩的优劣主要通过其透波性能来衡量；但对于多天线系统，天线罩对各个天线的相位影响同样至关重要[9]。当天线罩内布置的天线阵列采用干涉仪原理实现测向时，通过不同天线接收的相位差来计算来波方向。然而，天线罩会对天线阵列内不同天线产生不同的插入相位延迟[10,11]，从而引起测向误差。因此，降低天线罩对天线阵列测向性能的影响，对保证侦察系统正常工作具有重要意义。

8.5.1 天线阵列测向原理

天线罩的相位一致性测试通常测定不同天线的相位差异，这些天线实际上是被动地对辐射源进行无源定位。本节将详细介绍相位干涉仪原理，并给出利用单基线、长短基线和虚拟基线进行测向的基本求解方法。

1. 单基线干涉仪测向原理

单基线相位干涉仪是由两个信道组成的简单干涉仪系统[1]，其测向原理如

图 8.32 所示,其中,平面波来波方向与天线的视在方向夹角为 θ,天线 A_1 和天线 A_2 的间距为 L。

当来波到达两个测向天线时,天线间距离 L 引起的信号相位差为 φ^A:

$$\varphi^A = \frac{2\pi L}{\lambda}\sin\theta \tag{8.22}$$

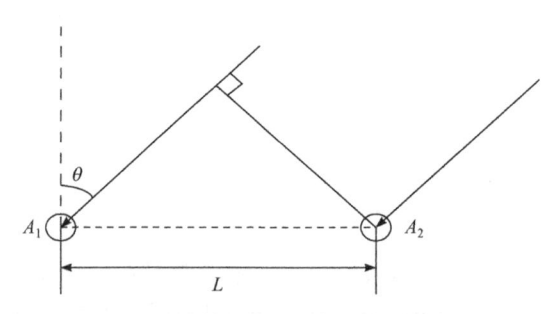

式中,λ 为信号波长。

图 8.32 单基线干涉仪测向原理图

通过测量相位差 φ^A 和信号波长 λ,即可求得信号入射角 θ:

$$\theta = \arcsin\left(\varphi^A \frac{\lambda}{2\pi L}\right) \tag{8.23}$$

当天线间距 L 小于或等于入射信号的半波长时,测量值能够准确反映实际值,从而实现无模糊单值测向;然而,当 L 大于来波信号的半波长时,对某方向入射波,两个天线接收的实际相位差可能超出$[-\pi,\pi]$范围,而鉴相器的测量结果只能在$[-\pi,\pi]$范围内,因此,会引发"相位模糊"的现象。

2. 长短基线干涉仪测向原理介绍

在实际天线阵列中,天线阵元之间的距离(称为基线)是固定数值,当基线长度超过半波长时,可能会产生相位模糊问题。为了保证测向精度,需要采用长基线来解除相位模糊[12,13]。下面以某二基线相位干涉仪为例,说明长短基线的测向过程。

如图 8.33 所示,三个单元 A_1、A_2、A_3 组成一个天线阵,其中,$L_1 < \frac{\lambda}{2}$,$L_2 > \frac{\lambda}{2}$,且 $L_2 = mL_1$,m 为整数。

由于 $L_1 < \frac{\lambda}{2}$,$L_2 > \frac{\lambda}{2}$,所以,

$$\varphi^1 = \Psi^1 \tag{8.24}$$

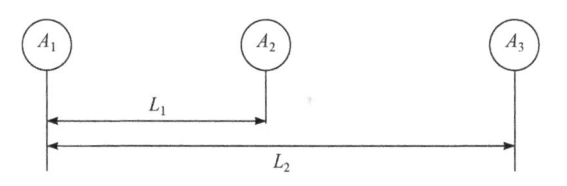

图 8.33 长短基线干涉仪测向原理图

$$\widehat{\varphi}^2 = \psi^2 + 2k\pi, \quad k = 0, \pm 1, \pm 2, \cdots \tag{8.25}$$

式中，Ψ^1 和 Ψ^2 分别为对应天线单元 A_1A_2 和单元 A_2A_3 基线的相位差的测量值。

由于基线，

$$\varphi^{*2} = m\varphi^1 \tag{8.26}$$

基于相位差粗值，为了得到精确的相位差测向值，可以采用如下计算过程。

首先，根据式(8.24)由 Ψ^1 直接得到天线 A_1A_2 基线相位差 φ^1；然后，由式(8.25)得到 A_1A_2 基线相位差的一个粗值 φ^{*2}；接着，通过式(8.25)由 φ^2 计算 A_1A_3 基线相位差的精确值 $\widehat{\varphi}^2$；将粗值 $\widehat{\varphi}^{*2}$ 和精确值 $\widehat{\varphi}^2$ 匹配，可以找到唯一精确值 φ^2；最后，将 φ^2 代入式(8.26)，得到精确结果。

通过增加天线元的数量和长基线的长度，应用上述解算方法逐步迭代，可以求出"长基线"的唯一精确值 φ，从而保证更高的测向精度。

8.5.2 虚拟基线干涉仪测向原理

干涉仪工作在高频段时，由于波长较短，采用多基线测向可能会出现基线间距太小无法布置的问题。在这种情况下，可以使用长短基线系统构造的虚拟基线作为虚拟短基线，以实现相位解模糊[14]。

图 8.34 所示为天线阵元的排布情况，其中，A_0 为参考阵元，A_1 和 A_2 关于 A_0 非对称布置，A'_1 为 A_1 关于 A_0 对称的虚拟镜像阵元，可以通过以下步骤完成测向过程。

(1) 以 A_0 作为参考阵元，计算 A_1A_0 和 A_0A_2 的相位差值 ϕ_{01} 和 ϕ_{02}，此时的相位差均为模糊值。

(2) 根据 ϕ_{01} 构造 A_1 关于 A_0 对称的虚拟阵元 A'_1 的相位差 ϕ'_{01}。

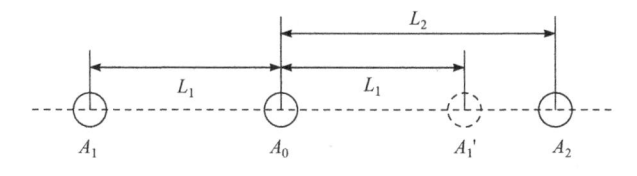

图 8.34 天线阵元的排布情况

(3) 变换以 A_2 作为参考阵元，以 ϕ_{02} 和 ϕ'_{01} 计算 $A_2A'_1$ 的相位差 ϕ'_{21}，该值为非模糊值。

(4) 使用阵元 $A_0A'_1A_2$ 来构建长短基线系统，其中，$A_2A'_1$ 为解模糊的短基线，A'_1A_0 为实现测量来波的长基线。

8.6 天线阵列测向精度及误差

8.6.1 相位干涉仪测向精度分析

干涉仪测向精度是指通过干涉仪测向方法计算出的来波方位的精确程度，决定了实际来波方位与计算来波方位之间的误差大小，可以通过对式(8.21)进行微分得到：

$$\Delta\theta = \frac{\lambda}{2\pi L\cos\theta}\Delta\phi + \frac{\tan\theta}{\lambda}\Delta\lambda - \frac{\tan\theta}{L}\Delta L \tag{8.27}$$

信号波长和天线间距的测量误差都比较小，与其他误差相比一般可以忽略[15]，因此，可以将式(8.27)简化为

$$\Delta\theta = \frac{\lambda}{2\pi L\cos\theta}\Delta\phi \tag{8.28}$$

由上式可以看出，增加天线的间距 L 能够提高相位干涉仪的测向精度。

8.6.2 不同测向方法实测数据对比分析

建立图 8.35 所示的四单元相位干涉仪模型，其工作频带为 800MHz ± 200MHz，最小波长约 300mm。各个基线长度分别为 d_1 = 18cm, d_2 = 14.4cm, d_3 = 23.9cm，最短基线长度能够满足无相位模糊要求。

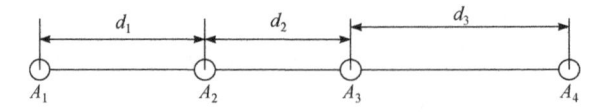

图 8.35 四单元天线阵列相位干涉仪模型

入射波信号在±60°范围内以 2°为间隔分别入射。使用测试数据计算得到的方位角与实际来波方位角的差值作为测向误差，以表征干涉仪的测试精度。分别使用测试数据计算"单基线""双基线""三基线"三种情况下的测向误差，在单基线情况下，使用 A_2A_3 作为基线；在双基线情况下，使用 A_1A_3 和 A_2A_3 作为基线；在三基线情况下，使用 A_2A_3、A_1A_3 及 A_1A_4 作为基线，分别进行测向计算。

三种测向方法计算得到的来波方向及测向误差如图 8.36、图 8.37 所示。

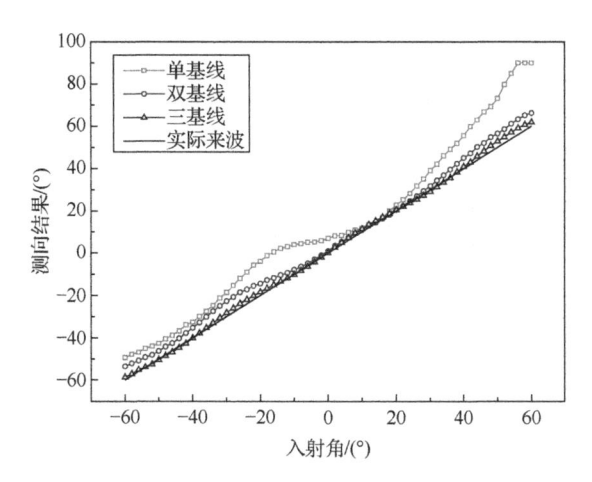

图 8.36 三种测向方法测向结果对比

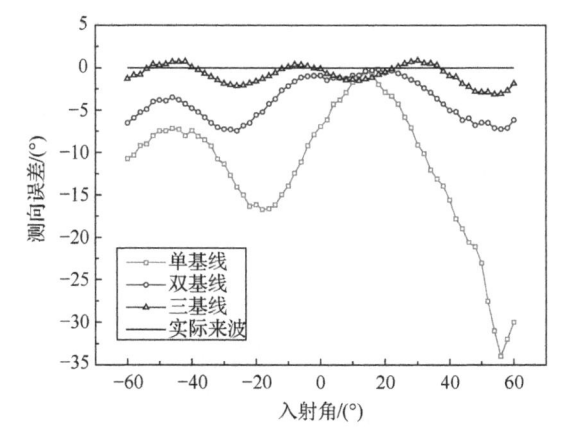

图 8.37 三种测向方法测向误差对比

可见采用单基线测向得到的测向误差范围在 $-35°\sim0°$，采用双基线测向得到的测向误差范围为 $-8°\sim0°$，采用三基线测向得到测向误差在 $-2°\sim2°$。可以发现，通过长短基线配合测向，在避免相位模糊的基础上增加了测向精度，同时，通过增加天线阵列中用于测向的基线数量，能明显提高测向精度。

图 8.38 所示为在中心频率为 6GHz 的五单元天线阵列中实现虚拟基线干涉仪测向。基线长度分别为 d_1= 12cm，d_2 = 7.2cm，d_3 = 9cm，d_4 =19.8cm。

此时，采用 A_2A_3 和 A_3A_4 构造虚拟短基线 $L_1 = d_3 - d_2$，采用 A_2A_4 和 A_4A_5 构造虚拟短基线 $L_2 = d_4 - (d_2+ d_3)$。测向结果及测向误差如图 8.39、图 8.40 所示。

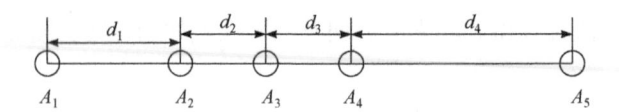

图 8.38　五单元天线阵列虚拟基线相位干涉仪模型

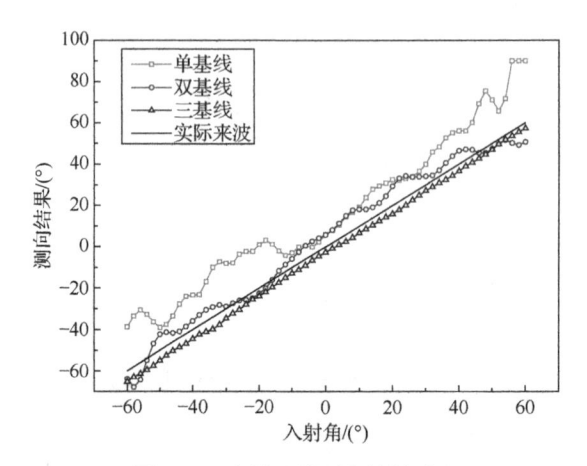

图 8.39　虚拟基线测向结果对比

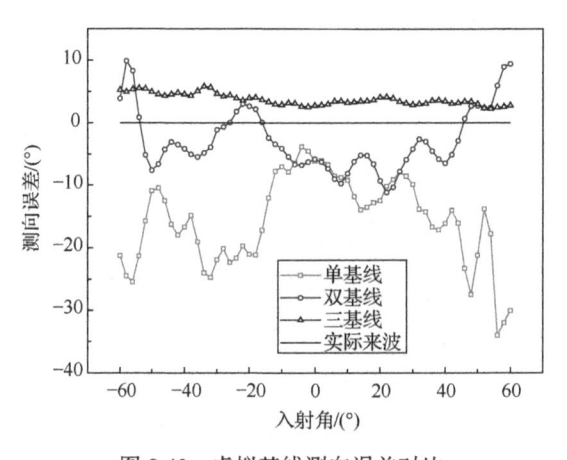

图 8.40　虚拟基线测向误差对比

从图 8.39 和图 8.40 可以看出，采用构造的虚拟单基线测向得到的测向误差范围为$-35°\sim-5°$，采用构造的虚拟双基线测向得到的测向误差范围为$-10°\sim10°$，而采用构造的虚拟三基线测向得到的测向误差范围为$-4°\sim5°$。可以发现，当阵元间距不再满足相位模糊要求时，采用构造虚拟基线的方法进行测向，其测向精度与低频段采用长短基线的测向精度相当。并且再次验证了，增加天线阵列中用于测向的基线数量，能够明显提高测向精度。

8.7 天线罩相位误差影响因素分析

天线罩相位误差与插入相位移有关，假设 $D_j^R(f,p,\theta,\varphi) = D_i^R(f,p,\theta,\varphi)$，即第 i 个天线和第 j 个天线相对于天线罩的相位移相同，则 $\Phi_{i,j}^R(f,p,\theta,\varphi) = 0$。天线的频率和极化方式都会影响插入相位移，但这两个因素在天线罩设计中属于指标要求，无法改变；俯仰角 θ 和方位角 φ 为球坐标系中的观察角，且为预先设定的值。如图 8.41 所示，左侧为一个简单机翼天线罩模型，中间三点表示天线的位置（假设天线为点源），右侧为天线在天线罩上形成的有效电磁窗口。由于机翼天线罩两端曲率半径不同，几何光学或物理光学中，每一条射线与天线罩壁交点处形成的入射角 θ_i 会有所不同，在其他条件(如极化方式和频率)相同的情况下，产生不同的插入相位移，从而在不同位置产生相位误差。因此，从天线罩机械构造的角度分析，机翼天线罩两端曲率半径的差异是影响天线罩相位误差的主要因素之一。需要指出的是，在天线罩设计过程中，可以根据天线方向图确定天线罩的有效电磁窗口，以便对天线罩的其他部位进行强度加固和防雷击设计。

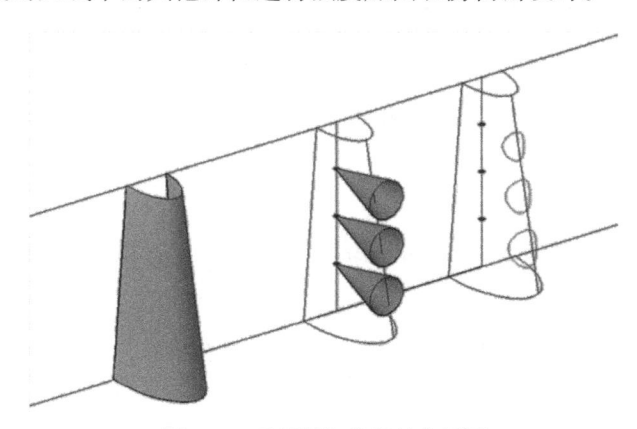

图 8.41 天线罩相位误差分析图

根据等效传输线理论分析，在相同入射角条件下，不同的罩壁形式和厚度也会影响插入相位移的大小，罩壁形式对应天线罩的罩壁设计，厚度对应天线罩的制作工艺水平，包括内外蒙皮和芯层预成型工艺、组合固化工艺、粘接工艺、修磨工艺及喷漆工艺等。综上所述，天线罩相位误差的影响因素主要有以下三点。

(1) 天线罩两端曲率半径的差异或外形曲面差异。
(2) 天线罩壁结构的选择。
(3) 天线罩的制作工艺。

8.8 天线罩相位误差的校正方法

8.8.1 校正方法介绍

如图 8.41 所示，假设天线罩内有 n 个天线，则天线罩相位误差 $\Phi_{i,j}^{R}(f,p,\theta,\varphi)$ $(i,j=1,2,\cdots n)$ 满足：

$$\Phi_{i,j}^{R}(f,p,\theta,\varphi)=\Phi_{j,i}^{R}(f,p,\theta,\varphi) \tag{8.29}$$

所有位置相位误差平均值记为 $\Phi_{\mathrm{ave}}^{R}(f,p,\theta,\varphi)$，定义为

$$\Phi_{i,j}^{R}(f,p,\theta,\varphi)=\frac{1}{C_n^2}\sum_{i<j}\Phi_{j,i}^{R}(f,p,\theta,\varphi) \tag{8.30}$$

式中，C_n^2 表示排列组合，如 $C_6^2=15$；下标限制条件 $i<j$ 是避免重复计入符号相反的相位误差导致平均值为零，因为 $\Phi_{i,j}^{R}(f,p,\theta,\varphi)=-\Phi_{j,i}^{R}(f,p,\theta,\varphi)$。

天线罩相位误差校正公式为

$$U_{i,j}^{R}(f,p,\theta,\varphi)=\Phi_{i,j}^{R}(f,p,\theta,\varphi)-\Phi_{\mathrm{ave}}^{R}(f,p,\theta,\varphi) \tag{8.31}$$

式中，$U_{i,j}^{R}(f,p,\theta,\varphi)$ 为校正后的相位误差值。

8.8.2 实测结果与分析

设定 A 夹层结构天线罩，其罩壁结构见表 8.7，1 层和 3 层为玻璃布蒙皮，中间层为泡沫芯层。

表 8.7 实测 A 夹层天线罩壁结构

层数	ε_r	$\tan\delta$	d/m
1	4.4	2.0×10^{-2}	1.0×10^{-3}
2	1.08	3.5×10^{-3}	3.6×10^{-3}
3	4.4	2.0×10^{-2}	1.0×10^{-3}

根据等效传输线理论分析，介质材料组成的天线罩主要的性能矛盾来自垂直极化，只要垂直极化能够满足要求，平行极化通常也能满足。因此，本次只测量了天线罩垂直极化情况。待测天线为由 6 个天线组成的天线阵列(见第 2 章图 2.14)，测试频段为 2~18GHz；不失一般性，测试选取位于边缘的 R_6、次边缘

的 R_2、中间位置的 R_3 和 R_4 裸天线，与加天线罩后的天线进行测试。整罩测试中，除与平板测试的注意事项相同以外，还需要考虑以下因素。

(1) 在天线罩测试中，天线罩支架和转台均采用吸波材料覆盖，以减少由支架引起的电磁干扰，如图 8.42 和图 8.43 所示，支架为玻璃钢材料，机械强度高、反射小、质量轻。

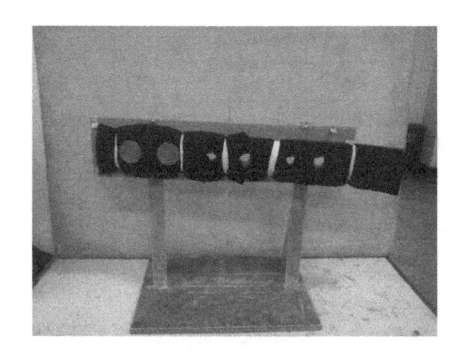

图 8.42　吸波材料覆盖的天线罩支架　　　　图 8.43　测试中的转台系统

(2) 应尽量避免装/取天线罩操作对天线位置和馈电系统的影响，确保装/取操作前后天线位置和馈电系统保持不变。为评估操作的影响，可在特定测试条件(特定天线位置、频率、极化)下，重复进行 2~3 次装/取天线罩操作，分别得到 2~3 次透波率和插入相位移数据，如果各次测试数据一致(相差足够小)，则可判定该项操作引入的额外测量误差可忽略。测试中选取 R_2 位置重复测量 2~3 次，数据结果基本一致，排除了人工操作引入额外误差的可能性。

(3) 为了查看相位误差处理前后的差异，选择俯仰角 $\theta = 0°$ 时的三个频点数据进行观察，分别为 2 GHz、8 GHz 和 12 GHz。每个频点有两个图形，分别为相位误差和校正后的相位误差，如图 8.44~图 8.46 所示。在数据处理过程中，插入相位移需换算到主值范围 $[-\pi, \pi]$ 内。

由图 8.44 至图 8.46 可以看出：

(1) 校正后的相位误差平均值为 0°，大部分数值被约束在一定范围内，如在频率 2 GHz、8GHz 和 12GHz 时，分别被约束在[-15°, 15°]，[-20°, 20°]和[-20°, 20°]。根据这些约束范围，可以计算天线罩自身产生的测向误差，并与指标进行对比，进而进行天线罩壁的再设计或提高制作工艺。

(2) 假设 $L=0.1\text{m}$，则在 8GHz 和 12GHz 时，由天线罩相位误差引起的到达角 θ 误差分别为 $1.1937°$ 和 $0.7958°$，可见天线罩引起的测向误差已不能忽略。

(3) 在频率为 8GHz 和 12GHz 时，R_{24}、R_{34} 和 R_{46} 在负的大角度时相位差值较大(未给出的其他频点表现出相同的规律，高频段比较明显)，三条曲面均与四号天线有关。在试验中，对其进行重复测量，结果没有变化，排除了由测试操作问题引入错误的可能性。在负大角度测试状态下，天线罩曲率半径较小的一端与接收天线的距离较天线罩曲率半径较大一端远，入射角相对正的大角度测试状态较大，导致相位变化比较剧烈。

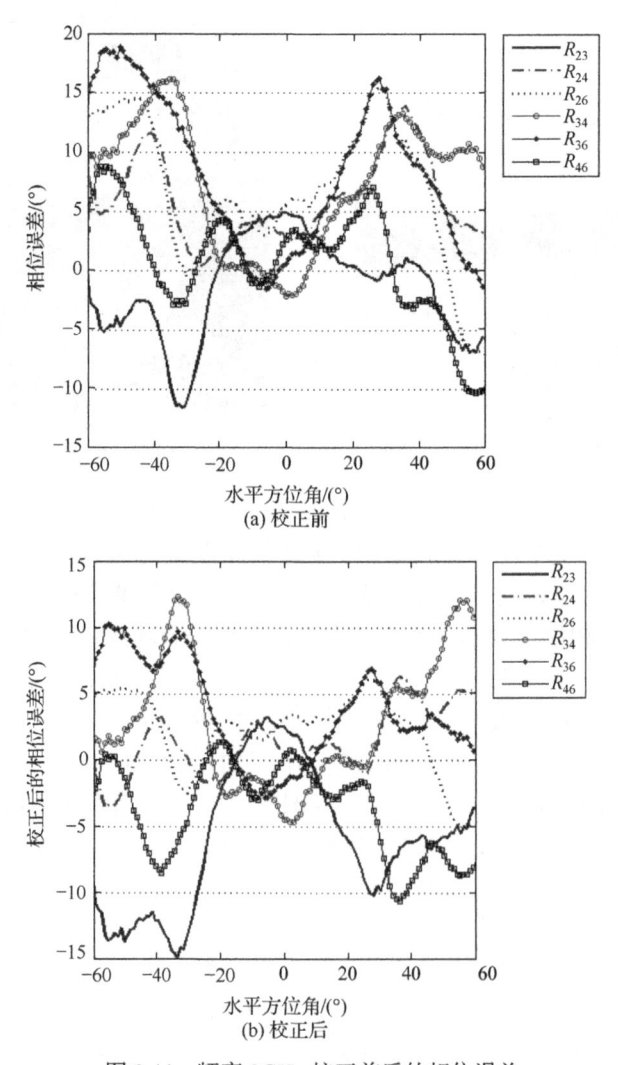

图 8.44 频率 2GHz 校正前后的相位误差

第 8 章 天线罩的电性能测试

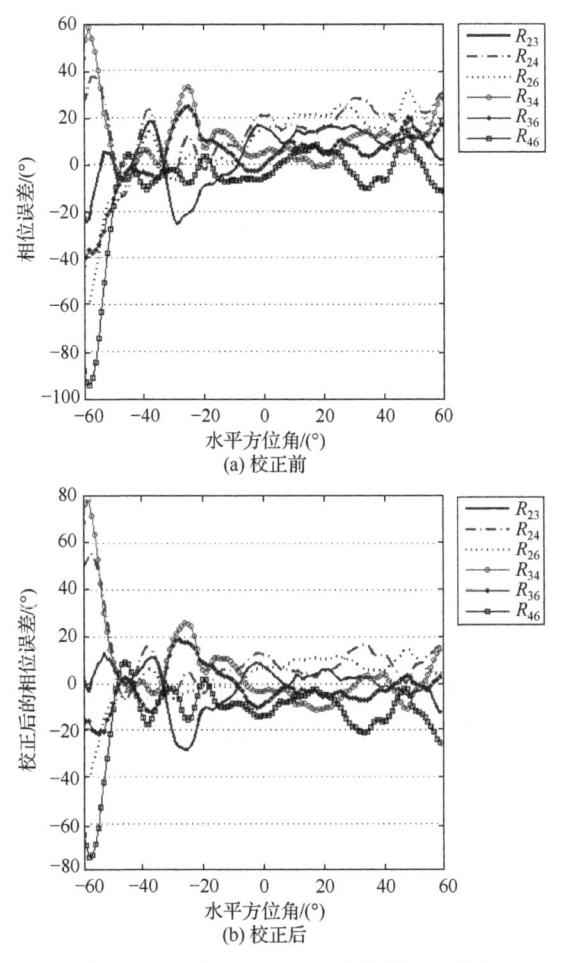

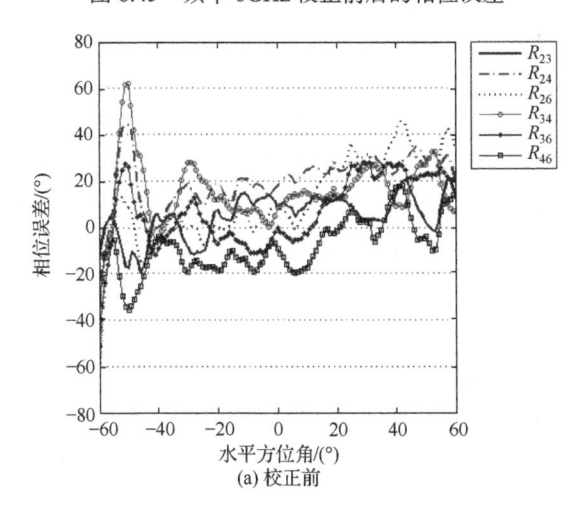

图 8.45 频率 8GHz 校正前后的相位误差

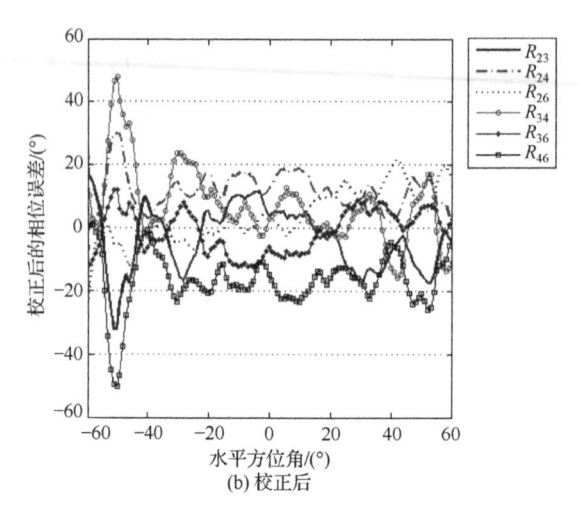

图 8.46　频率 12GHz 校正前后的相位误差

8.9　相位不一致性与测向误差的关系

对于相同的来波入射情况，如果天线罩对罩内不同天线的插入相位移比较接近，那么相位误差会比较小。因此，在各入射角下，多天线系统(或天线阵列)内各个天线的插入相位移差距及稳定程度，最终决定了相位不一致性和测向误差大小。换句话说，当插入相位移随入射角的增大而变化率变小时，带来的相位不一致性及测向误差也会变小。

根据天线罩电性能指标要求，采用图 8.35 所示的四单元天线阵列构成的干涉仪测向系统进行测试，并在满足透波率要求的情况下充分考虑天线罩插入相位移随入射角的变化率。对于实物夹层平板天线罩，在微波暗室中，对工作在 1~6GHz 的多天线-天线罩系统(图 2.14)进行测试，分别获得各天线在带天线罩和不带天线罩情况下接收的相位。

采用长短基线法，根据测得的各天线接收相位，计算信号来波方向，并将计算出的来波方向与实际来波方向的差值作为测向误差，如图 8.47 所示。观察发现，天线工作在 0.8GHz 时，天线罩引起的测向误差范围为 $-2.5°\sim 1.4°$；工作频率升高至 4GHz 时，天线罩引起的测向误差范围为 $-2.7°\sim 2.2°$；频率升高到 6GHz 时，天线罩引起的测向误差范围达到 $1.7°\sim 6°$。由此可见，随着频率的升高，天线罩带来的测向误差范围增大。

图 8.48(a)~图 8.48(c)分别给出了 1GHz、4GHz 和 6GHz 频率下 A_1A_2 天线、A_1A_3 天线、A_1A_4 天线、A_2A_3 天线对应的天线罩的相位不一致性结果。

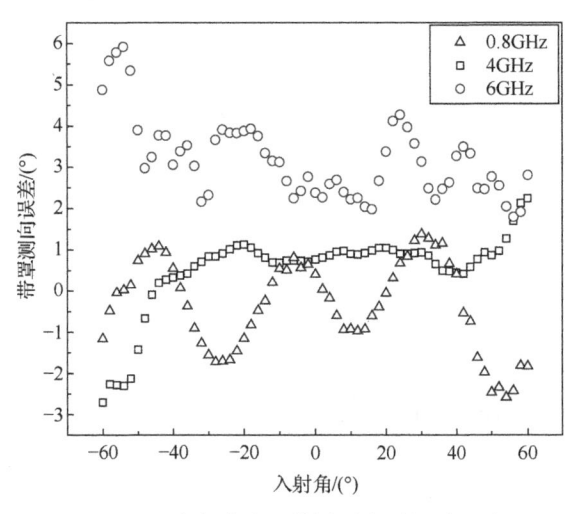

图 8.47 各频率点天线罩测向误差对比图

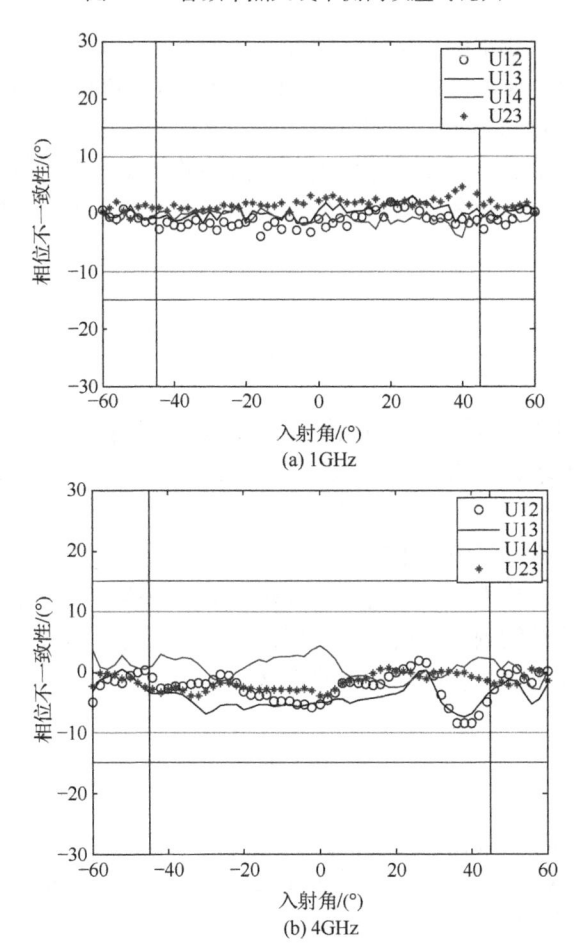

(a) 1GHz

(b) 4GHz

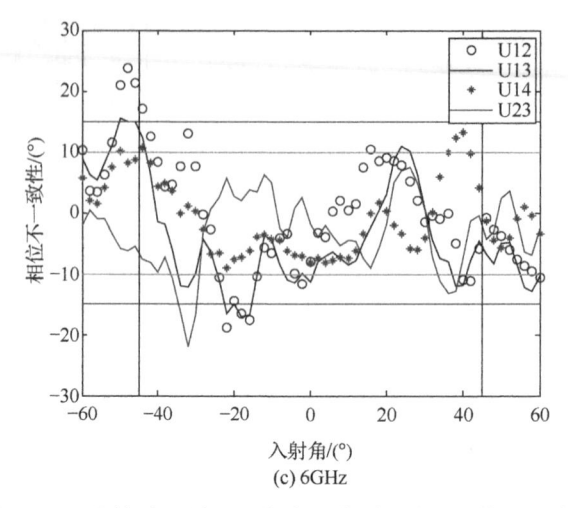

图 8.48　不同频率四单元天线阵-天线罩系统的相位不一致性

可以看出，当天线罩的相位不一致性整体增大时，该天线罩带来的测向误差也相应增大，两者呈现正相关关系，与分析结果一致。同时，随着工作频率升高，天线罩的相位不一致和测向误差均有所增大。这样的结果是合理的，因为工作频率升高时，天线罩壁的电厚度尺寸变大，其微小的制作公差将导致相位变化比低频时更为明显，最终导致各天线对应的插入相位移波动变大，相位不一致性和测向误差增大。

8.10　本章小结

本章主要介绍了天线罩系统的电性能测试方法、测试环境的要求，以及测试准备工作的基本要求，并给出了几个简单的测试实例和测试数据的分析。本章还重点讨论了多天线(天线阵列)-天线罩系统在定位天线过程中经常遇到的相位不一致问题，并提供了较为详细的计算关系式，同时也给出了实际多天线-天线罩系统的测试实例。此外，从干涉仪测向精度分析出发，介绍了天线阵列测向精度及误差，为相位不一致性的测试方法提供了理论支持。天线罩测试方法的引入，对于天线罩电性能设计工作的验证具有重要意义。

参 考 文 献

[1] Guo J L, Li J Y, Liu Q Z. Analysis of arbitrarily shaped dielectric radomes using adaptive integral method based on volume integral equation. IEEE Transactions on Antennas and Propagation, 2006, 54(7):1910-1916.

[2] Dubrovka R, Palikaras G, Belov P. Near-field antenna radome based on extremely anisotropic metamaterial. IEEE Antennas and Wireless Propagation Letters, 2012, 11(11): 438 - 441.
[3] 王相元, 朱航飞. 微波暗室吸波材料的分析和设计. 微波学报, 2000, 16(4): 389-398.
[4] 王向阳, 郑星, 何洪涛, 等. 微波暗室有限测试距离对天线远场测量的影响. 电讯技术, 2010, 50(5): 104-107.
[5] 王志宇, 乔闪, 袁宇, 等. 微波暗室静区性能的测量方法. 微波学报, 2007, 23(s1): 69-72.
[6] 刘学观, 郭辉萍. 微波技术与天线. 西安电子科技大学出版社, 2012.
[7] Song C L, Liu X M, Huang H. The signal processing technique in the time-domain approach of determining the residual error terms of the calibrated VNA. Applied Mechanics and Materials, 2013, 333-335(1): 707-710.
[8] 李天宇, 许群, 张清. 时域门技术在天线罩传输效率测量中的应用. 电子制作, 2014 (12x): 138-139.
[9] 黄建军. 时域门对方向图测量环境改善研究. 电信技术, 2016, 8(8): 50-53.
[10] 肖秀丽. 干涉仪测向原理. 中国无线电, 2006(5): 43-49.
[11] 眭韵, 曹群生, 李豪, 等. 天线阵列-天线罩系统的相位不一致性研究. 中国电子科学研究院学报, 2015, 10(3): 260-264.
[12] 周亚强, 陈鬻, 皇甫堪, 等. 噪扰条件下多基线相位干涉仪解模糊算法. 电子与信息学报, 2005(2): 259-261.
[13] 韩月涛, 吴嗣亮, 马琳, 等. 相位差矢量平均的干涉仪解模糊方法. 电子测量与仪器学报, 2011, 25(10): 842-849.
[14] 司伟建. 一种新的解模糊方法研究. 制导与引信, 2007(1): 44-47.
[15] 肖秀丽. 干涉仪测向原理. 中国无线电, 2006(5): 43-49.

第 9 章 天线罩损伤对电性能的影响与损伤修复

飞机天线罩在使用过程中会受到自然环境(风、霜、雨、雪等)以及人为因素(撞击、人为划伤等)的影响,这些损伤不仅会影响天线罩的力学性能,还可能降低天线罩的电性能特性。因此,有必要研究不同类型损伤及损伤大小对天线罩电性能的影响。

功率传输系数和插入相位移是飞机天线罩最重要的电性能指标,功率传输系数直接决定了内部天线的工作距离,而插入相位移则影响天线罩的瞄准误差。本章通过电磁仿真软件研究不同类型损伤对天线罩电性能的影响,并对不同损伤试验样件进行实验测试验证,为天线罩的电磁探测损伤提供了有力的依据。最后,提出自由空间法的天线罩等效电磁参数提取技术,为天线罩损伤修复材料的选择提供理论依据。

9.1 天线罩损伤产生原因及分类

9.1.1 天线罩损伤产生原因

常见的天线罩损伤产生原因可以归为以下三类。

(1) 雨蚀:飞机在雨天高空高速飞行时,机头最前端的天线罩会因为飞机的高速运动遭受雨滴的猛烈撞击。如果飞机存在微小的小孔或者裂缝,在飞机爬升或下降过程中,由于压力差和温差的作用,水汽可能会进入天线罩的内部蜂窝结构[1,2],图 9.1 所示为天线罩雨蚀损伤。

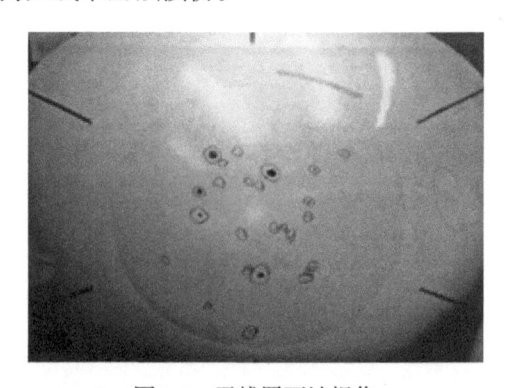

图 9.1 天线罩雨蚀损伤

(2) 外来物的撞击：飞机在飞行过程中可能会遭遇鸟类撞击，或者在维修过程中由于维修工具掉落而受到撞击，从而造成天线罩穿孔或划伤等[3]，图 9.2 所示为天线罩鸟撞损伤。

图 9.2　天线罩鸟撞损伤

(3) 静电烧蚀：雷电是飞机面临的最严重的电磁危害，也是导致天线罩损伤的主要自然因素，容易导致天线罩穿孔和烧蚀。在飞机高速飞行过程中，天线罩会由于与外界的剧烈摩擦产生大量静电，部分电荷沉积在天线罩表面，当电荷累积到一定程度时，可能会出现放电现象，导致天线罩烧蚀，并出现穿孔等损伤。图 9.3 所示为天线罩静电烧蚀。

图 9.3　天线罩静电烧蚀

9.1.2　天线罩损伤分类

基于对天线罩损伤产生原因的分析，天线罩的损伤大致归为以下三类。
(1) 天线罩罩体穿孔损伤。
(2) 天线罩表面线性划伤(伤及芯层)。
(3) 天线罩内部水汽渗透。

9.2 损伤天线罩电性能仿真研究

天线罩电性能分析可以采用等效传输线理论方法、高频方法(PO 法、GO 法)，以及全波分析方法。然而，由于损伤的不规则性和随意性，采用前两种方法研究天线罩损伤对电性能的影响将会非常困难。相比之下，基于全波分析方法的电磁仿真软件 CST 能够有效降低复杂度，并且相较于近似算法，具有更高的求解精度。

9.2.1 电磁全波分析损伤天线罩电性能方法研究

CST 内部集成了 8 个工作室，天线罩的电性能分析一般采用微波工作室，微波工作室基于时域有限积分法，几乎可以对任何高频电磁问题进行计算[4]。

在 CST 中进行天线罩的全波仿真分析时，首先需要对天线罩进行建模、定义材料属性，并对目标物体进行网格剖分，为了提高计算精度，网格的剖分大小通常设置为工作频段波长的十分之一。对于需要着重研究的局部区域，可以采用自适应网格剖分，对局部网格进行加密。CST 提供了时域和频域两种求解方法，其中，频域算法通常采用六面体网格进行剖分，适用于电小尺寸物体或周期结构模型(如频率选择表面)的电特性分析；而时域算法则基于四面体网格进行剖分，并且 CST 内置了时域求解器，能够通过一次运算得到整个频带的结果，适用于电大尺寸问题的分析。由于天线罩相比工作频段的波长属于电大尺寸物体，因此，采用时域求解算法进行天线罩损伤问题的分析。

天线罩属于电大尺寸，天线辐射的电磁波入射到天线罩表面时，可以将电磁波的局部入射区域近似看成平板结构。因此，采用平板结构天线罩研究损伤对电性能的影响。天线的激励选用工作在 X 波段下的喇叭天线，图 9.4 所示为 A 夹层

图 9.4 A 夹层平板天线罩仿真模型

平板天线罩模型，上下两层为蒙皮，中间层为芯层。图 9.5 所示为天线-天线罩系统的仿真模型，表 9.1 列出了该 A 夹层平板天线罩的结构参数。

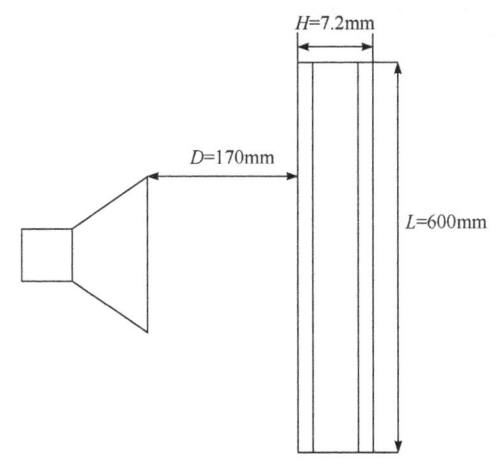

图 9.5 天线-天线罩系统的仿真模型

表 9.1 A 夹层平板天线罩结构参数

结构	厚度/mm	介电常数	损耗角正切
蒙皮	0.8	3.00	0.010
芯层	5.6	1.08	0.005
蒙皮	0.8	3.00	0.010

A 夹层平板天线罩的尺寸为 600mm×600mm×7.2mm，喇叭天线位于天线罩中心，天线口面距离平板罩 170mm，天线罩的工作频段为 9.4～9.8GHz，频率仿真步进设置为 0.1GHz。对于有限大面积的天线罩电磁仿真，无法直接得到散射参数，因此，功率传输可以通过天线的增益变化来衡量，计算公式可以表示为

$$T = \frac{G_{\text{加载罩}}}{G_{\text{不加载罩}}} \tag{9.1}$$

有限大面积天线罩插入相位移的仿真，可以通过在距离天线罩一定距离的位置设置电场探针来实现。通过探针监测，可以得到该点在所有仿真频段下的相位信息。

图 9.6(a)所示为天线罩加载探针的监测仿真环境，图 9.6(b)所示为探针在有罩和无罩情况下监测到的相位，通过比较加罩和不加罩情况下的两次相位差来获得插入相位移。

· 204 ·　　　　　　　　　　　雷达天线罩理论基础和电性能工程设计

(a) 天线罩加载探针仿真环境

(b) 探针测得有罩和无罩的相位

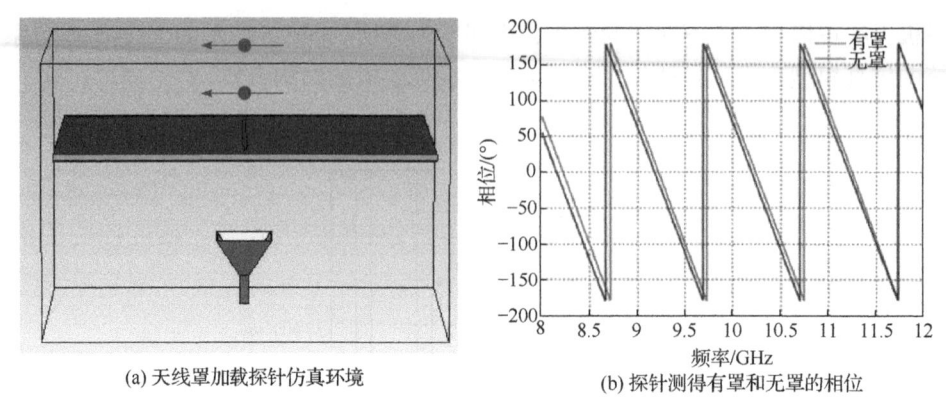

图 9.6　天线罩插入相位移仿真

9.2.2　天线罩穿孔仿真研究

天线罩在长期使用过程中，由于撞击或者外界恶劣环境的长期侵蚀，可能会导致罩体出现穿孔损伤。为了研究穿孔对天线罩电性能的影响，对不同大小的天线罩穿孔损伤进行电性能仿真。穿孔半径 R 范围设置为 5~30mm，仿真步进设置为 5mm。图 9.7 所示为平板天线罩穿孔损伤的俯视图。

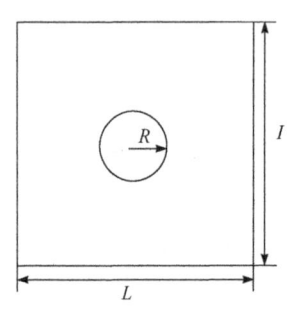

图 9.7　平板天线罩穿孔损伤俯视图

图 9.8 展示了仿真得到的天线罩功率传输系数与穿孔半径的变化关系，图 9.9 展示了仿真得到的天线罩插入相位移随穿孔半径的变化关系，图 9.10 展示了仿真得到的天线 H 面-3dB 带宽随穿孔半径的变化关系，图 9.11 展示了 f=9.6GHz 时，天线罩功率传输系数随穿孔半径的变化关系。

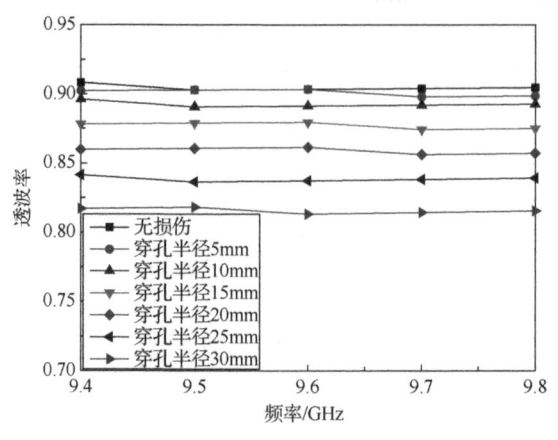

图 9.8　天线罩功率传输系数(透波率)随穿孔半径的变化关系

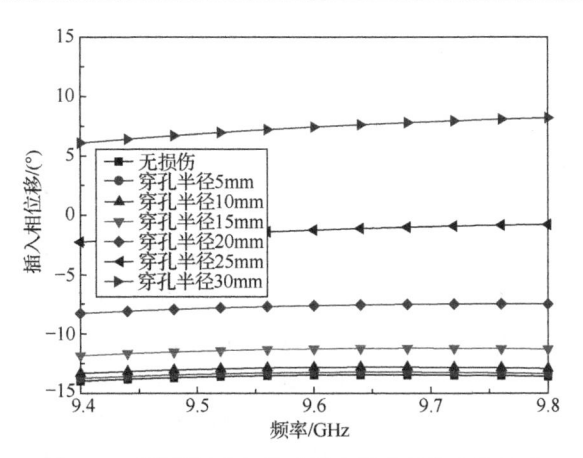

图 9.9 天线罩插入相位移随穿孔半径的变化关系

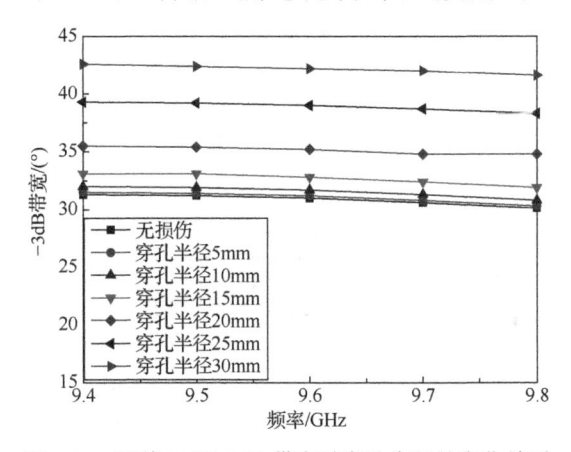

图 9.10 天线 H 面-3dB 带宽随穿孔半径的变化关系

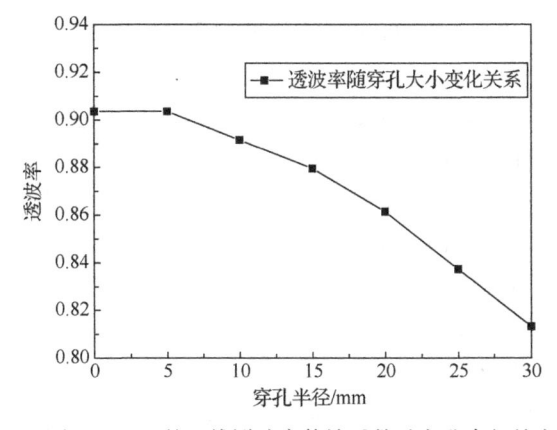

图 9.11 对应 9.6GHz 的天线罩功率传输系数随穿孔半径的变化关系

从仿真结果可以得出，随着天线罩穿孔半径的增大，功率传输系数呈下降趋势，尤其当穿孔半径达到30mm时，功率传输系数由原来的90%下降到80%左右。此外，天线罩的相位延迟随着穿孔半径的增大而减小。作为发射激励的喇叭天线，其–3dB带宽也随着穿孔半径的增大而增加，当穿孔半径为30mm时，天线H面的–3dB带宽由31°增大到42°。

为了分析天线罩电性能随穿孔半径变化的原因，在天线罩上方设置了两个电场探针，如图9.12所示。探针1的坐标为(0, 0, 200mm)，探针2的坐标为(100mm, 0, 200mm)，分别仿真天线罩无损伤和天线罩穿孔半径为30 mm时的情况，得到探针1和探针2监测到的电场值，图9.13所示为探针监测到的天线罩在有损伤和无损伤情况下的电场变化情况。

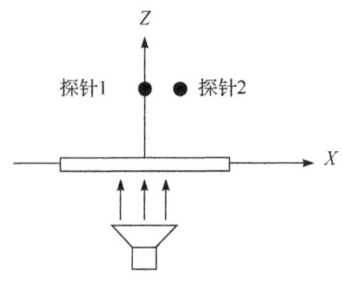

图9.12 天线罩电场探针设置

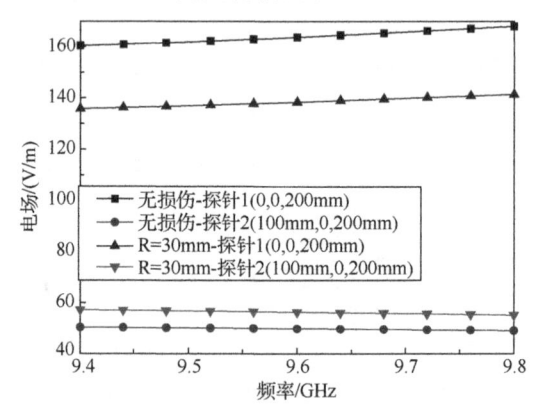

图9.13 天线罩有损伤和无损伤探针监测电场值比较

根据仿真结果，在(0, 0, 200mm)处，无损伤天线罩在探针1处的电场值大于穿孔天线罩在探针1处的电场值；而在(100mm, 0, 200mm)处，无损伤天线罩在探针2处的电场值小于穿孔天线罩在探针2处的电场值。说明天线辐射的电磁波入射到穿孔天线罩表面时，电磁波并没有沿着原来的路径传播，而是有一部分能量向四周扩散。图9.14所示为平行于天线罩外表面的切面电场分布，其中，图9.14(a)为无损伤天线罩，图9.14(b)为穿孔天线罩。

图9.15所示为电磁波经过天线罩的传播路线图，其中，图9.15(a)为无损伤天线罩，图9.15(b)为穿孔天线罩。

从图9.14和图9.15的电场分布可以看出，电磁波入射到穿孔天线罩表面时，电磁波并没有沿着原来的路径传播，而是在穿孔处发生了能量扩散。这种现象表明，具有一定尺寸的穿孔类型损伤会导致天线罩的功率传输下降，改变插入相位移，并增加内部激励天线罩的–3dB波束宽度。

(a) 无损伤　　　　　　　　　　　　　(b) 穿孔

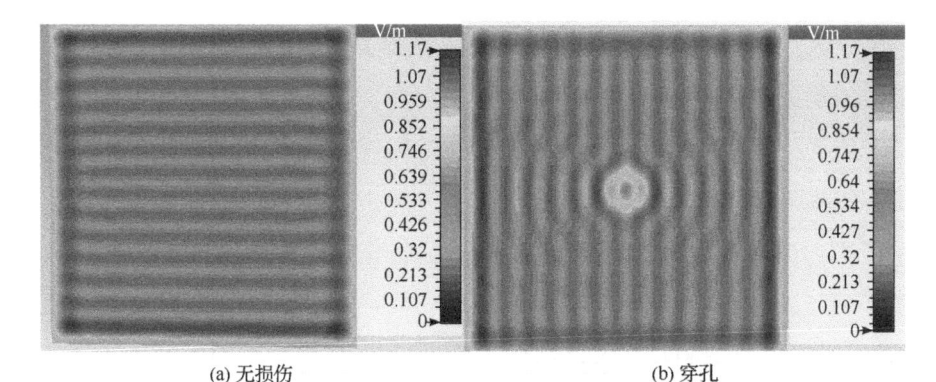

图 9.14　天线罩外表面切面电场分布

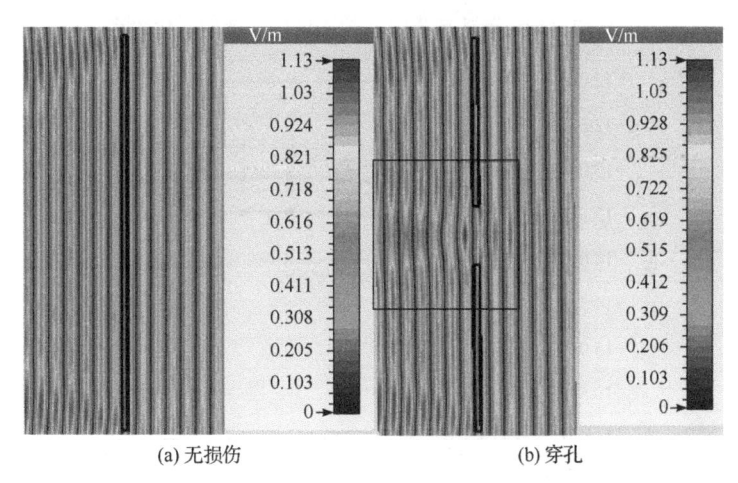

(a) 无损伤　　　　　　　　　　　　　(b) 穿孔

图 9.15　电磁波经过天线罩传播路线图

9.2.3　天线罩划伤(伤及芯层)仿真研究

为了模拟天线罩划伤，在天线罩中心建立一个损伤模型，该模型的缝宽为 4mm，缝深为 5mm，划伤长度为 d。划伤长度 d 的范围设置为 50~300mm，仿真时，d 的步进为 50mm，图 9.16 为天线罩划伤模型的俯视图。

针对这种类型的损伤，在仿真软件中进行时域求解，并进行电性能的分析。图 9.17 为天线罩功率传输系数随划伤长度的变化关系，图 9.18 为天线罩插入相位移随划伤长度的变化关系，图 9.19 为发射天线 H 面-3dB 波束宽度随划伤长度的变化关系，图 9.20 为频率 f = 9.6GHz 时，天线罩功率传输系数随划伤长度的变化关系。

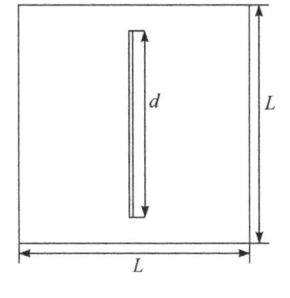

图 9.16　天线罩划伤模型俯视图

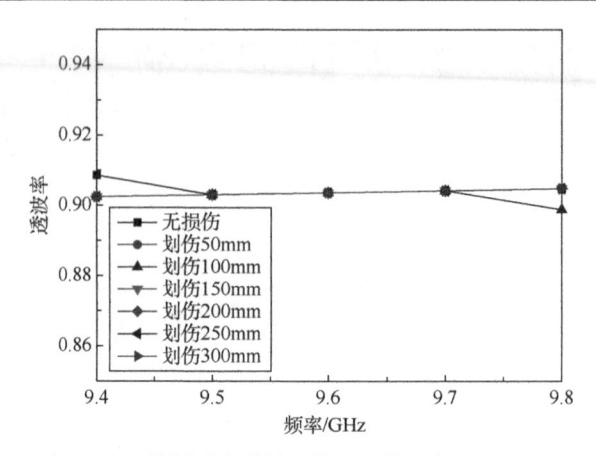

图 9.17 天线罩功率传输系数随划伤长度的变化关系

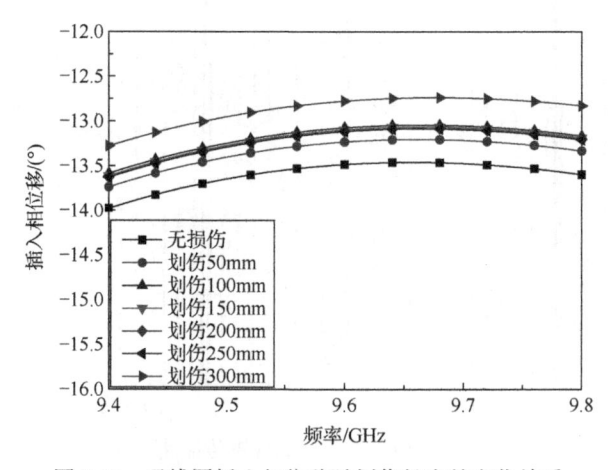

图 9.18 天线罩插入相位移随划伤长度的变化关系

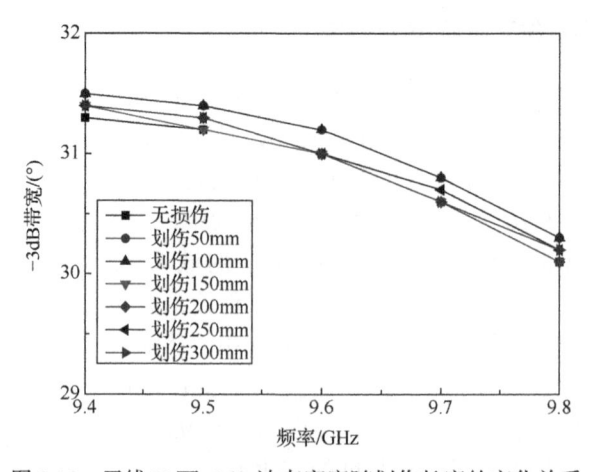

图 9.19 天线 H 面 -3dB 波束宽度随划伤长度的变化关系

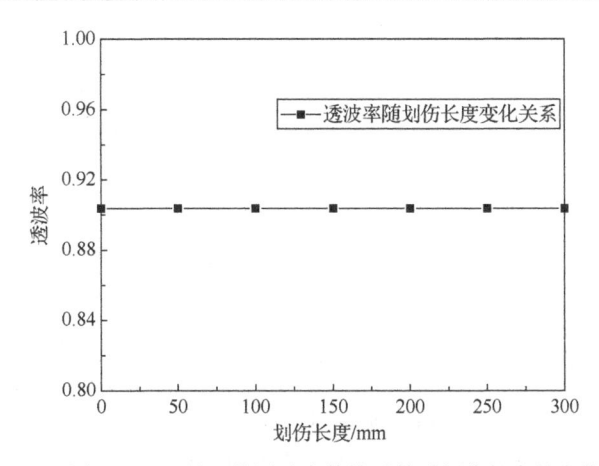

图 9.20　对应 9.6GHz 的天线罩功率传输系数随划伤长度的变化关系

根据仿真结果，得到不同划伤长度下天线罩的功率传输系数基本保持不变，插入相位移的变化范围在 1°以内，天线 H 面的波束宽度变化范围大约为 0.2°。因此，天线罩出现划伤时，天线罩的电性能基本没有受到影响，内部的天线仍然可以正常工作。

9.2.4　天线罩含有水汽仿真研究

天线罩一般采用夹层结构，为了提升电性能，中间的芯层多采用蜂窝结构，其排列方式如图 9.21 所示，通常采用中空六边形周期排列。天线罩长时间使用后，外表面蒙皮出现破裂或小缝隙时，雨水会因为飞机高速飞行时的压力差渗透进蜂窝芯层结构中，从而影响天线的正常工作。

图 9.21　六边形蜂窝结构

为了研究水汽渗透对天线罩电性能的影响，在天线罩的外蒙皮表面覆盖一层

半径 R、厚度 3mm 的雨水介质进行模拟。查阅相关资料，雨水的相对介电常数约 80，损耗角正切约 0.04。图 9.22 为雨水渗透仿真模型俯视图，中间阴影区域代表雨水区域。

在 CST 中对加载不同浸水面积的天线罩进行电性能仿真，设置雨水层半径分别为 10mm、20mm、30mm、50mm、100mm。图 9.23 为功率传输系数随浸水面积的变化关系，图 9.24 为插入相位移随浸水面积的变化关系，图 9.25 为天线 H 面−3dB 波束宽度随浸水面积大小的变化关系，图 9.26 为频率 $f=$ 9.6GHz 时，天线罩功率传输系数随浸水半径的变化关系。

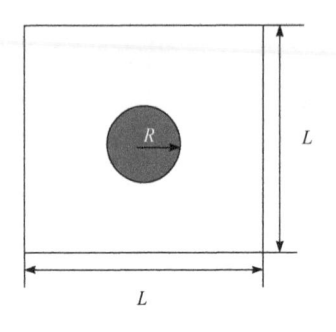

图 9.22 雨水渗透仿真模型俯视图

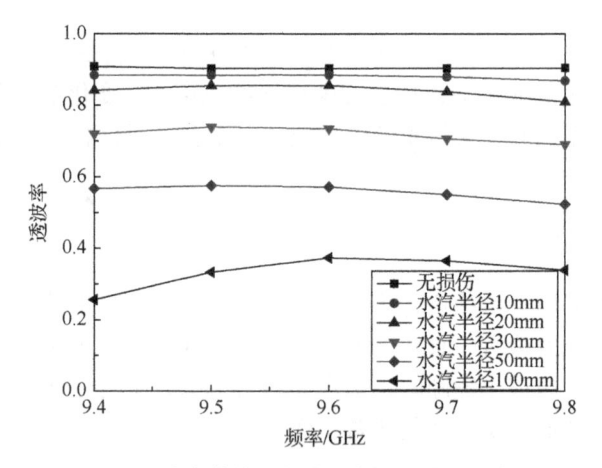

图 9.23 功率传输系数随浸水面积的变化关系

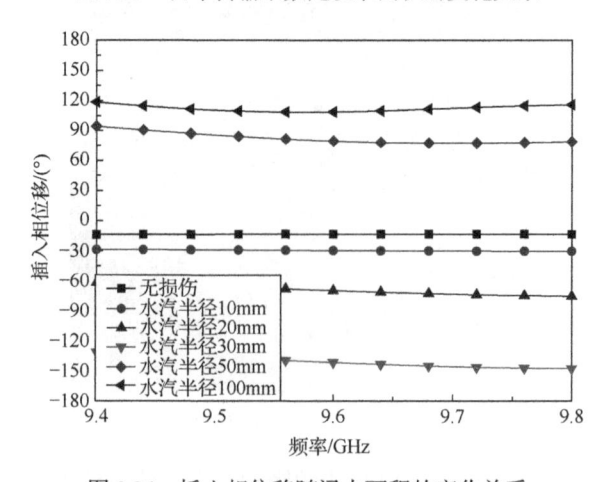

图 9.24 插入相位移随浸水面积的变化关系

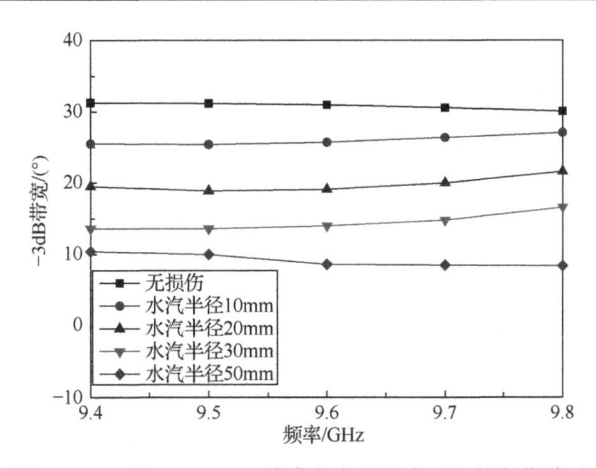

图 9.25 天线 H 面-3dB 波束宽度随浸水面积的变化关系

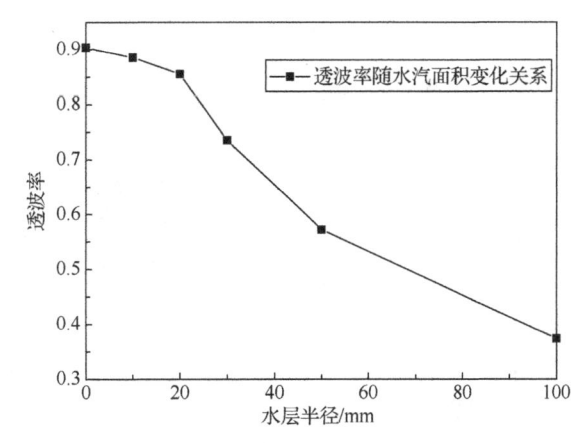

图 9.26 对应 9.6GHz 的天线罩功率传输系数随浸水半径的变化关系

根据仿真结果，随着浸水面积的逐渐增大，天线罩的功率传输系数逐步下降，尤其是浸水半径达到 30mm 时，功率传输系数急剧降低；浸水半径为 100mm 时，功率传输系数下降到 40%以下。由于水的介电常数远大于天线罩的介电常数，所以水的存在导致天线罩相位延迟更加剧烈。天线 H 面-3dB 波束宽度也随着浸水面积的增加而急剧降低，特别是浸水半径为 50mm 时，天线的-3dB 波束宽度约为 10°，仅为天线罩无损伤时-3dB 波束宽度的三分之一。这些结果表明，天线罩含有水汽时，会对天线罩的电性能产生严重影响。

图 9.27 为不同浸水面积下天线的辐射方向图；图 9.28 为均匀平面波激励模式下的天线罩切面电场图，其中，图 9.28(a)为无损伤天线罩，图 9.28(b)为浸水半径 R=100mm；图 9.29 为电磁波经过天线罩的传播图，其中，图 9.29(a)为无损伤天线罩，图 9.29(b)为浸水半径 R=100mm。

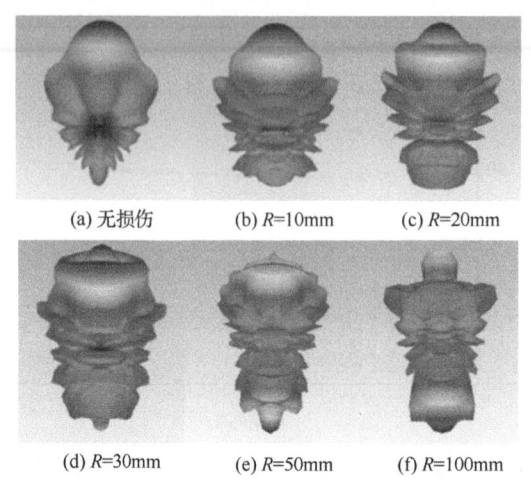

(a) 无损伤 (b) R=10mm (c) R=20mm

(d) R=30mm (e) R=50mm (f) R=100mm

图 9.27 不同浸水面积下天线的三维辐射方向图

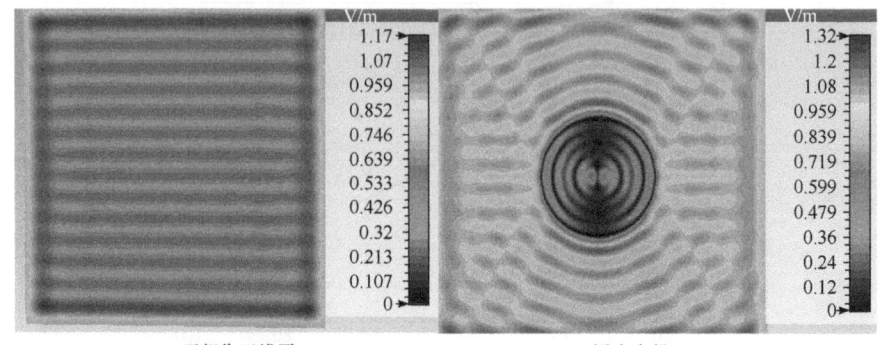

(a) 无损伤天线罩 (b) 浸水半径 R=100mm

图 9.28 平面波激励模式下的天线罩切面电场图

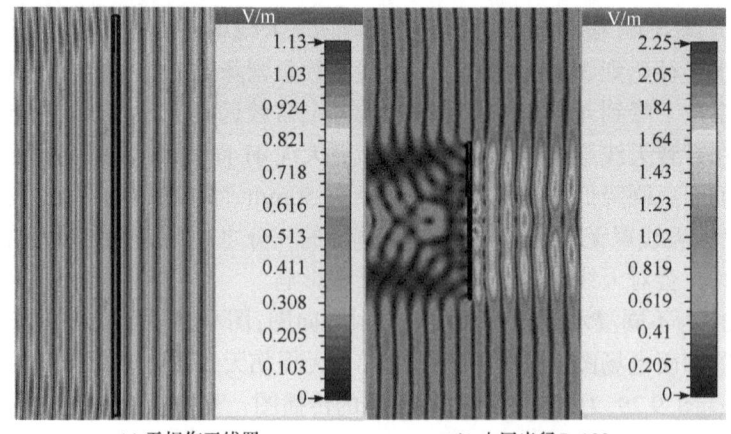

(a) 无损伤天线罩 (b) 水层半径 R=100mm

图 9.29 电磁波经过天线罩的传播图

从仿真结果可以得出，天线罩辐射的电磁波入射到含有水汽的天线罩时，随着浸水面积的增加，电磁波大部分能量被反射回去，未能有效传输。根据天线方向图的仿真结果，特别是浸水半径达到 50mm 时，天线的反射瓣电平高于天线的主瓣电平，表明天线罩内部的天线系统已经不能正常工作。

9.2.5 天线罩损伤类型总结

通过在电磁仿真软件中对不同类型损伤的天线罩进行仿真，表 9.2 总结了不同类型损伤对天线罩电性能的影响。

表 9.2 不同类型损伤对天线罩电性能的影响

损伤类型	功率传输	IPD	天线-3dB 波束	性能影响
穿孔	较大	IPD 提前	展宽	较严重
划伤(伤及芯层)	无	无影响	不变	无影响
水汽渗透	非常大	IPD 滞后	变窄、副瓣抬高	非常严重

穿孔损伤会因为能量的散射造成功率传输降低、相位提前和天线波束宽度展宽；划伤(伤及芯层)对天线罩电性能基本没有影响；水汽渗透对天线罩电性能的影响非常大，水汽覆盖达到一定面积时，会造成功率传输急剧降低、相位滞后、天线波束变窄和反射瓣电平抬高，严重影响内部系统的正常工作。

9.3 损 伤 测 试

为了验证仿真分析的正确性，基于已有的中空织物平板天线罩制作四块天线罩损伤试验样件。样品大小为 600mm×600mm×9mm，其中，样件 1 为未进行破坏的无损伤样件。由于该平板天线罩试验件周边存在不封闭性，将样件 2 浸泡在水中半小时，样件 3 进行穿孔半径 R=30mm 的破坏，样件 4 进行穿孔半径 R=5mm 和 L=300mm 的线性划伤破坏。图 9.30(a)~(d)分别为样件 1、样件 2、样件 3 和样件 4 的实物图。

(a) 样件1　　　　　　　　　(b) 样件2

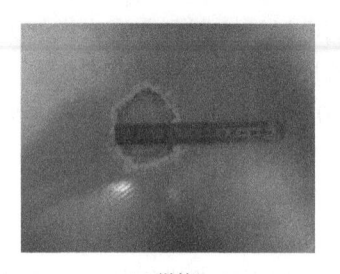

(c) 样件3　　　　　　　　　　(d) 样件4

图 9.30　损伤试验样件实物图

在微波暗室搭建测试平台并校准,测试平板天线罩损伤试验件的功率传输系数和插入相位移。图 9.31 为功率传输系数测试结果,图 9.32 为插入相位移测试结果。

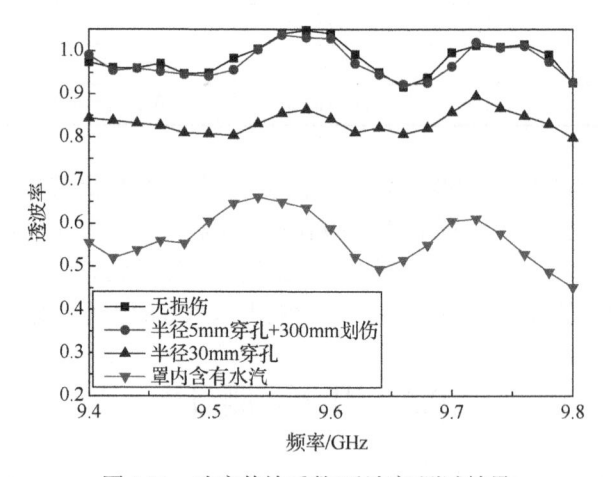

图 9.31　功率传输系数(透波率)测试结果

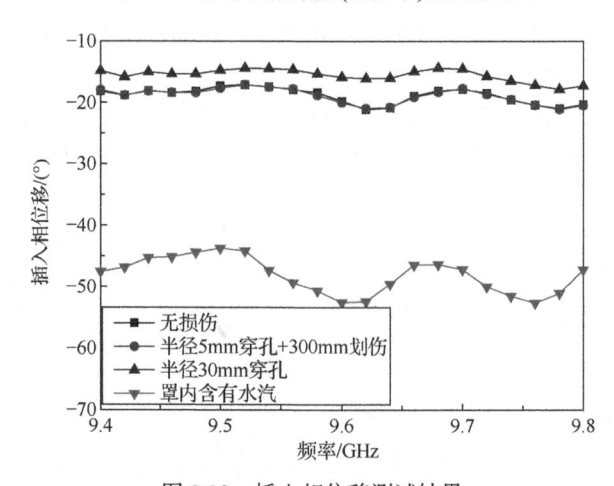

图 9.32　插入相位移测试结果

根据损伤测试结果可知,天线罩出现 300mm 线性划伤和 5mm 穿孔损伤时,对天线罩的功率传输和插入相位移基本没有影响;天线罩穿孔半径为 30mm 时,由于电磁波入射到穿孔处导致能量散射,接收天线的电平值减小,天线罩功率传输由 95%降至约 85%,插入相位移由−19°提前至−15°左右;天线罩内部含有水汽时,水汽对入射电磁波的反射作用使天线罩功率传输由 95%降至约 55%,插入相位移由−19°滞后至−48°左右。因此,测试结果与仿真结果相吻合,验证了仿真的正确性。

9.4 天线罩损伤修复和等效介电常数获取

针对天线罩使用过程中出现的损伤问题,首先概括介绍天线罩常规的损伤检测及修复方法。然后,针对天线罩穿孔损伤问题,提出一种基于自由空间法的天线罩等效介电常数修复技术,详细推导自由空间法计算介质材料等效介电常数的过程,并给出电磁仿真软件 CST 仿真介质材料上下表面参考面相位的方法,以 A 夹层平板天线罩为例,计算其等效介电常数和等效损耗角正切。最后,在电磁仿真软件中比较无损伤和通过该修复技术修复后的天线-天线罩系统的电性能,证明该方法的可行性。

9.4.1 天线罩损伤检测及修复技术

1. 天线罩损伤检测技术

1) 目视检查

对于天线罩,比如机载天线罩,需要地面勤务和相关人员进行目视检查。目视检查包括以下内容。

(1) 天线罩的分流条是否松动。

(2) 天线罩表面是否存在凹坑。

(3) 天线罩表面是否有雷击点,比如小孔、鼓包等。

(4) 天线罩表面是否有划伤和裂痕[5]。

2) 金属敲击检查

金属敲击主要用于检测天线罩的蒙皮和芯层是否存在分层现象。在进行金属敲击时,应避免使用过大的力气,以免造成新的损伤。每个金属敲击点的间距通常要求控制在 10mm 左右。敲击时,如果发出的声音很清脆,说明该处天线罩结构没有损伤;如果敲击时声音较为沉闷,表明该处蒙皮和芯层可能分层,需要用记号笔进行标记[6]。

3) 水分检查

对于天线罩内部含有水分的情况,可以使用湿度仪进行检查。这类仪器操作简单,使用方便,适用于在外场条件下对天线罩的水分进行检测,常用湿度仪型号包括 A8-AF 和 M1200[7]。

2. 天线罩修复技术

(1) 对于划伤、擦伤之类的损伤,可以使用特定的环氧树脂材料进行刮平处理,然后将表面层恢复[8,9]。

(2) 对于蒙皮出现裂纹的情况,可以在蒙皮裂纹的两边钻直径 2mm 的小孔,用砂纸打磨蒙皮破裂部位,并用胶堵住小孔[10]。

(3) 对于蜂窝芯层结构有积水的情况,可以在天线罩下方钻一个直径 2mm 的出水孔,并用电热器进行烘干,积水处理完毕后,通过出水孔注胶并进行高温固化[11]。

(4) 对于穿透性损伤,需要先将损伤区域清除,制作与切口吻合的芯层和蒙皮,在切口周边涂覆修补胶,并进行高温固化[12]。

9.4.2 天线罩等效介电常数获取

天线罩出现穿孔损伤时,传统的修复技术是分别制作芯层与蒙皮材料,并对损伤处进行填充[11,12],然后进行高温固化。然后,这种方法比较烦琐,每一层材料都需要使用修补胶进行涂覆。而基于自由空间法的天线罩穿孔损伤修复,首先计算天线罩整体结构的等效介电常数,然后在满足力学性能的基础上,选择与天线罩整体等效介电常数相近的材料对穿孔处进行填充,不仅大大节约了修复时间,还降低了修复过程的复杂度。

自由空间法是利用天线发射的电磁波遇到介质时会发生反射和透射现象,通过接收天线接收透射和反射信号,从而反推得到介质的电磁参数,图 9.33 为自由空间法示意图[13]。

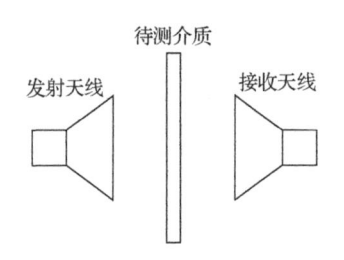

图 9.33 自由空间法示意图

1. 等效介电常数的自由空间法理论推导

复合材料的复介电常数可以通过自由空间法中电磁波入射和反射的关系来确定,将介质表面的散射参数(S 参数)与介质的电磁参数建立联系,基本原理如下。

电磁波入射到介质时,可以将介质看成一个二端口网络,如图 9.34 所示。

在图 9.34 的二端口网络中,a_1 和 b_1 对应输入端口的入射波以及反射波,a_2 和 b_2 对应输出端口的入射波和反射波,根据微波网络基础,输入和输出之间的关

第9章 天线罩损伤对电性能的影响与损伤修复

系可以表示为[14]

$$b_1 = S_{11}a_1 + S_{12}a_2 \tag{9.2a}$$

$$b_2 = S_{21}a_1 + S_{22}a_2 \tag{9.2b}$$

其矩阵的表达形式为

$$\begin{bmatrix} b_1 \\ b_2 \end{bmatrix} = \begin{bmatrix} S_{11} & S_{12} \\ S_{21} & S_{22} \end{bmatrix} \begin{bmatrix} a_1 \\ a_2 \end{bmatrix} \tag{9.3}$$

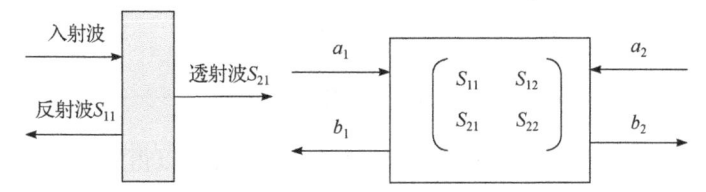

图9.34 电磁波入射二端口网络等效图

S_{11}、S_{12}、S_{21}、S_{22} 称为网络的散射参数，$S_{11} = \dfrac{b_1}{a_1}\bigg|_{a_2=0}$ 表示端口"2"匹配时，端口"1"的反射系数；$S_{22} = \dfrac{b_2}{a_2}\bigg|_{a_1=0}$ 表示端口"1"匹配时，端口"2"的反射系数；$S_{12} = \dfrac{b_1}{a_2}\bigg|_{a_1=0}$ 表示端口"1"匹配时，端口"2"到端口"1"的反向传输系数；$S_{21} = \dfrac{b_2}{a_1}\bigg|_{a_2=0}$ 表示端口"2"匹配时，端口"1"到端口"2"的反向传输系数。

假设介质厚度为 d，并且满足各向同性及均匀分布。如图9.35所示，频率为 f 的均匀平面波 $\boldsymbol{E}_i$ 从自由空间垂直入射到介质表面，传播方向为 z 轴正向，介质两侧均为空气，介电常数和磁导率分别为 ε_0 和 μ_0，介质材料的介电常数和磁导率分别为 ε 和 μ，电磁波在自由空间中的传播常数为 β_0，$\beta_0 = \omega\sqrt{\varepsilon_0 \mu_0}$。

电磁波入射到 $z=0$ 处时，一部分电磁波会反射回去形成反射波 $\boldsymbol{E}_r$，一部分电磁波会沿着原来的方向继续传播，进入介质内部。在介质右侧与空气的交界处，一部分电磁波在分界面发生反射，一部分电磁波沿着原来的 $+z$ 传播方向从介质进入空气中，即透射波 $\boldsymbol{E}_t$ 继续传播。在介质右侧的自由空间内，只有透射波，没有反射波。

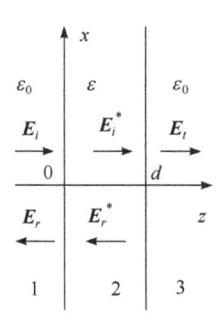

图9.35 电磁波经过介质时的传播

根据第1章介绍的电磁波传输理论，经过一定推导，在

$z=0$ 处，由电磁波在理想介质表面的边界条件可以得到

$$E_{ix} + E_{rx} = E_{ix}^* + E_{rx}^* \tag{9.4}$$

$$\frac{1}{\eta_0}(E_{ix} - E_{rx}) = \frac{1}{\eta_r}(E_{ix}^* - E_{rx}^*) \tag{9.5}$$

式中，η_0 为自由空间中的特征阻抗；η_r 为介质中的特征阻抗；β 为电磁波在介质中的传播常数，它们与介电常数有如下关系式：

$$\eta_r = \sqrt{\frac{\mu_r}{\varepsilon_r}} \tag{9.6}$$

$$\beta = \beta_0 \sqrt{\mu_r \varepsilon_r} \tag{9.7}$$

在 $z=d$ 处，由电磁波在理想介质表面的边界条件可以得到

$$E_{ix}^* e^{-j\beta d} + E_{rx}^* e^{j\beta d} = E_{tx} e^{-j\beta_0 d} \tag{9.8}$$

$$\frac{1}{\eta_r}\left(E_{ix}^* e^{-j\beta d} - E_{rx}^* e^{j\beta d}\right) = \frac{1}{\eta_r} E_{tx} e^{-j\beta_0 d} \tag{9.9}$$

可求解得到电磁波传播过程中遇到介质时的反射电场和透射电场，分别为

$$E_{rx} = \frac{(\eta_r - 1)^2 \left(1 - e^{-j2\beta d}\right)}{(\eta_r + 1)^2 - (\eta_r - 1)^2 e^{-j2\beta d}} \tag{9.10}$$

$$E_{ix} = \frac{4\eta_r e^{j\beta d} e^{j\beta_0 d}}{(\eta_r + 1)^2 - (\eta_r - 1)^2 e^{-j2\beta d}} \tag{9.11}$$

根据 S 参数的定义，有

$$S_{11} = \frac{b_1}{a_1}\bigg|_{a_2=0} = \frac{E_{rx}}{E_{ix}}\bigg|_{z=0} \tag{9.12}$$

$$S_{21} = \frac{b_2}{a_1}\bigg|_{a_2=0} = \frac{E_{tx} e^{-j\beta_0 z}}{E_{ix}}\bigg|_{z=d} \tag{9.13}$$

化简得到 S 参数与介质的特征阻抗和传播常数有如下关系：

$$S_{11} = \frac{(\eta_r - 1)^2 \left(1 - e^{-j2\beta d}\right)}{(\eta_r + 1)^2 - (\eta_r - 1)^2 e^{-j2\beta d}} \tag{9.14}$$

$$S_{21} = \frac{4\eta_r e^{-j\beta d}}{(\eta_r + 1)^2 - (\eta_r - 1)^2 e^{-j2\beta d}} \tag{9.15}$$

将上式化简得到

第9章 天线罩损伤对电性能的影响与损伤修复

$$S_{11} = \frac{\Gamma(1-T^2)}{1-T^2\Gamma^2} \tag{9.16}$$

$$S_{21} = \frac{T(1-\Gamma^2)}{1-T^2\Gamma^2} \tag{9.17}$$

式中，T 和 Γ 为介质材料与自由空间交界处的透射和反射系数，与介质材料的特征阻抗和传播常数有如下关系：

$$\Gamma = \frac{\eta_r - 1}{\eta_r + 1} \tag{9.18}$$

$$T = \mathrm{e}^{-\mathrm{j}\beta d} \tag{9.19}$$

联立上式，可以得到 S_{11}、S_{21} 与 T 和 Γ 的关系：

$$\Gamma = K \pm \sqrt{K^2 - 1} \tag{9.20}$$

$$K = \frac{S_{11}^2 - S_{21}^2 + 1}{2S_{11}} \tag{9.21}$$

$$T = \frac{S_{11} + S_{21} - \Gamma}{1-(S_{11}+S_{21})\Gamma} \tag{9.22}$$

式中，正号与负号的选取要确保反射系数小于 1。根据公式可以推导得到电磁波在介质材料中的传播常数与透射系数的关系：

$$\beta = \mathrm{j}\frac{\log(T)}{d} \tag{9.23}$$

联立上式，可以推导得到介质材料的介电常数与反射系数的关系式：

$$\varepsilon_r = \frac{\beta}{\beta_0}\left(\frac{1-\Gamma}{1+\Gamma}\right) \tag{9.24}$$

该介电常数是介质材料的复介电常数，其实部为相对介电常数，虚部与实部之比为介质材料的损耗角正切。因此，只要获得介质材料表面的散射参数，就可以通过公式计算得到介质材料的介电常数和损耗角正切。

通过 S 参数计算得到的透射系数 T 为复数，可以表示为

$$T = |T|\mathrm{e}^{-\mathrm{j}\varphi} \tag{9.25}$$

因此，传播常数 β 也是复数，在实际计算过程中会出现相位不确定性的问题，电磁波在介质材料中的传播常数可以表示为

$$\beta = \mathrm{j}\frac{\log_\mathrm{e}(|T|)}{d} + \frac{2n\pi}{d} \tag{9.26}$$

将该传播常数带入上述公式中，得到

$$T = e^{-j(2n\pi-\varphi)-\log_e(1/|T|)} \tag{9.27}$$

所以，在介质材料中厚度需要满足下列关系式：

$$\frac{d}{\lambda_m}2\pi = 2n\pi - \varphi \tag{9.28}$$

化简得到

$$\frac{d}{\lambda_m} = n - \frac{\varphi}{2\pi}, \quad n = 0 \pm 1, \pm 2, \cdots \tag{9.29}$$

n 的取值与介质材料的厚度相关。当介质材料的厚度小于电磁波在介质材料中的波长时，$n=0$；当介质材料的厚度大于一个工作波长但小于两个工作波长时，$n=1$，以此类推。

2. 介质材料上下参考面幅值与相位

在自由空间法的理论推导中，只有知道介质材料上下表面的相位和幅值，才能准确计算介质材料的介电常数。为了获取正确的相位信息，可以采用 CST 微波工作室的 FSS-Unit cell(FDD)模板。该模板使用周期结构模型，激励模式为 Flouent 端口激励，适用于计算无限大周期结构的散射参数。然而，通常仿真结果显示的是距离介质上下表面一定距离的幅值和相位。距离对幅值没有影响，但是对相位的影响非常大。本节介绍通过 CST 仿真获得介质材料上下表面幅值和相位的方法。

采用 CST FSS-Unit cell(FDD)模板仿真介质材料上下表面的幅值和相位的步骤如下。

(1) 建立周期单元结构模型，并设置工作频段范围。

(2) 在边界条件设置中，将 x 和 y 方向的 unit cell 边界条件均设置为 open(add space)边界条件，如图 9.36 所示。

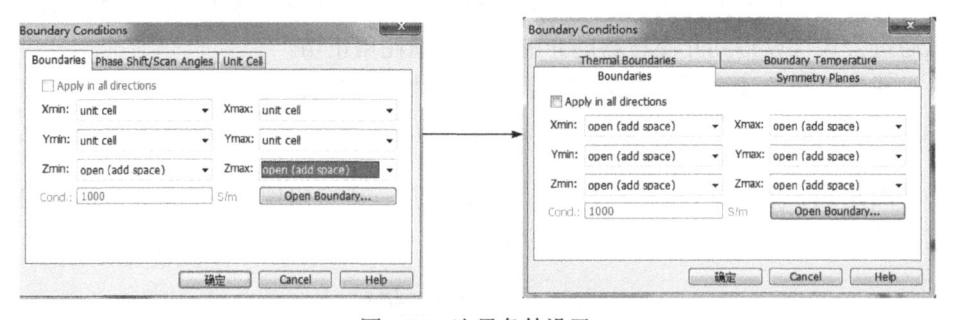

图 9.36　边界条件设置

第9章 天线罩损伤对电性能的影响与损伤修复

(3) 在 Open Boundary 选项中，将 Fraction of wavelength 选项改为 Absolute distance，并将值设置为 30，如图 9.37 所示。

(4) 重新设置边界条件，将 x 和 y 方向的 open(add space) 边界条件改为 unit cell 边界条件，并将 Flouent 模式下两个端口的 Distance to reference plane 设置为 –30，如图 9.38 所示，这样介质材料上下相位参考面的设置就完成了。

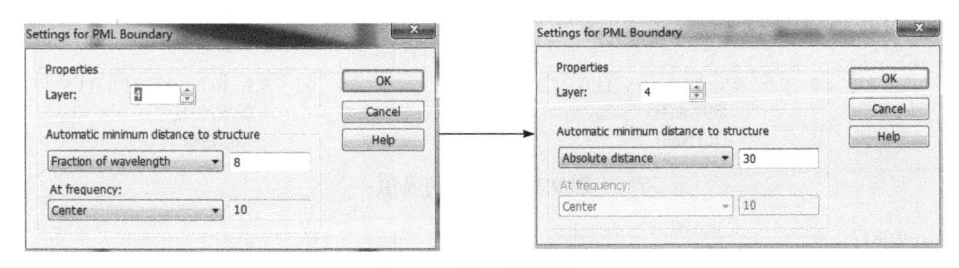

图 9.37 端口距离设置

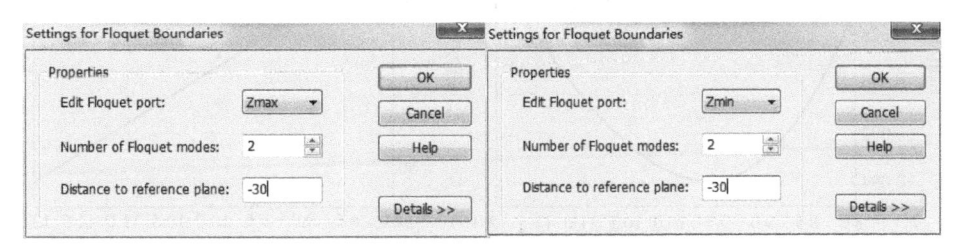

图 9.38 相位参考面设置

3. 天线罩等效介电常数的计算及修复可行性验证

基于上述自由空间法理论的推导，以 A 夹层平板天线罩为例，结合电磁仿真软件计算其在 8~12GHz 频段下的等效电磁参数。表 9.3 列出了 A 夹层平板天线罩的结构参数，图 9.39 为采用 CST 仿真得到的 S_{11} 幅值和相位，图 9.40 为采用 CST 仿真得到的 S_{21} 幅值和相位。

表 9.3 A 夹层平板天线罩结构参数

结构	介电常数	损耗角正切	厚度/mm
蒙皮	3.00	0.010	0.4
芯层	1.08	0.005	4.0
蒙皮	3.00	0.010	0.4

可以看到，通过设置相位参考面，S_{11} 和 S_{21} 的相位在整个频段范围内线性变化，避免了因距离导致的相位变化周期性，在计算过程中，还需要将幅值和相位表示为复数形式，转换公式如下：

图 9.39 S_{11} 的仿真值

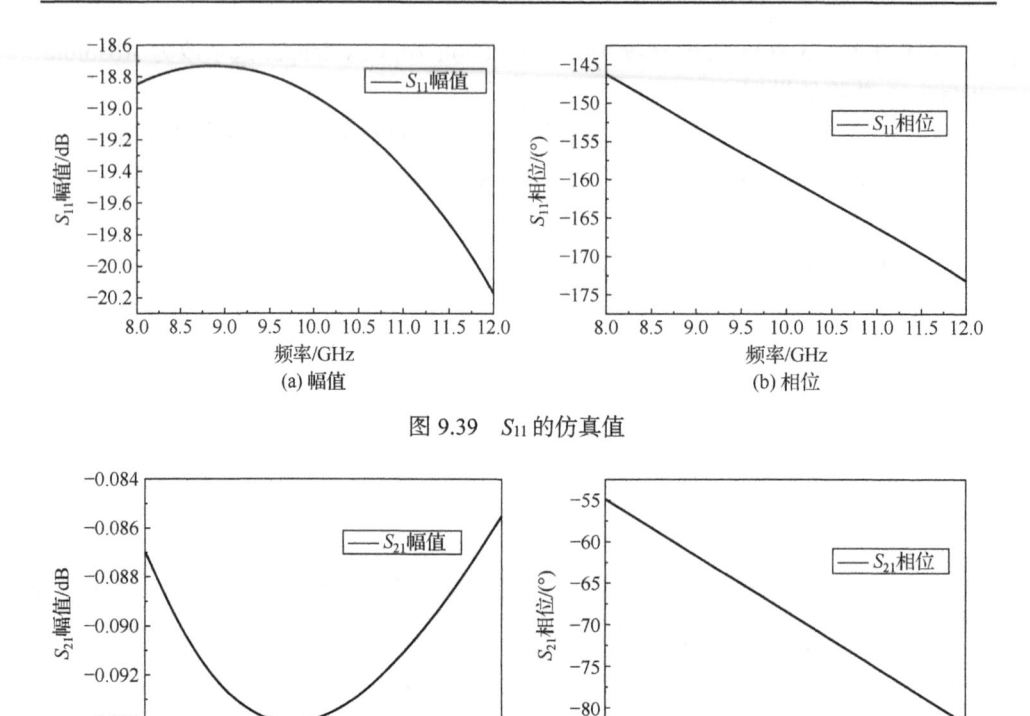

图 9.40 S_{21} 的仿真值

$$S_{11} = 10^{(A/20)} \cos\left(B\frac{2\pi}{360}\right) + 10^{(A/20)} \sin\left(B\frac{2\pi}{360}\right) \tag{9.30}$$

$$S_{21} = 10^{(C/20)} \cos\left(D\frac{2\pi}{360}\right) + 10^{(C/20)} \sin\left(D\frac{2\pi}{360}\right) \tag{9.31}$$

式中，A 代表以 dB 形式表示的 S_{11} 幅值；B 代表以度数(°)形式表示的 S_{11} 相位；C 代表以 dB 形式表示的 S_{21} 幅值；D 代表以度数(°)形式表示的 S_{21} 相位。

图 9.41 为由自由空间法计算的 A 夹层平板天线罩的等效介电常数和等效损耗角正切。

根据计算结果，可以看出该 A 夹层平板天线罩的等效介电常数约 1.34，等效损耗角正切约 0.006，并且随着频率的增加，天线罩的等效介电常数和损耗角正切略微减小。

为了验证自由空间法理论推导的正确性，将 A 夹层天线罩与具有相同厚度和等效介电常数的平板的散射参数 S_{11} 和 S_{21} 进行比较。图 9.42 为天线罩与等效平

图 9.41 (a) 介电常数　(b) 损耗角正切

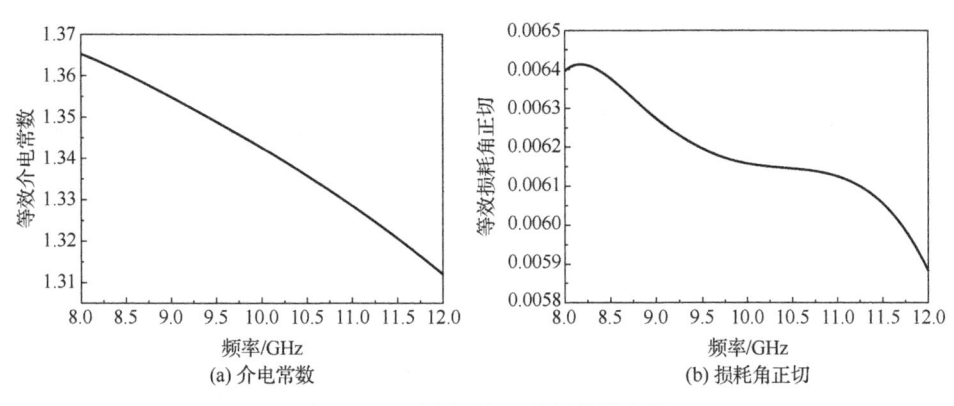

图 9.41　A 夹层平板天线罩等效参数

板的 S_{11} 的幅值和相位比较,图 9.43 为天线罩与等效平板的 S_{21} 的幅值和相位比较。

从图 9.42 和图 9.43 可以看出,A 夹层平板天线罩与对应的等厚度、等效介电常数平板的散射参数 S_{11} 幅度和相位吻合良好, S_{21} 幅度和相位基本吻合,验证了自由空间法理论分析介质材料等效介电常数的正确性。

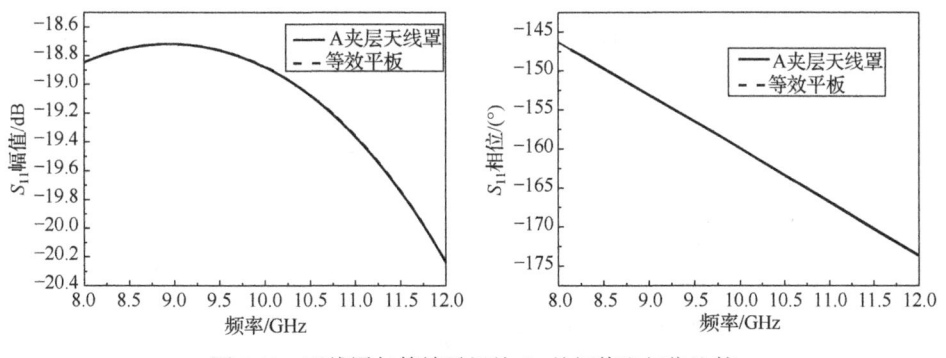

图 9.42　天线罩与等效平板的 S_{11} 的幅值和相位比较

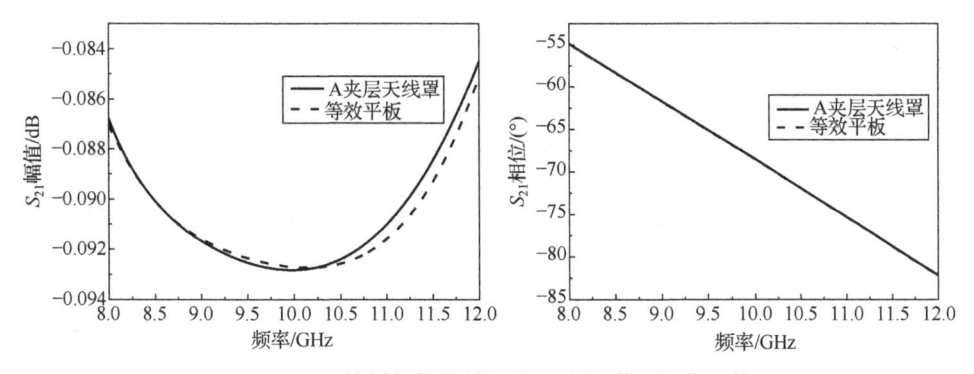

图 9.43　天线罩与等效平板的 S_{21} 的幅值和相位比较

在电磁仿真软件 CST 中,分别对 9.4～9.8GHz 频段下的 A 夹层无损伤天线罩、穿孔半径 30mm 天线罩,以及等效介电常数填充损伤区域后的修复天线罩的电性能进行仿真。图 9.44 为喇叭激励天线增益随频率的变化关系,图 9.45 为天线 H 面-3dB 波束宽度随频率的变化关系。

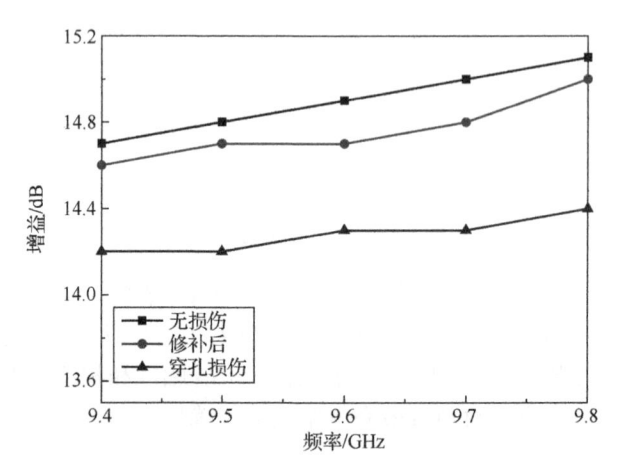

图 9.44　天线的增益随频率的变化关系

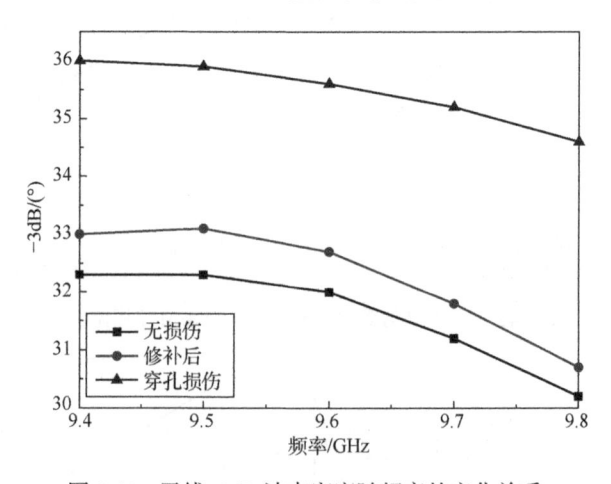

图 9.45　天线-3dB 波束宽度随频率的变化关系

从仿真结果可以看出,采用天线罩等效介电常数的材料对损伤处进行修复后,天线的电性能相比于天线罩无损伤时变化很小,说明该修复方法是可行性的。

图 9.46 为基于 MATLAB GUI 编写的天线罩等效介电常数计算界面,只需输入天线罩的厚度并读取散射参数文件,即可计算天线罩的等效介电常数和等效损耗角正切,实现天线罩穿孔损伤的快速修复,界面具备良好的人机交互功能。

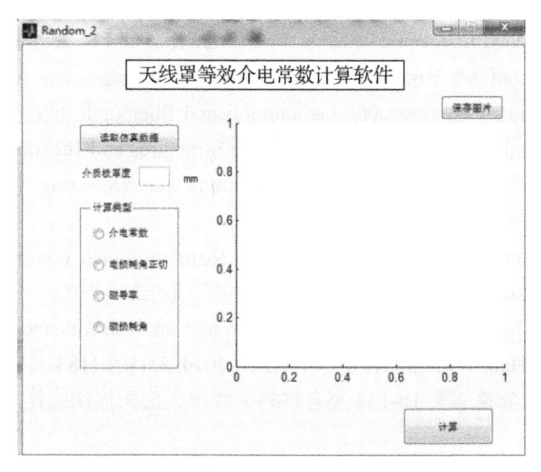

图 9.46　天线罩等效介电常数计算界面

9.5　本章小结

本章基于天线罩常见损伤类型进行简化建模，分别研究了穿孔、划伤(伤及芯层)，以及水汽渗透与天线罩功率传输、插入相位移、发射天线的–3dB 带宽的影响关系。针对穿孔和天线罩含有水汽两种损伤从场的角度分析了电性能变化的原因，并通过损伤样件试验测试，为天线罩损伤电性能研究以及实际工程中的损伤探测提供参考依据和指导。此外，介绍了天线罩损伤检测和修复方法，提出了基于自由空间法的等效介电常数修复技术，推导了自由空间法计算介质材料介电参数的公式，给出了使用电磁仿真软件仿真介质上下表面参考面相位的方法。通过天线罩散射参数与等效平板散射参数的比较，分析了加载无损伤天线罩、穿孔损伤和修复后天线罩时天线的电性能参数。结果表明，采用等效介电常数方法修复的天线罩对天线的电性能影响很小。

参 考 文 献

[1] Adler W F. Development of design data for rain impact damage in infrared-transmitting windows and radomes. Optical Engineering, 1987, 26(2):143-151.
[2] Kinslow R, Smith D G, Sahai V, et al. Rain impact damage to supersonic radomes. Journal of Testing and Evaluation, 1974, DOI:10.21236/ada007157.
[3] He Y B, Yao X H, Liu X, et al. Simulation for the bird-strike damage of drone radome composite structure. Applied Mechanics and Materials, 2012, 151:305-309.
[4] 汪圆圆. 基于 CST 和 FEKO 的天线辐射特性的仿真模块开发. 华中科技大学，2014.
[5] Bocherens E, Bourasseau S, Dewyntermarty V, et al. Damage detection in a radome sandwich

material with embedded fiber optic sensors. Smart Materials and Structures, 2000, 9(3):310.

[6] Bourasseau S, Dupont M, Bocherens E, et al. Impact damage detection in radomesandwich structures by traditional nondestructive evaluation and fiber optic integrated health monitoring systems. 10th International Conference on Adaptive Structures and Technologies – ICAST', 1999.

[7] Grimm J M, Pruett J A. Method and Apparatus for Detecting Radome Damage. US, EP2748892B1. 20170329.

[8] Wang C. Experimental study on rapid repair of foam sandwich composites for radome with low-velocity impact damage. Science Discovery, 2017, 5(4):251-256.

[9] Yang N, Wei W, Dong Y, et al. Progressive damage analysis of steel-to-composite joints of radome. Journal of Harbin Engineering University, 2014, 35(10):1183-1188, 1235.

[10] 蒋翌军, 李勇, 翟全胜, 等. Tu-154复合材料天线罩大面积损伤修补. 材料工程, 1993(11): 26-27, 42.

[11] Snyder H E. Damaged radar radome repair method: US, US4668317. 1987.

[12] 蔡禹舜, 朱昊. 基于损伤容限评定的飞机复合材料结构维修策略研究. 航空维修与工程, 2016(9): 44-47.

[13] Sato A, Hashimoto O, Hanazawa M, et al. Measurement of dielectric constant by free space transmission method using horn antenna at C band. The Institute of Electronics, Information and Communication Engineers, 2004, 87(10): 18-25.

[14] Pozar David M. 微波工程(等三版). 张肇仪, 周乐柱, 吴德明, 等, 译. 北京: 电子工业出版社, 2010.

第 10 章　环境因素对天线罩电性能影响的分析

在实际工程应用中，天线罩会面临不同温度和大角度入射的情况，这些因素都会导致天线罩电性能的恶化。对于机载天线罩，表面会安装防雷击分流条，防止飞机遭遇雷击而受损。然而，分流条的存在必然会影响天线罩的电性能，改变天线罩的透波率、副瓣等指标。此外，在不同温度和水分环境下，天线罩的电性能也会发生较大变化。

对金属分流条电磁效应的研究中，大多数工作集中在分流条的雷电屏蔽效应上，少部分是对机载天线罩上分流条进行理论研究，目前尚未见有关金属分流条的模型化和系统性研究的报道。本章通过建立防雷击分流条的电磁仿真模型，研究平板天线罩在中空十字型和十字型金属分流条下的电磁波传输机理及其远场方向图的影响，并分析不同尺寸和不同材料的分流条的电磁传输特性。通过对曲面天线罩的雷电分流条进行电磁仿真和实物测试，验证了金属防雷击分流条设计技术的有效性。

天线罩会面临不同的工作温度，工作温度变化时，材料的介电常数和损耗角正切都会发生变化，同时，天线罩也可能发生一定形变，这些因素都会影响雷达天线罩的透波率等电性能，使得天线罩的实际性能与设计指标存在一定差距，影响天线的精准工作。本章选取环氧树脂和中空织物材料作为研究对象，在研究材料介质的相对介电常数、损耗角正切与温度关系的基础上，建立天线罩的仿真模型，并对其传输系数和远场增益在不同温度下的变化进行电磁联合仿真分析，同时，对中空织物天线罩的透波率进行实物测试。

防雷击导流条和分流条的正式名称是"防雷击分流条"，学术上简称"分流条"，防雷击导流条和分流条在功能上没有区别，都是通过将雷电电流引导到飞机机体上并释放，从而保护飞机上的精密仪器和飞行员的安全。

10.1　防雷击分流条的电磁波传输性能分析

10.1.1　防雷击分流条

机载天线罩通常需要布置防雷击分流条，以保护天线罩在雷击下的罩体安全，如图 10.1 所示。防雷击分流条可分为三种类型：金属分流条、片段式分流条和粉末分流条。防雷击分流条还可以分金属型、纽扣式和薄膜型几种。

(a) 民用 　　(b) 军用

图 10.1　机载天线罩和防雷击分流条

金属分流条由导电性能优异的金属制成，如图 10.2 所示，这种分流条结构简单，防护效果好。金属分流条的材料一般为高强度硬铝(如 2A12)或工业用纯铜(如 T2 紫铜)[1]，具有电连续结构，可以通过螺接、胶接、铆接或复合连接的方式安装在天线罩上，尾部连接在天线罩的金属边框上。发生雷击时，雷电通过分流条导流到机身。

(a) 金属分流条 　　(b) 片段式分流条

图 10.2　防雷击分流条

片段式分流条和粉末分流条属于新型防雷击分流条。在飞机高速飞行过程中，由于金属粉末与空气产生的摩擦力，容易导致粉末脱落，从而影响雷电防护效果，因此，粉末分流条更适用于低速飞行器。

纽扣式分流条和金属氧化物薄膜分流条均属于电离型分流条，纽扣式分流条由一排金属片和高阻抗基底组成，可以多次放电；金属氧化物薄膜分流条则能够承受有限次满负荷放电[2]。

10.1.2　分流条的电磁模型建立

由于所研究的天线罩体积较大，为电大尺寸。在曲面天线-天线罩一体化仿真计算中，计算的剖分网格数量巨大，采用全波方法的仿真计算时间过长。因此，为了更快、更清晰地研究电磁波通过分流条的传播机理及其相应的电磁波传输特性，拟先建立平板天线罩与防雷击分流条的共同体，并构建一体化的仿真模型，如图 10.3 所示。模型的天线罩材料和厚度参数见表 10.1，图 10.4 所示为天线罩仿真模型的侧视图，尺寸为 400 mm × 400 mm。

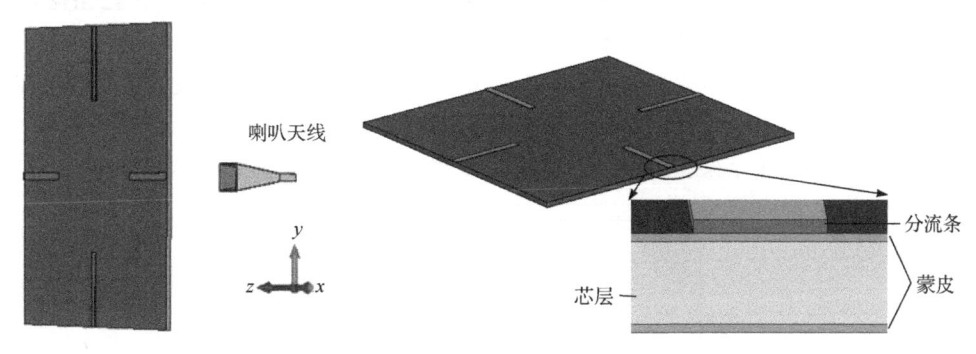

图 10.3 天线-天线罩一体化仿真模型图

10.4 天线罩仿真模型的侧视图

表 10.1 天线罩材料和参数

	相对介电常数	损耗角正切	厚度/mm
外蒙皮	3.50	7.00×10^{-3}	0.60
芯层	1.112	4.20×10^{-3}	6.00
内蒙皮	3.50	7.00×10^{-3}	0.60

采用标准喇叭天线作为发射天线，金属分流条采用十字架型和除去中间十字架型(简称中空十字型)的排布方式，贴覆在天线罩外表面，具体排列如图 10.5 所示。根据实际模型和仿真模型的比例，仿真用的中空十字型金属分流条的长、宽和厚度分别为 100mm、10mm 和 1mm。通过改变分流条的尺寸和电磁波入射角，系统地研究天线的远场方向图、功率传输和电场分布。

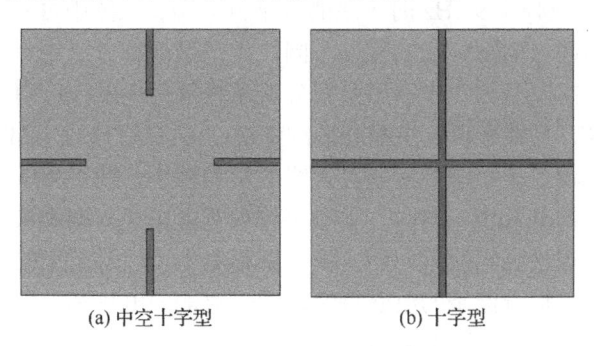

(a) 中空十字型　　　　　(b) 十字型

图 10.5 天线罩分流条排列形式

10.1.3 传输性能分析

按照图 10.3 所示的平板天线-天线罩一体化仿真模型，研究天线的辐射特性。辐射特性的仿真计算采用全波电磁仿真软件 CST 进行。在工作频率 7~12GHz 的条件下，天线方向图的主瓣增益对比如图 10.6 所示。由图可知，相较于不加防雷击分流条的天线罩，加载中空十字防雷击分流条后，天线罩辐射天线的主瓣增益在 7~11GHz 范围内略大于不加防雷击分流条，在 11GHz 之后增益与天线增益相同；随着频率增大，十字架型分流条对天线主瓣增益产生的衰减逐渐越大。

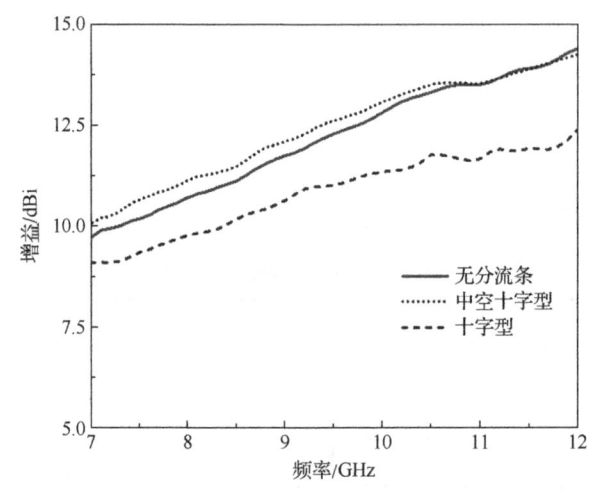

图 10.6 频率 7~12GHz 时天线的主瓣增益对比

为了更加直观地分析中空十字型和十字型金属分流条对天线罩天线方向图的影响，按照图 10.1 设计的仿真模型计算它们的响应，天线的工作频率选定为 7~11GHz(中心频点为 9GHz)，经过天线罩的天线二维方向图和三维方向图分别如图 10.7 和图 10.8 所示，其中，θ 为天线辐射的水平角度。

图 10.8 为对应频率 9GHz 时天线的三维方向图，从图中可以看出，两种形式的金属分流条引起方向图畸变的程度不同，十字型金属分流条对天线远场方向图的影响非常大，主要是因为十字型金属分流条将部分电磁波反射，导致天线主瓣降低，副瓣抬高，具体来说，主瓣降低约 2dBi，副瓣抬升约 4.2dBi。而中空十字型金属分流条相较于十字型分流条对天线的影响较小，使得天线远场方向图主瓣略有抬高，增大约 0.3dBi，同时，半功率波束宽度减小，副瓣被抬高约 0.5dBi。从方向图中可以观察到辐射方向图主瓣和副瓣电平，以及波束的变化情况。

为了进一步分析分流条的电磁特性影响，对侧面电场和分流条上的电流分布进行研究，如图 10.9 和图 10.10 所示。

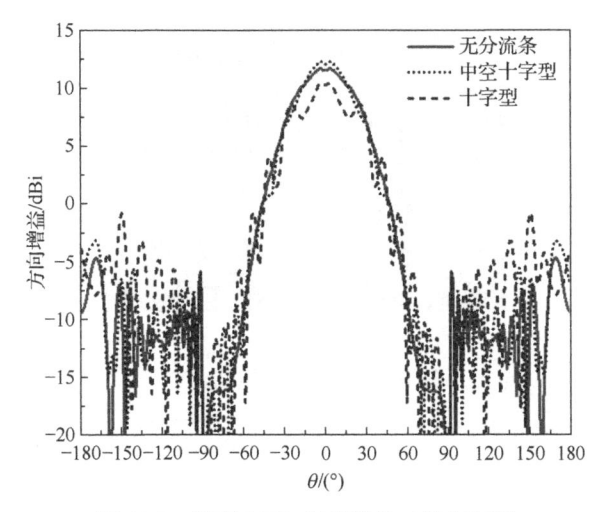

第 10 章　环境因素对天线罩电性能影响的分析　　·231·

图 10.7　频率 9GHz 时天线的二维方向图

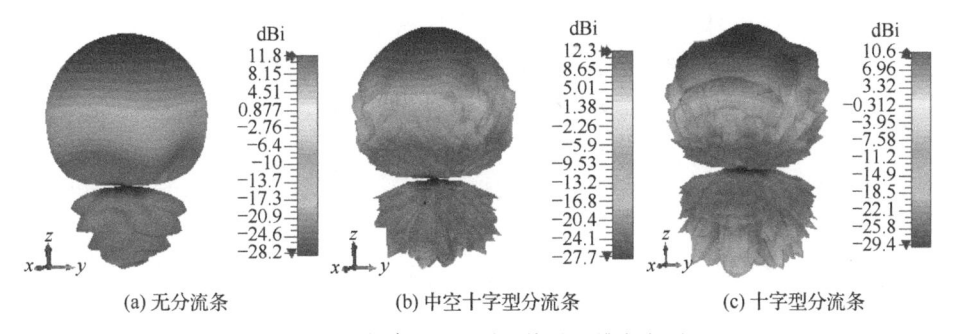

(a) 无分流条　　(b) 中空十字型分流条　　(c) 十字型分流条

图 10.8　频率 9GHz 时天线的三维方向图

由图 10.9 和图 10.10 可以看出，十字型金属分流条天线罩除了由于复合材料天线罩自身消耗部分天线辐射能量，一些金属分流条也会反射天线的部分辐射能量，使得透过天线罩的辐射能量减少。而中空十字型金属分流条天线罩除了复合材料天线罩消耗部分天线辐射能量，所设计的结构对天线主波束传输几乎没有影

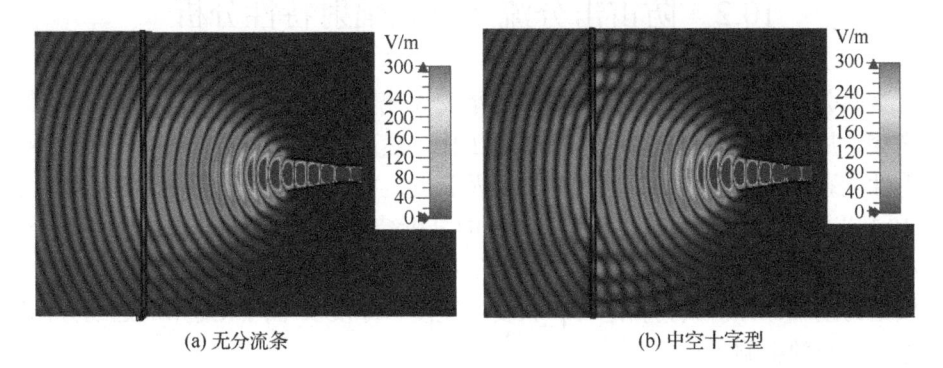

(a) 无分流条　　(b) 中空十字型

(c) 十字型

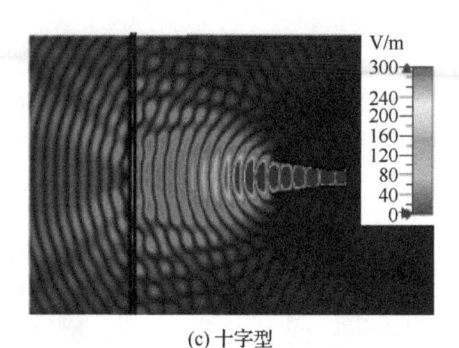

图 10.9　天线辐射电场分布

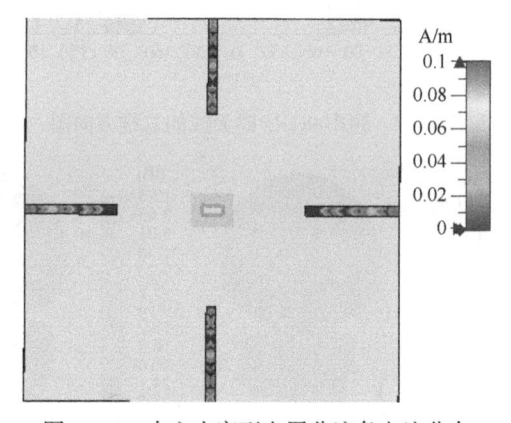

图 10.10　中空十字型金属分流条电流分布

响。同时，主波束边缘的电磁波被金属分流条阻挡并反射到其他方向，4 根金属分流条的屏蔽效应导致天线的主波束宽带变窄。此外，金属分流条在天线的辐射下产生感应电流并进行二次辐射，这两次辐射的能量叠加，导致天线方向图主瓣增益增大，由此可以对中空十字型分流条情形下的天线辐射机理进行解释。

10.2　防雷击分流条电磁辐射特性分析

金属分流条的主要作用是在雷击时承受天线罩的大电流冲击，保护天线罩不被击穿，从而确保雷达系统和飞机正常工作。然而，金属分流条的使用对天线罩的电性能影响较大，因此，其材料选取及长度、宽度和厚度的设计非常重要。根据 10.1 节中使用平板模型对金属分流条的分析结果，可以看出，中空十字型分流条相较于十字型分流条对天线罩电性能的影响较小。本节以中空十字型金属分流条模型为基础，分析其材料选择、长度、宽度、厚度及不同入射角对远场方向图和电场分布的影响。

10.2.1 分流条材料对电磁波传输的影响

通常，机头天线罩的防雷击分流条材质为 2A12 铝和 T2 紫铜。根据图 10.1 的天线罩模型，研究分流条材料为铝、铜和理想导体(PEC)时，天线的传输特性。铜和铝均采用电磁仿真软件提供的材料库中铜和铝的材料来定义。三种情况下金属分流条长、宽、厚度完全一致，如图 10.4 所示。图 10.11 是频率 9GHz 时对应不同金属材料分流条的天线增益二维方向图，其中，θ 为天线辐射的水平角度。

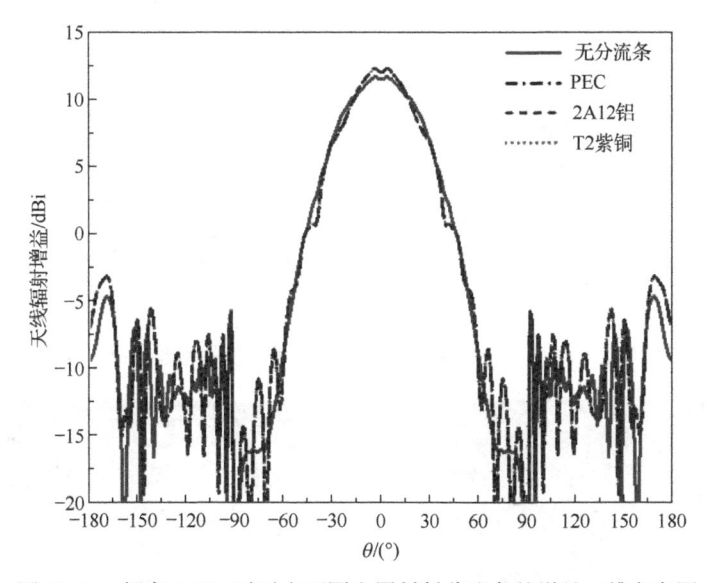

图 10.11 频率 9GHz 时对应不同金属材料分流条的增益二维方向图

从图中可以看出，天线工作频率在 9GHz 时，金属分流条对天线方向图主瓣的影响明显，但不同材料对天线远场方向图的影响很小。因此，在选择分流条材料时，可以优先考虑其导流能力和质量这两个方面。例如，铜的电导率几乎是铝的两倍[3]，这意味着在具备相同导电能力的情况下，铜的截面积比铝条小得多，但铜分流条的质量却增加了一倍以上[1]。

在电磁仿真软件 CST 里，PEC 是无耗导体，无电阻且电导率无限大，而铜和铝都是有电阻的，属于有耗金属。对于微波频段，使用 PEC 代替实际金属可以显著提高仿真速度，参考图 10.11 中的仿真结果，为了高效利用计算资源，在接下来的仿真中将使用 PEC 代替实际金属材料。

10.2.2 分流条长度对电磁波传输的影响

根据图 10.3 的仿真模型，选择不同金属分流条长度，分别计算相应的电磁波传输特性。在厚度 1mm、宽 10mm 条件下，选取长 80mm、100mm、120mm 的分流条，图 10.12 为天线工作频率为 9GHz 时，天线的远场方向图，图 10.13 所示为对应不同分流条长度的辐射电场分布。

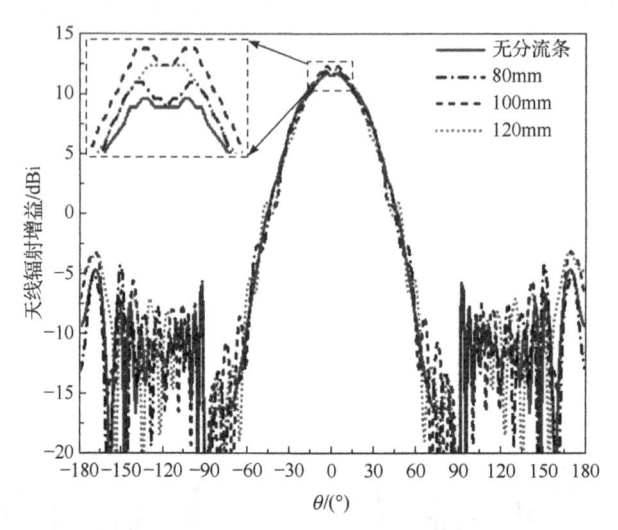

图 10.12　频率 9 GHz 时对应不同分流条长度的增益二维方向图

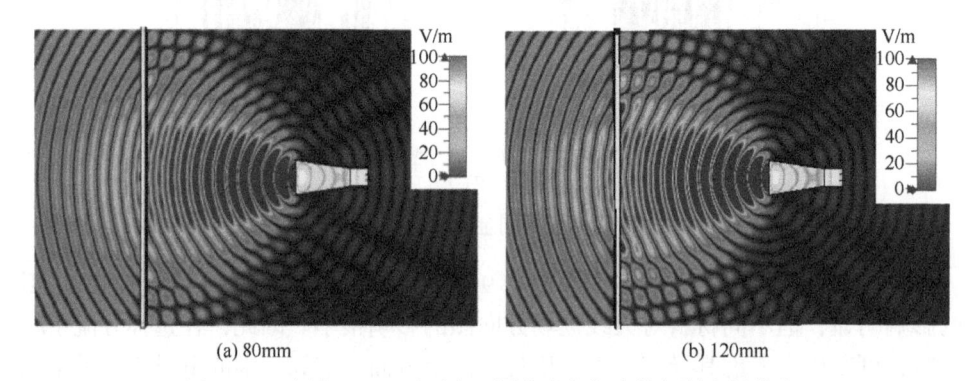

(a) 80mm　　(b) 120mm

图 10.13　频率 9GHz 时对应不同分流条长度的辐射电场分布

由图 10.12 和图 10.13 可知，天线工作频率 9GHz 时，金属分流条对天线方向图主瓣的影响明显，随着金属分流条长度的增加(金属分流条的间距逐渐缩小)，方向图主瓣增益逐渐增大，金属分流条上感应电流产生的二次辐射是远场图主瓣增益增大的主要原因。金属分流条长度增加时，金属分流条之间的距离缩小，4 根金属分流条产生的二次辐射逐渐重合。80mm 和 100mm 的情况下，主瓣上会出现两个波峰，长度增加至 120mm 时，主瓣只出现一个波峰，说明 120mm 是此模型的最佳分流条长度。因此，在设计分流条间距时，在确保不影响天线罩安全性能的前提下，可以通过多次调增整分流条长度以达到最佳电性能。

10.2.3 分流条宽度对电磁波传输的影响

根据图 10.2 的模型计算天线罩的金属分流条在不同宽度下的电磁波传输特性，固定天线罩金属分流条的厚度为 1mm、长度为 100mm，分别仿真计算宽度 9mm、10mm 和 11mm 时，频率 9GHz 的天线远场方向图和侧面电场，如图 10.14 与图 10.15 所示。

由图 10.14 与图 10.15 可以看出，天线频率在 9GHz 时，金属分流条对天线方向图主瓣的影响明显，不同宽度的金属分流条对天线远场方向图主瓣的影响存在差异，宽度越大，方向图主瓣增益越大，半功率波束宽度越窄，副瓣抬升越大。这是因为随着金属分流条宽度的增大，金属分流条感应的电流增多，从而导致主瓣和半功率波束宽度发生变化。此外，宽度的增加会增大天线辐射区域的金属阻挡面积，进而使得天线罩产生的多径效应增加，这也是导致天线方向图副瓣抬升的原因。

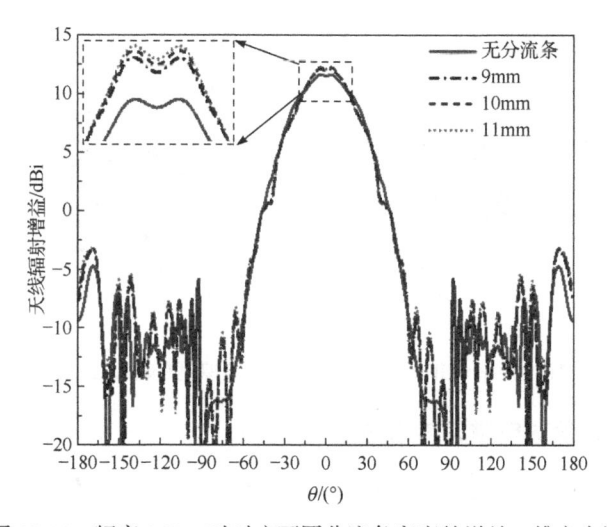

图 10.14 频率 9GHz 时对应不同分流条宽度的增益二维方向图

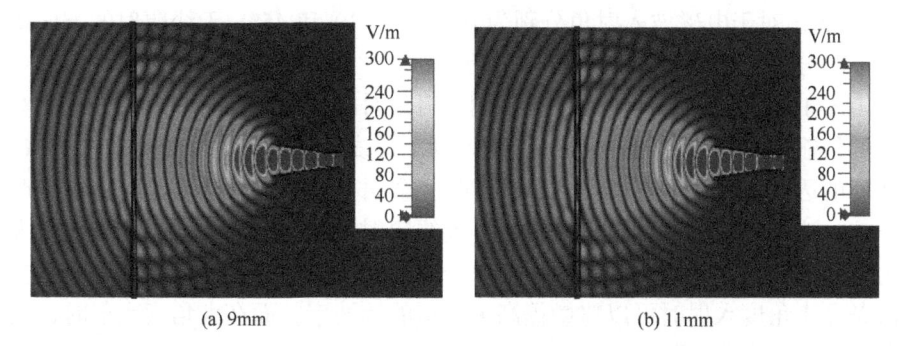

(a) 9mm　　　　(b) 11mm

图 10.15 频率 9GHz 时对应不同分流条宽度的辐射电场分布

10.2.4 分流条厚度对电磁波传输的影响

根据图 10.2 的模型，可以计算天线罩金属分流条在不同厚度下的电磁波传输特性，固定金属分流条长度为 100mm、宽度为 10mm，分别计算厚度 1mm、2mm、3mm 时，天线频率为 9GHz 时天线的远场方向图，如图 10.16 所示。

天线工作频率 9GHz，天线罩上覆有金属中空十字型分流条时，对方向图的影响基本一样。分流条越厚，天线远场方向图主瓣增益越大，但变化幅度不大。因此，在设计防雷击分流条厚度时，可以优先考虑耐雷击电流特性和分流条质量这两个因素。

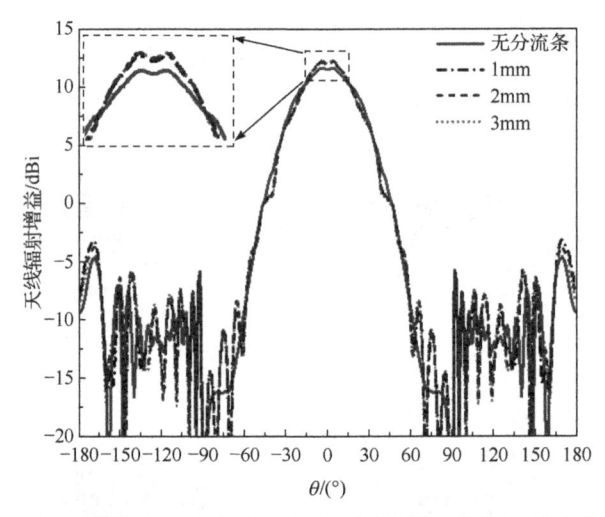

图 10.16 频率 9GHz 时对应不同分流条厚度的增益二维方向图

10.2.5 不同入射角对电磁波传输的影响

按照图 10.2 的模型，可以计算天线罩在不同天线入射角下，中空十字型金属分流条的电磁波传输特性，设定金属分流条的长度为 100mm、宽度为 10mm、厚度为 1mm，对于电磁波入射角分别为 0°、15°、30°和 45°，天线辐射的方向图和侧面电场分布如图 10.17 和图 10.18 所示。

由图 10.7 和图 10.8 可以看出，不同入射角对应的中空十字型金属分流条对电磁波的传输性能影响不同。随着入射角增大，天线远场方向图主瓣增益逐渐减小，天线罩的透波性变差。入射角大于 30°时，金属分流条对天线罩的电磁传输产生负影响。这是因为随着入射角的增大，天线辐射被金属分流条阻挡的面积增大，入射角很大时，天线辐射的主波束会被金属分流条阻挡。因此，中空十字型金属分流条在小角度入射时可以略微提高天线罩的透波率，而在大角度入射时，天线罩的透波性能有所下降。

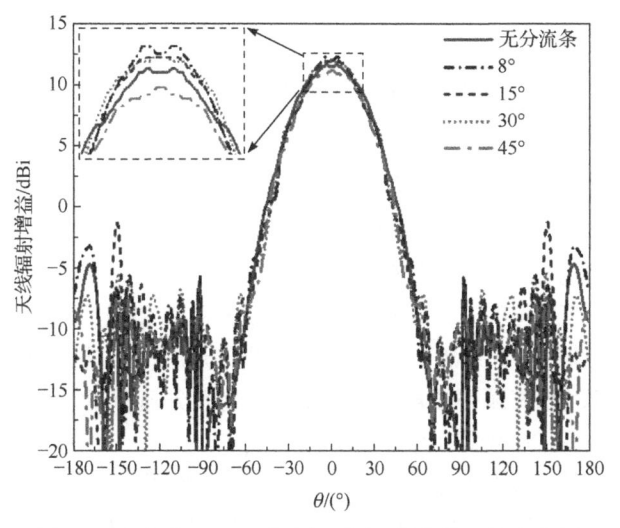

第 10 章　环境因素对天线罩电性能影响的分析

图 10.17　频率 9GHz 时对应不同入射角的二维方向图

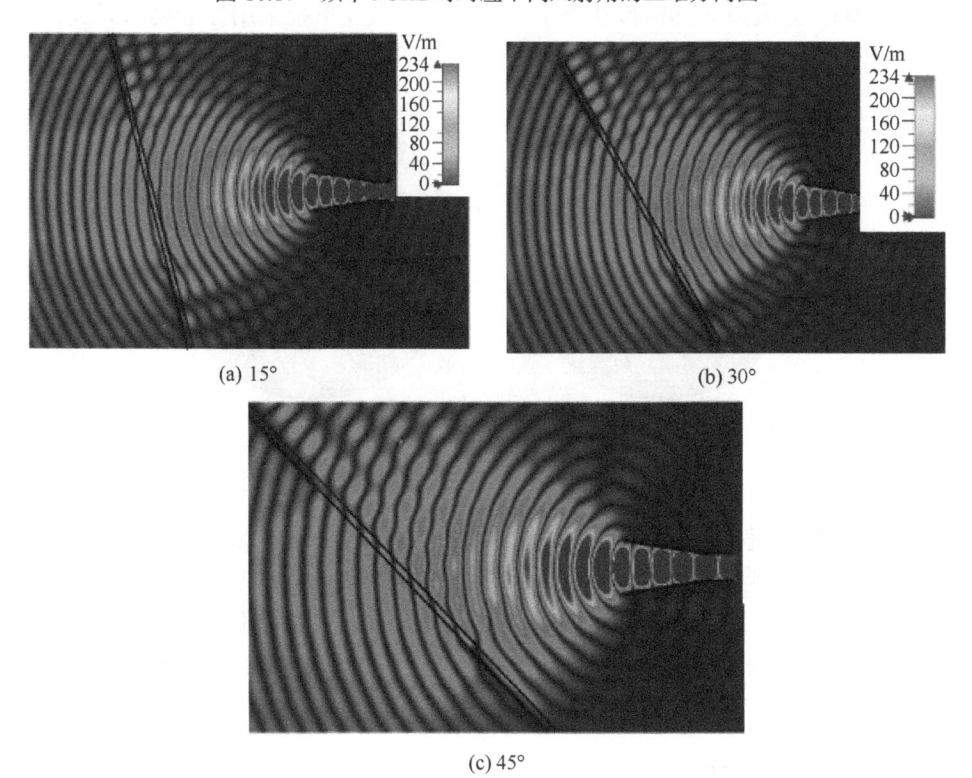

(a) 15°

(b) 30°

(c) 45°

图 10.18　频率 9GHz 时对应不同入射角的辐射电场分布

10.3 防雷击分流条实物仿真和测试

10.3.1 电磁仿真建模和仿真设置

根据平板上配置金属分流条的材料、长度、宽度、厚度和不同入射角条件下的电性能分析，选择一组具有代表性的分流条尺寸数据，然后把这个尺寸的金属分流条粘附在曲面天线罩上，并对其进行远场方向图和透波率测试。关于曲面天线罩，选择某型号吊舱天线罩，天线罩为 A 型夹层，内外层是氰酸酯石英纤维蒙皮，芯层是蜂窝，透波频率波段 8~10GHz，金属分流条的长、宽和厚的尺寸分别定义为 100mm、10mm 和 1mm。

图 10.19 为安装金属分流条的天线罩电磁仿真模型，图 10.19(a)中，分流条在顺航向方向对称贴覆在罩子侧边(即中空十字型)；图 10.19(b)是常规的分流条排布(即十字型)，分流条对称贴覆在整个天线罩上。天线系统采用标准喇叭天线，用于计算整体天线罩的电性能，并按同样的布置进行试验测试。

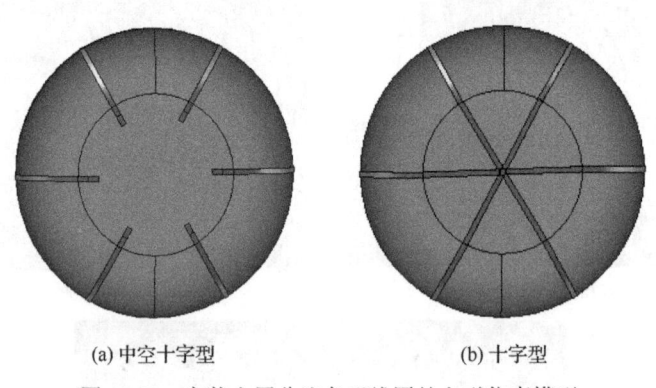

(a) 中空十字型　　　　(b) 十字型

图 10.19　安装金属分流条天线罩的电磁仿真模型

采用全波电磁仿真软件 CST 中的时域求解器(T-Solver)，频率计算范围是 8~10GHz，背景材料设置为 Normal，计算边界条件为 open(add space)，金属分流条材料设置为 PEC，在仿真软件里使用 PEC 代替金属可以提高仿真速度，喇叭天线添加了波导端口用于激励，并添加了中心频点 9GHz 时的电场、磁场和远场监视器，最后进行自适应剖分并开始计算。

10.3.2 实物模型制作

吊舱天线罩采用透波率较好的 A 型夹层结构，该结构由两层蒙皮和一层芯层材料组成。其中，蒙皮材料为石英纤维，具有低介电常数和介电损耗角正切；芯层材料为六边形蜂窝。蒙皮和蜂窝采用胶膜粘合，外层蒙皮需要涂刷防雨蚀涂层、防静电涂层和油漆。

在实际使用中，防雷电分流条的材料是金属铜。目前可以用金属铜和双导铜箔胶带这两种方法制作测试用的分流条，这两种方法各有优劣。

(1) 金属铜的优势在于对贴覆分流条的天线罩还原度高，分流条电性能测试结果真实且效果好；缺点是制作费用高且复杂。并且，这种分流条需要定制，电性能测试和研究之后很少有其他用途，性价比不高。

(2) 双导铜箔胶带的优点是便宜，使用简单，同时能提供很好的屏蔽效果；缺点是这种金属胶带在雷击实验中的导流能力很弱。对于微波频段，如果金属层的厚度大于其趋肤深度，可以认为两者在性质上没有区别。趋肤深度的计算公式如下：

$$d = \sqrt{\frac{1}{\pi f \gamma \sigma}} \quad (10.1)$$

式中，d 为趋肤深度；f 是频率；γ 为磁导率；σ 是电导率。

设工作频段为 8～10GHz，中心频点为 9 GHz，根据式(10.1)可以得到 9GHz 时的趋肤深度为 0.0007mm。而双导铜箔胶带单层厚度是 0.065mm，大于其趋肤深度，因此，可以认为胶带和金属铜在电磁波屏蔽上没有区别。

因此，综合上述因素，采用双导铜箔胶带制作金属分流条。实物模型如图 10.20 所示，10.20(a)中，分流条在顺航向方向对称贴覆在罩子侧边(即中空十字型)；图 10.20(b)是常规的分流条排布(即十字型)，分流条对称贴覆在整个天线罩上。

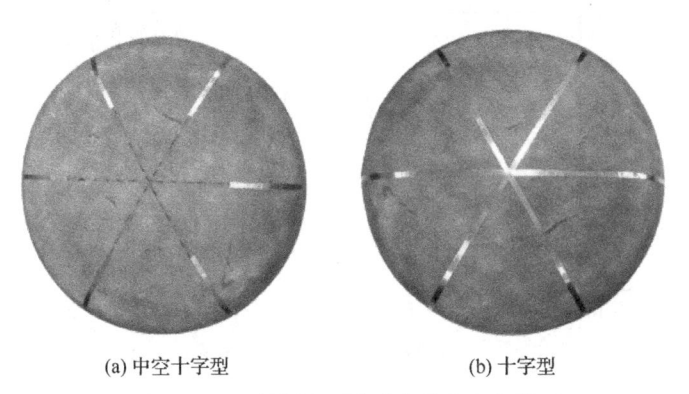

(a) 中空十字型　　　　(b) 十字型

图 10.20　天线罩金属分流条排布实物模型

10.3.3　测试安装和步骤

在微波暗室进行测试前，需要先检查暗室环境，并按照图 10.21 准备好测试需要的仪器，包括发射与接收天线、高频同轴线缆、校准件、方位旋转台、矢量网络分析仪、力矩扳手、衰减器、功率放大器以及测试固定夹具。具体的操作步骤和测试过程中的注意事项可参考第 8 章有关测试部分内容。

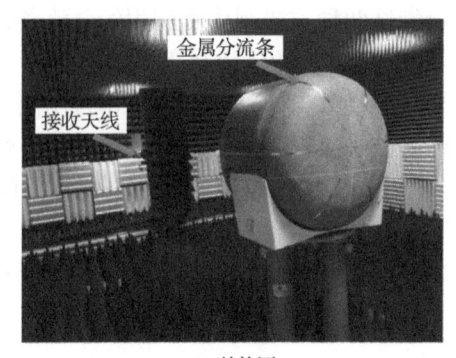

(a) 局部图　　　　　　　　　　(b) 整体图

图 10.21　天线-天线罩带金属分流条测试

10.3.4　测试结果对比分析

仿真和测试时都采用标准喇叭天线(工作频段 8～12GHz)，计算和测试频率为 9GHz，计算和测试结果如图 10.22 所示。在不影响数据真实性的前提下，对测试方向图曲线进行了平滑处理，这样有利于数据对比。从图中可以看出，测试和仿真结果基本一致，十字型金属分流条对天线罩的电磁波传输影响明显，方向图主瓣增益被抑制了约 3dBi，副瓣明显抬升。而中空十字型金属分流条对天线罩的电

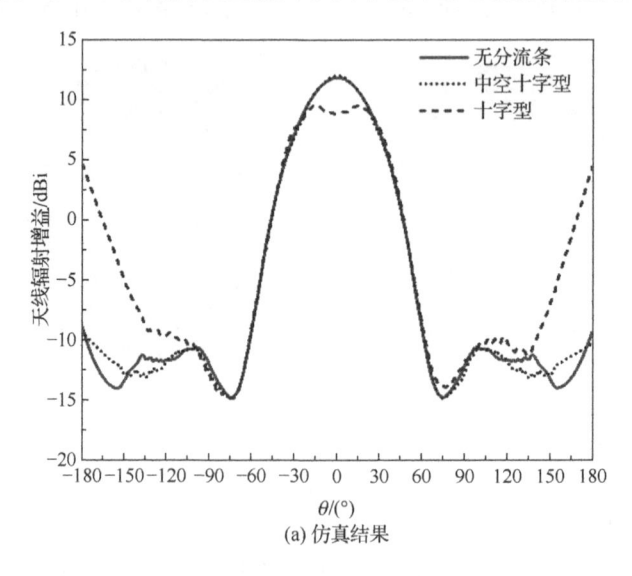

(a) 仿真结果

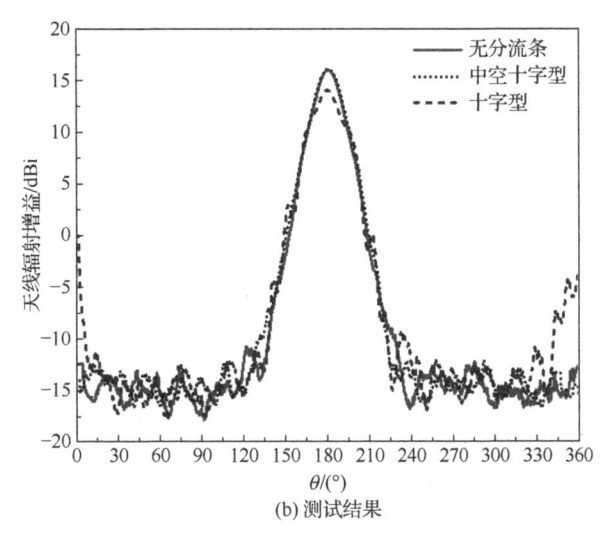

(b) 测试结果

图 10.22　仿真和测试的远场方向图对比

磁波传输影响非常小，主瓣增益略微抬高 0.1~0.2dBi。由于仿真和测试使用的喇叭天线规格不完全一致，导致测试结果的方向图和仿真有一定差异，但不同分流条对方向图的影响差异是一致的。

10.4　复杂罩体的防雷击分流条仿真实验

10.4.1　天线-天线罩仿真模型参数

图 10.23 为复杂天线罩三维模型图，截取前向、侧向和后向天线辐射对应的天线罩区域，如图 10.24~图 10.26 所示。

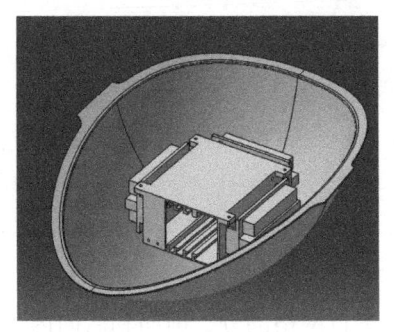

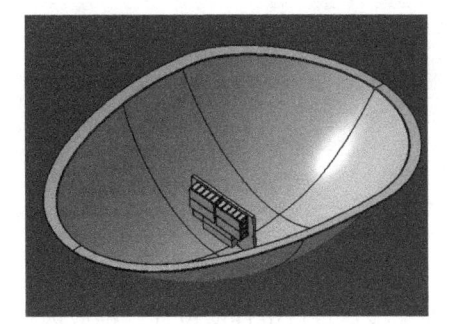

(a) 机头天线罩　　　　　　　　(b) 机尾天线罩

图 10.23　复杂天线罩三维模型图

(a) 俯视图　　　　　　　　　　　　　(b) 斜视图

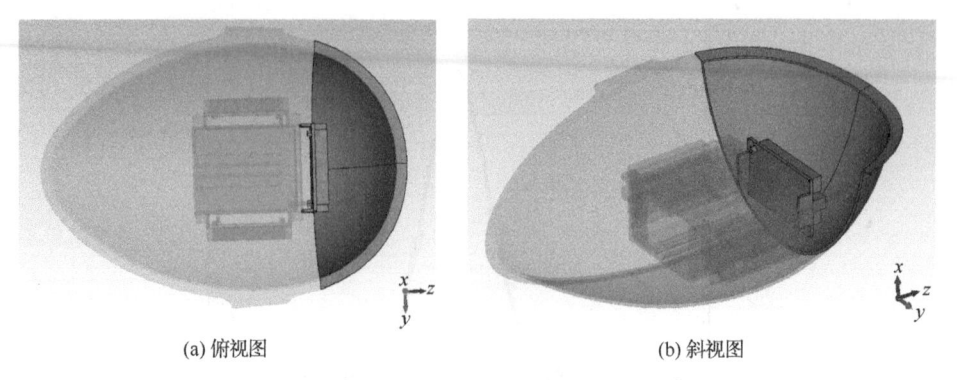

图 10.24　前向天线辐射区域模型截取

(a) 俯视图　　　　　　　　　　　　　(b) 斜视图

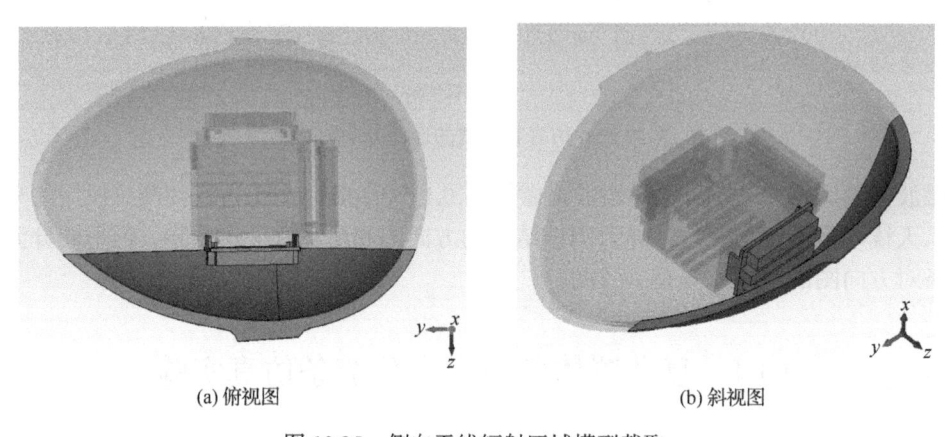

图 10.25　侧向天线辐射区域模型截取

(a) 俯视图　　　　　　　　　　　　　(b) 斜视图

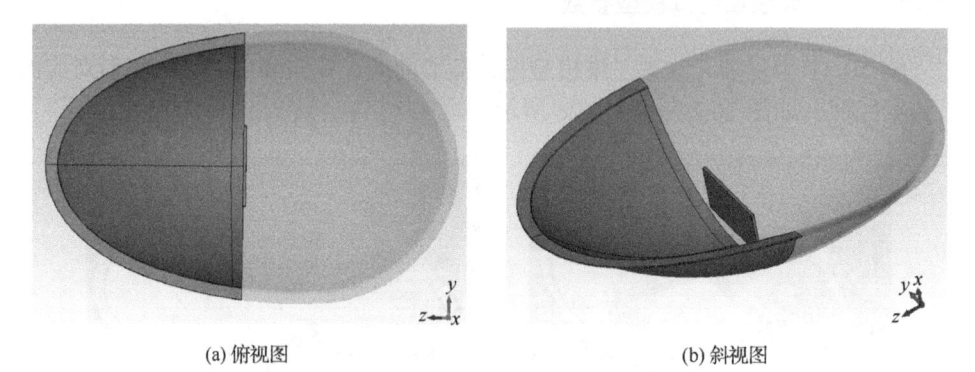

图 10.26　后向天线辐射区域模型截取

对天线罩进行电性能设计，提取内表面进行网格剖分，前向和后向内表面剖分结果如图 10.27 和图 10.28 所示。

(a) 整体　　　　　　　　　　　　　　(b) 局部

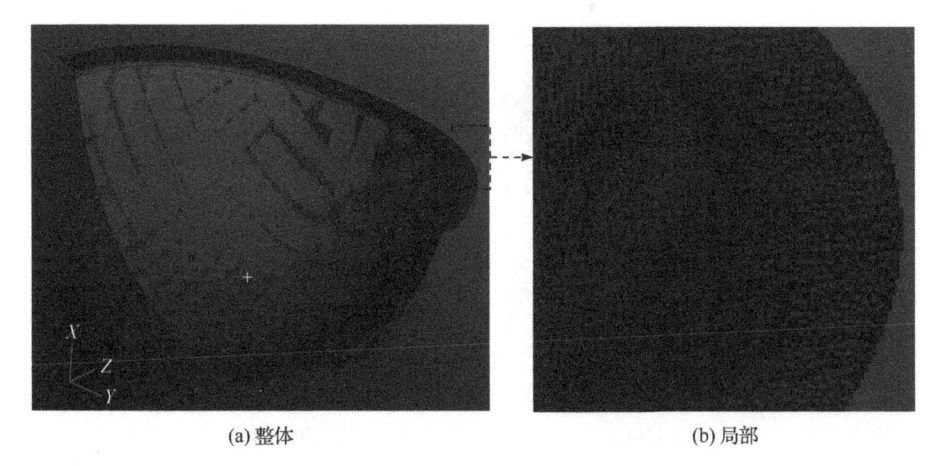

图 10.27　前向罩体区域网格剖分图

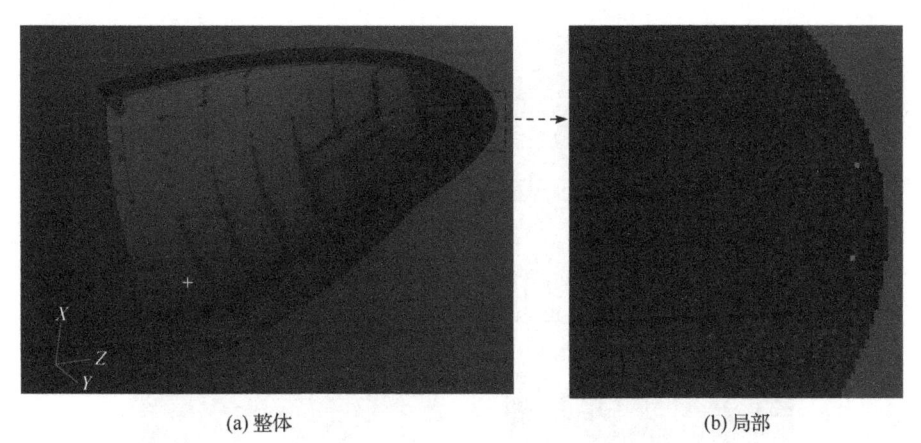

(a) 整体　　　　　　　　　　　　　　(b) 局部

图 10.28　后向罩体区域网格剖分图

10.4.2　天线罩防雷击验证

1. 安装金属分流条

建立"米"字形分流条模型，分流条宽 12mm、厚 2mm，选取天线位置的几何中心作为分流条延长线交点进行建模，机头罩加载分流条模型如图 10.29 所示，机尾罩加载分流条模型如图 10.30 所示。

分别截取前向、侧向和后向天线辐射区域罩体部分，忽略翻边对天线辐射的影响，对相关罩体进行加厚建模，建立仿真模型，进行电磁全波仿真，采用频率 5.7GHz 的标准喇叭天线，模型如图 10.31、图 10.32 和图 10.33 所示，深色区域为等效辐射源。

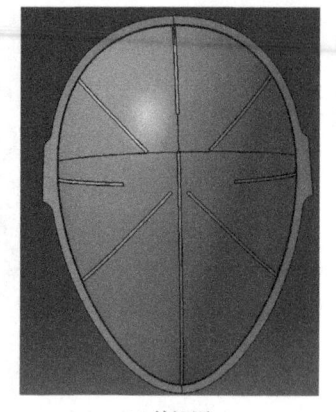

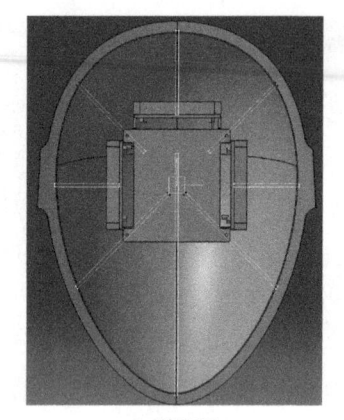

(a) 俯视图　　　　　　　　　　　(b) 俯仰图

图 10.29　机头罩加载金属分流条

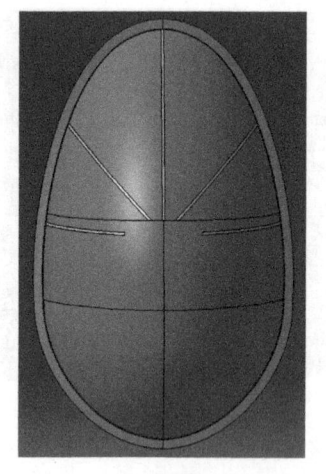

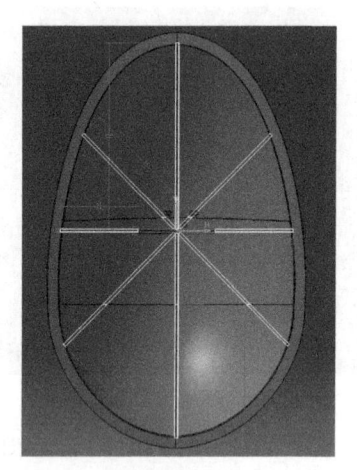

(a) 俯视图　　　　　　　　　　　(b) 俯仰图

图 10.30　机尾罩加载金属分流条

(a) 正视图　　　　　　　　　　　(b) 后视图

图 10.31　前向天线罩体部分加载金属分流条

(a) 正视图　　　　　　　　　　　(b) 后视图

图 10.32　侧向天线罩体部分加载金属分流条

(a) 正视图　　　　　　　　　　　(b) 后视图

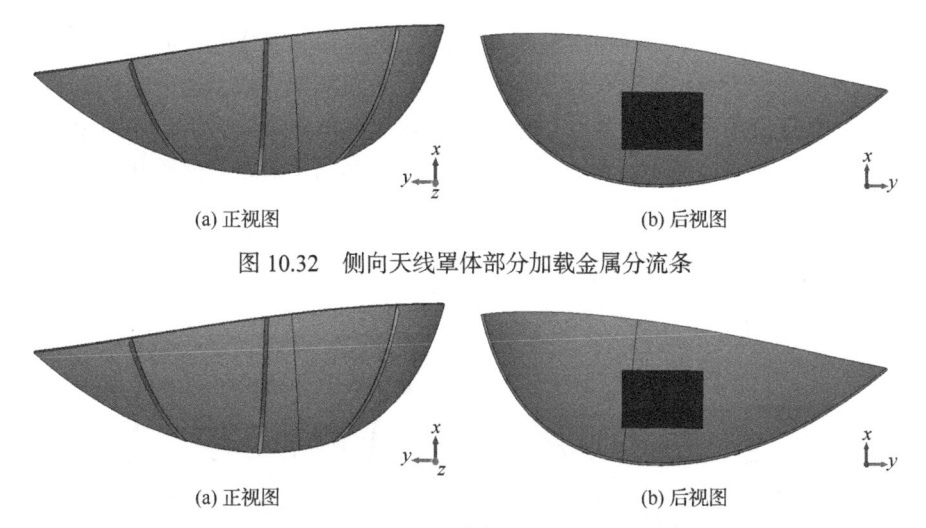

图 10.33　后向天线罩体部分加载金属分流条

在前向天线罩水平极化入射的仿真过程中，在方位角 0°(对电磁辐射影响最大的角度)分别对空载天线、加载天线罩、天线罩加分流条几种情况进行仿真分析，如图 10.34 所示。图中单天线辐射方向图与加罩辐射方向图基本一致，透波率达到 95%左右，天线罩加分流条长度完全遮挡天线口径时，透波率相比不加分流条的天线罩降低 15%左右，并且副瓣电平明显抬升，如图中"天线罩+分流条"和"天线罩+分流条(覆盖天线)"曲面所示。分流条长度遮挡天线口径一半时，透波率降低 5%左右，在加载分流条和天线罩的情况下，能够满足该工况下的透波率要求。

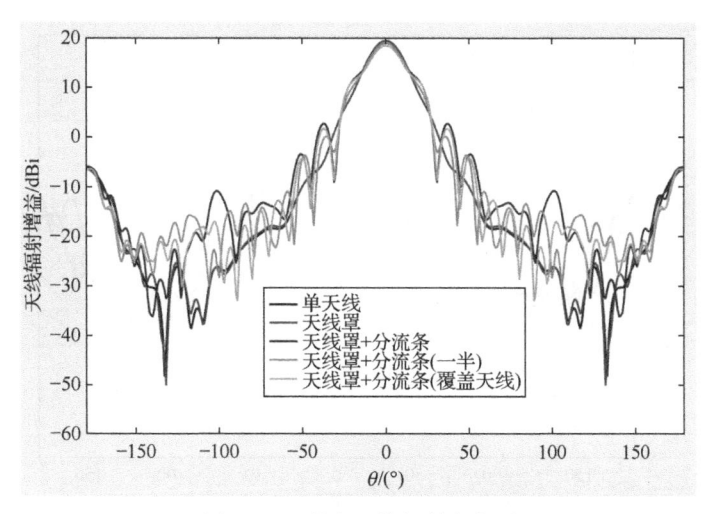

图 10.34　前向天线辐射方向图

在侧向天线仿真中，转换天线极化并进行辐射方向图分析。如图 10.35 所示，在主瓣方向，单天线和加载天线罩后的辐射方向图基本一致，透波率约为 98%。天线罩加载分流条后，垂直极化的透波率相较水平极化降低更多，约为 20%，分流条长度遮挡天线口径一半时，透波率降低约 10%，在加载分流条和天线罩的情况下，能够满足该工况下的透波率要求。

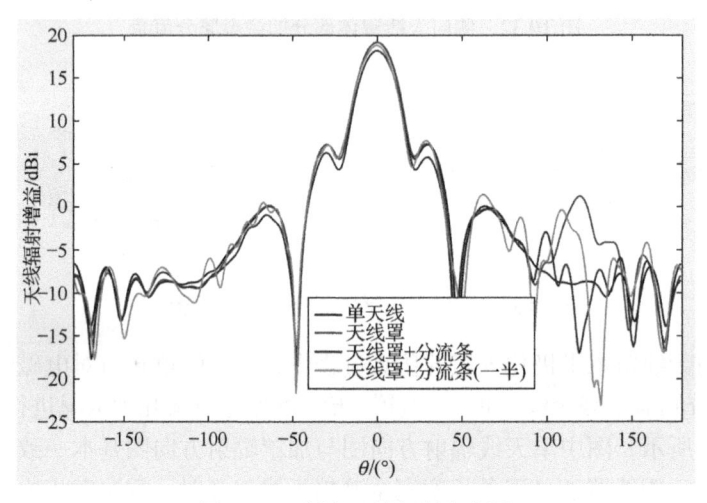

图 10.35 侧向天线辐射方向图

在后向天线仿真中，观察水平极化下的天线辐射方向图。如图 10.36 所示，在主瓣方向，单天线和加载天线罩后的辐射方向图基本一致，透波率约为 95%。由于天线与罩体距离较远，空载和加罩后的方向图副瓣电平变化较大，加载分流

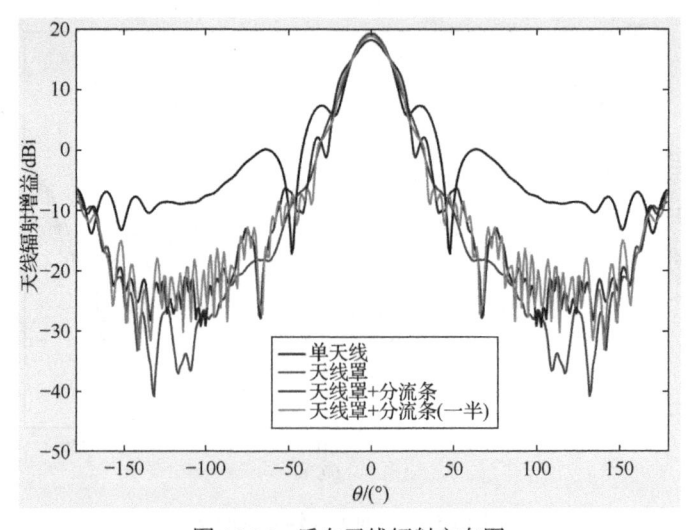

图 10.36 后向天线辐射方向图

条后，天线辐射方向图表现出与正向天线罩相似的变化。分流条长度遮挡天线口径一半时，透波率降低约 5%，在加载分流条和天线罩的情况下，能够满足该工况下的透波率要求。

10.4.3 安装片段式分流条

金属分流条对天线罩的电性能影响显著，但是天线罩处于飞机雷电 1 区，分流条的作用无法替代。西安爱邦电磁技术有限责任公司对加载 ABLDS 片段式分流条的天线罩进行了电性能测试试验，分流条布置如图 10.37 所示。

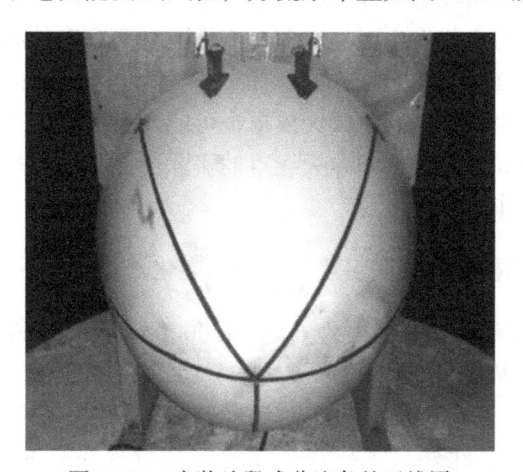

图 10.37 安装片段式分流条的天线罩

图 10.38 为天线罩安装片段式分流条时天线的方向图，从图中可知，片段式分流条对天线罩电性能的影响较小。安装片段式分流条后，天线的主瓣增益变化

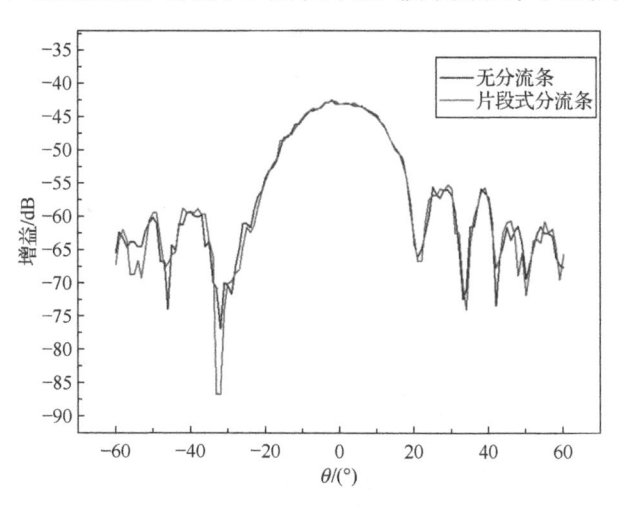

图 10.38 安装片段式分流条时天线的方向图

不明显。与金属分流条相比，在-20~20°范围内，片段式分流条对天线的增益降低约0.1dB，其中在-15°时，增益降低最大，约为1.2dB。ABLDS片段式分流条具有较优秀的电性能[4]，对罩体性能的影响较小，可以搭配合理设计后的罩体结构，进一步完善雷电防护功能。

10.5 温度对天线罩电性能影响的研究

由于天线罩的应用场景多样性，面临不同的工作温度，例如，战斗机超音速飞行时，机头罩会与空气发生强烈摩擦，产生上百摄氏度的高温，而侦察机在高空侦查时可能工作在-50℃的低温环境中。工作温度变化时，材料的介电常数和损耗角正切也会发生变化，同时，天线罩也可能发生一定形变，这些因素都会影响天线罩的透波率等电性能，导致天线罩的实际性能与设计指标存在一定差距，影响天线的精准工作。

10.5.1 介质材料和树脂在不同温度下的特性变化

实际飞行器的飞行高度范围为6000~20000m，跨越了对流层和平流层，温度随海拔变化的趋势如图10.39所示。在对流层内，海拔高度每上升100m，温度大约下降0.6℃。因此，在10km时温度会下降到-53℃左右，而在平流层，温度会回升到-3℃。此外，飞机在低空进行超音速飞行时，表面温度会超过100℃[5]。

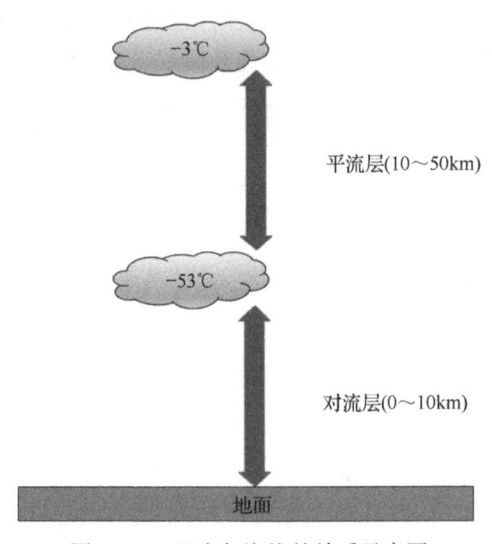

图 10.39 温度与海拔的关系示意图

介质在交变电场作用下的极化会随频率发生变化,这种变化导致介电性能随频率变化。Debye模型描述了介电常数随频率变化的规律,复介电常数(ε^*)的实部和虚部随频率的变化规律分别由式(10.2)和式(10.3)确定[5]:

$$\varepsilon^* = \varepsilon' - i\varepsilon'' \tag{10.2}$$

$$\varepsilon' = \varepsilon_\infty + \frac{\varepsilon_s - \varepsilon_\infty}{1+\omega^2\tau^2} \tag{10.3}$$

$$\varepsilon'' = \frac{(\varepsilon_s - \varepsilon_\infty)\omega\tau}{1+\omega^2\tau^2} \tag{10.4}$$

式中,ε'和ε''分别是复介电常数的实部和虚部;ε_s为静态介电常数,是介质在极低频下的介电常数;ε_∞为稳态介电常数,是介质在极高频下的介电常数;τ为弛豫时间,为极化开始到完成所用的时间,其与温度有关。

温度对介质电性能的影响可以通过 Debye 模型进行分析,由式(10.3)和式(10.4)可知,温度对介电常数的影响主要体现在 ε_s、ε_∞、τ 和温度 T 之间的关系。

1. 静态介电常数

$$\varepsilon_s = \varepsilon_\infty + \frac{n_0 \alpha'}{\varepsilon_0 T} \tag{10.5}$$

式中,n_0是单位体积内的极化离子数。可见,静态介电常数 ε_s 和温度 T 呈反比关系[6,7]。

2. 稳态介电常数

$$\varepsilon_\infty = 1 + \frac{n_0}{\varepsilon_0}(\alpha_e + \alpha_i) \tag{10.6}$$

式中,α_e 和 α_i 分别是电子位移极化率和离子位移极化率,基本不随温度变化;n_0主要和材料密度有关,材料密度在一定范围与温度呈线性关系,且变化不大,所以 ε_∞ 随温度升高呈线性规律略微下降[8]。

3. 弛豫时间

$$\tau = Ae^{B/T} \tag{10.7}$$

式中,A 和 B 是待定的系数,和材料本身的结构有关。

综合以上参数,得出温度对介电常数有较大影响。
(1) 低温时,弛豫时间很大,$\omega\tau \gg 1$,$\varepsilon' \to \varepsilon_\infty$。
(2) 高温时,弛豫时间很小,$\omega\tau \ll 1$,$\varepsilon' \to \varepsilon_s$,$\varepsilon_s$ 随温度升高而下降。

(3) 从低温到高温的过程中，随温度升高，ε'先上升后下降，ε_∞上升到极大值ε_s后，随温度升高下降。

作为一个实例，重点研究环氧树脂(EP)介电性能随温度变化的规律。EP 具有优良的力学性能、耐化学腐蚀性和良好的介电性能，已成为最常用的天线罩材料。图 10.40 所示为三维中空织物复合材料，采用面板和芯层一体化结构，并且一次固化成型。

图 10.40　中空织物材料样件

图 10.41 为环氧树脂材料在 1GHz、5GHz 和 10GHz 下介电性能随温度的变化规律。损耗角正切 tanδ 随温度变化不大，而相对介电常数 ε_r 受温度影响较大，在 30℃之前，相对介电常数变化不大，30～70℃相对介电常数先增加后减少，并在 60℃左右出现一个极大值，然后变得平稳，在 100℃附近，相对介电常数先增加后减少，并在 100℃左右出现一个极大值，后面的变化规律和前面的基本一致。

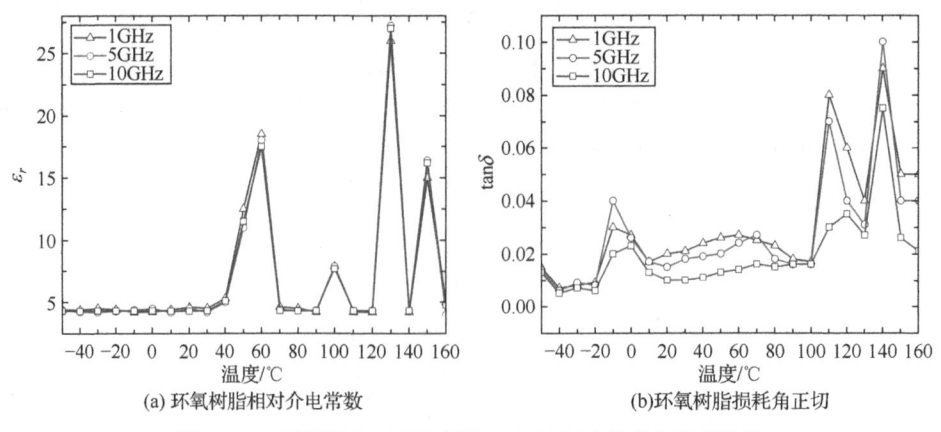

(a) 环氧树脂相对介电常数　　(b) 环氧树脂损耗角正切

图 10.41　不同频率下环氧树脂介电性能随温度变化规律[9]

图 10.42 为中空织物材料在 1GHz、5GHz、10GHz 下，介电性能在-60～20℃的变化规律。中空织物 tanδ 随温度变化不大，而 ε_r 随温度变化较大，在-60～20℃之间先上升后下降，在-10℃附近达到最大值。

(a) 中空织物相对介电常数

(b) 中空织物损耗角正切

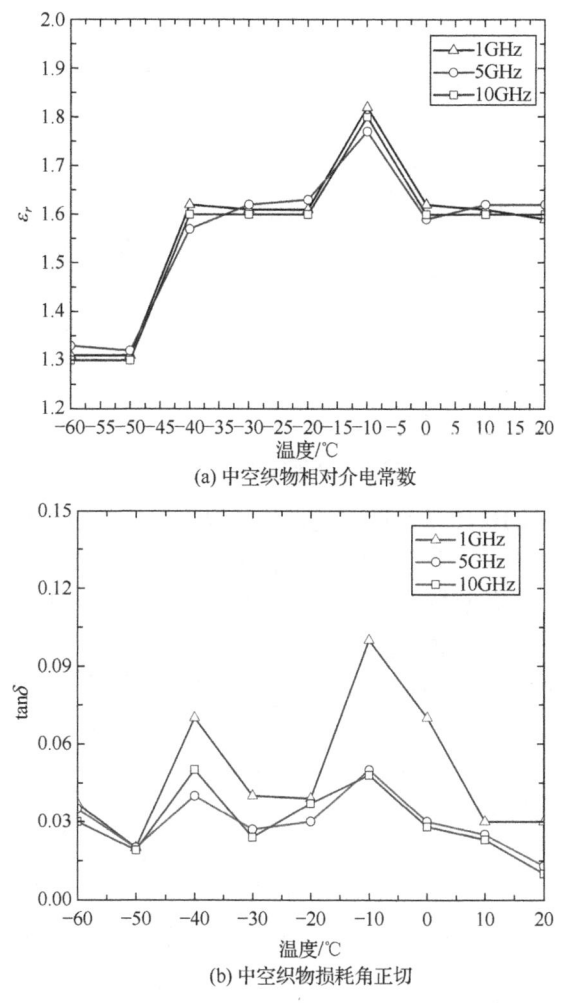

图 10.42 不同频率下中空织物介电性能随温度变化规律[9]

由图 10.41 和图 10.42 可知，环氧树脂和中空织物的介电常数在一定区间随着温度升高呈现先增加后减小的变化规律，增加到极大值后，随温度升高介电常数逐渐下降，其介质的电性能随温度变化的规律与 Debye 模型的分析结果基本一致。

10.5.2　天线罩在不同温度下的透波特性变化

在上述介电性能与温度关系的研究基础上，构建直径 2m 的部分截球形天线罩仿真模型，分析天线罩在不同温度下电性能的变化。该模型采用单层结构，厚度为 7.1mm，尺寸和仿真模型如图 10.43 所示，高度为 500mm。在仿真模型中采用标准喇叭天线作为发射天线，研究天线罩的功率传输系数以及远场电性能。

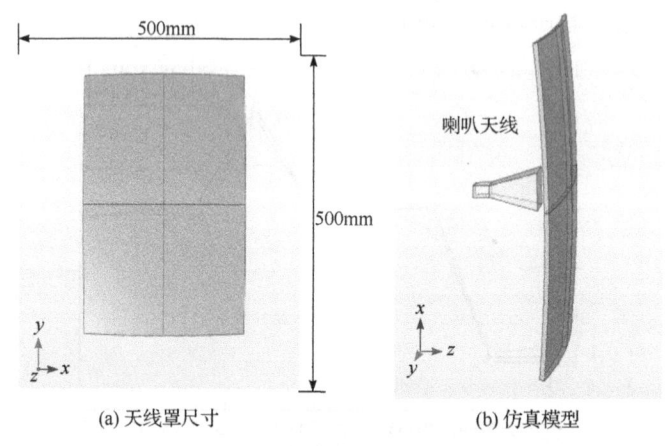

(a) 天线罩尺寸　　　　　　　　　　(b) 仿真模型

图 10.43　天线罩的尺寸和仿真模型

在图 10.41 和图 10.42 所示的介电性能随温度变化的曲线基础上，分别对环氧树脂天线罩–50~160℃，中空织物天线罩–60~20℃的电性能进行仿真和分析。图 10.44(a)、(b) 分别为环氧树脂和中空织物天线罩在频率 9GHz、9.6GHz 和 10GHz 下，不同温度下的功率传输系数。

由图 10.43 和图 10.44 可以看出，功率传输系数的极小值点与相对介电常数的极大值点基本一致，相对介电常数较低时，天线罩的传输性能比较好。

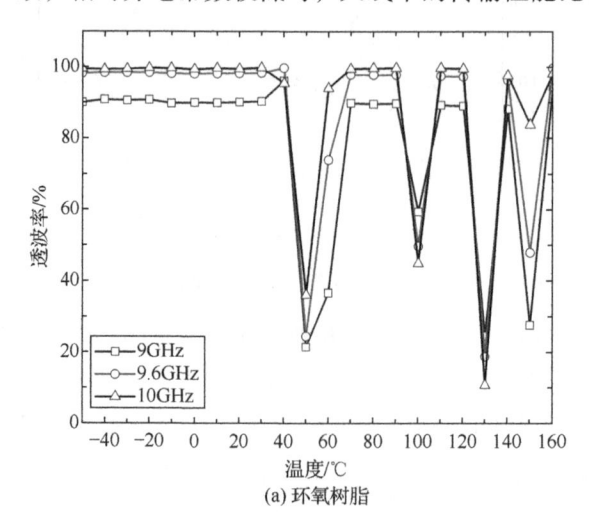

(a) 环氧树脂

(b) 中空织物

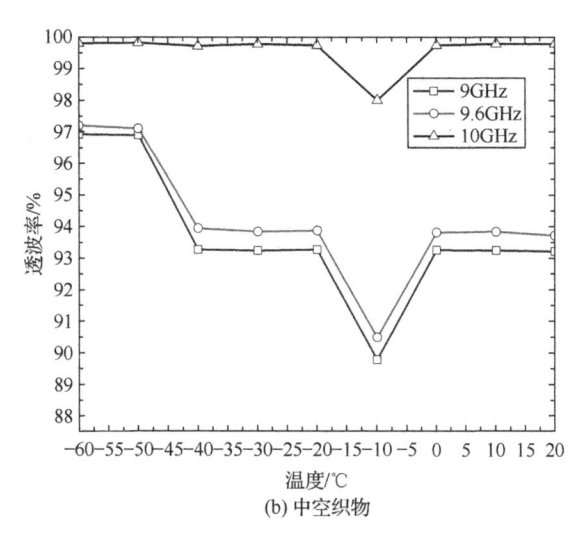

图 10.44　不同材料天线罩功率传输系数(透波率)随温度变化曲线

图 10.45 为不同天线罩的远场增益随温度变化曲线，可见环氧树脂和中空织物在三个频点下，功率传输随温度变化的趋势相同。中空织物的透波率随温度变化较为平缓，整体上中空织物的透波效果优于环氧树脂。在 40℃之前，环氧树脂天线罩的透波率较为平缓，40~70℃透波率先下降后上升，并在 50℃附近出现一个极小值点，然后变得平稳，随后在 100℃、130℃和 150℃三个温度附近出现先下降后上升的趋势，并在这三个点附近取得极小值；中空织物在-60~20℃范围内透波率先下降后上升，并且在-10℃附近取得极小值。

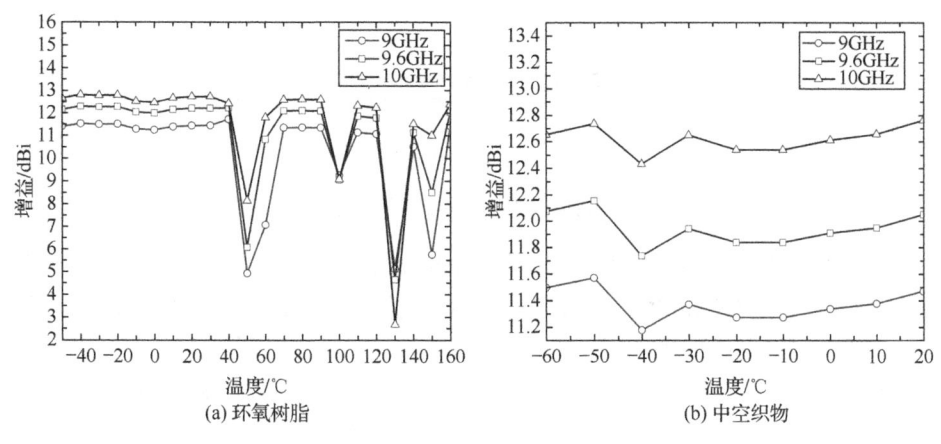

(a) 环氧树脂　　　　　　　　　　　(b) 中空织物

图 10.45　不同天线罩的远场增益随温度变化

为了更好地研究温度对天线罩电性能的影响，对不同温度下，天线-天线罩整体的远场半波束宽度进行仿真和分析，图 10.45 和图 10.46 分别为 9GHz、9.6GHz

和 10GHz 下，加载天线罩时远场半波束宽度随温度变化的曲线。

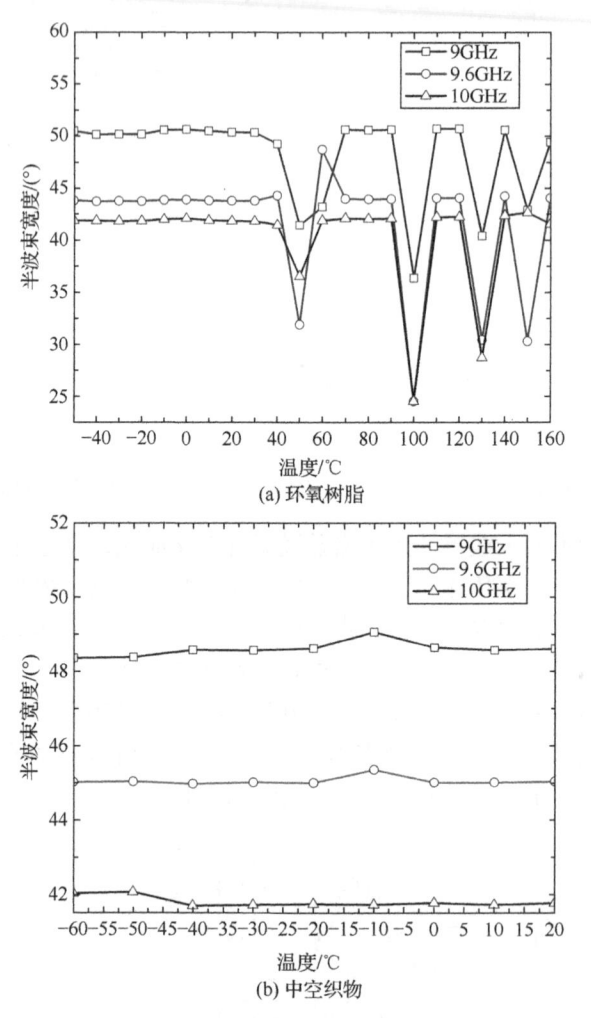

(a) 环氧树脂

(b) 中空织物

图 10.46 不同天线罩远场半波束宽度随温度变化

为了进一步研究温度对天线罩电性能的影响，在 9.6GHz 下，对加载天线罩后不同温度的方向图和电场分布进行分析和计算。图 10.47 为加载天线罩时不同温度下的二维辐射方向图。

由图 10.47 可以看出，与 20℃常温下的增益相比，加载环氧树脂天线罩时，50℃、100℃、130℃和 150℃主瓣增益存在 3~7.5dB 不同程度的降低，主瓣宽度有着不同程度的收缩，最大副瓣也提高了 3~5dB；而加载中空织物天线罩时，方向图变化较小，主瓣增益变化 0.2~0.5dB，副瓣基本保持一致。

图 10.48 为 20℃、50℃、130℃、150℃下加载环氧树脂天线罩时的侧面电场

分布，图 10.49 为-40℃、-10℃、20℃下加载中空织物天线罩时的侧面电场分布。

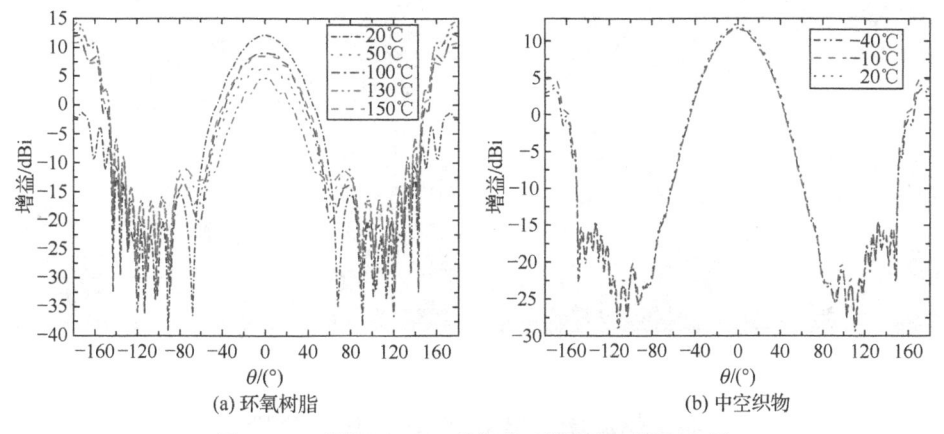

(a) 环氧树脂

(b) 中空织物

图 10.47 频率 9.6GHz 时加载天线罩的二维方向图

(a) 20℃

(b) 50℃

(c) 130℃

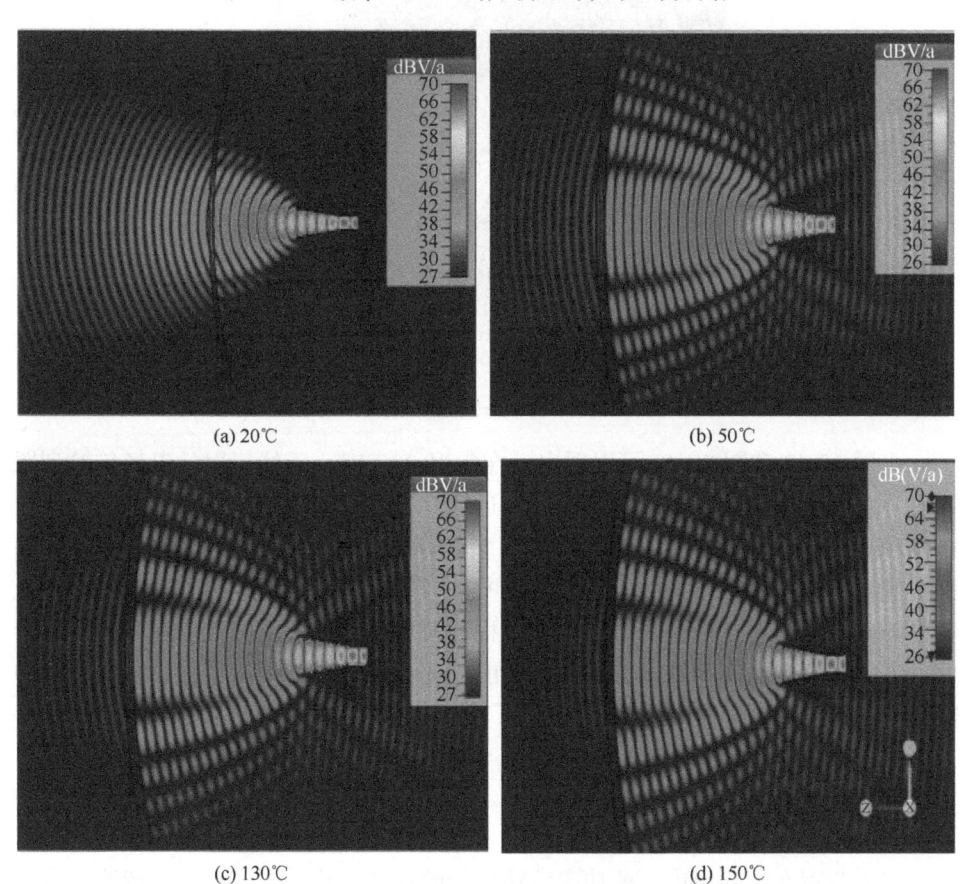

(d) 150℃

图 10.48 频率 9.6GHz 环氧树脂天线罩辐射电场分布

(a) -40℃

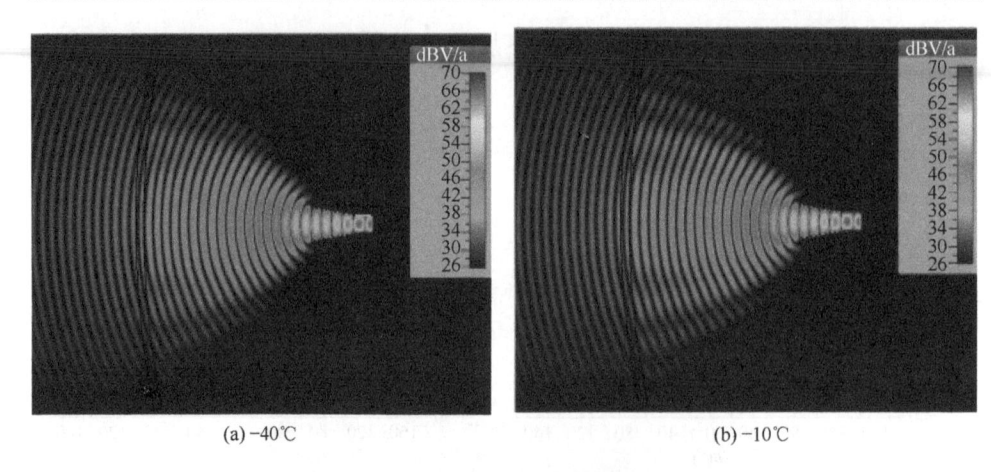

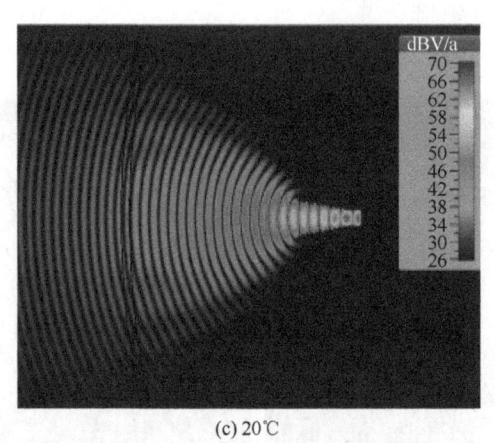

(b) -10℃

(c) 20℃

图 10.49　频率 9.6GHz 中空织物天线罩辐射电场分布

由图 10.48 和图 10.49 可以看出，在常温 20℃时，天线辐射的电场传输到罩体时，大部分能量能够透过罩体辐射到远场，且在传输过程中波形变化不大，而在 50℃、130℃和 150℃时，由于环氧树脂具有很大的相对介电常数，电场在传输到环氧树脂罩体时，大部分能量被反射回去，只有很少的能量沿着辐射方向传输，辐射方向的远场增益极大降低，传输过程中波形变化很大。同时，过多的反射会使副瓣抬升，进而影响远场方向图的性能。而从图 10.49 可以看出，电场通过中空织物时，能量基本得以传输，在-10℃时，反射稍微大于在-40℃时，整体上，方向图性能和增益性能比较稳定。

10.5.3　实物测试与分析

对天线罩在不同温度下的功率传输进行验证性实验，图 10.50 为待测天线罩实物。

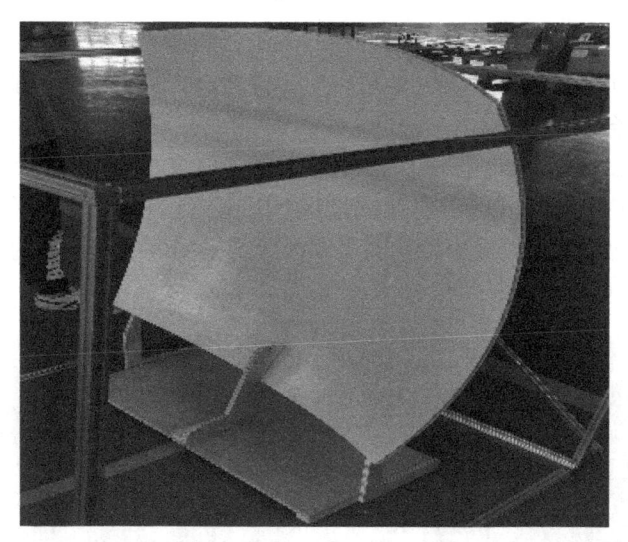

图 10.50 待测天线罩实物

1. 测试系统原理图

按照图 10.51 所示的测试系统示意图，对天线罩在不同温度下的功率传输进行测试。测试过程是在低气压试验箱进行的，以验证天线罩的环境适应性与可靠性。该低气压试验箱主要用于航空、航天、信息、电子等领域，用于确定仪器仪

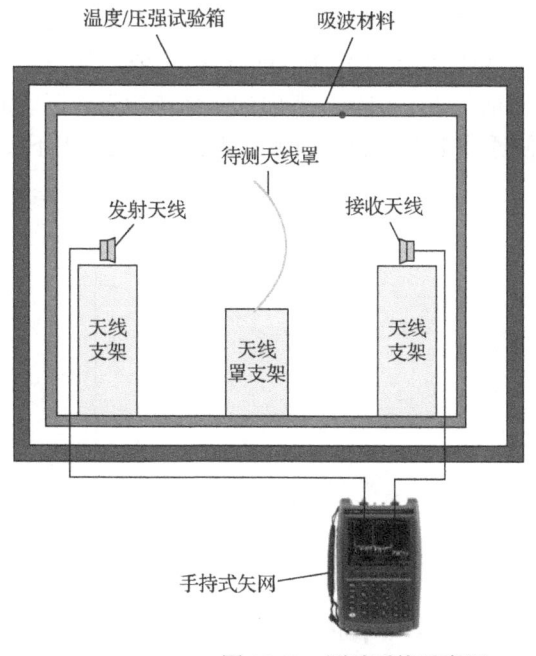

图 10.51 测试系统示意图

表、电工产品、材料、零部件、设备在低气压、高温、低温单项或同时作用下的环境适应性与可靠性试验，同时还可以对试件通电，进行电气性能参数的测量，采用整体式组合的结构形式。

试验箱测试使用标准喇叭天线作为辐射和接收天线。

试验箱的内壁为金属，需要在试验箱中搭建一个支撑框架结构，在其 6 个面铺设地毯式吸波材料，以减少和去除金属内壁带来的电磁波反射的影响。图 10.52 所示为构造的测试环境。

(a) 高低温/湿度/低气压试验箱　　(b) 吸波环境

图 10.52　测试环境

2. 仿真与测试结果的对比和分析

图 10.53 为天线罩在 9.6GHz 和 10GHz 的仿真和测试结果，可以看到，测试和仿真结果趋势基本一致，并且都在 -10℃附近取得极小值。与仿真结果相比，测试曲线的透波率低于仿真曲线 5%～10%。考虑到实际待测天线罩表面涂有抗静电涂层和抗雨蚀涂层，会使透波率下降 5%～10%，因此，测试结果下降 5%～10%

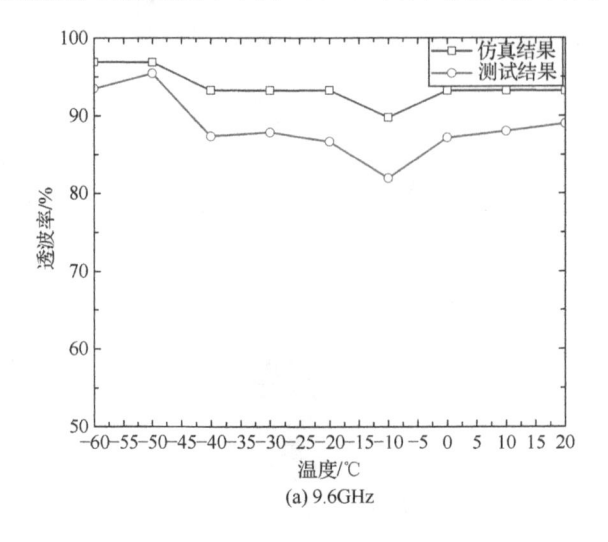

(a) 9.6GHz

(b) 10GHz

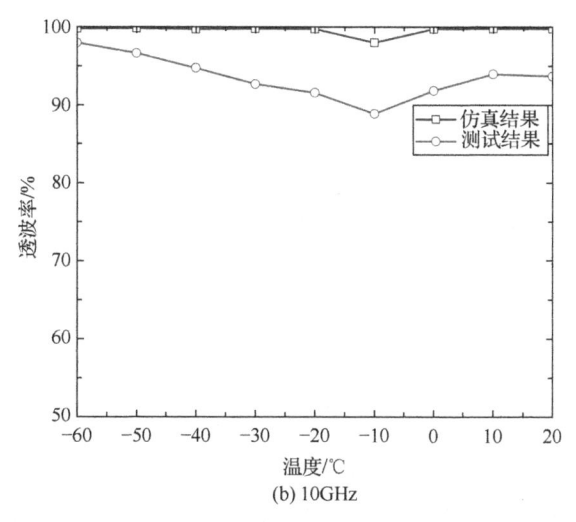

图 10.53　不同频率对应的仿真与测试透波率对比

属于正常现象。

此外，通过仿真和测试结果的对比，可以看出天线罩的传输性能随温度的变化，与相对介电常数和温度的变化有关，透波率的极小值点通常对应相对介电常数的极小值点。

10.6　本章小结

通过建立防雷击分流条的电磁仿真模型，研究平板天线罩上加载金属分流条后对电性能的影响，分析了不同材料、长度、宽度、厚度的金属分流条加载到天线罩上对电磁波传输性能的影响。不同电磁波入射方向下，分流条对方向图主瓣的影响也不一样。常规十字型金属分流条严重损害天线罩的透波率和天线的电磁波传输特性；中空十字型金属分流条通过合理的排布设计，不仅能有效防雷，还能在不影响天线电磁波传输特性的前提下，甚至在小角度入射时略微提高天线罩的透波率。

材料的介电性能会随温度的变化而变化，利用 Debye 模型可以对材料介电性能与温度的关系进行理论分析。高的介电常数会增加罩体的反射，高的损耗角正切会使热损耗变大。天线罩的透波率在介电常数极大值处通常会出现不同程度的恶化，较低的透波率会导致罩体处波形的变形，同时，远场方向图性能也会发生恶化和畸变。研究材料介电性能与温度的关系，以及天线罩的电性能随温度变化的规律，在实际工程应用中具有重要价值。

参 考 文 献

[1] 蔡良元, 温磊, 冯便便, 等. 某型雷达雷达天线罩雷电防护技术的研究. 大型飞机关键技术高层论坛暨中国航空学会学术年会, 专题材料 49, 2007.

[2] 郭磊, 张科, 陈瑞, 等. 金属氧化物避雷器状态评价方法及应用分析. 电瓷避雷器, 2013 (6):95-99.

[3] 中国航空材料手册委员会. 中国航空材料手册第三卷: 铝合金、镁合金、钛合金. 中国标准出版社, 1989.

[4] 爱邦电磁. 新型雷电防护导流条.[2025-02-20]. http://www.airborne-em.com/html/zyfh/46.html.

[5] 张宇欣, 李育, 朱耿瑞. 青藏高原海拔要素对温度、降水和气候型分布格局的影响. 冰川冻土, 2019, 41(3): 505-515.

[6] 方俊鑫, 殷之文. 基电解质物理学. 北京: 科学出版社, 2000.

[7] Stojan R, Aneta P, Zoran P. Dependence of static dielectric constant of silicon on resistivity at room temperature. Serbian Journal of Electrical Engineering, 2004, 1(2): 237-247.

[8] 徐龙君, 刘成伦, 鲜学富. 煤静态介电常数和复传输系数的研究. 矿业安全与环保, 2000, 27: 6-8.

[9] 余燕飞. 钛酸钡/环氧树脂复合材料的制备及其介电性能的研究. 北京化工大学, 2007.

第 11 章　变厚度天线罩电性能设计技术

复合材料或介质材料天线罩的厚度和形状会影响天线-天线罩系统的电磁传输特性。当天线辐射的电磁波穿过天线罩时，电磁波信号的幅度和相位将不可避免地发生变化。影响这些变化的因素有复合材料的特性(如介电常数、电导率)、天线罩的罩壁厚度、电磁波入射角等。为了减小电磁波穿过天线罩后幅度和相位的变化，需要优化天线罩的电性能。随着对天线-天线罩性能要求的不断提高，需要减小天线罩对天线性能的影响。为此，变厚度天线罩设计思路逐渐被提出，变厚度天线罩设计可以有效提升天线罩的电性能，从而减弱天线罩对天线辐射性能的影响。

本章提出一种直接计算天线罩内壁入射角的方法，进行天线罩变厚度设计。首先，介绍变厚度设计方法中各参数的计算，包括天线罩内壁入射角和平均入射角的计算。接着，详细说明变厚度天线罩壁厚设计的流程。最后，为验证变厚度天线罩设计方法的可行性，仿真设计实例天线罩的变厚度，所获电性能与等厚度天线罩的电性能进行对比，以验证变厚度天线罩设计方法对提升传输性能的有效性。

11.1　变厚度天线罩的设计原理

一般来说，天线罩外壁的形状通常为流线型，其内部辐射源有单天线、阵列天线，以及相控阵天线。由于天线辐射到天线罩内壁的入射角范围较大，采用等厚度天线罩设计难以满足电性能设计的要求。

对于曲面天线罩，特别是机载机头天线罩，采用等厚度天线罩设计，天线辐射到天线罩内壁的电磁窗口时，很难实现天线罩内壁各个辐射区域的高透波特性。为了提高或者改善透波率等电性能，提出分区域变厚度设计方法。该方法将天线罩内壁划分成多个区域，确定每个区域内天线辐射的入射角范围，以天线罩功率传输给定的工程指标为优化目标，改变给定区域的天线罩壁厚度，设计出不同区域范围内的天线罩壁最佳厚度，提高功率传输，减少内壁的反射，逐步提高天线罩整体的透波性能。

11.1.1　变厚度天线罩设计方法

由于不同区域入射角分布的差异，等厚度天线罩在不同区域的传输性能往往无法达到最佳水平。变厚度天线罩的设计方法基于射线追踪法和天线的辐射原理。根据不同区域电磁波的入射角范围，设计不同区域范围内的天线罩壁最佳厚度，以提升天线罩的电性能。正如第3章所述，射线追踪法假设电磁波射线入射到天线罩内壁的一点(点 B)，然后从天线罩外壁的点 A 出射，为了使透波性能达到最佳，要求被分析的物体必须具有局部平板的特征，保持 A 点和 B 点具有相同的切线方向。在这两个约束条件下，内、外天线罩壁在截断点处具有切线方向平行的特点，即近似局部平板的特性。

11.1.2 内壁入射角计算方法

本章的变厚度天线罩设计针对具有旋转对称的天线罩。由于罩体具有旋转对称性，在罩内天线阵列旋转扫描过程中，天线辐射到天线罩内壁的入射角存在相似性。基于这种几何对称性，采用二维平面设计方法，在提供一条天线罩外壁母线的基础上，通过分析天线罩壁厚度对天线阵列或相控阵天线辐射特性的影响，设计天线罩内壁的结构。二维设计方法能够加快数据迭代的过程，同时对降低计算复杂程度也有帮助。

假设辐射源的天线为天线阵列，由于天线阵列的口面边长远大于波长，因此，可以认为天线辐射的方向垂直于天线口面的方向[1]，如图 11.1(a)所示。假设天线阵列沿着 x 轴方向和 y 轴方向均匀排列，此时天线阵列的辐射方向垂直于天线阵面，如图 11.1(b)所示。在图 11.1(c)中，天线单元的辐射方向沿着 z 轴正向。若天线阵面发生旋转，天线的辐射方向也会随之变化，但辐射方向始终垂直于天线阵面。

图 11.2 为在天线罩外壁形状一定的条件下，构建的天线阵列-天线罩系统。假设天线辐射源是线性阵列，置于天线罩内。假设天线当前位置为实线的位置，此时，阵列的辐射方向是 **MA**，M 是天线阵面的中心位置，A 点是天线孔径中心位置 M 辐射的射线与天线罩外壁的交点，切线 1 是在 y-z 平面内，以 A 点做天线罩外壁母线的切线，**n** 是天线罩外壁在点 A 处的法线方向，切线 2 是在 yz 平面内，

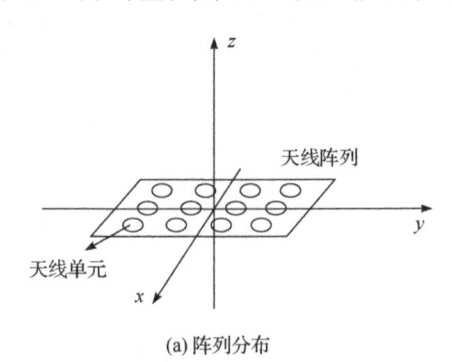

(a) 阵列分布

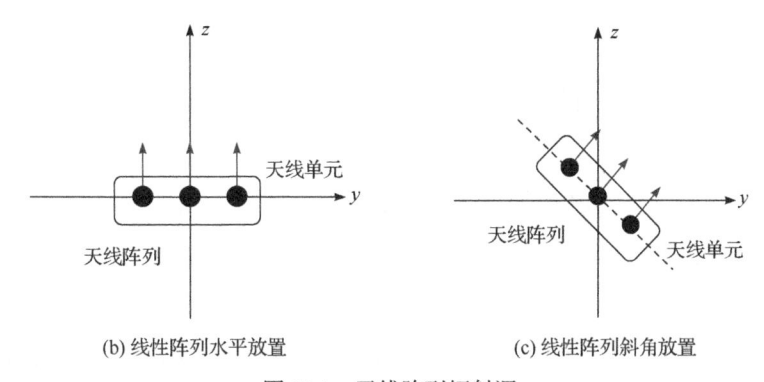

(b) 线性阵列水平放置　　　　(c) 线性阵列斜角放置

图 11.1　天线阵列辐射源

以 B 点做天线罩内壁母线的切线，且切线 1 与切线 2 平行。假设天线罩壁总厚度是 d，以此构建的天线罩内壁，法线方向延长线与天线罩内壁(虚线)的焦点是 B，$\boldsymbol{MB}$ 为天线阵列旋转到虚线位置时的阵列辐射方向，θ 是天线阵列旋转到实线位置时对应的天线阵列扫描角，θ_1 是假设的天线口面中心 M 辐射到天线罩外壁时的入射角，θ_2 是射线追踪法条件下辐射到 A 点，实际是 B 点传输到 A 点，在 B 点位置电磁波的入射角，θ' 是天线阵列旋转到虚线位置时对应的天线阵列扫描角。

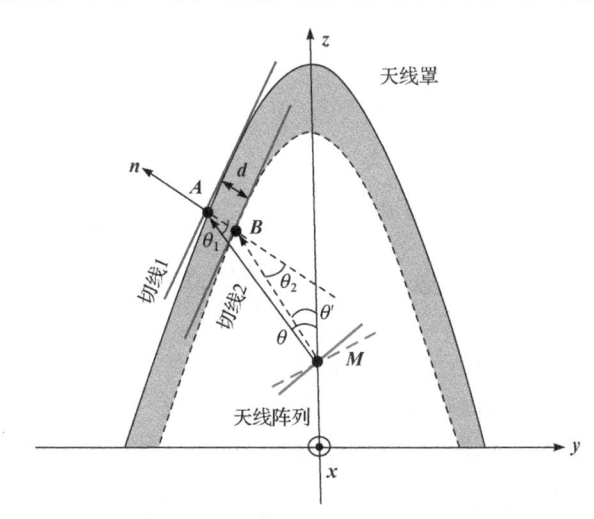

图 11.2　天线阵列-天线罩系统

根据射线追踪原理，天线罩内壁的入射点，以及天线罩外壁的出射点之间，法线方向是平行的，切线方向也平行。天线罩厚度的设计将确定天线罩外壁的母线，假设天线罩外壁曲线为 $f(x,y,z)$，图 11.2 给出了天线阵列口径，以及天线阵列放置在天线罩体内部的位置。假设 M 点与坐标原点的距离为 h，天线扫描角为

θ，则 $MA = (x_1, y_1 - \sin\theta, z_1 - (\cos\theta + h))$。直线 MA 的方程为 $x = 0$，$\dfrac{y}{\sin\theta} = \dfrac{z}{\cos\theta}$，$MA$ 垂直于天线阵列的口面，天线罩外壁曲线和 MA 方程联立求解，可得 A 点坐标 (x_1, y_1, z_1)。

假设天线罩为对称旋转体，所以由 A 点绕着 x 轴旋转构成曲线 l，假设曲线 l 的函数为 $g(x, y, z) = x^2 + y^2 - z_1$，则切线方程为 $g'(x, y, z)$，$\mathbf{F}_1 = (x_2, y_2, z_2)$ 为 A 点关于天线罩外壁的切线方向，已知天线罩外壁曲线，则切线方程为 $f(x, y, z)$，$\mathbf{F}_2 = (x_3, y_3, z_3)$ 为 A 点关于曲线 l 的切线方向。A 点法线方向的单位向量可推导为

$$\mathbf{n} = \frac{\mathbf{F}_1 \times \mathbf{F}_2}{\mathbf{F}_1 \cdot \mathbf{F}_2} = (x_n, y_n, z_n) \tag{11.1}$$

则此时的天线罩外壁入射角为

$$\theta_1 = \arccos\left(\frac{\mathbf{MA} \cdot \mathbf{n}}{|\mathbf{MA}| \cdot |\mathbf{n}|}\right) \tag{11.2}$$

假设 B 点坐标是 (x_4, y_4, z_4)，天线罩的罩壁厚度为 d，即

$$x_4 = x_1 - d \cdot x_n \tag{11.3}$$

$$y_4 = y_1 - d \cdot y_n \tag{11.4}$$

$$z_4 = z_1 - d \cdot z_n \tag{11.5}$$

则此时的天线罩外壁入射角 θ_2 为

$$\theta_2 = \arccos\left(\frac{\mathbf{MB} \cdot \mathbf{n}}{|\mathbf{MB}| \cdot |\mathbf{n}|}\right) \tag{11.6}$$

通过上述分析可知，在已知天线罩壁厚度的条件下，当天线阵列在任意位置辐射到天线罩壁上时，可以观察到天线阵列上的任意一点辐射到天线罩内壁的入射角。基于电磁波传输规律，可以估算天线罩壁厚度的取值范围。具体而言，该厚度应在 $\left(0, \dfrac{\lambda_{\min}}{2}\right]$ 范围内，式(11.3)~式(11.5)中，d 为天线罩壁厚度，$\lambda_{\min}$ 为要求通过频段范围的天线辐射最大频率值所对应的波长。

厚度估算的上限值 $\lambda_{\min}$ 确保天线罩壁厚度不至于过大，从而避免对电磁波传输性能造成不必要的损耗[2]。实际上，天线罩壁厚度的最佳取值还需考虑其他因素，如材料特性、结构设计等。通过估算，能够初步确定天线罩壁厚度的合理取值范围，为电性能设计提供一定的保证。

11.1.3 天线罩内壁平均入射角计算

天线罩内壁入射角的大小及范围,直接影响变厚度天线罩设计,是影响天线罩电性能设计的重要参数之一。天线罩内壁入射角的计算结果,不仅会限制天线罩壁厚度的变化范围,还会影响天线罩的传输特性。由上节可知,当天线辐射到天线罩壁任意位置时,可以观察到天线阵列上任意一点辐射到天线罩内壁的入射角。假定天线的旋转中心位置在天线罩对应旋转轴上时,天线阵列通过水平旋转,俯仰角发生变化,从而改变电磁波的辐射方向。随着天线阵列中扫描角度的变化,无论天线阵列是平面圆阵还是方阵,天线辐射的轨迹在 y-z 平面都会形成一个圆面,圆形的半径与圆阵的口面半径相关,并且与方阵对应的口面对角线长度相关。天线阵列中心位置位于天线罩不同高度时,天线阵列的运动轨迹包含在天线罩体内的范围是有区别的。如图 11.3 所示,假设天线阵列中心位置与天线罩旋转轴重合,且天线罩底部的高度为 h,同时天线阵列为圆阵,圆阵的口面半径为 r,并且 $h>r$,则天线阵列的运动轨迹在天线罩内是完整的。

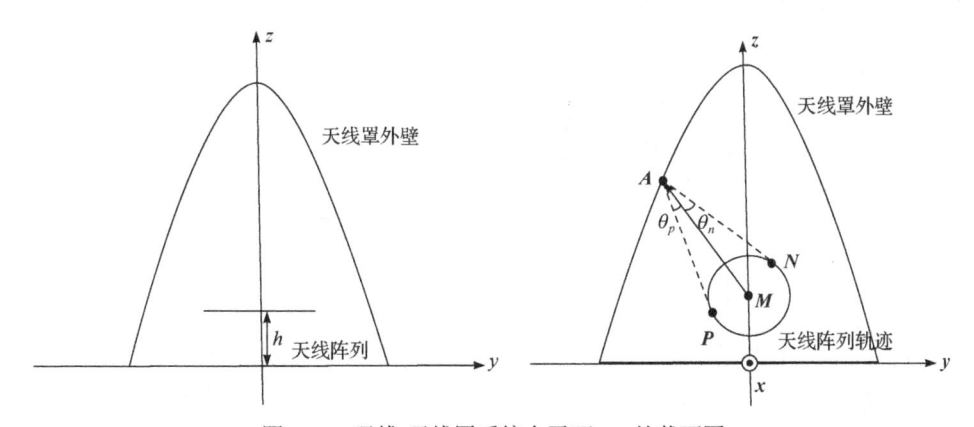

图 11.3 天线-天线罩系统在平面 y-z 的截面图

如图 11.4 所示,天线阵列上的天线辐射到天线罩上一点 A。M 为天线阵列的中心位置,圆表示阵列天线在 y-z 平面内的轨迹,此时,M 是轨迹圆的中心,即圆心。假定天线阵列旋转到 MA 且垂直于天线阵面时,天线阵列中心位置辐射电磁投影到天线罩外壁点 A。图 11.4 中的虚线是通过 A 点做关于轨迹圆的切线,即假定天线阵列在辐射过程中,通过旋转,A 点能接收到天线阵列中不同单元辐射的入射波。P 点和 N 点为轨迹圆的切点。当 N 点辐射电磁波到 A 点,即天线阵列旋转到 AN 垂直于天线阵列口面时,天线阵列的边缘位置发射的电磁波辐射到 A 点、P 点的效果是等同的。

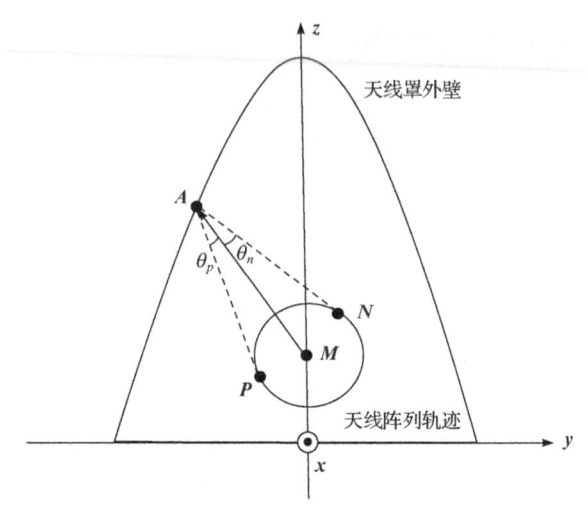

图 11.4 天线阵列轨迹图

11.1.4 天线罩外壁的分割方法

天线罩区域的分割方式直接影响计算方法的难易程度和精度。所有有效分割方法的前提都是充分完成对主体区域的划分，且分割成一定的间隔分布。

在天线罩分割的过程中，需要考虑天线的位置，因为它决定了天线罩最大辐射的电磁窗口，也是需要进行电性能设计的部分。对于天线无法辐射到的位置，虽然不需要考虑电性能设计，但仍然必须满足其他特性要求。

1. 等角度分割外罩壁曲线

图 11.5 所示为在平面 y-z 等角度分割天线罩外壁上的截面图，需要分割的曲线部分是曲线 $\widehat{q_1q_n}$，q_i 是射线与天线罩的交点。对于交点 q_n，满足 $\overline{q_nM}$ 垂直于 z 轴方向。将天线罩需要进行电性能设计的部分，以等角度间隔 $\Delta\theta$ 沿逆时针方向划分成 n 段，q_1q_2、q_2q_3、$\cdots$、$q_{n-1}q_n$。

2. 等间隔分割外罩壁曲线

图 11.6 所示为等间隔分割天线罩在 y-z 平面示意图，天线罩需要分割的部分是曲线 $\widehat{p_1p_m}$。沿 y 轴负向，以等间隔 d 进行划分，其中，p_1、p_2、$\cdots$、p_m 是与天线罩的交点，且彼此等间隔。将天线罩需要进行电性能设计的部分等间隔分成 m 段。

相较于其他变厚度天线罩设计方法，如文献[3]~文献[5]等工作，是将天线阵列辐射的电磁波投影到天线罩外壁来计算入射角，然后将其带入变厚度天线罩设计中。我们提出的天线罩变厚度设计，首先在给定区域天线罩壁厚确定的条件下

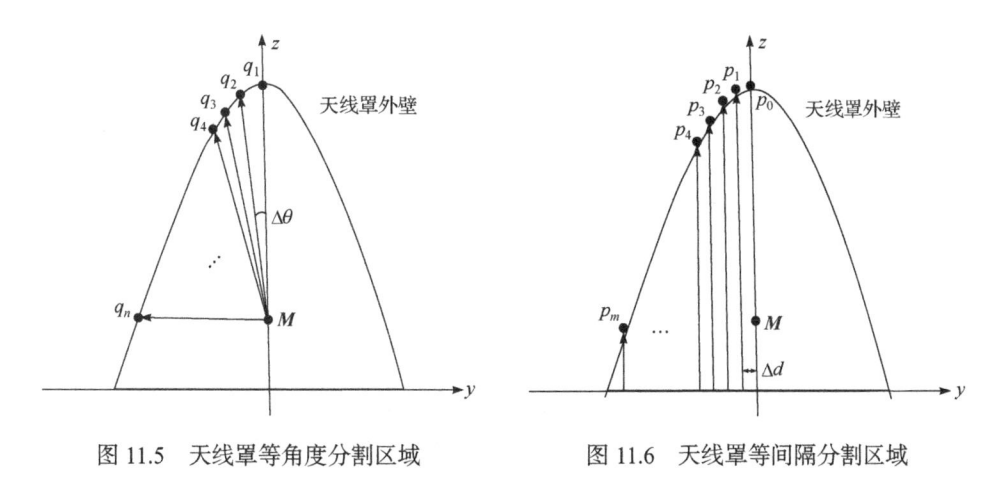

图 11.5　天线罩等角度分割区域　　　　图 11.6　天线罩等间隔分割区域

进行等角度剖分，然后再推导出内壁入射角的值。这一创新方法显著提高了天线罩对天线入射角的精准控制，从而提高了变厚度天线罩设计的有效性。

11.2　等角度变化的 A 夹层变芯层厚度设计

天线罩外壁母线函数为 $f(x, y, z)$，天线阵列为圆阵，扫描角范围$(0°, 90°)$，假设角度扫描间隔为 $\Delta\theta$。A 夹层天线罩壁结构组成见表 11.1。

表 11.1　A 夹层天线罩壁结构

层数	结构
第 1 层	外蒙皮
第 2 层	胶膜
第 3 层	芯层
第 4 层	胶膜
第 5 层	内蒙皮

在罩壁结构中的外蒙皮、胶膜和内蒙皮的厚度保持不变的情况下，通过调控芯层的厚度来提高电磁传输特性。如图 11.7 所示，需要进行天线罩电性能设计的部分是绕 z 轴逆时针沿纸面旋转到虚线所扫描到的曲线部分。

完成外罩等角度分割后，接下来进行天线罩内壁厚度的设计，下面是天线罩内壁建模步骤。

(1) 将天线罩的罩体区域分成 m 段，角度间隔为 $\Delta\theta=\pi/2m$，第一段曲线为 p_0p_1。
(2) 沿着第一段曲线 p_0p_1 法线方向，向内拓展芯层厚度 d，构建天线罩内壁，

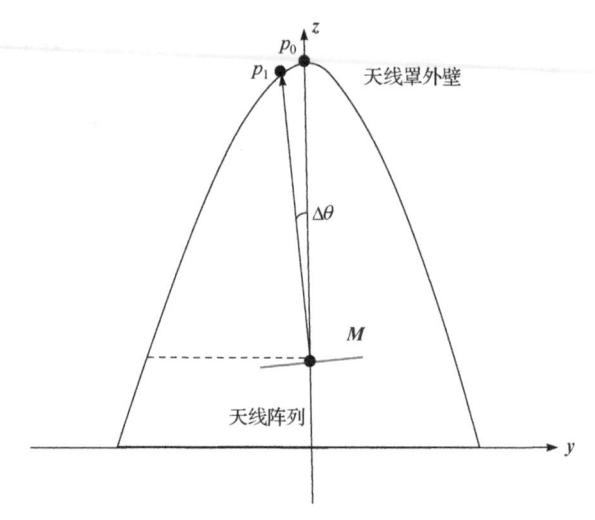

图 11.7 天线罩等间隔分割区域示意图

若除了芯层，其他层厚度是 d_1，此时天线罩壁的总厚度为 $d + d_1$，假定 d 取值范围为 $[d_2, d_3]$，假定 d 取值(变化)间隔为 Δd，Δd 为工程上加工的最高精度。

(3) 由式(11.3)~式(11.5)可以计算出不同芯层厚度 d 对应的内壁入射角范围。

(4) 夹层天线罩电性能设计更加关注垂直极化下的电磁波对罩体的透射，需要研究不同频率和垂直极化入射下，对不同芯层厚度的功率传输，以及不同内壁入射角的透波系数。

(5) 在 d 取值范围内，考虑不同频率电磁波的天线罩透波率，按要求选择合适的芯层厚度。

(6) 重复步骤(2)~步骤(5)，直到每段曲线都得到一个最佳的天线罩芯层厚度。根据上述步骤进行天线罩内壁厚度的设计，完成天线罩内壁的建模。

11.3 变厚度天线罩验证方法

本节针对变厚度天线罩的验证，采用射线追踪理论和传输线理论进行天线罩电性能分析，计算天线射线投射到天线罩壁上的电参数，包括电压传输系数、电压反射系数和插入位移，然后通过理论计算进行变厚度天线罩的电性能分析。这种方法有效地解决了电大尺寸下，高频率天线罩采用常规算法(如全波电磁计算和高频 PO 法)时面临的天线罩网格剖分密度大、数据量庞大的挑战。

天线射线入射到天线罩曲面的各个交点上，将天线罩曲面的局部区域近似为平面，分别计算射线所形成内壁入射角的平行极化和垂直极化的平面罩电特性参数。假设罩壁由 n 层($n \geq 1$)介质材料组成，n 层平板转移矩阵为[6]

$$\begin{bmatrix} A & B \\ C & D \end{bmatrix} = \begin{bmatrix} A_1 & B_1 \\ C_1 & D_1 \end{bmatrix} \begin{bmatrix} A_2 & B_2 \\ C_2 & D_2 \end{bmatrix} \cdots \begin{bmatrix} A_n & B_n \\ C_n & D_n \end{bmatrix} \tag{11.7}$$

$$\begin{cases} A_n = \mathrm{ch}(jV_n d_n) \\ B_n = Z_{cn} \mathrm{sh}(jV_n d_n) \\ B_n = \mathrm{sh}(jV_n d_n) \big/ Z_{cn} \\ D_n = \mathrm{ch}(jV_n d_n) \end{cases} \tag{11.8}$$

$$Z_{cn} = \begin{cases} \dfrac{\sqrt{\tilde{\varepsilon}_n - \sin^2 \theta_i}}{\tilde{\varepsilon}_n} & (\text{垂直极化}) \\ \dfrac{1}{\sqrt{\tilde{\varepsilon}_n - \sin^2 \theta_i}} & (\text{水平极化}) \end{cases} \tag{11.9}$$

$$\tilde{\varepsilon}_n = \varepsilon_n (1 - \mathrm{j} \tan \delta_n) \tag{11.10}$$

式中,θ_i 是电磁波入射角;V_n、d_n、ε_n、$\tan(\delta_n)$ 分别是第 n 层介质材料的电压值、层厚度、相对介电常数、损耗角正切。

通过计算可以获得在平行极化和垂直极化下,天线射线入射到天线罩壁上的电压透射系数 $T_\parallel$ 和 $T_\perp$。考虑到极化角 ξ,天线射线有效的电压透射系数为[7]

$$T_e = |T_\parallel| \mathrm{e}^{\mathrm{j}\varphi T_\parallel} \cos^2 \xi + |T_\perp| \mathrm{e}^{\mathrm{j}\varphi T_\perp} \sin^2 \xi \tag{11.11}$$

将全部天线射线入射到天线罩壁上,然后计算总功率透射系数,即

$$|T_\text{总}|^2 = \dfrac{\left| \sum\limits_{m=1}^{M} \sum\limits_{n=1}^{N} T_{emn} A_{mm} \right|^2}{\left| \sum\limits_{m=1}^{M} \sum\limits_{n=1}^{N} A_{mm} \right|^2} \tag{11.12}$$

式中,A_{mm} 是天线口径场电压分布;m 和 n 分别是天线口面沿着 x 轴和 y 轴天线阵元的序号。

$$IL = 10\log|T_\text{总}| \tag{11.13}$$

式中,IL 为插入损耗值。通过比较相同辐射源条件下,变厚度天线罩和等厚度天线罩 IL 的差异,可以确定变厚度天线罩对于天线罩性能的提升能力。

11.4 计算实例

图 11.8 所示为一个细长比为 2 的正切卵形天线罩,天线罩的底直径为 0.6m,

高度为 1.2m。内部的天线阵列位于距离天线罩底 0.3m 的位置，直径为 0.2m，天线阵列的中心位于天线罩中心旋转对称轴上。

正切卵形天线罩的母线表达式为

$$f(y,z) = 1 - \left(\frac{y}{a}\right)^v - \left(\frac{z}{b}\right)^v \quad (11.14)$$

图 11.8 所示的天线罩体母线中，$a=0.3\text{m}$，$b=1.2\text{m}$，$v=1.449$。

设天线罩的工作频率为 9~9.8GHz，中心频率为 9.4GHz。为不失一般性，将天线阵列口面视为均匀分布的圆形口面场。天线罩采用玻璃复合材料，相对介电常数 4.0，损耗角正切 0.015。罩壁表面覆盖典型的罩壳涂料(相对介电常数 3.46，损耗角正切 0.068)，厚度为 0.2mm。

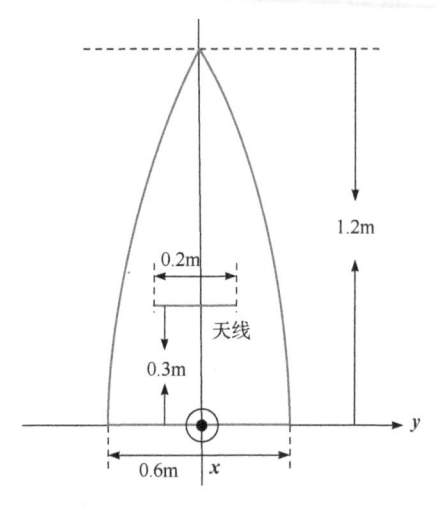

图11.8 天线阵列-正切卵形天线罩系统

假定天线阵列的辐射中心就是天线阵列的口面中心，此时利用 11.3 节提及的二维天线罩变厚度设计方法进行计算，如图 11.9 所示，先利用角度分割的方法进行天线罩母线分割，天线扫描角 θ 取值为 0°，10°，…，90°，将天线罩母线分割成 9 段，第 1 段是 p_0p_1，第 2 段是 p_1p_2，以此类推。由于还有一段(低于天线阵的罩体部分)没有包括在天线扫描角范围内，该段与第 9 段的厚度设定为一致。

天线罩内壁玻璃复合材料的厚度设计结果见表 11.2。天线罩前端为了满足力

表 11.2 天线罩壁厚设计

扫描角/(°)	复合材料厚度/mm
0~10	8.6
10~20	8.6
20~30	8.6
30~40	8.5
40~50	8.4
50~60	8.4
60~70	8.4
70~80	8.4
80~最后	8.4

学和流体气动性的设计要求,此处天线罩内壁入射角达到 56°,天线罩的透波率因此受到限制,天线罩内壁的厚度选择受到极大限制,最后选择 8.6mm 作为天线罩前端玻璃钢复合材料的厚度。该选择旨在各方面需求的平衡中找到最优解,确保天线罩的性能和可靠性得到有效保证。

等厚度天线罩设计需要考虑天线罩对天线阵列辐射过程的影响,即在不同天线阵列俯仰角和方位角下,天线罩对天线阵列辐射过程的影响。天线罩对天线阵列辐射的影响主要体现在透波率、插入相位延迟和瞄准误差上。天线阵列的透波率是天线罩电性能设计的主要指标,主要受天线阵列射线入射到天线罩内壁形成的入射角范围、材料参数,以及天线罩壁厚度的影响。天线罩内壁材料为玻璃复合材料,相对介电常数为 4.0,损耗角正切为 0.015。罩壁覆盖有典型罩壳涂料(相对介电常数 3.46,损耗角正切 0.068),厚度为 0.2mm。通过计算天线罩壁不同厚度下,天线阵列在不同扫描角的插入损耗值,以此来确定最佳的等厚度天线罩设计。

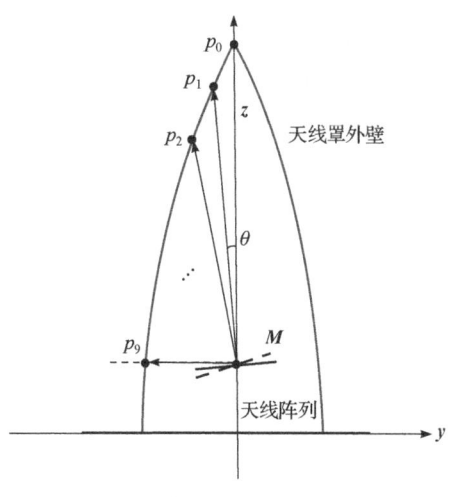

图 11.9 天线罩母线分割图

在天线罩玻璃复合材料的厚度范围内(8.0~9.12mm),以 0.1mm 为间隔,进行等厚度天线罩设计,通过上述方法,比较不同天线阵列扫描角,即不同天线阵列姿态下天线罩插入损耗的大小。图 11.10 展示了不同天线罩壁厚度下,对插入损耗最大值进行比较,可以看到,插入损耗的最大值由大逐渐递减,当复合材料

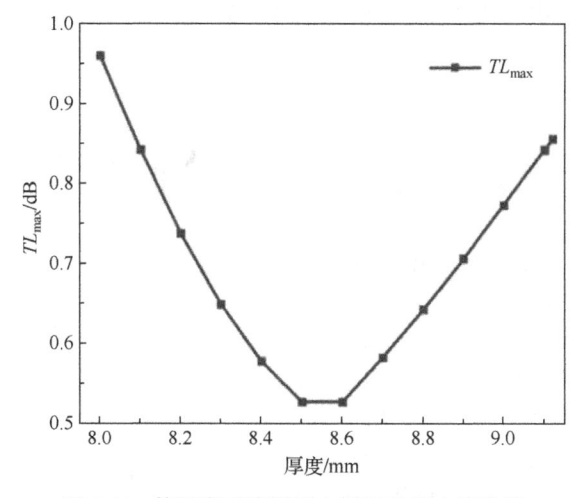

图11.10 等厚度天线罩插入损耗的最大值比较

罩壁厚度为 8.6mm 时，插入损耗的最大值最小，约为 0.53dB，之后插入损耗的最大值逐渐递增。由于等厚度设计要求高透波率，即低插入损耗，因此，8.6mm 的芯层厚度是最佳的等厚度天线罩设计结果。

完成最佳等厚度天线罩设计后，需要与未优化前的等厚度天线罩进行电性能比较。变厚度天线罩设计以插入损耗作为设计指标，进行天线罩内壁厚度的设计。如图 11.11 所示，比较了最佳等厚度设计的天线罩和变厚度天线罩在天线扫描角变化过程中插入损耗的结果。

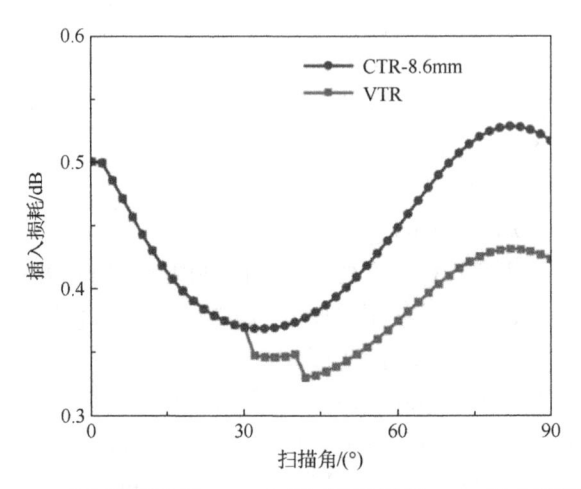

图 11.11　变厚度天线罩(VTR)和等厚度天线罩(CTR)插入损耗比较

从图 11.11 可以看出，经过天线罩变厚度设计后，当天线扫描角大于 30°时，变厚度天线罩的插入损耗明显降低，天线罩的电性能得到显著提高，插入损耗的最大差值可达 0.1dB。由于天线罩外形的限制，在不改变天线罩内壁曲线的情况下，无法进一步优化内壁入射角，通过提出的天线罩内壁入射角的计算方法，可以显著提升天线罩内壁厚度设计的精度。

11.5　变芯层厚度天线罩优化研究

11.5.1　变芯层厚度天线罩优化设计

天线罩的功率传输一般与罩体的外形、入射角、频率和厚度等因素密切相关，在实际的天线罩电性能设计中，天线罩的外形、工作频率和材料一般都是提前设计好的。天线罩罩体为弧形时，电磁波入射到不同部位会形成不同入射角。由于蒙皮厚度较薄且通常由若干纤维布构成，其厚度的变化比较困难。上一节和本节重点讨论芯层厚度的变化，变芯层天线罩的设计主要是根据电磁波入射到罩体不同部位时的入射角,选择最佳的芯层厚度,通过调整不同部位芯层的厚度,改善天线罩的电性能。

作为实例,我们讨论 A 夹层石英氰酸酯玻璃纤维天线罩的变芯层厚度优化设计。

11.5.2 罩体的材料选择

选取石英氰酸酯玻璃纤维材料作为蒙皮材料,芯层材料采用蜂窝结构。首先设计在 X 波段透波率指标大于 90%的等厚度天线罩,其各层参数见表 11.3。

表 11.3 等厚度天线罩设计方案

结构	相对介电常数(ε_r)	损耗角正切 ($\tan \delta$)	厚度/mm
外蒙皮	3.50	0.0070	0.6
芯层	1.1118	0.0042	5.0
内蒙皮	3.50	0.0070	0.6

11.5.3 入射角和芯层厚度对天线罩功率传输系数的影响

工作频率确定之后,天线罩的功率传输会随着入射角和厚度的变化而变化。假设内、外蒙皮厚度为 0.6 mm,工作频率为 10 GHz,图 11.12 所示为不同芯层厚度时透波率随入射角的变化。

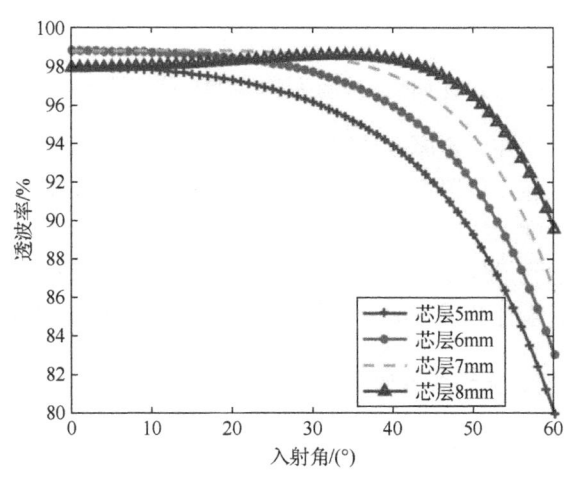

图 11.12 不同芯层厚度功率传输系数(透波率)随入射角的变化

由图 11.12 可见,芯层厚度保持不变时,功率传输基本会随着入射角的增加而减少,入射角小于 30°时,不同芯层厚度的功率传输基本相同,均保持在 98%

以上；入射角大于 30°时，透波率急速下降；随着入射角上升，不同芯层厚度的透波率变化规律有所差异，厚度在 8mm 时，大角度时的功率传输下降速度较为缓慢。

图 11.13 为蒙皮厚度为 0.5mm、0.6mm 和 0.7mm 时，最佳芯层厚度随入射角变化的曲线图。从图中可以看出，在一定的入射角范围内，最佳芯层厚度会随着入射角的增加而增大。在小入射角范围，最佳芯层厚度随入射角变化比较平缓，而在大角度时，最佳芯层厚度随入射角变化比较剧烈。不同蒙皮厚度下，最佳芯层厚度变化趋势基本一致，且在一定范围内，最佳芯层厚度会随着蒙皮厚度的增加而上升。

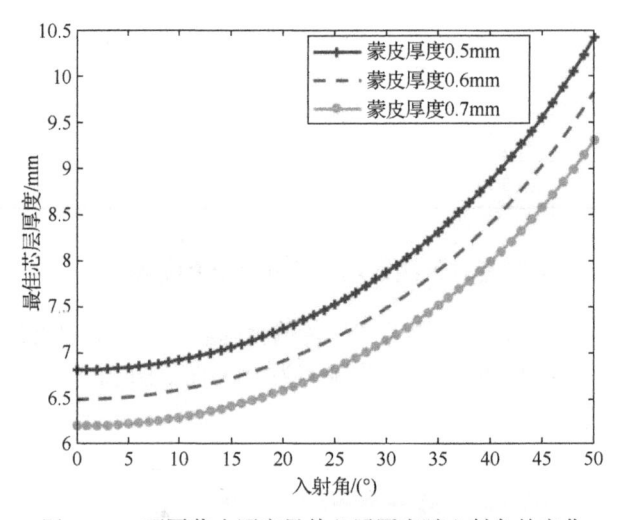

图 11.13　不同蒙皮厚度最佳芯层厚度随入射角的变化

由于不同入射角在一定厚度范围内有着不同的最佳芯层厚度，实际上，入射到罩体上的角度是随着位置连续变化的，即不同位置的最佳芯层厚度也是连续变化的。传统的等厚度天线罩设计只是针对某一入射角或者特定位置的最佳设计，其他区域并没有达到最佳设计。变芯层厚度天线罩的设计是根据不同位置的入射角确定每一个点的最佳芯层厚度，从整体上提升天线罩的电性能。

11.5.4　变芯层厚度曲面天线罩建模

假设 z 坐标为天线的辐射方向，曲面天线罩芯层内表面母线如图 11.14(a)所示。对天线罩进行变厚度设计时，可以将芯层内表面进行 N 等分，假设第 i 个点的坐标为(x_i, y_i, z_i)，求出每个离散点的最佳芯层厚度。

假设每个离散点的电磁波入射方向为 k_i，第 i 个离散点处的单位法向向量为

(a) 芯层内表面母线　　　　　　(b) 三维模型

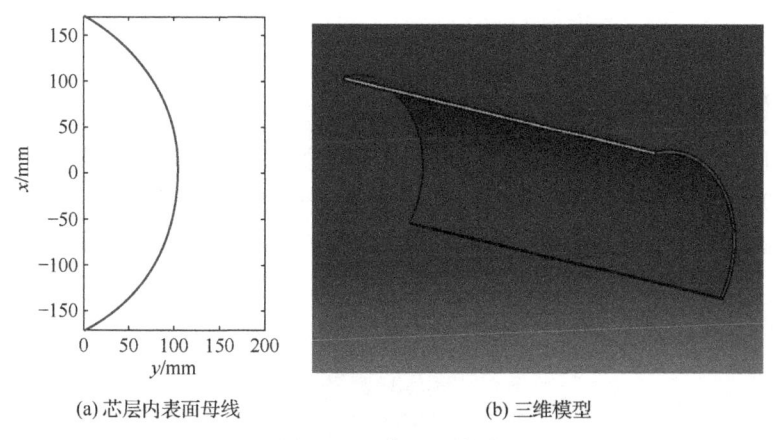

图 11.14　曲面天线罩

n_i，每个离散点处对应的入射角满足：

$$\cos\theta_i = \boldsymbol{k}_i \cdot \boldsymbol{n}_i \tag{11.15}$$

式中，θ_i 为电磁波入射到第 i 个离散点处相对于垂直方向的角度。

求解出各个点的入射角 θ_i 后，利用等效传输线理论求解透波率最大时的芯层厚度 d_i，在此基础上可以用式(11.3)~式(11.5)，求解出芯层外表面的离散点坐标 (x'_i, y'_i, z'_i,)。

图 11.15 为芯层内表面对应电磁波入射罩体的位置与入射角和芯层厚度间的关系。从图中可以看出，入射角是随着 x 向两端变化而增加，最佳芯层厚度也随之变大。在得到芯层内外表面的离散点坐标后，使用 CATIA 进行曲线拟合、拉伸和厚度等操作，构建图 11.14(b)所示的三维模型。

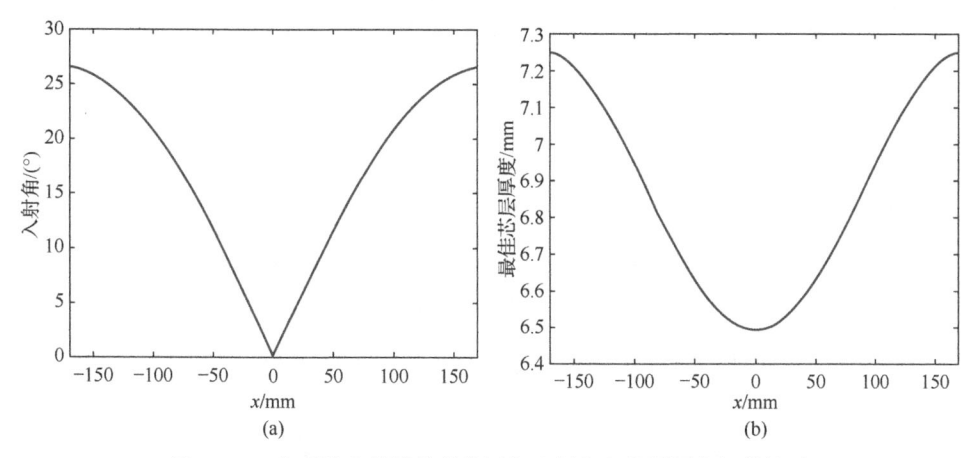

图 11.15　电磁波入射罩体的位置与入射角和芯层厚度间的关系

11.5.5 变芯层厚度天线罩的电性能分析

1. 功率传输分析

图 11.16 为变芯层厚度天线-天线罩系统的仿真模型。在频率 9~10 GHz 下，分别对初始芯层厚度为 5 mm 的等厚度和变厚度天线罩进行透波率仿真分析，入射电磁波的俯仰角分别为 0°、10°、20°、30°和 40°，结果如图 11.17 所示。

图 11.16 变芯层厚度天线-天线罩系统仿真模型

(a) 等厚度天线罩　　(b) 变芯层厚度天线罩

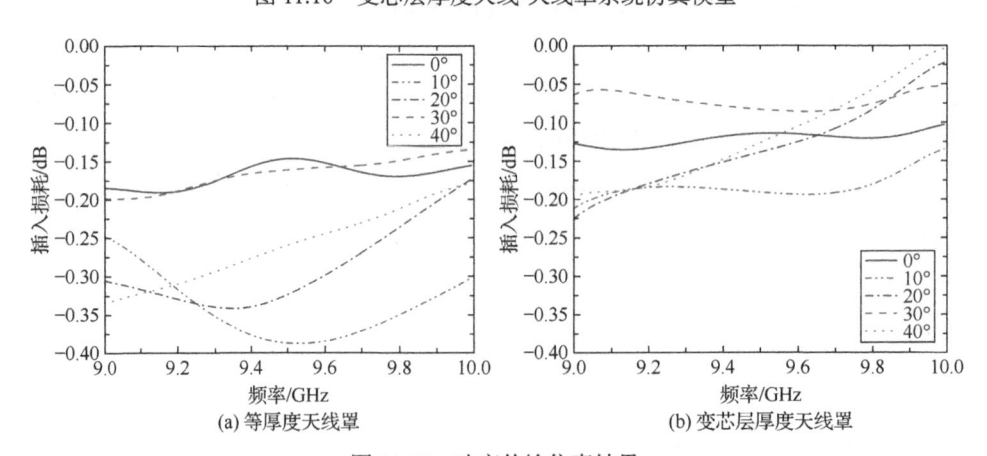

图 11.17 功率传输仿真结果

从图 11.17 可以看出，等厚度天线罩的插入损耗在-0.15~-0.4dB，变芯层厚度天线罩的插入损耗在-0.25~0dB。经过变芯层厚度优化后，插入损耗整体下降。0°时插入损耗优化了约 0.5dB，其他角度优化了 0.5~1.5dB，变芯层优化对大入射角时的插入损耗改善效果更为明显；等厚度天线罩的插入损耗随频率变化较大，特别是在中频 9.5GHz 附近，插入损耗提升较多，变芯层厚度对 9.5GHz 以上频段有着更为明显的优化，在整个频段有着更稳定的传输性能。

图 11.18 展示了在频率 10GHz、俯仰角 4°时，电磁波以 40°入射天线罩的侧面电场分布，从图 11.18(a)可以看出，电磁波经过等厚度罩体时，有一定的能量被反射，一定程度上降低了天线罩的传输性能；从图 11.18(b)可以看出，天线罩经过变芯层厚度优化后，有效减少了大角度入射时经过罩体的反射，提高了罩体的传输性能。

(a) 加载等厚度天线罩

(b) 加载变芯层厚度天线罩

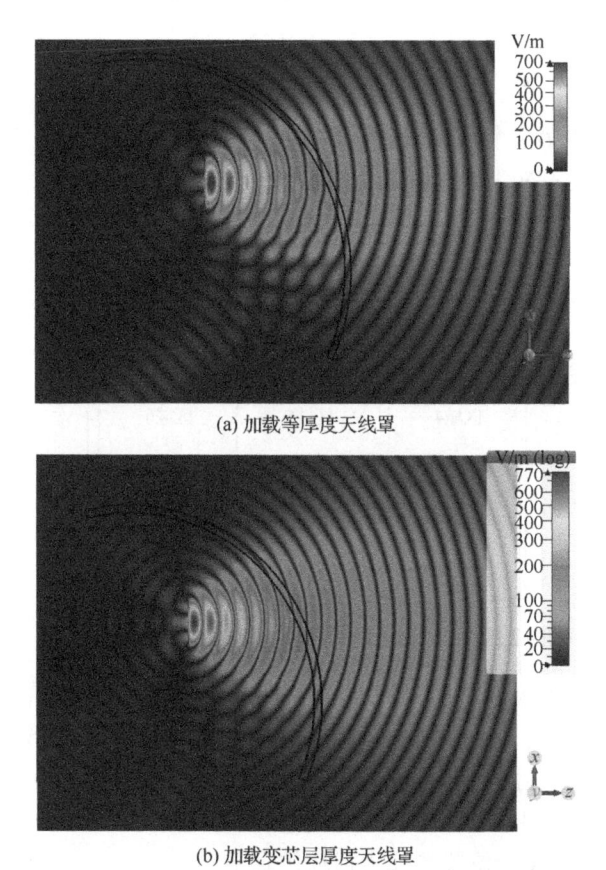

图 11.18　频率 10GHz 下电磁波以 40°入射天线罩的侧面电场分布

2. 幅度不一致性分析

天线罩幅度不一致性指的是天线罩不同部位的幅度信息不一致性程度，能准确描述罩体工艺的均匀度。罩体的幅度信息是指入射的电磁波透过天线罩后的传输系数幅度值。电场的传输系数是指天线辐射电磁波的电场分量通过天线罩后，天线在远区场辐射方向图中的电场最大值 E_1，与相同条件下不加载天线罩时天在远区场辐射方向图中的电场最大值 E_2 的比值。

若 $|T|$ 为传输系数 T 的幅度，φ 为相位，则复数传输系数 T 可表示为

$$T=\frac{E_1}{E_2}=|T|\mathrm{e}^{\mathrm{j}\varphi} \tag{11.16}$$

天线罩的幅度不一致性可以通过对罩体不同区域(图 11.19)的幅度信息进行求和及平均值处理，从而获得罩体的幅度平均值。然后，将罩体不同区域的幅度值与幅度均值进行差分，得到幅度的不一致性 U，具体计算如下：

$$U_i = IL_i - \frac{1}{N}\sum_{j=1}^{N} IL_j \tag{11.17}$$

式中，U_i 为天线罩第 i 个区域相对于整体区域的幅度不一致性；TL_j 为天线罩第 j 个区域的传输损耗；N 为天线罩的划分区域个数。

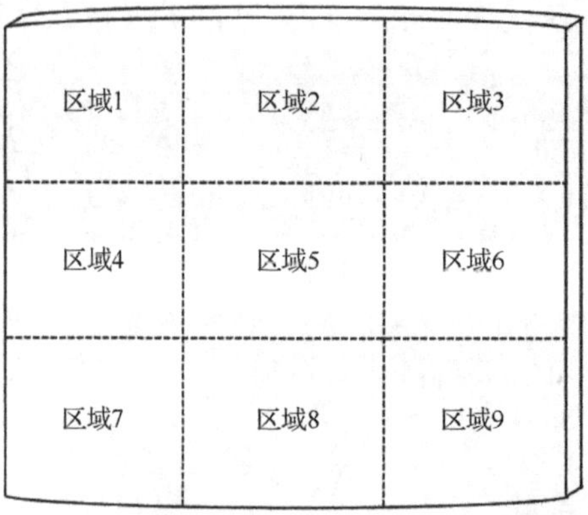

图 11.19 大型平面(曲面)天线罩的 9 个分区示意图

在对变芯层厚度天线罩插入损耗的分析基础上，进一步研究不同位置的变化带来的幅度不一致性，由此可以揭示变厚度天线罩在幅度不一致性方面的优势。

根据幅度不一致性的定义，在曲面罩内，天线采取图 11.20 所示的 2×2 位置分布。图 11.21 和图 11.22 分别为芯层厚度为 5 mm 的等厚度天线罩和变芯层厚度天线罩在 0°、30°下 4 个位置的插入损耗仿真结果。

由图 11.21 和图 11.22 的对比可以看出，0°时，等厚度天线罩的插入损耗在 −0.22～−0.14dB，变厚度天线罩的插入损耗在−0.14～−0.08dB；30°时，等厚度天线罩的插入损耗在−0.5～−0.25dB，变厚度天线罩的插入损耗在−0.3～−0.1dB。对比入射角在 0°和 30°的插入损耗，整体来看，30°时的插入损耗大于 0°的插入损耗，且 30°时不同点的插入损耗波动大于 0°时各点的波动。进一步比较罩内 4 个点的结果，可以发现 1 号点和 2 号点的结果基本一致，3 号点和 4 号点的结果基本一致，说明对于该天线罩，垂直方向上的位置变化引起的插入损耗变化要大于水平

方向的变化。

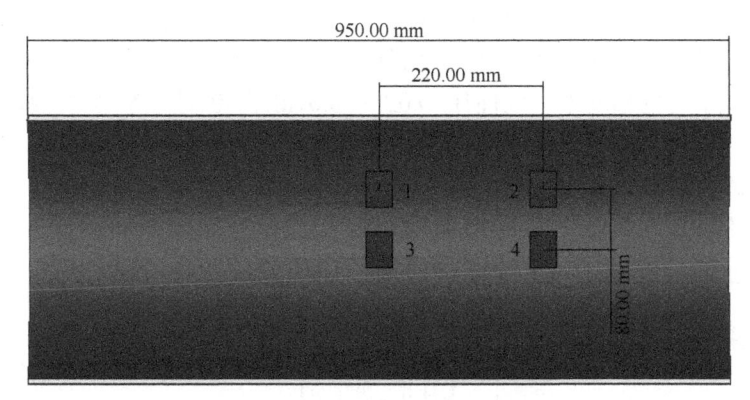

图 11.20 天线在罩内的位置分布

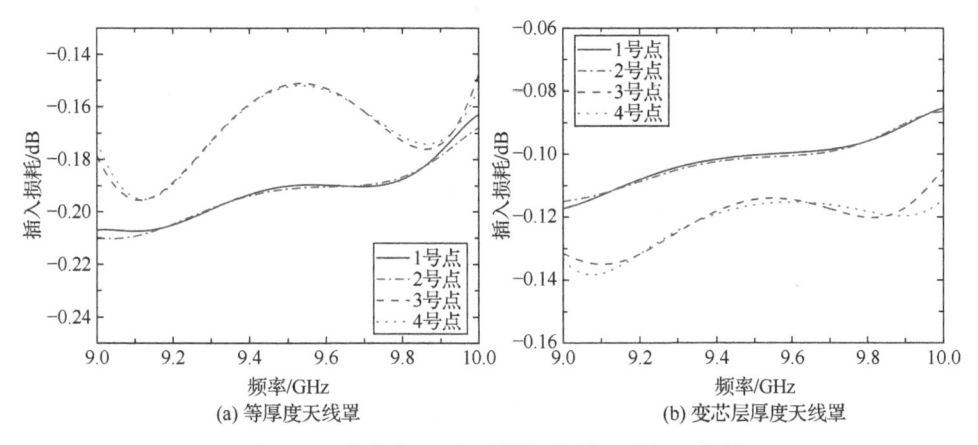

图 11.21 俯仰角 0°时天线罩不同位置的插入损耗

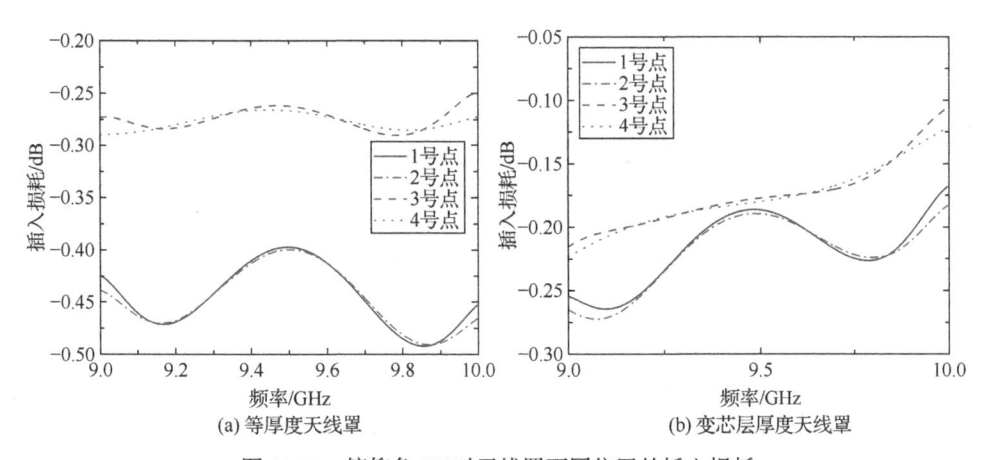

图 11.22 俯仰角 30°时天线罩不同位置的插入损耗

按照式(11.15)、式(11.16)、式(11.17)可以计算出每两个点之间的幅度不一致性，图11.23和图11.24分别为0°和30°时，等厚度天线罩和变芯层厚度天线罩的幅度不一致性结果。在0°时，等厚度天线罩的幅度不一致性在-0.02～-0.03dB，变厚度天线罩时的幅度不一致性在-0.02～-0.01dB；30°时，等厚度天线罩的幅度不一致性在-0.1～-0.16dB，变厚度天线罩的幅度不一致性在-0.04～-0.06dB。对比0°和30°的幅度不一致性，30°的幅度不一致性要大于0°，并且30°时不同点之间的幅度不一致性波动要大于0°时的波动。

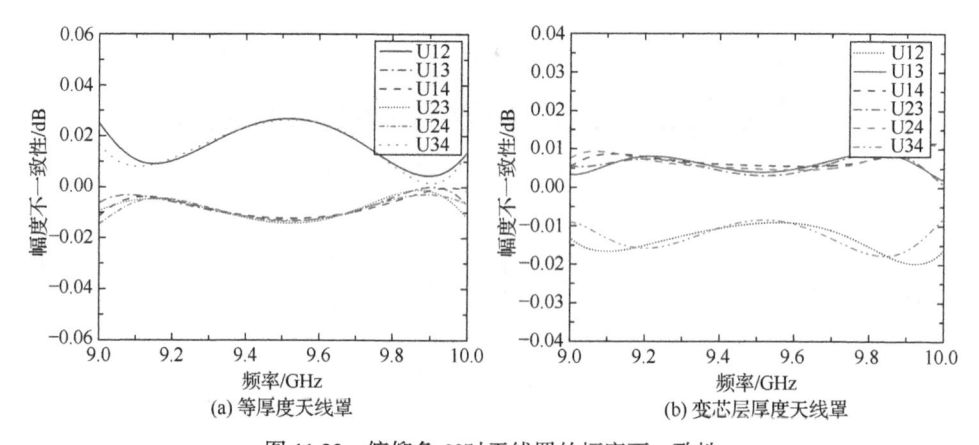

图11.23 俯仰角0°时天线罩的幅度不一致性

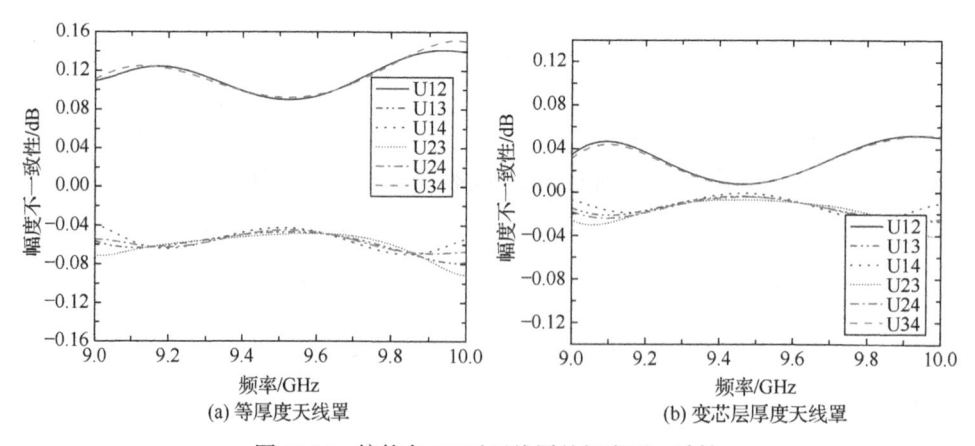

图11.24 俯仰角30°时天线罩的幅度不一致性

3. 测试结果分析

在上述设计和分析的基础上，制作变芯层厚度天线罩实物，并对实物进行测试，如图11.25所示。测试结果如图11.26和图11.27所示。

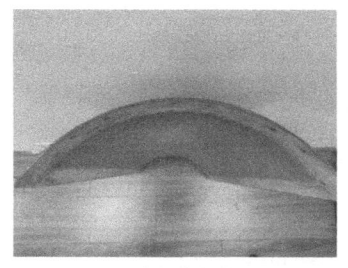

第 11 章　变厚度天线罩电性能设计技术

(a) 实物侧视图 　　　　(b) 实物正视图

(c) 测试环境

图 11.25　变芯层厚度天线罩的实物测试

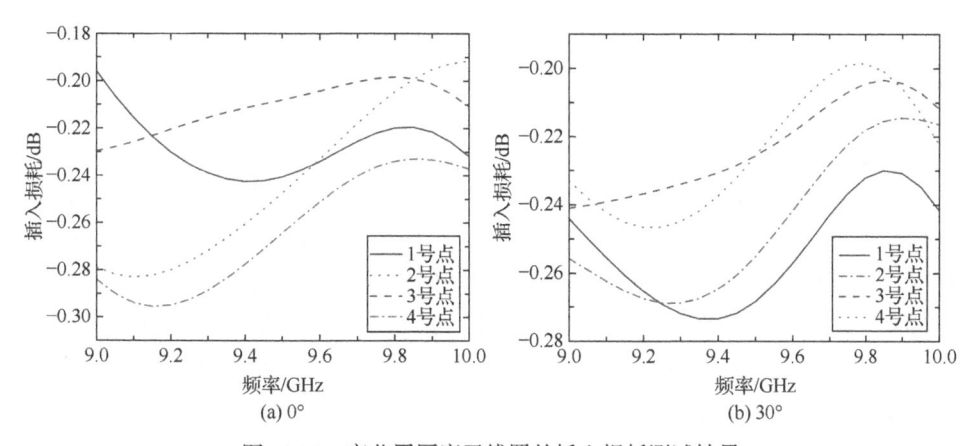

(a) 0°

(b) 30°

图 11.26　变芯层厚度天线罩的插入损耗测试结果

由测试结果可以看出，0°时变厚度天线罩的插损在-0.30～-0.14dB，30°时等厚度天线罩的插损在-0.28～-0.2dB。比较 4 个点的结果，可以发现 0°时 4 个点的插入损耗差异性要小于 30°，由图 11.27 的幅度不一致性结果可以看出，0°时的幅度不一致性在-0.1～0.1dB，30°的幅度不一致性在-0.15～0.15dB，0°时的幅度不一致性要小于 30°时的幅度不一致性。测试结果和仿真结果基本一致，证明了变芯层厚度设计的可行性，确实可以改善天线罩的传输特性，特别是大角度的传输性能。

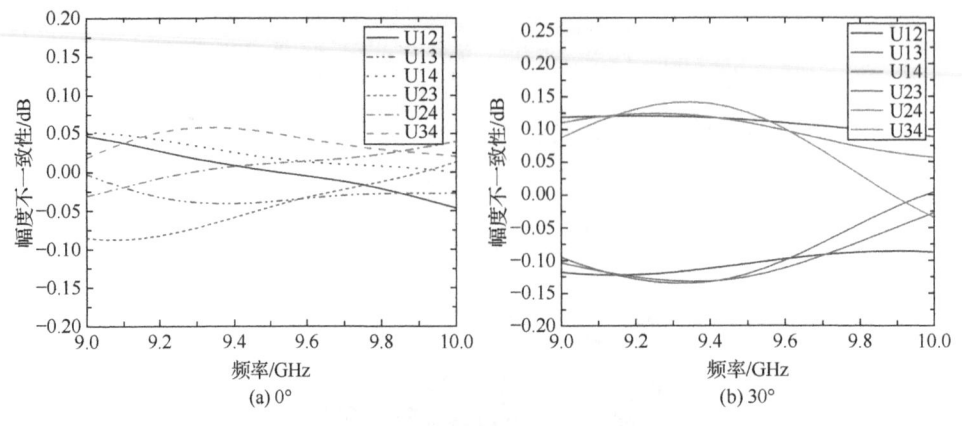

图 11.27　变芯层厚度天线罩幅度不一致性测试结果

11.6　本章小结

首先，本章采用射线追踪理论计算内壁入射角，提出了变厚度设计方法，通过直接计算内壁入射角，并结合几何关系确定入射角的范围及平均入射角，实现大线罩的变厚度设计。以一款单介质变厚度天线罩为例，与等厚度天线罩进行电性能对比。结果表明，变厚度天线罩能够提升天线罩整体的透波率。

其次，介绍了幅度不一致性的概念和计算方法，并给出了另一种变芯层厚度天线罩的设计方法。该方法通过对天线罩母线进行离散化，结合等效传输线理论，求解出每个离散点对应的最佳芯层厚度，依次求解出内外表面的离散点坐标，采用拟合曲线、拉伸和加厚度等操作，构建了天线罩变厚度的仿真模型。仿真结果表明，经过变芯层厚度优化后，可以有效减少天线罩的插入损耗，尤其在大角度入射时，效果更为明显。进一步研究表明，变芯层处理能够降低不同位置的幅度不一致性，从而提高阵列天线在罩体不同位置工作时的一致性和稳定性。变厚度天线罩的优化设计对复杂天线罩和多天线的天线罩系统的电性能设计具有指导意义。

参 考 文 献

[1] Qamar Z, Salazar-Cerreno J L, Aboserwal N. An ultra-wide band radome for high-performance and dual-polarized radar and communication systems. IEEE Access, 2020, 8: 199369-199381.

[2] Meng H, Dou W. Multi-objective optimization of radome performance with the structure of local uniform thickness. IEICE Electronics Express, 2008, 5(20): 882-887.

[3] Parameswaran A, Sonalikar H S, Kundu D. Temperature-dependent electromagnetic design of

inhomogeneous planar layer variable thickness radome for power transmission enhancement. IEEE Antennas and Wireless Propagation Letters, 2021, 20(8): 1572-1576.

[4] Nair R U, Shashidhara S, Jha R M. Novel Inhomogeneous planar layer radome design for airborne applications. IEEE Antennas and Wireless Propagation Letters, 2012, 11:854-856.

[5] Wang Z, Tang L, Zhou L, et al. Methodology to design variable-thickness streamlined radomes with graded dielectric multilayered wall. IEEE Transactions on Antennas and Propagation, 2021, 69(11): 8015-8020.

[6] Kozakoff D J. Analysis of Radome-Enclosed Antennas. Norwood: Artech House, 2010.

[7] Wu D C, Rudduck R. Plane wave spectrum-surface integration technique for radome analysis. IEEE Transactions on Antennas and Propagation, 1974, AP-22(3):497-500.

第12章 天线罩测试的干涉测向技术

随着天线罩性能的不断提升，天线罩测试方法也要求能够快速且精准地进行测试。本章针对天线罩测试工作中的实际问题，以干涉测向技术为基础，对球面波干涉测向理论进行研究，通过严格的数学公式推导，得出适用于天线罩测试的干涉测向方法，并对方法中涉及的参数变量及基线形式进行量化分析，通过实测验证，充分论证了方法的有效性。

天线罩性能测试总体可分为远场测试、近场测试和紧缩场测试三种[1-3]。远场测试需要满足一定的条件，要有开阔的场地和搭建高台来降低地面反射，但远场测试易受天气影响，且保密性差。近场测试是近距离测量天线口径场，根据探头扫描的方式又分为平面近场、柱面近场和球面近场三种[4,5]。近场测试的优点是不受外界天气影响，且因距离较短，又多在微波暗室中进行，因此，能有效减少干扰[6]。紧缩场测试的基本原理是通过近场聚焦原理将点源产生的球面波近距转化为准平面波，从而满足远场条件。需要特别说明的是，天线罩的一些指标(如功率传输)可以使用近场测试进行测量。微波暗室因其良好的封闭性，能够有效屏蔽外界干扰，是理想的测试环境，也是天线罩测试必备的硬件设施。如果不是专用近场暗室，一般的暗室均可满足有限的远场条件。因此，在精度要求不高的情况下，暗室内也可以进行远场测试。如果对精度要求很高，则只能使用新的方法或紧缩场。

12.1 天线罩插入相位移计算

第8章采用"相位不一致性"的概念，通过多天线(阵列)-天线罩系统的辐射均匀性来表征天线罩对天线阵列相位变化的影响。其基本含义是，在同一来波入射情况下，若天线罩对阵列中的不同天线引起的插入相位移比较接近，那么相位误差或影响就比较小。对于不同的入射角，相位不一致性与天线阵列内各天线的相移差值成正相关，相位差值越大，相位不一致性越差，反之，则越好。

对于天线罩的相位不一致性测量通常使用"差值平均法"，即在每一个入射角，空罩采样一次相位数据，加载罩后再采样一次相位数据，两者相减，得到单个天线的插入相位差，然后再对构成基线的两个天线的上述差值相减，获得基线相位差。相位不一致性的最终表现形式就是基线相位差与所有基线相位差均值的差值。"差值平均法"对应的测试过程烦琐，如果进行两个维度的测试，则整个测试工作量非常大。本章提出的方法是基于"干涉测向法"来研究天线罩对接收相位的影响,与"差值平均法"方法相比,两者都采集并处理相位数据,主要区别在于处理相位数据的方式。"干涉测向法"完成相位的空间角度转换,其基准是转台的转动角度,换句话说,就是测向的理论值。采用干涉测向法,只需进行一次空罩测试,目的是验证测试系统,仅作为参照,不参与误差计算,相对"差值平均法"有很大进步。"差值平均法"在误差计算时每次都需要将加罩数据减去空罩数据,无形中将转台旋转误差通过线性关系转化为天线罩的误差,导致测试结果不准确。而要解决这个问题,通常需要大量的测试数据,通过统计分析转台旋转误差,这需要投入非常大的精力。

12.2 干涉测向技术

干涉测向技术具有灵敏度高、测向迅速准确的特点[7],其利用入射波到达天线阵列各个天线单元时产生的相位差来确定来波方向。干涉测向通常视为平面波条件下的测向,因为在大多数情况下,接收天线距离发射源比较远,满足电磁场平面波的产生条件。球面波干涉测向技术源于平面波干涉测向。在短距离使用时,球面波干涉测向技术能够提供较高的测向精度,特别适合实验室(如微波暗室)中测试距离有限的场合。

12.2.1 平面波干涉测向技术

如图 12.1 所示,两个接收天线 1、2 组成简单的双通道干涉测向系统,对应的接收相位分别为 φ_1 和 φ_2,相应的波程为 s。

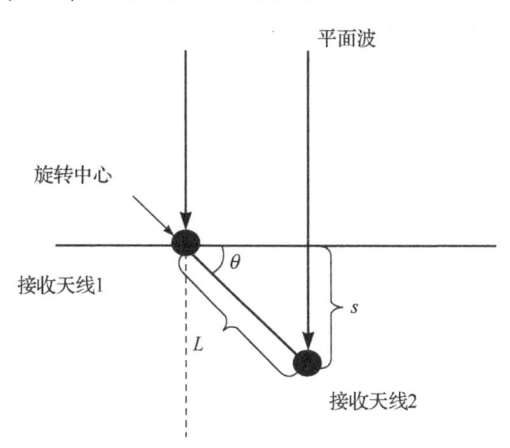

图 12.1 平面波双通道干涉测向示意图

$$s = (\varphi_1 - \varphi_2 + 2k\pi)\frac{\lambda}{2\pi}, k = 0, 1, 2, \cdots \text{正整数} \quad (12.1)$$

两个天线和水平轴的夹角 θ 为

$$\theta = \arcsin\left(s/L\right) \quad (12.2)$$

式中，如果是单基线情况，$k = 0$；如果是其他基线，k 取正整数。

令 $\phi = \varphi_1 - \varphi_2$，对式(12.2)两边微分，得

$$\Delta\theta = \frac{\lambda}{2\pi L \cos\theta}\Delta\phi + \frac{\tan\theta}{\lambda}\Delta\lambda - \frac{\tan\theta}{L}\Delta L \quad (12.3)$$

由于波长 λ 和基线 L 都可以精准测试，所以 $\Delta\lambda$ 与 ΔL 变化较小，可以忽略，则上式变为

$$\Delta\theta = \frac{\lambda}{2\pi L \cos\theta}\Delta\phi \quad (12.4)$$

从式(12.4)可以看出：

(1) 角度误差 $\Delta\theta$ 与波长呈正相关，波长越短，角度值的精度越高。

(2) 角度误差与 L 呈负相关，L 越长，求解精度越高。

(3) 相位差对角度误差影响呈正相关，这是因为波长与基线 L 在某个具体测向系统中是定值，变化的量只有相位差。除了角度 θ 变化，噪声干扰也会使相位差发生变化，这对提高测向精度非常不利。

12.2.2 球面波干涉测向技术

球面波干涉测向技术与平面波干涉测向具有相似性，都是由两个接收天线构成测向系统，只是波源改为球面波，如图 12.2 所示。

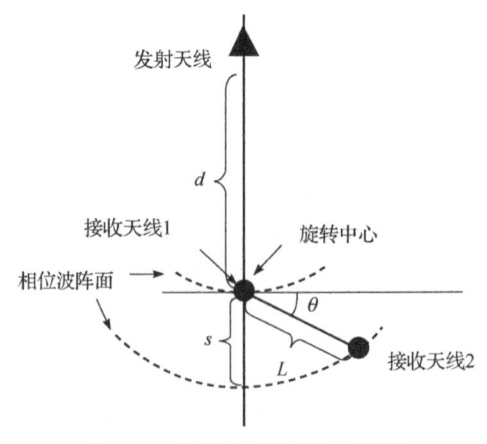

图 12.2 球面波干涉测向示意图

图 12.2 球面波干涉测向的波程与平面波干涉测向的波程相同,如式(12.1)所示,但需要对球面波阵面进行修正,修正量为

$$g = \left((d+s)^2 - d^2 - L^2\right)/2dL \tag{12.5}$$

两天线和水平轴的夹角为

$$\theta = \arcsin(g) \tag{12.6}$$

式(12.6)完成了波阵面的转换,相较于式(12.2),球面波测向求解要复杂得多。对式(12.6)两边微分,可以得到角度变化量。

$$\Delta\theta = \frac{(d+s)\lambda}{2\pi L\cos\theta}\Delta\phi + \frac{g'_\lambda}{\cos\theta}\Delta\lambda + \frac{g'_d}{\cos\theta}\Delta d + \frac{g'_L}{\cos\theta}\Delta L \tag{12.7}$$

比较式(12.7)与式(12.4),可见角度变动关系更为复杂,但显然,平面波微分公式的规律依旧成立,即角度误差与波长呈正相关,与基线 L 长度负相关。

12.2.3 球面波的产生

对于球面波干涉测向,理论上,点源才能产生理想的球面波,但实际天线无法产生球面波,通常都是近似获得或取局部波阵面。在实际实验室测试中,球面波干涉测向对幅度阵面没有要求,只需相位阵面是球面即可。矩形喇叭天线符合这样的条件,其也是微波测试中最为常用的标准发射天线。

设喇叭天线的矩形口面如图 12.3 所示,电场沿 y 轴均匀分布,幅值表示为 E_{sy}。由面天线辐射积分公式可推导得[8]

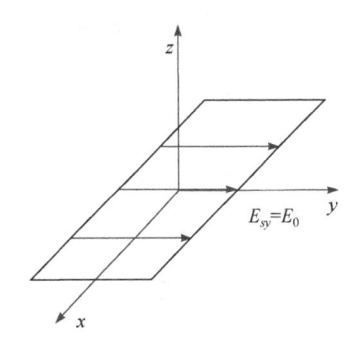

图 12.3 矩形口面

$$E_\theta(\varphi=0) = \frac{\mathrm{j}}{2\lambda}(1+\cos\theta)E_0 \frac{ab\cdot\sin\psi_1}{\psi_1}\mathrm{e}^{-\mathrm{j}kr}\Big/r \tag{12.8}$$

$$E_\varphi(\varphi=90°) = \frac{-\mathrm{j}}{2\lambda}(1+\cos\theta)E_0 \frac{ab\cdot\sin\psi_2}{\psi_2}\mathrm{e}^{-\mathrm{j}kr}\Big/r \tag{12.9}$$

$$\psi_1 = kb\sin\theta\Big/2 \tag{12.10}$$

$$\psi_2 = ka\sin\theta\Big/2 \tag{12.11}$$

式中,a、b 分别为平行于电场(E)方向和磁场(H)方向的口径宽度。图 12.4 为尺寸为 200mm ×150mm、频率为 3GHz 的矩形口面辐射场。

在图 12.4 显示的口面辐射特性中，幅度波阵面呈现单副瓣特征，相位波阵面由于对称性只显示了 1/4 波阵面。相位波阵面表征的是与 (0, 10) 点具有相同相位的等相位面，可见，当前口面辐射的相位波阵面是球面。

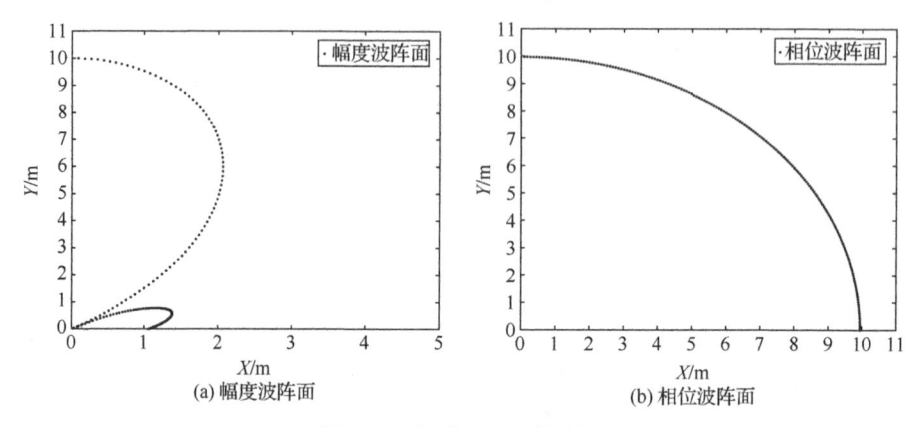

(a) 幅度波阵面

(b) 相位波阵面

图 12.4 矩形口面辐射特性

12.2.4 球面波干涉测向的实现

球面波干涉测向的实现方式与平面波基本一致，也可以采用如长短基线法、虚拟基线法等方法。为不失一般性，以长短基线法为例，对球面波干涉测向的具体实现步骤进行说明。球面波长短基线法测向示意图如图 12.5 所示。

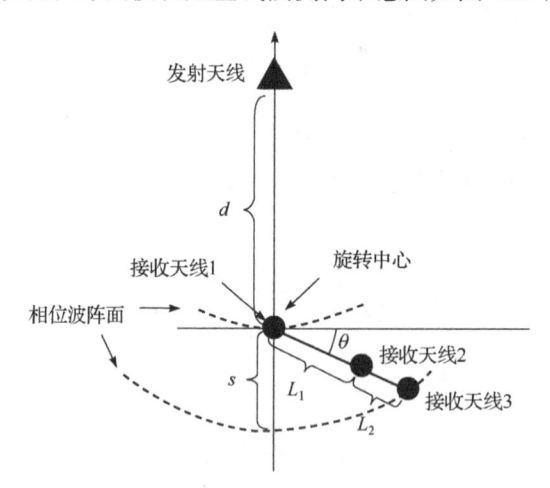

图 12.5 球面波长短基线法测向示意图

图 12.2 与图 12.5 略有差异，主要在于长短基线法至少需要三个接收天线才能实现。在图 12.5 中，接收天线 1 位于旋转轴轴线上，接收天线 1、2、3 呈一字型排列，且与发射天线处于同一平面内。发射天线距旋转轴的距离为 d，接收天线 1

与接收天线 2 之间的距离为 L_1，L_1 小于半波长，接收天线 2 与接收天线 3 的距离为 L_2。

在接收天线阵列绕旋转轴旋转 θ 角时，接收天线 1、2、3 分别获得相位 φ_1、φ_2、φ_3。根据式(12.1)、式(12.5)，注意 L 换为 L_1，则可求得角度 θ_0。

$$\begin{cases} s = (\varphi_1 - \varphi_3 + 2k\pi)\lambda/2\pi \\ g = ((d+s)^2 - d^2 - L_1^2)/2dL_1 \\ \theta_0 = \arcsin(g) \end{cases} \quad (12.12)$$

式中，k 值取 0，代入 φ_1，φ_2，d，L_1 和波长 λ 值，可求得 θ_0。接着，代入 φ_2，k 取整数 1，求得 θ_1，不断求解直到 θ_1 与 θ_0 最为接近。

$$\begin{cases} s_1 = (\varphi_1 - \varphi_3 + 2k\pi)\lambda/2\pi \\ g_1 = ((d+s_1)^2 - d^2 - (L_1+L_2)^2)/2d(L_1+L_2) \\ \theta_1 = \arcsin(g_1) \end{cases} \quad (12.13)$$

当 θ_1 与 θ_2 最为接近时，θ_1 视为精确值。由于实际计算中需要循环多次，且同时要寻找最小值，所以，平面波干涉测向中产生了解模糊算法[9]。适用于平面波的解模糊算法均可运用于球面波，只是其中计算 θ 的公式发生了变化，在球面波解模糊时相应修改即可。

天线辐射区以 10 倍波长为界，简单划分为近场区和远场区。球面波干涉测向的空间距离较近，仍然可以使用球面波干涉测向。

12.3 球面波相位干涉测向技术的仿真分析

在干涉测向的具体实施过程中，衍生出单基线、双基线、虚拟基线和多基线四种形式。对于球面波干涉测向，单基线和双基线是最基本的两种形式。

12.3.1 解模糊

在使用双基线或多基线进行角度求解时，需要进行解模糊，即求解 k 值[10]。由式(12.13)，第一步，为了求解 θ 的模糊解，可通过增加 2π 的倍数值计算相位差来获得。然后与 θ 的理论值进行对比，以"最为接近"的条件确定增加 2π 的次数，即 k 的数目，从而完成求解。

对于解模糊，主要是通过循环判断是否满足"最为接近"的条件，一般来说，就是确定"最为接近"的数学条件，也就是确定 θ 的模糊值与 θ 的理论值之间差值的最大范围，落入此范围的值即为正确求解值。然而，这种方法存在明显缺点，确定的"差值最大范围"对求解的 k 值的准确性影响较大，不同的范围会求解出不同的 k 值，导致无法最终确定准确的 k 值。

另一种判断方法是使用"鞍点法"，即"爬坡法"[11]，即不断跟踪某个值的变化趋势，当该变化达到顶点或谷点时，相应的取值即最佳值。在此过程中，采用"鞍点法"不断跟踪 θ 的模糊值与理论值之间差值的绝对值，当其达到谷点时，此时的 k 值即为最佳 k 值。

作为示例，在频率为 15GHz，收发距离 $d=10\,\text{m}$，长基线 $L=0.3\,\text{m}$ 时，获取旋转角度 30°的接收点相位值，然后进行解模糊，过程如图 12.6 所示。

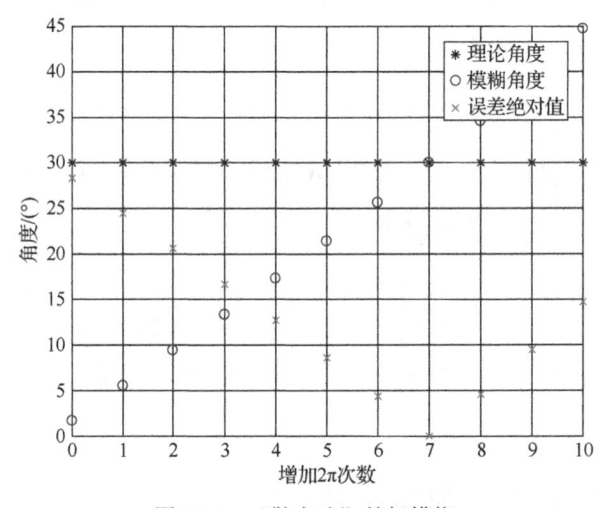

图 12.6 "鞍点法"的解模糊

从图 12.6 中明显可以看出，误差绝对值点排列呈 V 字形，取谷点，即增加 7 次 2π 时，理论角度与模糊角度重合，模糊解 k 的值为 7。

12.3.2 不加天线罩的球面波相位干涉测向应用

1. 近似法

近似法是指用矩形口面辐射公式来表示发射天线，而接收天线的信号则通过计算远场区固定点的相位来完成。图 12.7 为近似法收发天线的相对位置示意图。

应用近似法的基本假设：

(1) 发射天线为理想天线，不必考虑实际天线的复杂副瓣。

(2) 发射场处于理想介质中，没有传播介质衰减，周围没有反射波的产生。

(3) 接收点替代接收天线，不必考虑因使用实际接收天线而带来的如波瓣、增益、馈电方式等一系列对接收相位产生干扰的因素。

第 12 章　天线罩测试的干涉测向技术

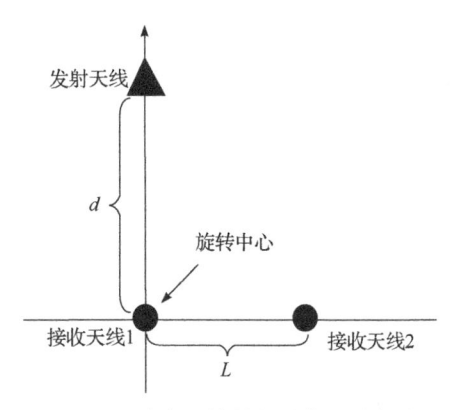

图 12.7　收发天线的相对位置示意图

(4) 由接收点组成的接收阵列旋转，严格按照公式计算，减少系统误差。

(5) 天线辐射的电磁波通过接收天线接收，其中没有使用任何近似方式进行处理。

1) 单基线

示例 1：发射天线的工作频率 f=3 GHz，口面尺寸 228mm×171.9mm，最大口面大小 285.54mm，收发距离 d = 10m，基线长度 L= 0.04m。

若 D 为发射天线最大口面尺寸，发射天线远场距离 R 计算关系式为 $R \geqslant 2D^2/\lambda$，则 R 约为 1.63m，收发距离满足远场条件。图 12.8 为频率 3GHz 发射天线的矩形口面辐射特性。

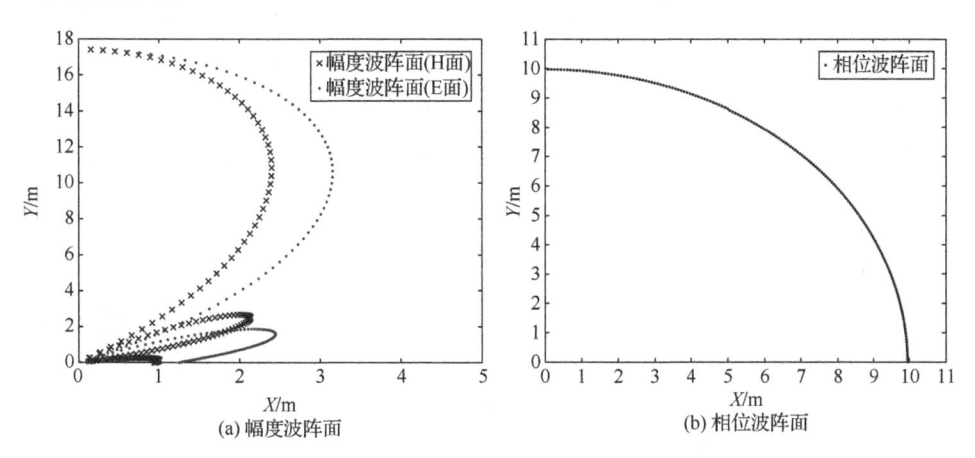

图 12.8　频率 3 GHz 天线的矩形口面辐射特性

从图 12.8 中可以看出，在波瓣顶端，幅度变化平缓，入射场幅度锥削形状明显。同时，H 面相较于 E 面较陡峭。发射天线在计算中使用 H 面场分布公式(12.9)，接收点位于距发射点(发射天线相位中心)垂直距离 d 处。

在单基线情况下，两个相距 L 的接收点间距小于半波长。如图 12.9 所示，接收点 1 位于坐标原点处并旋转，接收点 2 以原点为中心、L 为半径顺时针旋转。为了与实际天线罩测试相符，θ 的变动范围取 $(-60°, 60°)$。

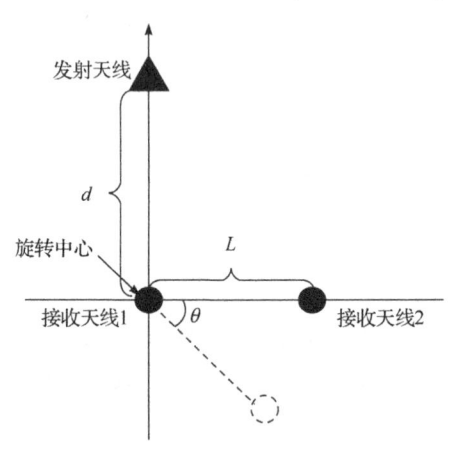

图 12.9 接收阵列旋转获取相位数据

由于接收点 1 位于原点，其相位值固定，接收点 2 接收的相位随着角度的变化而变化，具体数据结果如图 12.10(a)所示。可见，随着旋转角度的变化，接收点 2 的幅度和相位都发生变化。幅度变化相当微小，符合发射场的远场条件，但相位变化明显，且没有出现周期性变化，间接验证了符合单基线条件。由于在 $(-60°, 0°)$ 与 $(0°, 60°)$ 范围内，接收点 2 处于发射天线视轴的两侧且严格对称，因此，幅度曲线变化一致，相位曲线镜像对称，所有旋转都在 $(0°, 60°)$ 范围内。

(a) 接收点2接收的幅度和相位

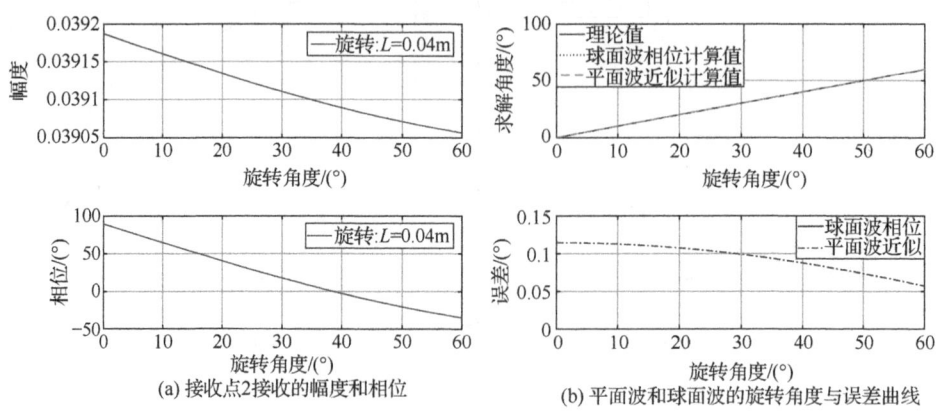

(b) 平面波和球面波的旋转角度与误差曲线

图 12.10 求解结果与误差曲线

(f=3 GHz, d=10 m, L=0.04 m)

对相位数据分别使用平面波公式和球面波公式求解角度和误差，结果如

图 12.10(b)所示。两种方式的求解结果均十分接近理论值。且球面公式计算的误差已趋于 0，这是因为球面公式为补偿球面相位进行了公式修正，从而使结果非常接近理论值。

示例 2：发射天线工作频率 15GHz，口面尺寸 51mm×38.7mm，最大口面尺寸 64.02mm；发射天线远场距离 R 计算约为 0.41m。

图 12.11 为频率 15GHz 发射天线的矩形口面辐射特性。对比图 12.8(a)，在发射天线使用相同馈电功率的情况下，频率 15GHz 天线的波瓣比频率 3GHz 的小很多，而波瓣宽度基本一致，这是因为两者均为实现幅度远场锥削而进行优化设计的天线，因此，在顶端依然保持近似平缓的幅度衰减。通常，天线罩测试使用宽频带喇叭天线，满足多个频点远场幅度锥削的基本要求。

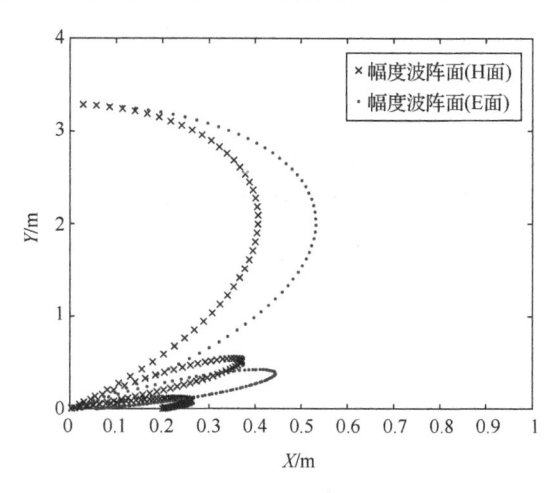

图 12.11 频率 15GHz 天线的矩形口面辐射特性

以频率 15GHz 天线作为发射天线，在其他条件不变的情况下，接收天线的基线长度 L = 0.009m，小于半波长，采用同样的求解过程，得到图 12.12(a)所示的接收的幅度和相位。

从图 12.12(a)可见，当频率提高到 15GHz 时，对于同样的馈电功率和同样的距离，幅度衰减显著增大。在旋转角度达到 60°时，相位变化依然保持在一个周期内，满足单基线的条件。由图 12.12(b)可见，图中上下部分的变化趋势与使用频率 3GHz 天线时相同，平面波近似和球面波近似的求解结果均十分接近理论值，误差小于 0.03°。误差曲线图中，15GHz 天线表现出非常好的一致性，这说明使用球面波方式，频率提高时依然保持良好特性。对于平面波近似方式，随着基线变短，误差明显下降，这种变化呈正相关特性。

示例 3：将收发天线距离 d 改为 5m，发射天线工作频率 15GHz，L= 0.04m，如图 12.13(a)所示。

(a) 接收的幅度和相位

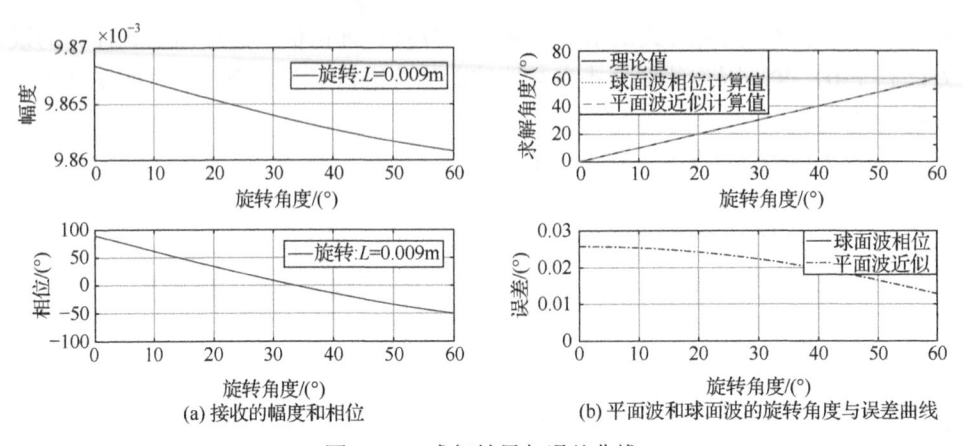

(b) 平面波和球面波的旋转角度与误差曲线

图 12.12 求解结果与误差曲线

(f=15 GHz, d=10 m, L=0.009 m)

示例 4：使用频率 3GHz 的发射天线，d=5m，L=0.04m。

角度和误差求解结果如图 12.13(b)所示，随着收发天线距离 d 的变化，平面波近似方式误差变化明显，最大误差达 0.23°，误差的变化规律和前述示例类似，采用球面波近似的方法优势更加明显。

(a) f=15GHz, d=5m, L=0.009m

(b) f=3GHz, d=5m, L=0.04m

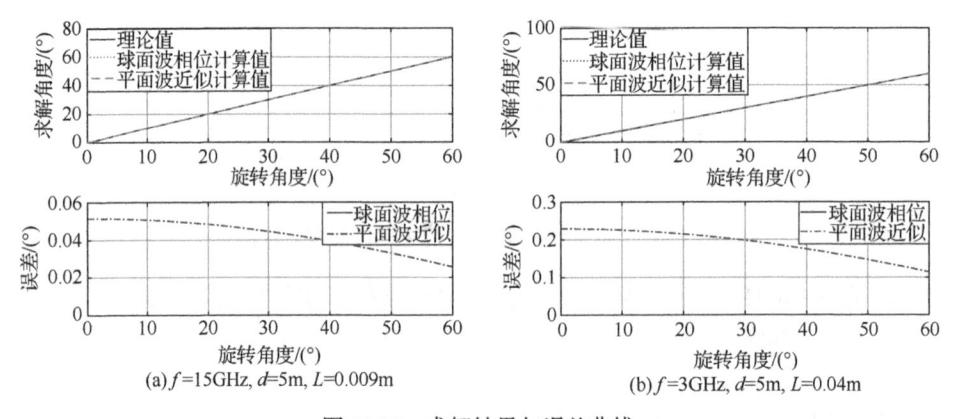

图 12.13 求解结果与误差曲线

(f=3GHz, d=5m, L=0.04m)

2) 双基线

对于双基线，增加一个接收单元形成短基线，然后利用式(12.13)计算角度 θ。在天线阵列测试中，通常给定旋转角度(理论值)，然后验证求解角度。因此，本节在原理上验证球面波相位干涉测向公式的正确性,并给出这种方法的数学论证。

使用式(12.13),

第 12 章 天线罩测试的干涉测向技术

$$\theta = \arcsin\left(\frac{\Delta\varphi + 2k\pi}{2\pi L}\lambda\right) \tag{12.14}$$

可推导出 k：

$$k = \frac{L}{\lambda}\sin\theta - \frac{\Delta\varphi}{2\pi} \tag{12.15}$$

上式两边对 θ 微分，则

$$\Delta k = \frac{L}{\lambda}\cos\theta \cdot \Delta\theta \tag{12.16}$$

可见，在 $\Delta\theta < 1$ 的情况下，等式右边的值始终小于 1，由于 k 的值取整，所以 Δk 等于 0。

无论是 3GHz 还是 15GHz 频段的发射天线，从单基线求解结果来看，θ 的误差值都小于 1，所以对解模糊值 k 的增量贡献为 0，即上述方法可行。对于更高频段的发射天线，此方法依然适用，论据与前述相同，波长越短，收发天线距离 d 相对于波长比值越大，θ 的误差值越小，而对于更低的频段，θ 变化情况不确定，需要具体处理。

示例 1：使用频率 3GHz 的喇叭天线作为发射天线，收发距离 d = 10m，长基线长度 L= 0.3m，发射天线特性与图 12.8 一致，求解过程与单基线过程一致，只是基线长度变为 0.3m。

幅度和相位的求解结果如图 12.14(a) 所示。可见，接收点 2 的幅度变化依然微小，而相位变化却明显呈现周期特性，这是双基线情况下接收相位的典型特征。

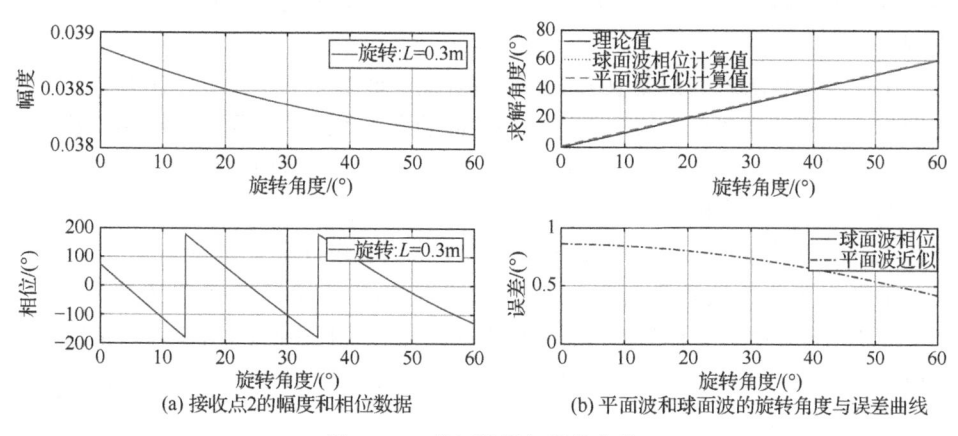

图 12.14　求解结果与误差曲线
(f = 3GHz，d = 10m，L = 0.3m)

角度和误差的求解结果如图 12.14(b) 所示，曲线变化规律与前述图示基本一致，球面相位严格求解的误差依然远小于平面波近似。在双基线情况下，平面波近似方法求解误差明显增大，最大误差已达到 0.85°。基线越长，求解精度越好，误差应该越小，这一点无论是对于平面波方式还是球面波方式，都是成立的。在球面相位波阵面中，基线越长，所在相位波阵面的曲率越大，越难以近似为平面波，但用球面方式严格求解，误差依然趋近于 0。

示例 2：改用 15GHz 频段的喇叭天线作为发射天线，距离 d 不变，基线长度 $L=0.3$m，求解结果如图 12.15 所示。

(a) 接收点2的幅度和相位数据

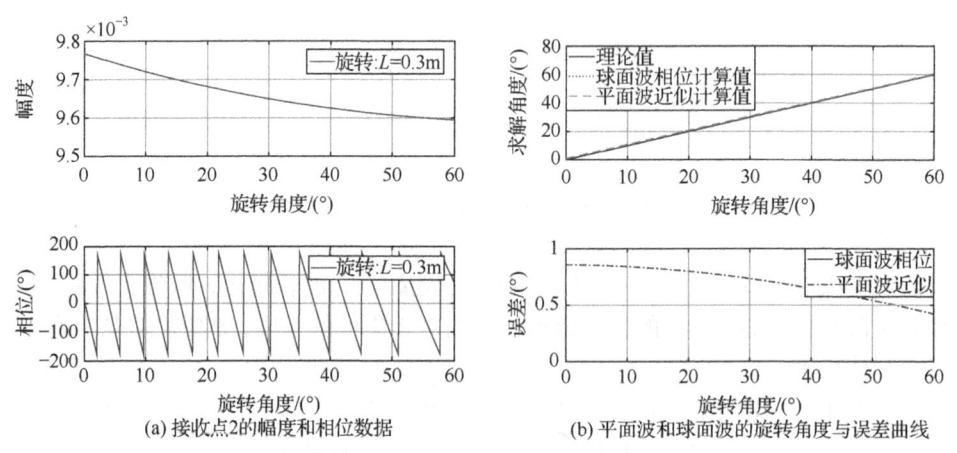

(b) 平面波和球面波的旋转角度与误差曲线

图 12.15　求解结果与误差曲线

(f = 15 GHz，d = 10m，L = 0.3m)

相较于图 12.12，对于频率 15GHz 天线，幅度衰减非常厉害，频率越高，距离对幅度的影响越明显。相位具有周期性特性，0.3m 相对于波长 λ 是 15 倍，因此出现多个周期。

平面波相位求解的误差取决于球面波阵面的曲率，曲率越大，误差越大，反之则越小。而改变频率，仅改变同一相位面的密集程度，在收发距离 d、基线长度 L 相同且相位中心在同一点的情况下，接收点所处的球面曲率是一致的，因此误差结果也一致。在解模糊的过程中，循环次数与相位变化的周期数呈正比，如频率 15GHz 时相位周期为 7 次，而频率 3GHz 时相位周期大约为 3 次。

示例 3：发射天线频率 15GHz，收发天线距离 d = 10m，基线长度 L 变为 0.1m。

图 12.16(a)为接收天线 2 的幅度和相位，对比图 12.14(a)，可以看出幅值下降有所改善，周期数也下降明显，主要是由于基线长度 L 发生变化。图 12.16(b)为角度和误差的求解结果及误差曲线。

示例 4：发射天线频率 3GHz，收发天线距离 d = 5m，基线长度 L = 0.3m。

角度和误差求解结果如图 12.17 所示。收发天线距离短，长基线的情况下，球面波方式较平面波方式，最大误差改善了 1.718°。

图 12.16　求解结果与误差曲线

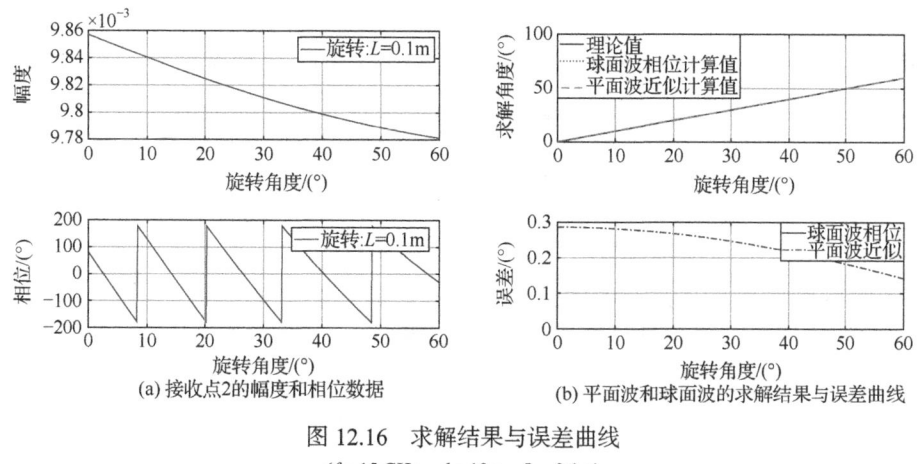

(f = 15 GHz，d = 10m，L = 0.1m)

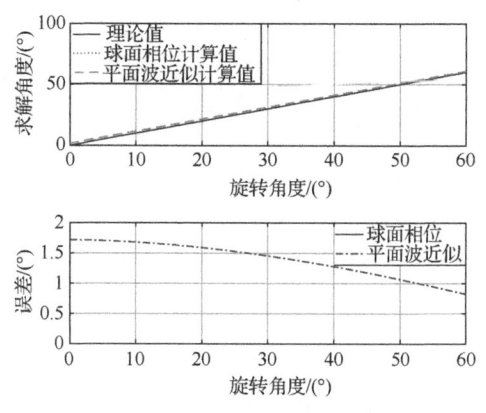

图 12.17　求解结果与误差曲线

(f=3GHz，d=5m，L=0.3m)

12.4　球面波相位干涉测向全波电磁软件仿真验证

使用全波电磁软件 CST 进行建模和仿真验证，首先，对发射天线进行建模，然后，在远场区使用探针接收天线的幅值与相位，误差处理依然采用与近似法相同的方式。

12.4.1　单基线

示例 1：使用频率 3GHz 的喇叭天线作为发射天线，收发距离 d = 10m，长基线长度 L = 0.04m。

辐射天线的几何模型如图 12.18 所示。在喇叭天线频段提升至 15GHz 时，发射天线尺寸根据频段进行设计，口面有效面积也与 15GHz 时的近似法相同。波导口径采用标准矩形波导尺寸,主模为 TE$_{10}$ 模式,频率 15GHz,喇叭整体均匀壁厚 5mm。采用 CST 仿真得到喇叭天线辐射特性,如图 12.19 所示。

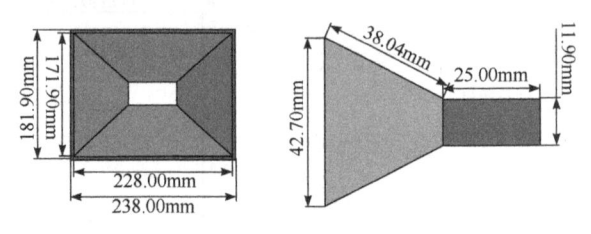

图 12.18　喇叭天线几何模型(f = 3 GHz)

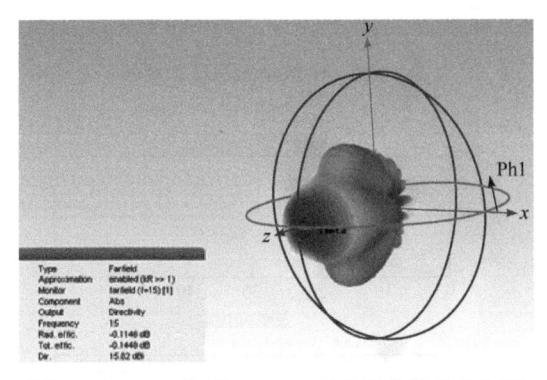

图 12.19　CST 仿真 15 GHz 喇叭天线增益方向图

如图 12.19 所示,仿真获得的频率 15GHz 天线的三维(3D)方向,其波瓣与 3GHz 的波瓣图相似,但依然有差异,两个天线均按照 15dBi 的增益设计。15GHz 天线增益的仿真结果提高至 15.82dBi,3GHz 的增益降至 14.71dBi。

图 12.20(a)为 CST 仿真得出的相位与旋转角度间的关系,图 12.20(b)为旋转

(a) 仿真的相位数据

(b) 旋转角度与误差曲线

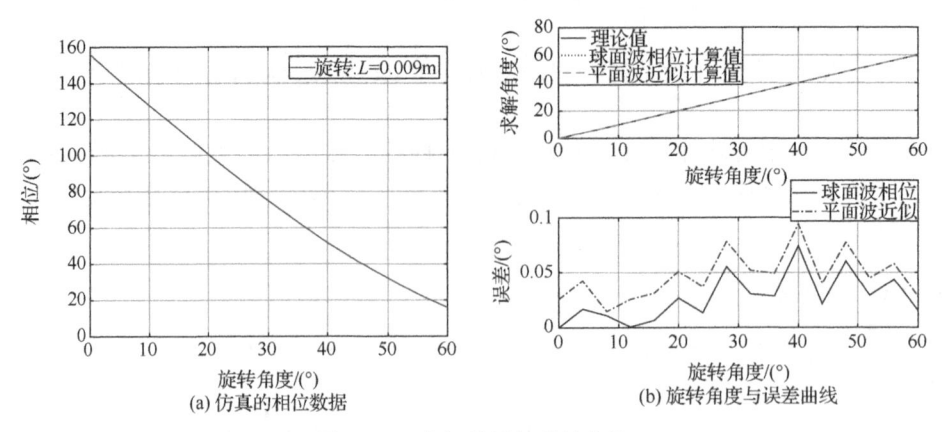

图 12.20　求解结果与误差曲线
(f = 15GHz, d = 10m, L = 0.009m)

角度及误差曲线,可以看出,误差曲线波动较大,但整体规律与近似法一致,即总体误差范围在 0.1°以内,且球面求解方式优于平面波近似方式。如前所述,CST 的仿真效果接近实际天线,其误差曲线不再无限趋于 0,而是出现较大的波动,不论是波长 λ,还是短基线 L,CST 计算的精度均下降。

12.4.2 双基线

CST 软件可求解双基线的解模糊问题和误差曲线,需要使用算法和数值处理的近似法。

示例 1:使用 3GHz 频段的喇叭天线模型作为发射天线,具体参数和性能与单基线一样,收发距离 $d = 10$m 保持不变,基线 $L = 0.3$m(长基线),获得的相位数据如图 12.21(a)所示。

双基线的长基线接收的相位呈现周期性,在 60°范围内每隔 4°采样,相位周期非陡峭变化。角度和误差求解结果如图 12.21(b)所示,与近似法中的图 12.14(b)十分相近。在球面相位处理方式下,角度误差不再剧烈波动,尽管采样点松散,但曲线平缓。曲线呈现上扬趋势,不再无限趋于 0,这是非理想发射天线的必然结果。相比之下,球面相位处理方式优于平面近似方式。

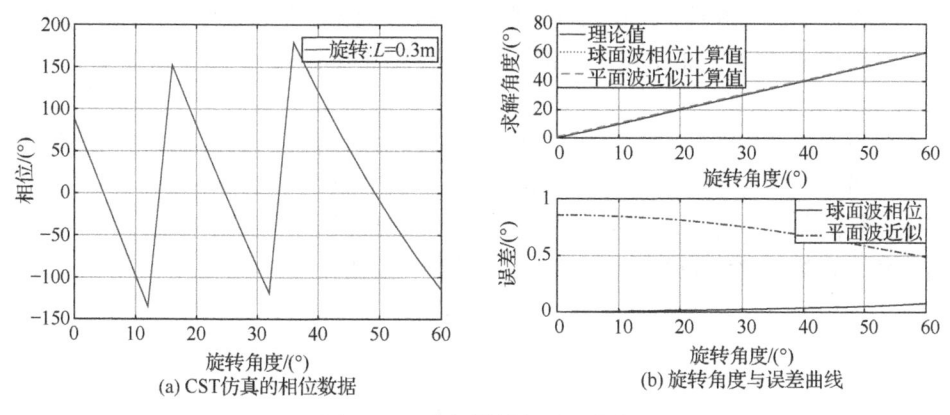

图 12.21 求解结果与误差曲线
($f = 3$GHz, $d = 10$m, $L = 0.3$m)

示例 2:使用频率 15GHz 发射天线模型,具体参数及性能与单基线相同,收发距离 $d = 10$m 保持不变,基线 $L = 0.3$m(长基线),获得的相位数据如图 12.22(a)所示。

对于频率 15GHz 的天线,由于相位变化非常迅速,使用之前的采样点数会导致相位周期数在曲线中显示的结果严重偏离实际,因此,在 60°范围内,每隔 2°进行一次采样(探针),以增加采样密度。相位变化曲线如图 12.22(a)所示,可见周期数增加,结果与近似法一致。

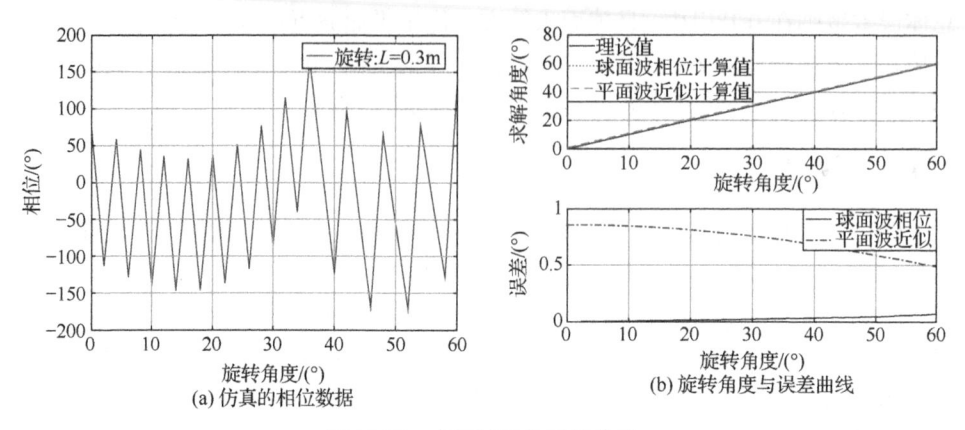

图 12.22 求解结果与误差曲线
(f = 15GHz, d = 10m, L = 0.3m)

在相位剧烈变化的情况下,误差曲线稳定,说明解模糊算法具有良好的适应性;另一方面,在使用球面相位处理喇叭天线辐射场时,性能优异,因此,在频率变化时,解算出的相位精度能够保持不变,图 12.22(b)中误差曲线平缓且趋近于 0。

示例 3:使用频率 3 GHz 天线,收发距离 d = 5m,基线长度 L 依然为 0.3m。获得的相位数据如图 12.23(a)所示,可以看出当收发距离 d 减半后,结果与图 12.22(a)十分接近。

收发距离改为 5m,主要考虑实际微波暗室的尺寸。d=10m 时,微波暗室实际纵深可能至少为 15m,属于较大暗室。而小于 10m 的中型暗室较为常见,天线罩在这样的条件下测试也基本够用。因此,增加 5m 纵深,从图 12.23(b)中可以看出,新方式的求解优势最大已达 1.7°,是相当可观的。

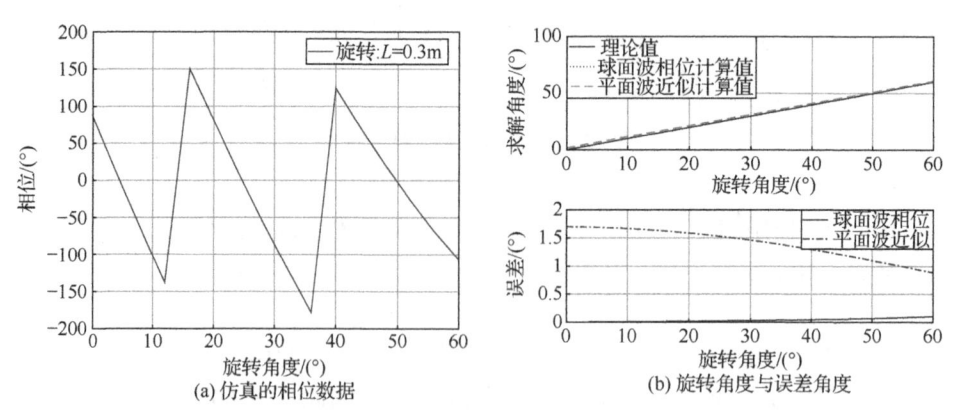

图 12.23 求解结果与误差曲线
(f = 3 GHz, d = 5m, L = 0.3m)

12.5 加载天线罩相位干涉测向的应用分析

天线罩电性能测试是球面波相位干涉测向技术的应用之一，可对天线罩进行数学建模，然后用几何光学法进行分析。可以在全波电磁软件 CST 中完成天线罩的三维建模。

12.5.1 天线罩相位干涉测向的几何光学法

图 12.24 所示的天线罩为 1/2 球面罩，球心位于距发射天线垂直距离 d 处，罩壁厚 5mm，罩内壁半径 395mm，罩体相对介电常数 3.0。

图 12.25 为几何光学法分析天线罩的示意图。由发射天线发射的波(球面波)穿过天线罩区域 1，在天线罩的上下表面经历两次折射，波程为 op4，穿出后汇聚至接收天线 2 处。发射天线未经折射，波程为 op3。为了与平面波方式进行对比，图 12.25 中还给出了平面波穿过天线罩的波程，在穿过区域 2 时，平面波同样经历了两次折射，波程为 op2，穿出后汇聚至接收天线 2 处。未经折射的平面波，波程为 op1。因要汇聚至同一接收天线，只能是平面波与球面波穿越天线罩的不同区域才可达到，符合经典光学理论。

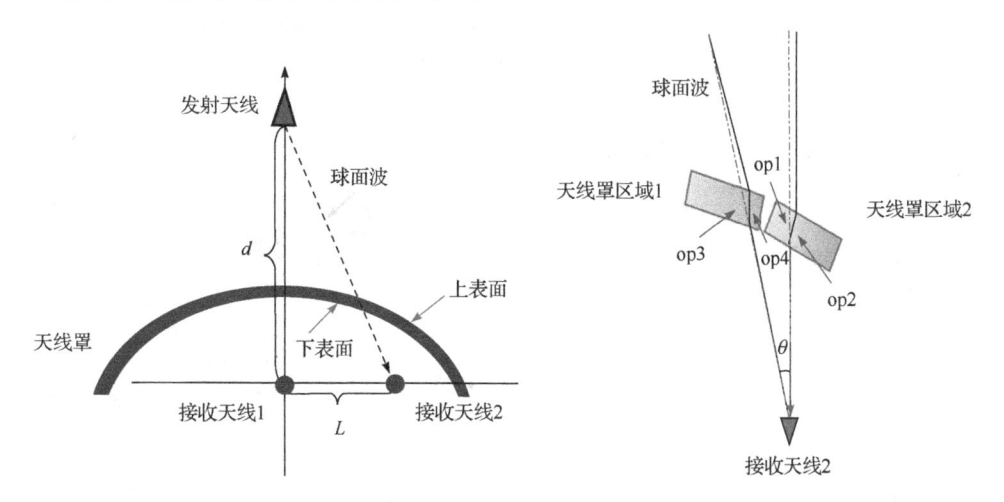

图 12.24　加载天线罩后收发天线相对位置　　图 12.25　几何光学法分析示意图

几何光学法需要结合前面的近似法，才能严格计算出波从发射天线发出，经天线罩后抵达接收天线的完整波程，经过推导，可以获得波在天线罩内部的波程路径，如图 12.26 所示。

从图 12.26 可以看出，波在天线罩外表面发生折射，由折线 1 变为折线 2，根据几何光学法的基本假设，波在天线罩内表面继续折射，由折线 2 变为折线 3，继续忽略反射波，最终波经折线 3 的路径抵达接收天线。在图 12.26 中还绘制了一条由发射天线直接到达接收天线的路径作为参考线，由于收发距离 d 相对于天线罩的尺寸非常大，因此，射线几乎垂直于坐标系。

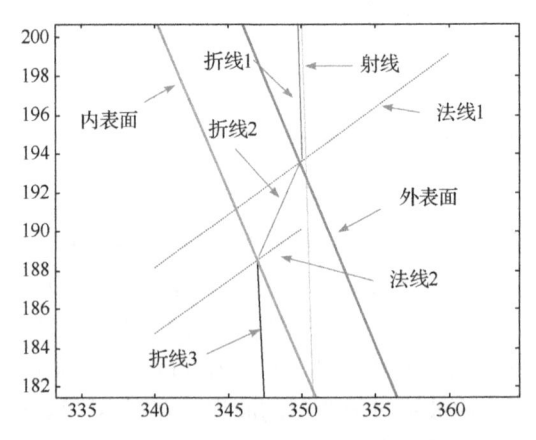

图 12.26 波在天线罩内部的波程路径

1. 单基线

示例 1：使用频率 3GHz 的发射天线，收发距离 $d=10$m，基线 $L=0.04$m，天线罩参数及安装位置如前所述。计算接收天线 2 接收的相位。

相位数据结果如图 12.27(a)所示，可见相位在一个周期内变化，符合单基线的条件。角度和误差的求解结果如图 12.27(b)所示。

(a) 加罩后相位数据

(b) 旋转角度与误差曲线

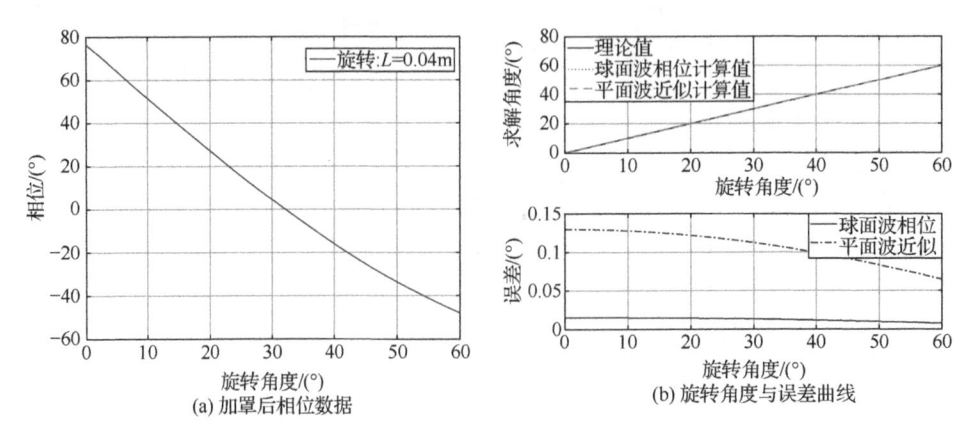

图 12.27 求解结果与误差曲线
($f=3$GHz，$d=10$m，$L=0.04$m)

由图 12.27(b)可以看出，加载天线罩后的单基线角度误差在 0.15°范围内，球面求解方式的误差优于平面近似方式,误差曲线平缓,对比不加罩近似法的情况,其特征完全一致。这表明,使用几何光学方式的整体方案可行,能够提供可靠的分析依据。误差曲线整体上移,说明天线罩起到了作用,改变了自由空间波的相位,求解误差变大。

示例2:使用频率15GHz的发射天线,收发距离 d = 10m,基线 L =0.009m,天线罩参数及安装位置不变。

相位数据如图 12.28(a)所示,频率15GHz时的相位数据保持单基线的典型特性,即相位变化在单个周期内。角度和误差求解结果如图 12.28(b)所示。

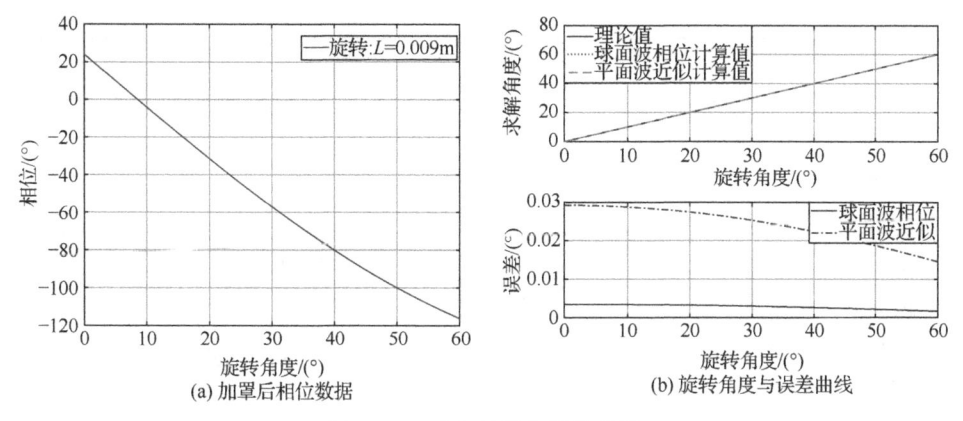

图 12.28 求解结果与误差曲线
(f = 15GHz, d = 10m, L = 0.009m)

从图 12.28(b)可以看出,频率提高至15GHz时,误差范围降至0.03°以内,曲线变化平缓,这些特征与不加罩时一样,但曲线上移,这也是天线罩造成的影响。

2. 双基线

示例1:使用频率3GHz的发射天线,收发距离 d = 10m,基线 L = 0.3m(长基线),天线罩参数及安装位置保持不变。

相位数据如图 12.29(a)所示,可以看出,相位数据体现了双基线的特征,周期数大于2,需要进行解模糊处理。

角度和误差求解结果如图 12.29(b)所示,可以看出,误差变化规律一致。加载天线罩后,无论是平面近似还是球面求解法,误差曲线都整体上移,表明天线罩对相位有影响,但影响程度无法通过误差曲线变化来简单定义。

示例2:使用频率15GHz发射天线,收发距离 d = 10m,基线 L = 0.3m(长基线),天线罩参数及安装位置保持不变。

相位数据如图 12.30(a)所示,可见在频率提高至15GHz时,相位变化迅速,在旋转60°范围内,相位周期变化达13次,这些都可以通过解模糊算法处理完成。

图 12.29 求解结果与误差曲线
(f = 3GHz,d = 10m,L = 0.3m)

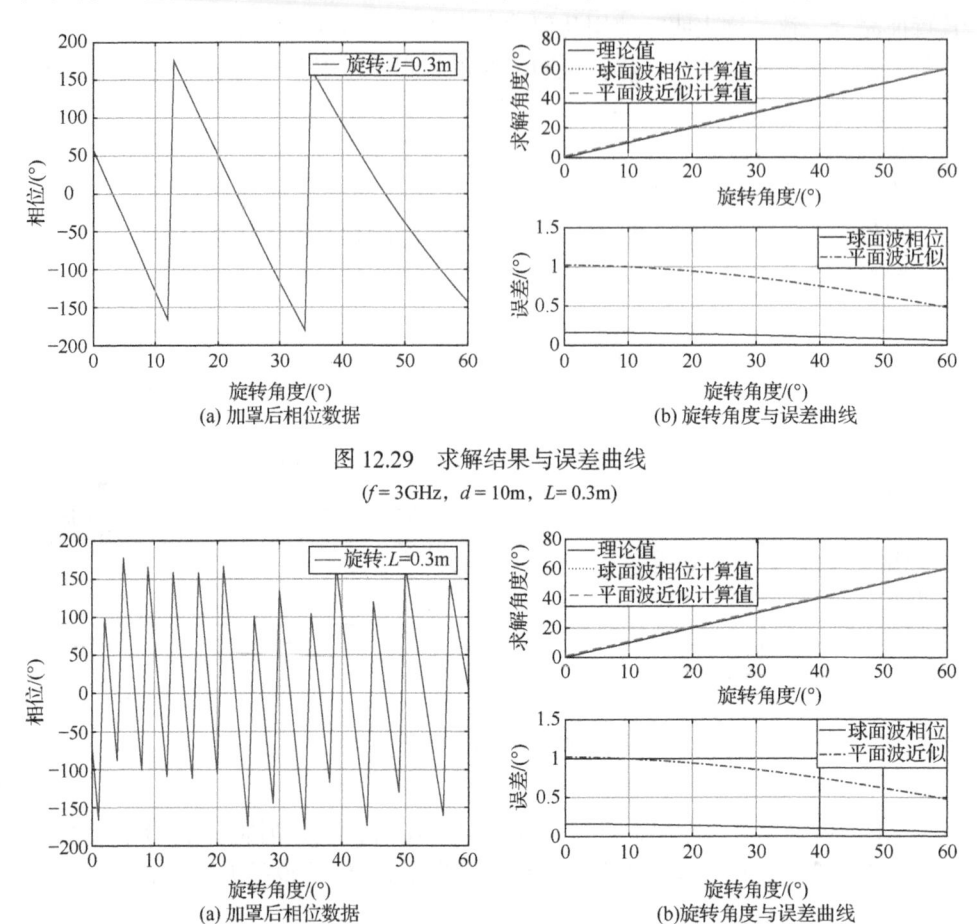

图 12.30 求解结果与误差曲线
(f = 15GHz,d = 10m,L = 0.3m)

角度和误差求解结果如图 12.30(b)所示,再现了类似的曲线规律,由于天线罩的存在,误差上升,从几何光学法求解得到的几条误差曲线来看,误差上升均在1°以内。尽管通过几何光学法分析了天线罩的性能,但只有使用更精确的电磁场求解方法才能定性分析天线罩的性能。

12.5.2 天线罩相位干涉测向的全波仿真分析

图 12.31 为 CST 软件中的半球面均匀天线罩模型,厚度 5mm,内径 395mm,外径 400mm,相对介电常数 ε_r=3,相对磁导率 μ_r=1。发射天线口面几何中心为坐标原点,口面垂直于 Z 轴,天线罩口面平行于发射天线口面,顶端朝向发射天线。

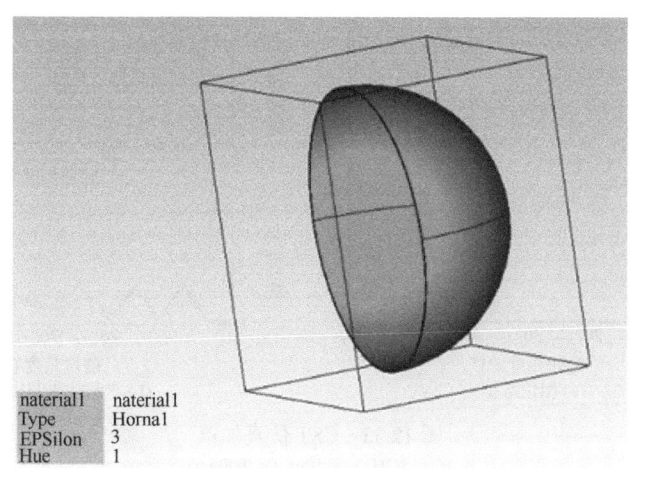

图 12.31 CST 软件中的半球面天线罩模型

1. 单基线

示例 1：使用频率 3GHz 的发射天线，收发距离 $d = 10$m，基线 $L = 0.04$m。

加罩后的接收相位数据如图 12.32(a)所示，可见相位数据保持单周期变化，符合单基线条件，但接近 60°时相位出现畸变，同时与不加载天线罩的 CST 仿真结果相比，相位曲线整体下移超过 50°。角度和误差求解结果如图 12.32(b)所示，从误差曲线来看，球面与平面近似的误差曲线几乎重合，但无法论证球面方式的有效性，也无法说明天线罩的性能好坏，并且在相位畸变处，误差陡然上升。

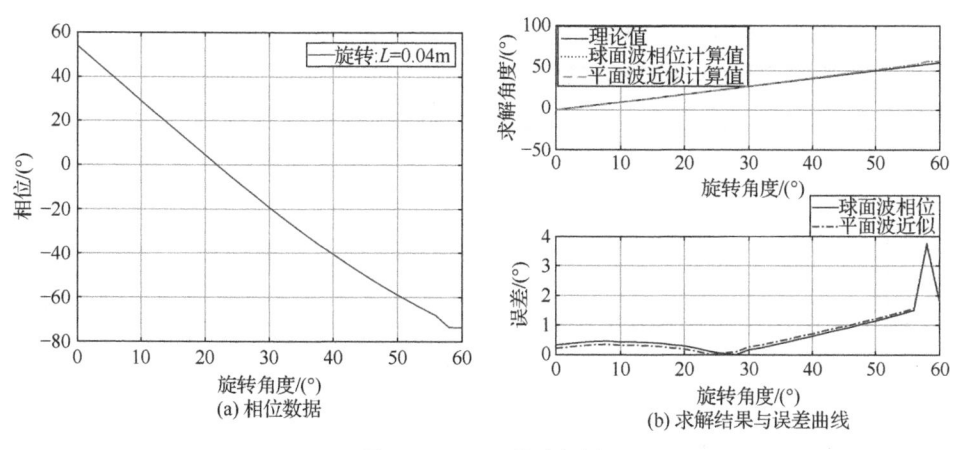

图 12.32 CST 仿真加罩
(f=3GHz, d=10m, L=0.04m)

示例 2：使用频率 15GHz 的发射天线，收发距离 $d = 10$m，基线 $L = 0.009$m。接收相位数据如图 12.33(a)所示。

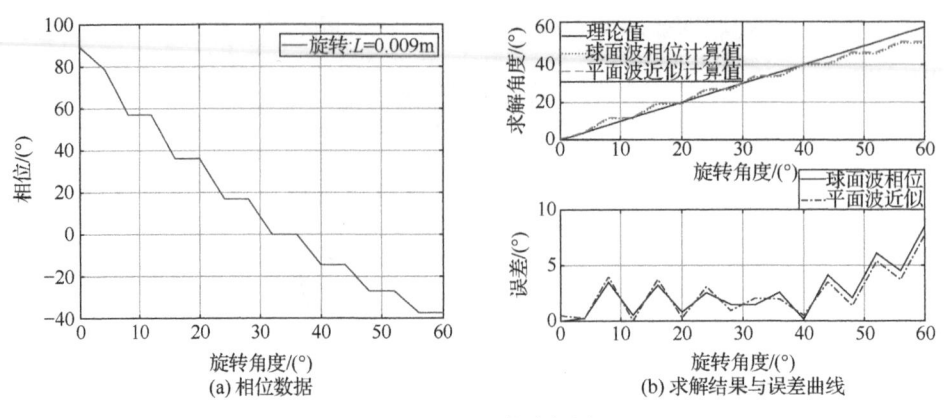

图 12.33　CST 仿真加罩
(f = 15GHz, d = 10m, L = 0.009m)

角度和误差求解结果如图 12.33(b)所示。可以看出，相位数据出现波动，整体呈下行阶梯状，对比不加罩情况，相位曲线整体下移超过 50°。

从求解结果及误差曲线图来看，平面波和球面波的误差线重合度高，无法区分哪一种方式性能更优异，随着相位数据的变化，误差线也出现周期性波动。加罩后，在单基线情况下，误差求解失去规律性，导致无法对天线罩性能做出合理的分析。

2. 双基线

示例1：使用频率 3GHz 的发射天线，收发距离 d = 10m，基线 L = 0.3m(长基线)。

接收相位数据如图 12.34(a)所示，在双基线情况下，相位数据变化周期性明显且比较规整，满足双基线的求解条件。

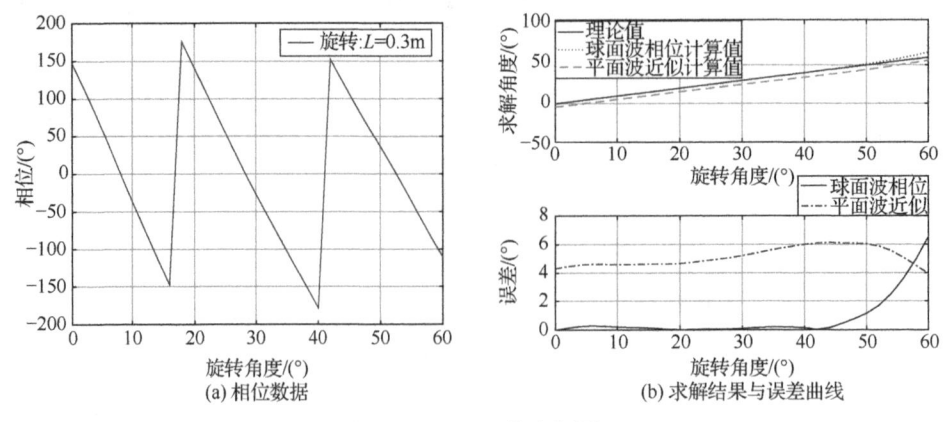

图 12.34　CST 仿真加罩
(f=3GHz, d=10m, L=0.3m)

角度和误差求解结果如图 12.34(b)所示，误差曲线表现出规律性，加载天线罩后，球面近似求解优于平面近似方式，两条曲线的分离度较高。在大角度时，球面方式的误差上升较快，结合单基线的情况，说明在大角度时，CST 仿真获得的相位数据准确度下降。

12.6 球面波相位干涉测向技术实测应用

从 12.2 节的球面波干涉测向基本公式可见，几个关键的测量值包含在计算公式中，始终无法通过数学方式完全消解，一旦这些测量值发生变化或测量不准确，必然会对最终求解结果产生影响。下面对这些因素逐一进行分析，并提出相应的改进措施。

对比图 12.35 的两种干涉测向情形，图 12.35(a)为未发生旋转中心偏移的情况，图 12.35(b)为发生旋转中心偏移的情况，偏移量为Δd。

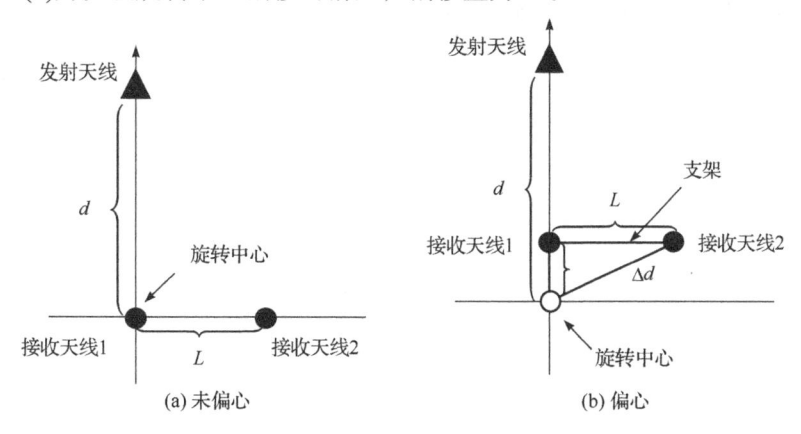

图 12.35 收发天线相对位置

产生图 12.35(b)所示的偏心的原因主要有：

(1) 驱动天线支架的转台偏心，可能是机械部分磨损造成，也可能是转台因某些需求特意设计为固定偏心。

(2) 天线支架安装设计造成的，如尺寸误差或安装扭曲等，都会导致求解角度产生非理论性的误差，具体分析如下。

使用 CST 仿真旋转中心偏移的情况，具体实现方式为，用探针代替接收天线 1，在旋转中心偏移后，依次均匀地将探针放置在其旋转轨迹上，获得相位数据。相关尺寸数据为 $d=10\text{m}$，$\Delta d = 0.1\text{m}$。相位数据如图 12.36 所示。

无论是在 3GHz 频段，还是在 15GHz 频段，偏移量$\Delta d=0.1$m 都大于半波长，因此，会产生相位变化。由图 12.36 可见，旋转中心偏移对相位影响较大，需要对球面波相位干涉测向公式进行修改。

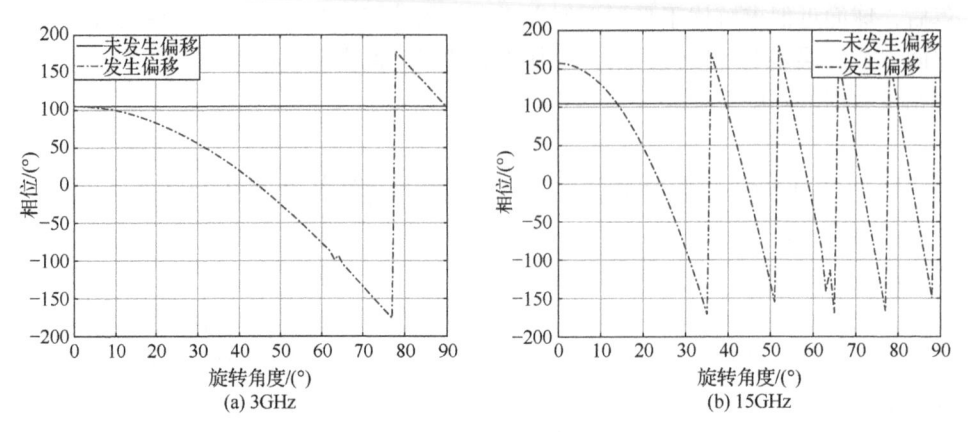

图 12.36 对应不同频率的相位数据
(a) 3GHz
(b) 15GHz

设接收天线 2 未旋转时接收相位为 φ_1，旋转后接收相位为 φ_2，则波程 s 为

$$s = (\varphi_1 - \varphi_2 + 2k\pi)\frac{\lambda}{2\pi} \tag{12.17}$$

未旋转时 θ_0：

$$\theta_0 = \arctan\left(\frac{L}{\Delta d}\right) \tag{12.18}$$

旋转后的角度 θ_t：

$$\theta_t = \theta_0 + \theta \tag{12.19}$$

接收天线 2 旋转半径 L_t：

$$L_t = \sqrt{(\Delta d)^2 + L^2} \tag{12.20}$$

接收天线 2 距发射天线距离 h：

$$h = \sqrt{(d-\Delta d)^2 + L^2} \tag{12.21}$$

求解角度，

$$g = \left(2d\Delta d - L^2 - 2sh\right)/2dL_t \tag{12.22}$$

$$\theta = \arccos(g) - \theta_0 \tag{12.23}$$

相较于式(12.12)，为解决偏心问题，角度求解更为复杂，过程量较多，在实际应用中，使用之前介绍的解模糊算法，可最终解决偏心旋转问题。

图 12.37 为偏心后旋转示意图。作为一个验证实例，使用 CST 软件进行仿真，验证上述公式。设 $d = 10$m，偏心距$\Delta d = 0.1$m，基线 $L = 0.3$m，发射天线频率 3GHz，求解结果如图 12.38 所示。

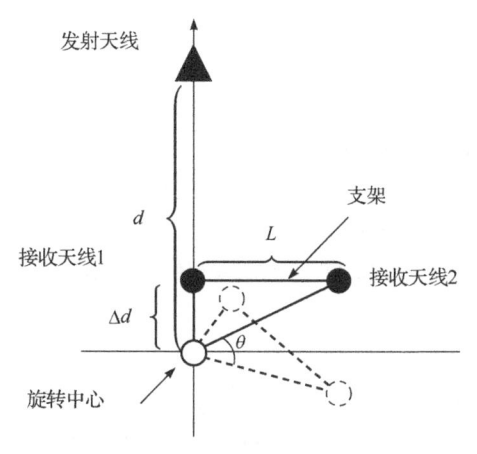

图 12.37　偏心后旋转示意图

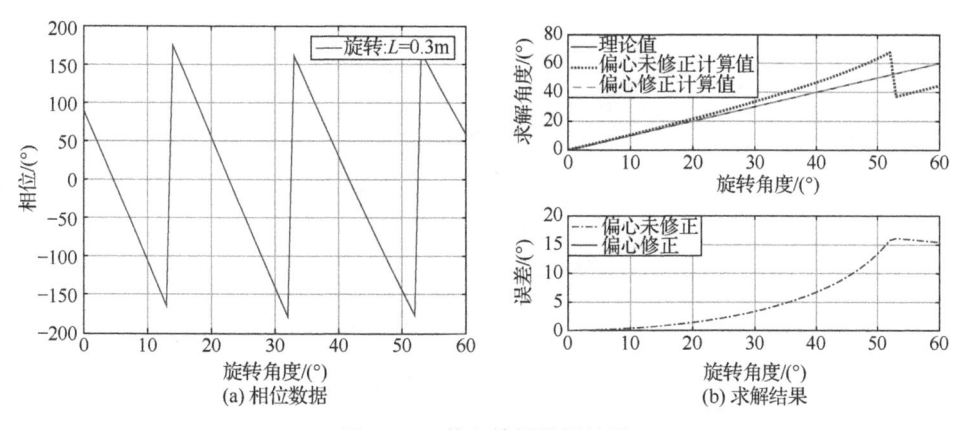

图 12.38　偏心旋转数据结果

从图 12.38 中可以看出，经过偏心修正之后，误差趋近于 0，说明理论推导公式的正确性。由于公式中有频率的相关参量，因此，可以计算任意频段的误差。

12.6.1　发射天线相位中心偏移

发射天线相位中心的偏移可能发生在三个维度，但这些偏移都可分解为向左和向前两种基本情况，如图 12.39 所示。

无论发射天线相位中心如何偏移，只要获得精准的相位变化，就可以通过调整发射天线的安装位置进行补偿，同时，可以尽可能使用较远的远场来降低误差。

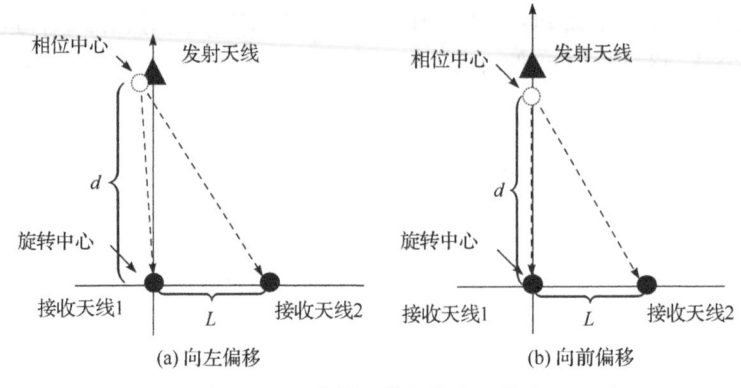

图 12.39 发射天线相位中心偏移

12.6.2 柱面罩的仿真

作为应用，使用电磁仿真软件 CST 对柱面天线罩进行建模，在参数设置中，采用较密的网格剖分，并添加更多的探针，同时使用长基线来求解角度，即变化量。仿真模型如图 12.40 所示。

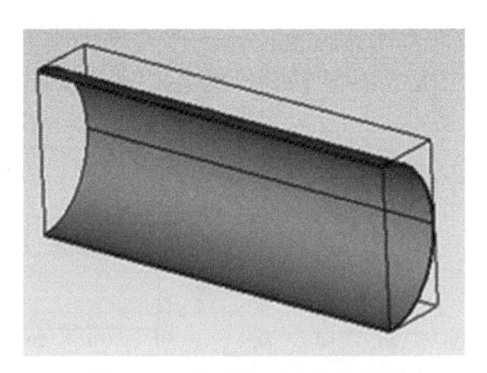

图 12.40 柱面罩 CST 软件模型

柱面天线罩建模参数为厚度 5mm，内径 395mm，外径 400mm，长 1200mm，罩体介质材料相对介电常数 ε_r=3，相对磁导率 μ_r=1。以发射天线口面几何中心为坐标原点，口面垂直于 z 轴，天线罩口面(长方形面)平行于发射天线口面，曲面外缘朝向发射天线，天线罩口面几何中心位于 $(0, 0, d)$ 处。

示例 1：发射天线频率 3GHz，收发距离 d=5m，基线 L=0.3m，偏心距 Δd =0.1m。

仿真结果如图 12.41 所示，与未加罩情况相比，可见相位曲线整体左移，初始值从 80°变为−50°，相位周期数保持不变，周期变化规整，说明柱面罩在较大区域对相位的影响稳定。图 12.41(b)中的误差曲线在 0.5°范围内波动，相较于之前的球面罩，性能表现优异，充分验证了偏心修正公式的正确性，同时，也说明柱面天线罩的外形对电磁散射特性影响不大。

(a) 相位数据　　　　　　　　　　　　(b) 旋转角度

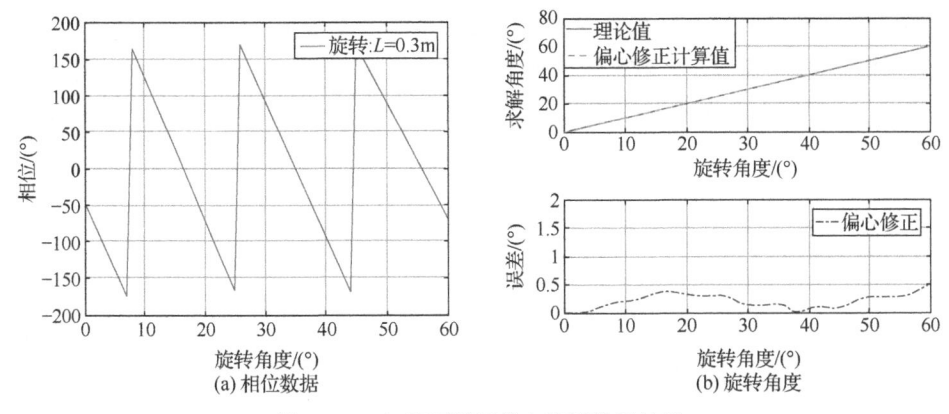

图 12.41　加柱面罩后偏心旋转数据结果

12.6.3　实物柱面罩的测试

天线罩测试必备的硬件设施包括有暗室、转台和支架三大部分，并根据具体天线罩的要求，选用合适的发射天线及接收阵列。图 12.42 为天线罩的实物测试场景。

图 12.42　天线罩实物测试

微波暗室的一般性测试需要满足远场条件，以较低频段 1GHz 为例，远场距离按 10 倍波长计算，即最短远场距离应为 3m，考虑到要安装转台或支架，以及边界有效距离，暗室的实际纵深至少需要达到 5m。在实际使用时，为了实现更好的平面近似效果，通常需要更长的距离，但又受到接收天线最低接收功率要求的限制。因此，在实际天线罩测试中，最终收发距离取 5m，以实现二者的平衡。

实际接收天线阵列通常采用较长的基线，因为长基线能够提高角度求解的精度。因此，基线长度也不再局限于 0.3m，比照天线罩的长度，充分利用长基线的优势，最长基线可达 0.7m。此外，增加更多的基线(假定按一字型排列)并对结果进行平均，不仅可以进一步提高精度，同时还能抑制干扰。

测试的基本参数是，收发天线距离 d = 5m，基线长度 L = 0.6m，偏心距 Δd = 0.28m，实测数据及误差曲线如图 12.43 所示。

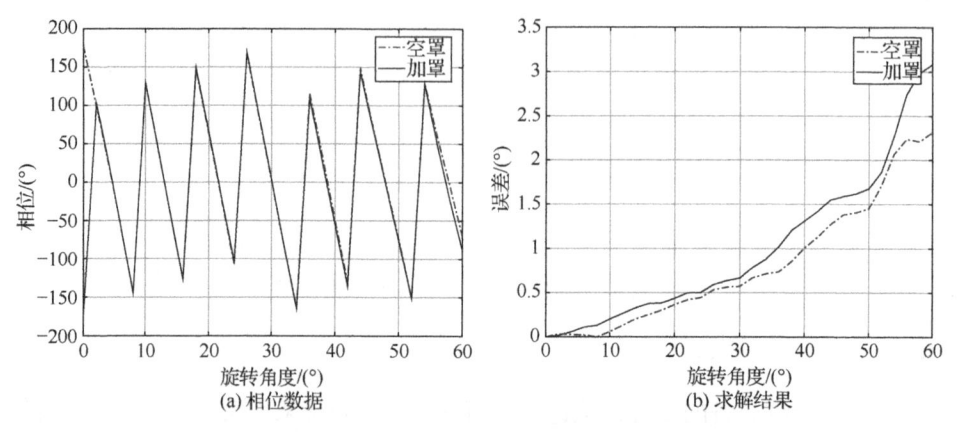

图 12.43　实测频率 3GHz 天线数据结果

如图 12.43(a)所示，天线测试中的相位周期数很多，说明使用的基线长度较长。加罩后的相位周期数保持一致。图 12.43(b)展示了角度误差随着旋转角度增大而增大。基线越长，接收天线末端的旋转轨迹半径越大，导致接收天线在视距 z 轴方向和水平轴 x 方向的位移变化非常快，因此，误差会随着 $L\sin\theta$ 的变化而变化。加载天线罩后，误差曲线的变化规律保持一致，尽管误差曲线上移，但上移幅度很小，说明在频率 3GHz 时，该天线罩仍能保持良好性能。

频率 15GHz 天线的实测数据结果如图 12.44 所示，天线罩测试数据中的相位周期数大于 1，符合双基线条件，但周期数远小于预期，原因是采样点数少。3GHz 频段与 15GHz 频段都是 2°一个采样点，对于 3GHz 频段来说足够了，但是 15GHz

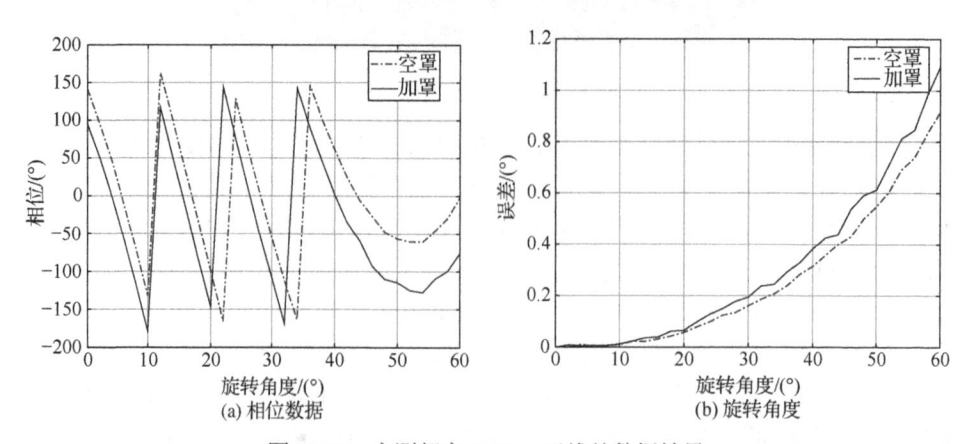

图 12.44　实测频率 15GHz 天线的数据结果

频段明显出现隐周期,且在 40°以后出现模糊现象。如果增加采样点,能够增加相位周期的数量。从图 12.44 中的误差曲线可以看出,由于天线罩的影响,误差略有上升,上升量最大 0.2°,这表明在 15GHz 频段下,天线罩性能良好。

12.7 本章小结

本章以平面波干涉测向方法为理论基础,推导出球面波干涉测向的基本公式,并结合实际使用条件,详细说明了球面波干涉测向的具体实施步骤。通过近似法和全波分析软件的仿真,验证了该理论方法的正确性。同时,分析了影响球面波干涉测向理论实施的一些因素,特别是针对可测量且影响较大的旋转中心偏移问题,重新进行了公式推导,提出了改进措施。最后,通过实际测试验证了球面波干涉测向理论,确保该理论能够有效应用于实际天线罩电性能测试中。

参 考 文 献

[1] Evans Gary E. Antenna Measurement Techniques. Norwood: Artech House, 1990.
[2] Johnson Richard C. Antenna Engineering handbook. New York: McGraw-Hill, 1984.
[3] IEEE Standard Test Procedures for Antennas. The Institute of Electrical and Electrical and Electronics Engineers. Inc. ANSI IEEE Stand, 1979: 149-1979.
[4] Newell A C. Error analysis techniques for planar near-field measurement. IEEE Transactions on Antennas and Propagation, 1988, AP-36(6):754-768.
[5] Joy E B. Near-field range qualification methodology. IEEE Transactions on Antennas and Propagation, 1988, AP-36(6):836-844.
[6] Yaghjian A D. An overview of near-field antenna measurement. IEEE Transactions on Antennas and Propagation, 1986, 34(1): 30-45.
[7] 肖秀丽. 干涉仪测向原理. 中国无线电, 2006 (5):43-49.
[8] 王新稳, 李萍, 李延平. 微波技术与天线. 北京: 电子工业出版社, 2006.
[9] 司伟建. 一种新的解模糊方法研究. 制导与引信, 2007 (1):44-47.
[10] 周亚强, 陈翥, 皇甫堪, 等. 噪扰条件下多基线相位干涉仪解模糊算法. 电子与信息学报, 2005 (2): 259-261.
[11] 朱战立. 数据结构. 北京: 电子工业出版社, 2013.

第 13 章 天线罩电性能设计的若干关键技术

本章以天线罩电性能设计的实际工程应用为背景，首先，分析复合材料频选天线罩在制备过程中，因频选膜拼接工艺误差对罩体电性能产生的影响。针对装配式天线罩结构和材料突变的现状，提出采用频选结构在连接区进行电性能补偿设计的方法。

随后，针对特殊环境，采用电磁仿真软件分别研究雨水、防雷击分流条以及天线罩拼接缝对天线罩电性能的影响，并给出解决对策。

最后，针对天线罩内的大功率辐射问题，分析罩内天线辐射产生的热效应，从理论上仿真分析热效应带来的天线罩电性能的变化。

13.1 复材 FSS 天线罩中 FSS 膜拼接的电性能分析

隐身天线罩是当前雷达系统隐身的有效工具之一，频率选择表面天线罩(FSS天线罩)不仅具有天线罩的基本保护功能，还具有 FSS 的选择性透波功能[1]，即在雷达系统工作频段内呈现出带内良好的透波特性，在频带外则呈现出截止特性。在制造复合材料 FSS 天线罩时，通常将多块 FSS 膜层封装到复合材料天线罩的芯层或蒙皮层中，图 13.1 为大曲率天线罩多 FSS 膜子块示意图。由于天线罩具有不同的外形特征、尺寸和使用环境的需求，在复合材料的芯层或蒙皮层中铺放有限尺寸的 FSS 薄膜结构时，拼接工艺误差可能影响天线罩的电性能。拼接工艺误差主要表现形式有 FSS 膜间搭接、结构间出现缝隙等。天线罩中 FSS 膜间拼接工艺误差可能导致天线罩出现工作频率漂移和透波率下降等问题。

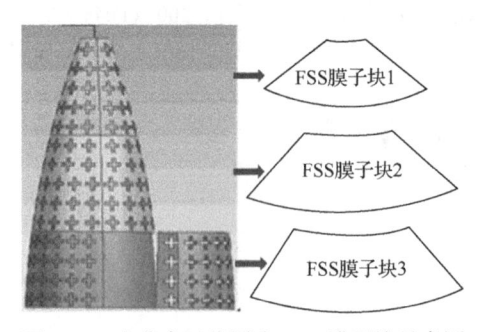

图 13.1 大曲率天线罩多 FSS 膜子块示意图

13.1.1 FSS 膜拼接工艺对天线罩电性能的影响

复合材料天线罩的电性能可能会受到 FSS 膜拼接工艺的影响。FSS 膜边缘的拼接工艺误差主要表现为搭接和缝隙两种形式，图 13.2(a)为 FSS 膜边缘搭接示意图，图 13.2(b)为 FSS 膜边缘缝隙示意图。此外，入射电磁波的极化方向和不同 FSS 膜拼接方式，都会影响天线远场方向图、天线罩透波率和电场分布。

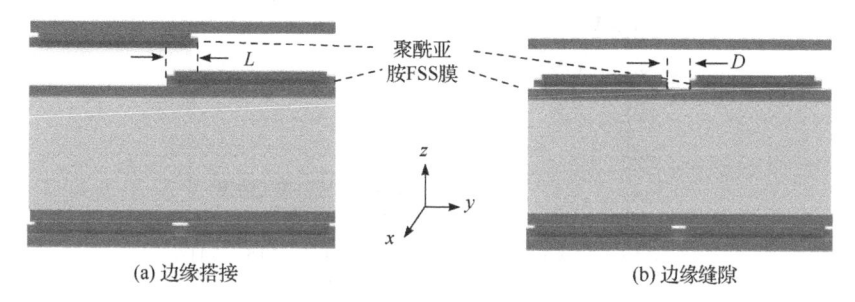

(a) 边缘搭接   (b) 边缘缝隙

图 13.2　FSS 膜拼接剖面示意图

13.1.2　复合材料天线罩中 FSS 薄膜边缘搭接分析

针对制造工艺误差带来的 FSS 膜边缘拼接问题进行几何建模。图 13.3 所示为在复合材料天线罩中 FSS 薄膜的边缘搭接模型，L 为两块 FSS 薄膜边缘搭接距离。天线罩中 FSS 膜的搭接部分是两块 FSS 膜边缘的重叠区域，图中黑色虚线部分表示两块 FSS 膜的重叠区域。

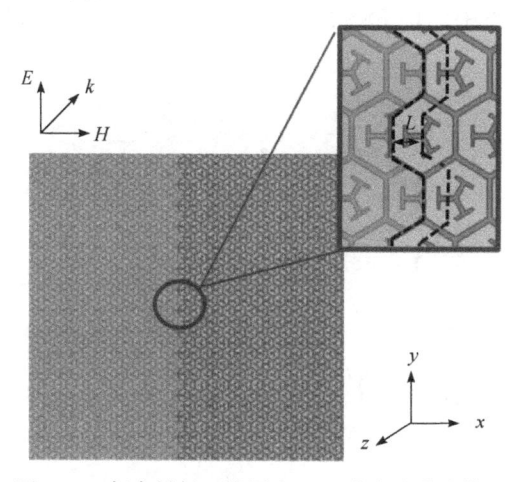

图 13.3　复合材料天线罩中 FSS 膜边缘搭接模型

仿真的 FSS 单元结构为六边形环，边长为 5mm，FSS 薄膜的边缘搭接间距设为 5mm，且搭接缝方向与入射电磁波极化方向相同。图 13.4 为复合材料天线罩两块 FSS 膜出现搭接时，在 8～11GHz 条件下的透波特性。可见，在 8.5～10.5GHz

范围内，完好的 FSS 天线罩表现出良好的传输特性，其透波率均在 90% 以上，而 FSS 膜边缘搭接时，透波率大幅度衰减，下降约 30%。

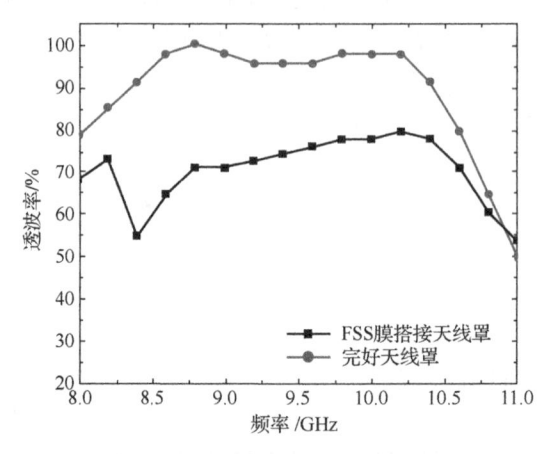

图 13.4　两块 FSS 膜边缘搭接 5mm 间距对透波率的影响

复合材料天线罩透波率衰减的原因是，当两块 FSS 膜的边缘互相搭接时，边缘搭接处呈现电连接断路状态[2]。这一搭接部分成为 FSS 感应电流的振荡区域，进而形成电磁波的边缘辐射。因此，能量以不同于完好 FSS 传输规律的方式向前传输。FSS 膜搭接处的前向传输电流明显小于完好天线罩的前向传输电流，导致该情况下天线罩透波率大幅度衰减。

图 13.5 为天线罩中两块 FSS 膜在不同搭接距离下的示意图，搭接距离分别

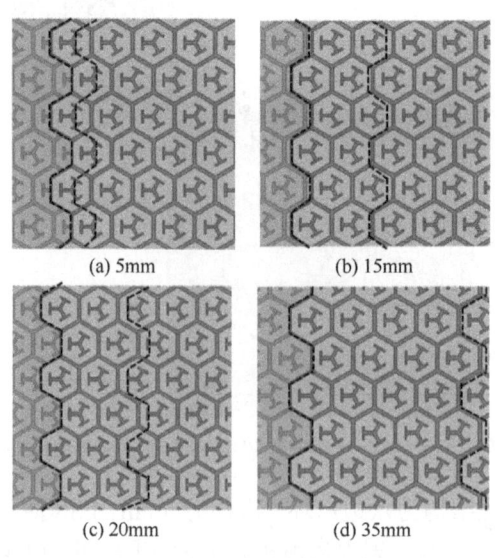

(a) 5mm　　(b) 15mm　　(c) 20mm　　(d) 35mm

图 13.5　两块 FSS 膜不同搭接距离

为 5mm、15mm、20mm 和 35mm。图 13.6 为采用一体化仿真模型求解出两块 FSS 膜在不同搭接距离下对复合材料天线罩电性能的影响。

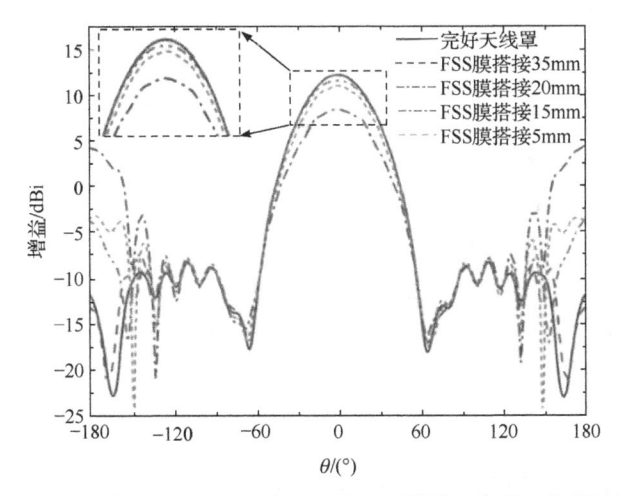

图 13.6　频率 9.4GHz 时两块 FSS 膜不同搭接距离的天线增益图

仿真结果表明，FSS 膜搭接情况下，天线罩对天线方向图产生明显影响，导致天线增益下降。天线增益损失与 FSS 膜搭接距离并非线性关系，也就是说，搭接距离越大并不意味着天线增益损失越大，增益损失与 FSS 膜搭接距离的相对位置有关。

考虑 FSS 膜仅沿 x 方向搭接(搭接缝沿 y 方向，如图 13.3 所示)，如图 13.5(b) 和(d)所示，当两块 FSS 膜边缘搭接处为近似单元重合情况时，经过复合材料天线罩后的电磁波基本保持原来的传播路径，天线辐射方向图无明显变化。图 13.5(a) 和(c)中，若两块 FSS 膜边缘搭接为非近似单元重合情况，经过复合材料天线罩后天线辐射的方向图波瓣变化明显，主瓣增益下降，后瓣抬升，并且该情况下搭接距离越大，即图 13.3 中的黑色虚线部分越宽，FSS 膜搭接处对天线方向图的影响越大，辐射天线方向图主瓣增益下降越明显。

通过天线增益计算出的天线罩透波率如图 13.7 所示，极化方向与 FSS 膜搭接缝方向相同时，复合材料天线罩在 8.5～10.5GHz 的透波率与图 13.4 所示的完好天线罩透波率相比有明显衰减；极化方向与 FSS 膜搭接缝方向垂直时，与完好天线罩透波率相比，FSS 膜搭接对电磁波前向传输影响较小，对天线罩的透波率影响较小。

为了更加深入地分析两种极化方式下 FSS 膜搭接处对电磁波传输影响的机理，对搭接处进行电场分布分析。图 13.8(a)为 9.4GHz 平面波激励下，FSS 膜沿 y 方向搭接缝，且入射电磁波为 y 方向极化。在同一电场强度标尺下，电磁波经过 FSS 膜搭接处时，部分入射电磁波被反射，如图 13.8(a)中黑色虚线方框部分，搭

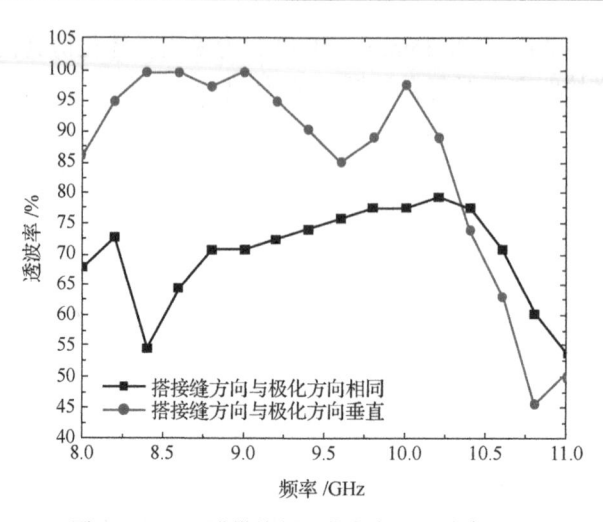

图 13.7 FSS 膜搭接与极化方向对透波率影响

接处前向传输电场明显衰减；图 13.8(b)为 9.4GHz 平面波激励下 FSS 膜沿 y 方向搭接缝，且入射电磁波为 x 方向极化。电磁波经过搭接处时，电磁波不再按照完好天线罩的电磁波传播规律传播[3]，由于两块 FSS 膜搭接距离较小(搭接距离为 5mm)，与电磁波波长相当，因此，在搭接处两侧形成绕射效应，并形成较为完整的前向传输电场，如图 13.8(b)黑色虚线方框部分。

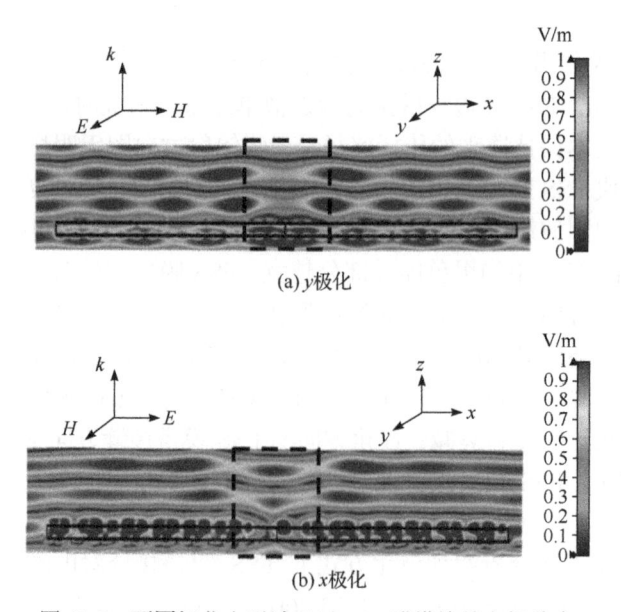

(a) y 极化

(b) x 极化

图 13.8 不同极化电磁波经过 FSS 膜搭接的电场分布

13.2 复合材料天线罩中 FSS 膜边缘缝隙分析

图 13.9 为在复合材料 FSS 天线罩中,不同 FSS 膜边缘存在缝隙的几何模型,缝隙宽度 D 为 5mm。

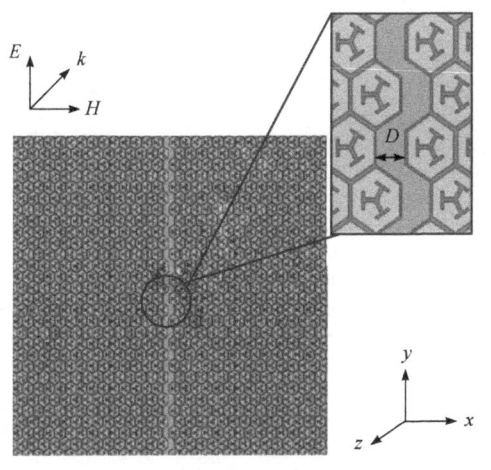

图 13.9 天线罩中 FSS 膜缝隙模型

采用天线-天线罩一体化系统,仿真获得 8～11GHz 频段下两块 FSS 膜边缘缝隙对复合材料天线罩透波率的影响。

如图 13.10 所示,在 8.5～10.5GHz 频段内,具有 FSS 膜缝隙天线罩的透波率

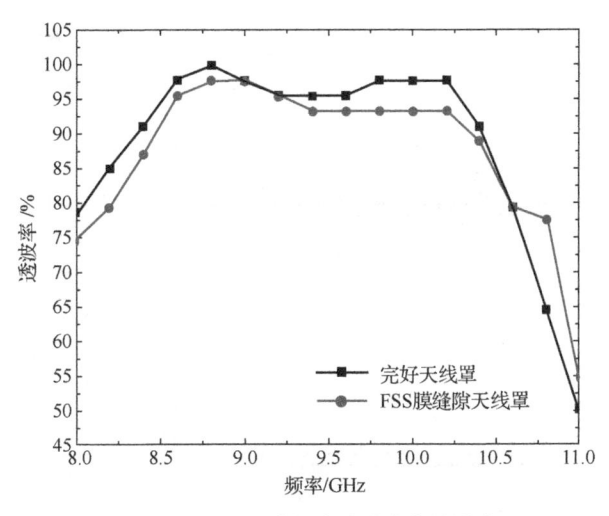

图 13.10 FSS 膜缝隙对透波率的影响

相比于完好罩体的透波率衰减(插入损耗)不超过5%。图13.11为激励源在不同极化方向条件下,FSS膜缝隙对天线罩透波率的影响关系曲线。可见在8.5～10.5GHz工作频段内,极化方向对FSS膜缝隙的天线罩透波率影响较小。

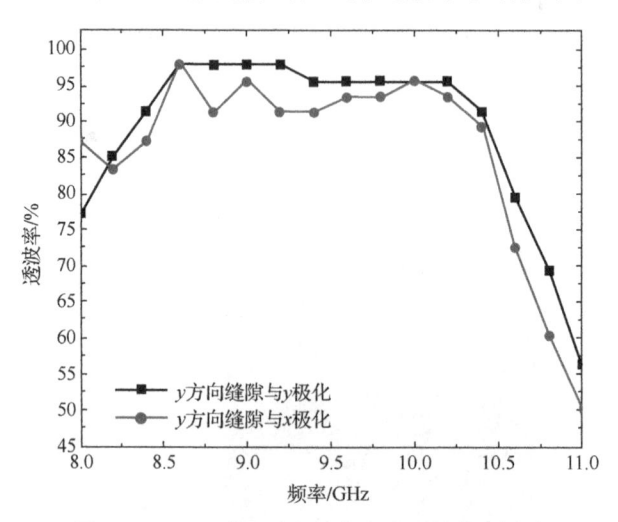

图13.11 FSS膜缝隙与极化方式对透波率影响

图13.12为9.4 GHz平面波激励下,FSS膜缝隙方向沿y方向的不同极化状态下,电磁波经过FSS膜缝隙天线罩的传播路径图。由图可知,在同一电场强度标尺下,不同极化方向电磁波经过FSS膜缝隙处均无明显衰减,与完好天线罩电磁波传播规律一致。

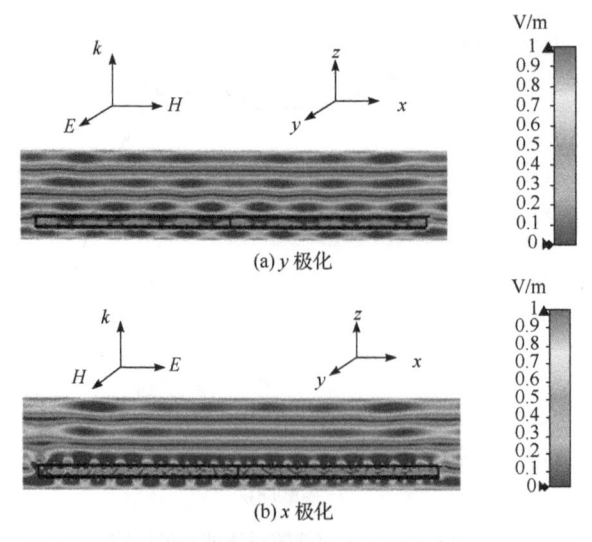

(a) y极化

(b) x极化

图13.12 不同极化电磁波经过FSS膜缝隙天线罩传播

图 13.13 为 9.4GHz 频率下，不同 FSS 膜缝隙宽度对天线增益的影响，仿真结果表明,不同宽度的 FSS 膜缝隙对天线增益影响较小，FSS 膜缝隙 5mm、10mm、15mm 的天线增益相比于完好天线罩的天线增益分别有 0.15dBi、0.05dBi、0.01dBi 的衰减。

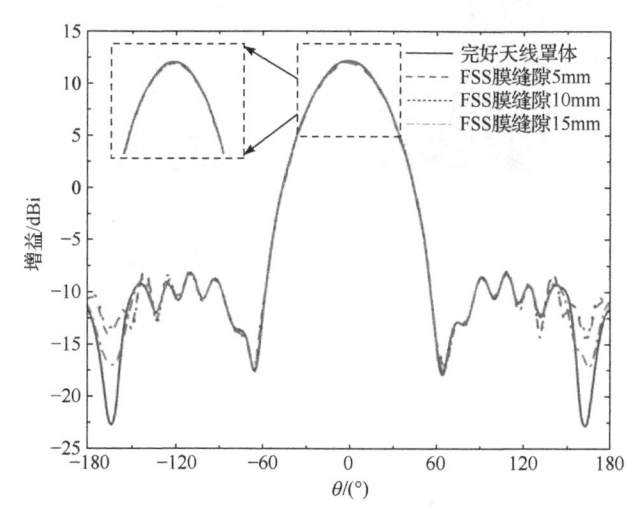

图 13.13 对应频率 9.4GHz 的 FSS 膜不同缝隙宽度的天线增益图

13.3 FSS 膜搭接和缝隙的实物测试与分析

为了验证仿真结果，加工制作两块大小为 500mm×450mm 的 FSS 膜样件，分别在边缘进行搭接和设置微小缝隙，如图 13.14 所示。在此基础上，分别制作相同尺寸的 A 夹层完好、FSS 膜边缘搭接与微小缝隙的平板复合材料天线罩样件。

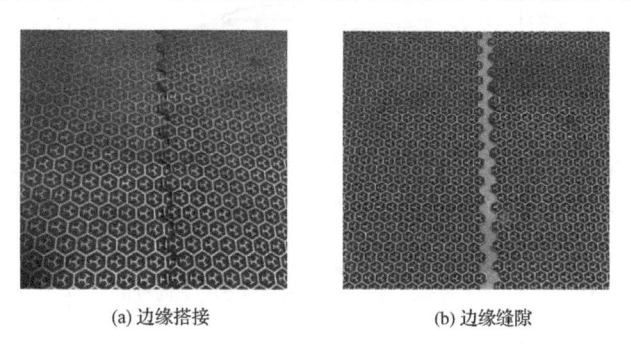

(a) 边缘搭接　　　　(b) 边缘缝隙

图 13.14 两块 FSS 膜搭接和缝隙实物图

图 13.15 为天线罩透波率的微波暗室测试现场。

图 13.15 FSS 天线罩平板样件测试现场

图 13.16 为 FSS 膜搭接与缝隙随极化方式的变化对透波率的影响。由图可见，

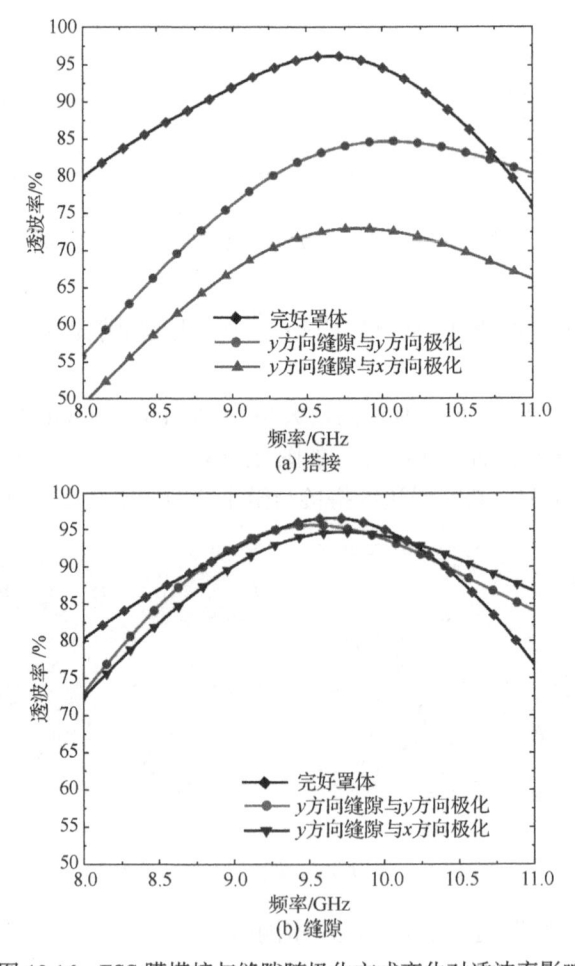

(a) 搭接

(b) 缝隙

图 13.16 FSS 膜搭接与缝隙随极化方式变化对透波率影响

FSS 天线罩中 FSS 膜搭接对透波率有显著影响,极化方向与 FSS 膜搭接缝方向相同时,透波率发生明显恶化,下降约 30%,极化方向与搭接缝方向垂直时,透波率下降较小,这种情况下搭接对透波率的影响程度小于极化方向与搭接方向平行时。同时也看到,FSS 天线罩中 FSS 膜存在缝隙时,无论是水平极化还是垂直极化,对 FSS 天线罩透波率的影响都比较轻微。虽然 A 夹层复合材料天线罩在制作过程中,柔性聚酰亚胺 FSS 薄膜出现的微小褶皱会影响测试结果,但测试与仿真结果表明,FSS 膜搭接和 FSS 膜间的缝隙对复合材料天线罩透波率的影响规律一致,仿真与实测具有良好的一致性。

13.4 大型装配式天线罩电性能提升技术

由于大型辐射天线的天线罩尺寸很大,通常需要制成大小合适的独立分块。这些分块需要通过适当连接装配成一个完整的天线罩。这种装配式天线罩及其组件除了需要满足一定的力学性能要求,还需要尽量降低分块连接区对罩内整个雷达系统辐射特性的影响。针对传统的装配式天线罩分块样件,在满足罩体力学性能不恶化的前提下,进行连接区的单元结构设计,提出在玻璃钢介质连接区中加载频率选择表面,以此来代替单一玻璃钢介质,实现透波性能的提升。

13.4.1 装配式天线罩分块划分规则

装配式天线罩的空间分块常采用随机分块和准随机分块,这些分块既要具备一定的力学性能,还要兼具良好的电性能和材料结构性能。从工艺制造方面考虑,希望一个完整的大型装配式天线罩分块数量越少越好,但是从电性能方面考虑,大型天线罩分块划分要求均分、随机,同时要求分块与分块之间的连接区几何尺寸大于工作频段的波长,从而降低搭接缝区域之间的散射影响,避免产生瞄准误差和方向图副瓣抬升等问题。天线罩的某一部分出现故障时,只需要更换损坏的单元,不必更换整个天线罩,大大降低了工业成本,延长了天线罩的使用寿命。

13.4.2 装配式天线罩结构模型

图 13.17 是装配式天线罩样件分块的剖面示意图,该结构是一个典型的板块-搭接-板块结构。样件沿 $+x$ 方向结构为均匀介质平板透波区-过渡区-连接区(加强肋)-过渡区-均匀介质平板透波区。图中,深灰色区域为连接搭接缝的金属螺栓,为了降低金属螺栓对电磁波传输的干扰,常采用树脂材料介质螺栓代替传统金属螺栓。

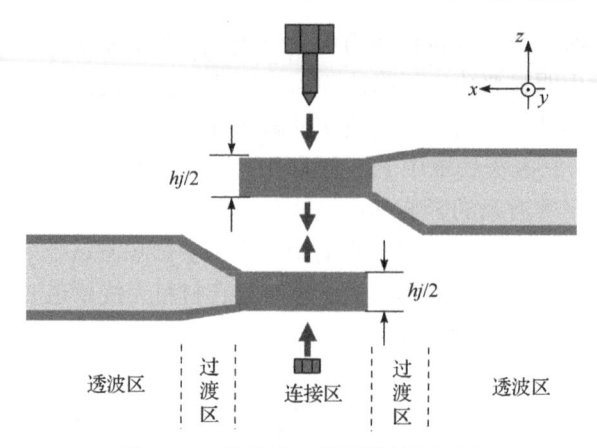

图 13.17 装配式天线罩样件剖面图

为了确保装配式天线罩的透波区具有良好的透波特性和结构的均匀一致性，除去罩体表面的漆层，透波区通常采用奇数层多层介质平板结构，常用的结构有均匀单层结构、A 夹层、C 夹层结构等。目前，大型装配式天线罩透波区最常采用 A 夹层结构，即内蒙皮-芯层-外蒙皮的结构，其中，内外蒙皮为玻璃纤维织物和环氧树脂复合而成的增强玻璃钢(FRP)材料，芯层一般为致密的聚甲基丙烯酰亚胺(PMI)泡沫或 Nomax 蜂窝材料。图 13.18 为透波区 A 夹层结构示意图。装配式天线罩分块之间需要连接以构成一个完整的罩体，连接区是承担载荷的主体，连接区与均匀介质透波部分的结构和材料都是不连续的。需要优化分块之间的连接方式，尽可能降低分块连接对天线辐射特性的影响，减小分块之间连接对天线口径投影的阻挡比至关重要[4]。

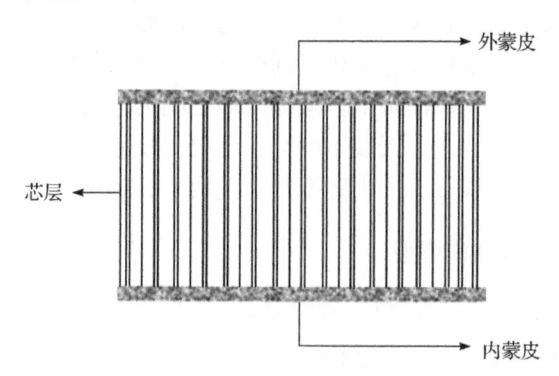

图 13.18 A 夹层结构天线罩示意图

表 13.1 的结构设计与分析基于上述装配式天线罩模型(不考虑介质螺栓的影响)。透波区采用 A 夹层结构，其内外层蒙皮材料为介电常数 4.07、介质损耗 0.11 的玻璃钢材料；内外层蒙皮介质厚度均为 0.67mm；中间芯层为介电常数 1.07、

介质损耗 0.002 的 PMI 泡沫材料，厚度为 14.11mm。蒙皮材料与芯层中间使用 0.1mm 的胶膜进行粘接，层与层之间精密贴合。

表 13.1 均匀平板透波区结构方案

序号	结构	相对介电常数	损耗角正切	厚度/mm
1	蒙皮	4.07	0.11	0.67
2	胶膜	3.1	0.025	0.1
3	芯层	1.068	0.002	14.11
4	胶膜	3.1	0.025	0.1
5	蒙皮	4.07	0.11	0.67

图 13.17 中给出了装配式天线罩的连接方式，两个分块天线罩通过螺栓连接，两个分块天线罩搭接的部分即为连接区。连接区是整个天线罩承受载荷的主体，所以使用玻璃纤维织物和环氧树脂复合而成的增强的玻璃钢材料，连接区与透波区之间采用过渡区结构连接。通过设计可获得罩体厚度 7.2mm，满足所需的力学强度，见表 13.2。

表 13.2 连接区结构方案

序号	材料	相对介电常数	损耗角正切	厚度/mm
1-a	玻璃钢	4.07	0.11	3.6
1-b	玻璃钢	4.07	0.11	3.6

针对该结构，在不恶化力学性能的前提下(保持剖面总厚度 7.2mm 不变)，专注于改善连接区电磁传输特性。

13.4.3 天线罩拼接缝隙对电性能的影响

大型地面天线罩芯层的蜂窝主要是由两块或两块以上的蜂窝拼接而成。拼接缝隙方向相对于电场方向平行还是垂直将对天线罩的电性能有不同影响。设罩壁结构为 A 夹层，石英氰酸酯预浸料的内外蒙皮和芯层 NOMENX 蜂窝的厚度分别为 0.4mm 和 4.4mm。建立宽度 3mm 的拼接缝，材料为表 13.3 所示的 J-245C 型胶膜。拼接缝长度贯穿芯层蜂窝，电性能变化如图 13.19 所示。

表 13.3 J-245C 型胶膜材料相关性能参数

公称密度/(kg/m^3)	介电常数	损耗角正切
1200	≤3.30	≤0.015

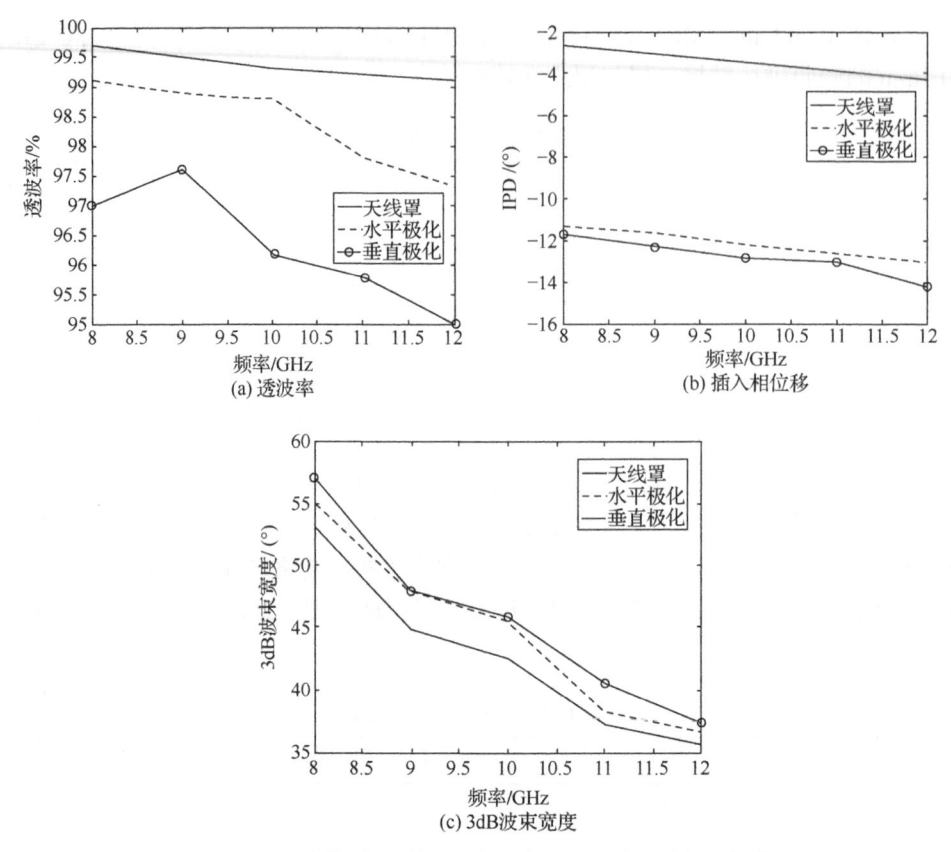

图 13.19 不同极化入射下具有垂直取向拼接缝隙的电性能

由图 13.19(a)可知，存在拼接缝隙后，两种极化下的透波率相比之前均有所下降，水平极化下降 1.5%，垂直极化下降约 4%，两者的透波率有所减少，均大于 90%。从图 13.19(b)可以看出，两者的插入相位移均有所增加，达到 12°左右，但两者差别不明显，仍在可接受范围内。由图 13.19(c)可以看出，不论是水平极化或是垂直极化，两者的 3dB 波束宽度均有所增加，约 4°，两者之间的差别不明显。

13.4.4 连接区电性能提升的设计

装配式天线罩对天线辐射特性的影响主要分为两个部分：一部分是连接区对天线的影响；另一部分是装配式天线罩透波区的结构对天线的影响。根据装配式天线罩的实际使用情况，装配式天线罩的最大入射角一般不超过 50°，即设计的透波区可保证足够高的传输效率，传统的装配式天线罩的设计优化核心思路是尽可能降低分块与分块连接区的影响。研究结果表明，装配式天线罩对天线辐射特性的影响取决于连接区对天线口径的遮挡比和连接区的感应电流率。连接区由于存在介质和金属材料，感应电流率等价于一个二维柱体的扩散问题。这样的假设在研究装配式天线罩问题时是成立的，因为连接区的长度远大于波长，在阻挡比一定的情况下，感应电流率的幅度越小，扩散瓣电平越低[4]。

装配式天线罩存在连接的问题，连接区是整个天线罩承受载荷的主体，连接区与透波区的材料、结构和介质厚度均不连续。文献[5]指出，连接技术对于刚性地面天线罩设计十分重要，需要通过协同设计控制连接部分的感应电流率。对于低副瓣天线罩，需要控制平均感应电流率的模；对于紧密跟踪天线罩，则需要控制平均感应电流率的虚部。

装配式天线罩的连接区一般采用实心玻璃钢横向肋结构[6]，再通过金属或者介质螺栓进行连接。使用玻璃钢介质材料的连接区对电磁波传输特性的影响，主要源自透波区和连接区之间的结构与材料的不连续性，从而导致高传输损耗的现象。若 I_{CR} 为连接区单元结构的感应电流率(指感应电流与原电流变化率的比值)，g 为感应电流率的实部，q 为感应电流率的虚部，则水平极化和垂直极化下感应电流率由下式计算[5]。

$$I_{CR\parallel} = j\frac{\pi a_0}{2a}(\varepsilon-1)J_1(k_0 a_0)\sum_1^N E'_n(x'_n,y'_n)e^{-jk_0(x'_n\cos\varphi+y'_n\sin\varphi)} \tag{13.1}$$

$$I_{CR\perp} = \frac{1}{k_0 a}\sum_1^N I_n\left[-H^t_x(x'_n,y'_n)\sin\varphi+H^t_y(x'_n,y'_n)\cos\varphi\right]e^{jk_0(x'_n\cos\varphi+y'_n\sin\varphi)} \tag{13.2}$$

$$I_{CR} = g + jq \tag{13.3}$$

$$\overline{g} = \frac{1}{2}(g_\parallel + g_\perp) \tag{13.4}$$

$$\overline{q} = \frac{1}{2}(q_\parallel + q_\perp) \tag{13.5}$$

$$\left|\overline{I_{CR}}\right| = \sqrt{(\overline{g})^2 + (\overline{q})^2} \tag{13.6}$$

感应电流率引起的连接区的单元结构传输损耗 $|T_p|^2$ 和天线罩总的传输损耗 T_t 为

$$\left|T_p\right|^2 \approx 1 + 2\rho\overline{g} \tag{13.7}$$

$$T_t = -10\log\left(\left|T_b\right|^2 + \left|T_p\right|^2\right) \tag{13.8}$$

根据装配式天线罩连接区感应电流率和其引起的传输损耗的数学表达公式，可知其主要影响因素包括工作频段对应的波长、电磁波入射角、观察角度、材料的介电常数损耗，以及连接区的长度和宽度。

13.4.5 连接区频率选择表面设计

为了解决装配式天线罩中透波区与连接区材料和结构特征的突变引起的连接区较高的感应电流率，导致其低电磁传输特性的问题，本节设计了一款加载在连接区的 FSS 结构，在不恶化力学性能(保持剖面总厚度 7.2mm 不变)的前提下，专注于改善连接区的电磁传输特性。相比于上述结构中单一玻璃钢介质材料的连接区，加载 FSS 后实现了在整体力学性能不恶化的同时，电磁透波特性明显提升。

▶ 二阶带通频率选择表面设计

图 13.20 为设计加载在装配式天线罩连接区的 FSS 单元结构，共 7 层，包括两层带有曲折线缝隙结构的方形金属贴片层和一层十字形曲折线金属网栅层，加载在总厚度 7.2mm 的玻璃钢介质中。为了满足实际使用环境的需求(防雨蚀、防风沙等)，需要将 FSS 单元完全镶嵌在 7.2mm 玻璃钢介质内部，图中，h_1= 3.4mm, h_2=0.2mm，金属层与介质层精密贴合(FSS 的厚度可忽略)。

为了在有限物理尺寸的连接区内排列尽量多的 FSS 单元，并进一步确保 FSS 高度角的稳定性，需要对 FSS 进行小型化设计。上下层的 FSS 为谐振金属层，图 13.21(a)所示为带有曲折线缝隙结构的方形金属贴片结构，曲折线缝隙宽度 g_1=0.2mm，方形贴片边长 l=4.1mm；中间层的 FSS 结构为金属电感层，图 13.21(b)所示为十字形曲折线金属贴片结构，曲折线宽度 w_2 = 0.2mm；层与层之间紧密贴合，整体厚度 7.2mm。其中，单元结构周期 p = 5.9mm，即每个金属贴片中心到相邻金属贴片中心的距离为 5.9mm。

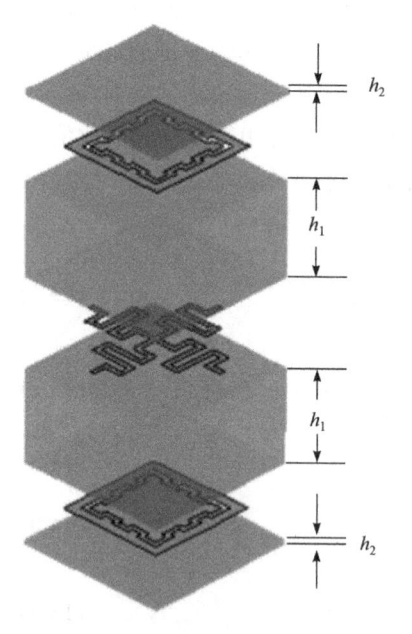

图 13.20　连接区二阶带通 FSS 单元结构示意图

采用电磁仿真软件 CST 对该结构进行电磁仿真，在 TE 极化波垂直入射条件下，得到加载在连接区的 FSS 单元结构的频率响应曲线，即 S_{11} 和 S_{21} 曲线。如图 13.22 所示，在 3.55GHz 和 6GHz 频点形成两个传输极点，两个相邻的传输极点是形成宽带带通特性的原因。在 3～6GHz 范围内形成低传输损耗的透波带，透波带最大传输损耗–0.7dB。由于上下层 FSS 的谐振特性，在高频产生一个传输零点。该结构为中心对称结构，在 TE/TM 模式激励下频率响应曲线具有良好的一

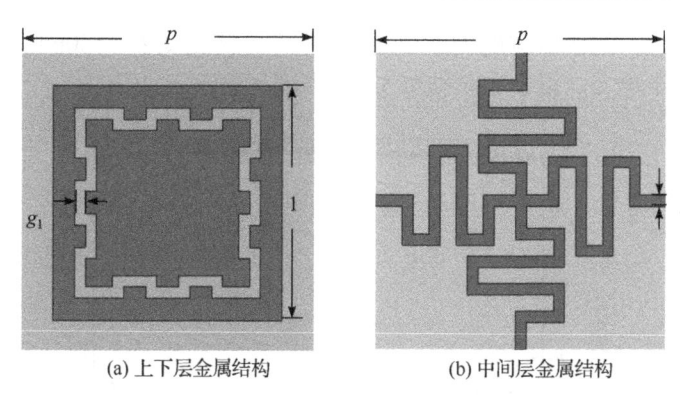

(a) 上下层金属结构　　(b) 中间层金属结构

图 13.21　二阶带通 FSS 结构图

致性，可实现双极化电性能补偿。此外，FSS 不仅限于该结构，还可以设计成其他符合条件的 FSS 结构，只需对 FSS 进行小型化处理，在有限大的分块连接区排布尽可能多的 FSS 单元，实现良好的层间耦合和良好的阻抗匹配，同时实现宽通带和低传输损耗。

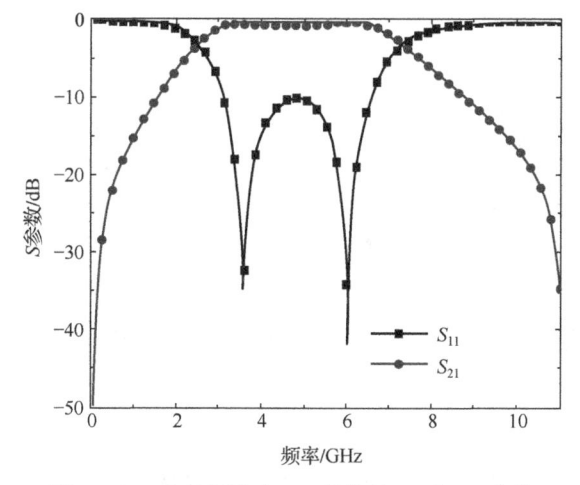

图 13.22　垂直入射时 FSS 结构的 S_{11} 和 S_{21} 曲线

13.4.6　基于 FSS 的装配式天线罩电性能分析

图 13.23 分别给出 A 夹层结构、7.2mm 单一玻璃钢介质和加载 FSS 玻璃钢介质的透波率结果。透波窗区域的仿真结果表明，加载 FSS 玻璃钢天线罩相比单一玻璃钢介质透波率上升 15%~30%，在工作频段内，加载 FSS 玻璃钢的透波率结果接近 A 夹层结构的透波率结果。

将上述二阶带通 FSS 沿 x, y 方向进行周期性排布加载在图 13.24 所示的板块连接区处，连接区宽度 $W = 100.3$mm（W 为 $1.5\lambda_0$，λ_0 为中心频率波长），连接区长

度 H = 314mm，过渡区宽度 W_t =12mm，样件整体宽度 L= 520mm。沿连接区 x 方向排布 17 个单元，沿 y 方向排布 57 个单元。

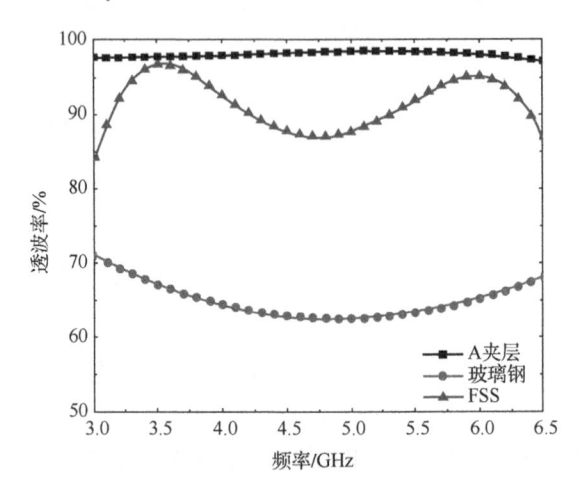

图 13.23 透波率对比结果

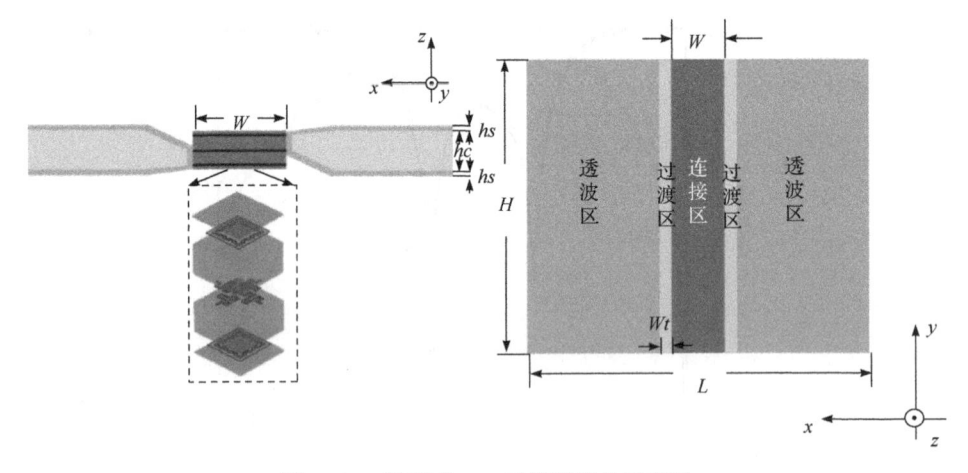

图 13.24 装配式 FSS 天线罩样件示意图

装配式天线罩的整体几何尺寸为 520mm×336.3mm×15.45mm，其中，加强肋几何尺寸为 100.3mm×336.3mm×7.2mm。将装配式天线罩与天线进行一体化仿真，使用 2~8GHz 的喇叭天线作为激励源，将其口面中心置于坐标原点，天线罩的几何中心位于(0, 0, 200mm)。

如图 13.25 所示，根据上述天线-天线罩一体化模型进行电磁仿真，分别给出 3~6GHz 频段，喇叭天线直接辐射在 A 夹层透波区、单一玻璃钢介质连接区和加载 FSS 连接区三种情况下，对天线增益的影响结果。从图中可以看出，在整个 3~6GHz 频段内，改进后的连接区对天线增益影响均小于单一玻璃钢介质连接区对

第13章 天线罩电性能设计的若干关键技术

天线增益的影响。由于在天线的辐射条件下，连接区的 FSS 金属结构在谐振频点附近产生感应电流并进行二次辐射，从而导致改进后的连接区天线增益接近甚至超过均匀介质天线罩条件下的天线增益。

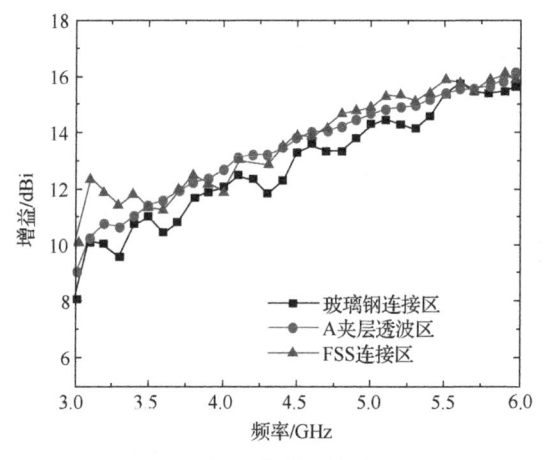

图 13.25 天线增益结果对比

对喇叭天线照射在单一玻璃钢介质连接区、加载 FSS 连接区和 A 夹层透波区三种情况下的天线辐射特性进行比较。根据上述天线-天线罩一体化仿真模型，在 CST 中仿真得到远场方向图结果。

表 13.4 为天线方向图主瓣指向的结果对比，加载 FSS 连接区对天线波束指向影响较小。由于透波窗区域到连接区结构和材料发生突变，连接区对天线主瓣指向存在轻微影响。

表 13.4 天线方向图主瓣指向结果比较

频率/GHz	玻璃钢连接区/(°)	FSS 连接区/(°)	A 夹层透波区/(°)
3.0	−1.0	−1.0	0
3.5	0	1.0	0
4.0	−2.0	0	0
4.5	0	0	0
5.0	0	0	0
5.5	0	0	0
6.0	0	0	0

表 13.5 为三种不同情况下天线 3dB 波束宽度变化情况的比较。在 3~6GHz 频段范围内，相比于单一玻璃钢介质连接区，加载 FSS 连接区对天线波束宽度影响明显。由于加载 FSS 后连接区具有更好的透波特性，3dB 波束宽度变窄且接近

A 夹层透波区波束宽度。

表 13.5 天线 3dB 波束宽度结果比较

频率/GHz	玻璃钢连接区/(°)	FSS 连接区/(°)	A 夹层透波区/(°)
3.0	48.9	48.7	46.4
3.5	52.5	49.9	50.8
4.0	40.4	41.9	38.9
4.5	38.7	36.3	35.9
5.0	33.8	33.3	33.1
5.5	31.3	30.0	30.1
6.0	28.9	27.7	28.0

表 13.6 为三种不同情况下天线副瓣电平变化情况比较。在连接区加载 FSS 结构能够非常有效地抑制辐射天线的副瓣电平。

表 13.6 天线方向图副瓣电平结果比较

频率/GHz	玻璃钢连接区/dB	FSS 连接区/dB	A 夹层透波区/dB
3.0	−0.7	−2.2	−6.2
3.5	−11.9	−19.5	−19.5
4.0	−5.8	−8.2	−12.0
4.5	−9.9	−15.5	−13.8
5.0	−8.7	14.2	−14.0
5.5	−9.3	−15.8	−13.8
6.0	−9.0	−12.4	−13.1

13.4.7 实物测试与结果分析

为了验证加载 FSS 结构可以实现装配式天线罩连接区电性能的提升，进行了实际加工制作。由于无法在连接区使用玻璃钢介质表面直接刻蚀金属结构，需要选择一款低损耗且剖面厚度极薄的基底作为介质基板，并在该种材料上刻蚀金属结构，最后再粘接在玻璃钢内部。本文选用低损耗且耐高温的聚酰亚胺薄膜作为 FSS 的介质基板，其相对介电常数为 4.2，介电损耗 0.003，剖面厚度 35μm，分别制作了上中下三层宽 100.3mm×长 314mm 的 FSS 膜，如图 13.26 所示。

本实验是对照实验，需要加工制作两块装配式天线罩样件。首先，制作一个装配式天线罩样件模具，然后，制作玻璃纤维布体系的预浸布，采用真空热压袋方法，在涂有脱模剂的装配式天线罩模具上逐层铺设玻璃纤维预浸布，包上真空

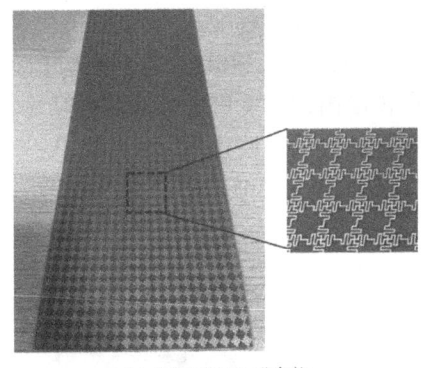

第 13 章 天线罩电性能设计的若干关键技术 ·333·

(a) 上下层 FSS 膜实物   (b) 中间层 FSS 膜实物

图 13.26 FSS 膜实物

热压袋进行密封处理,真空加压,固化 24h 后再进行模处理,修正得到平整的装配式天线罩蒙皮。在内外蒙皮中间粘接 PMI 泡沫,包上真空热压袋进行密封处理,真空加压,固化 24h 后再进行模处理,得到平整的夹层结构,如图 13.27(a)所示。最后将加工制作的三层 FSS 膜,按照结构图糊制在玻璃钢介质内部,如图 13.27(b)所示。为了确保装配式天线罩具有良好的承载能力,按照上述分析,将过渡区坡角加工制作成 30°,如图 13.27(c)和(d)所示。

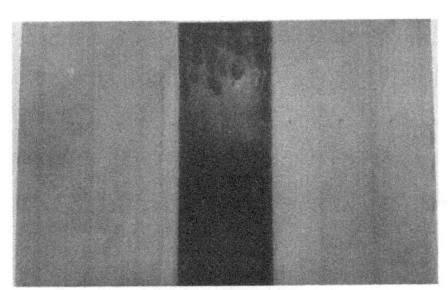

(a) 单一玻璃钢连接区   (b) 加载 FSS 连接区

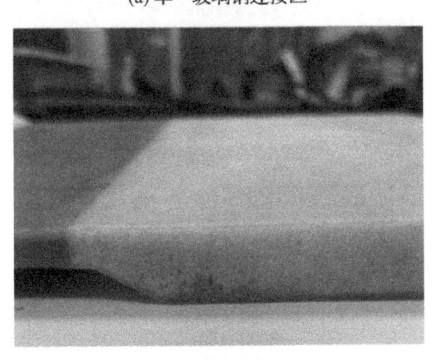

(c) 侧视图   (d) 30°坡角过渡区

图 13.27 装配式天线罩实物图

对制作好的装配式天线罩样件，分别测试单一玻璃钢介质连接区、加载 FSS 连接区和 A 夹层透波区的电磁透波特性，测试结果如图 13.28 所示。在 3～6GHz 频段范围内，加载 FSS 连接区的功率传输系数与 A 夹层功率传输系数接近，表现出良好的电磁透波特性。相比于单一玻璃钢连接区，改进后的连接区在工作频段，透波率呈现 0～30% 的性能提升，实验结果与仿真结果吻合。

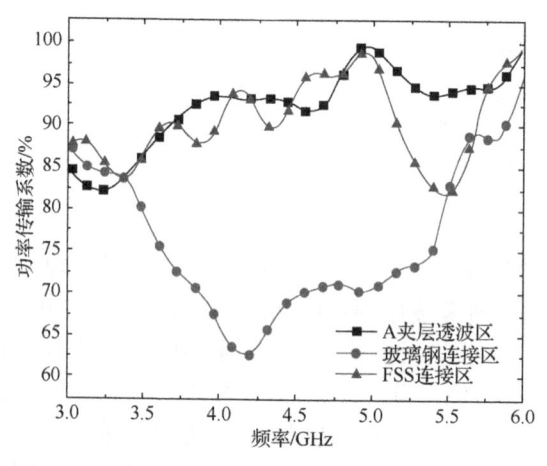

图 13.28 装配式天线罩功率传输系数测试结果对比

针对装配式天线罩样件，分别测试空载情况下、单一玻璃钢连接区、加载 FSS 连接区和 A 夹层透波区四种情况下对天线辐射特性的影响，图 13.29 为天线增益二维方向图，从图中可以看出，改进后的连接区对天线增益方向图影响明显减小。相比于单一玻璃钢连接区，改进后的连接区对 3GHz、3.8GHz、4.2GHz、4.8GHz、5.2GHz 和 5.6GHz 频点下，天线增益影响减小 0.65dBi、1.5dBi、2.67dBi、4.79dBi、2.93dBi 和 1.81dBi。改进后的连接区不仅不会影响喇叭天线的辐射特性，反而会在某些频点提高喇叭天线的增益。

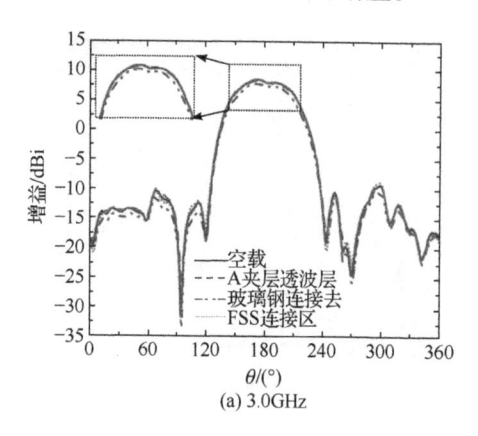

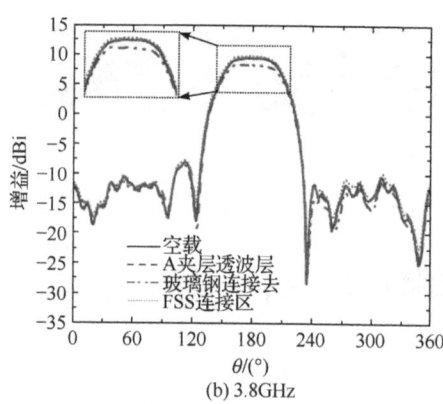

(a) 3.0GHz

(b) 3.8GHz

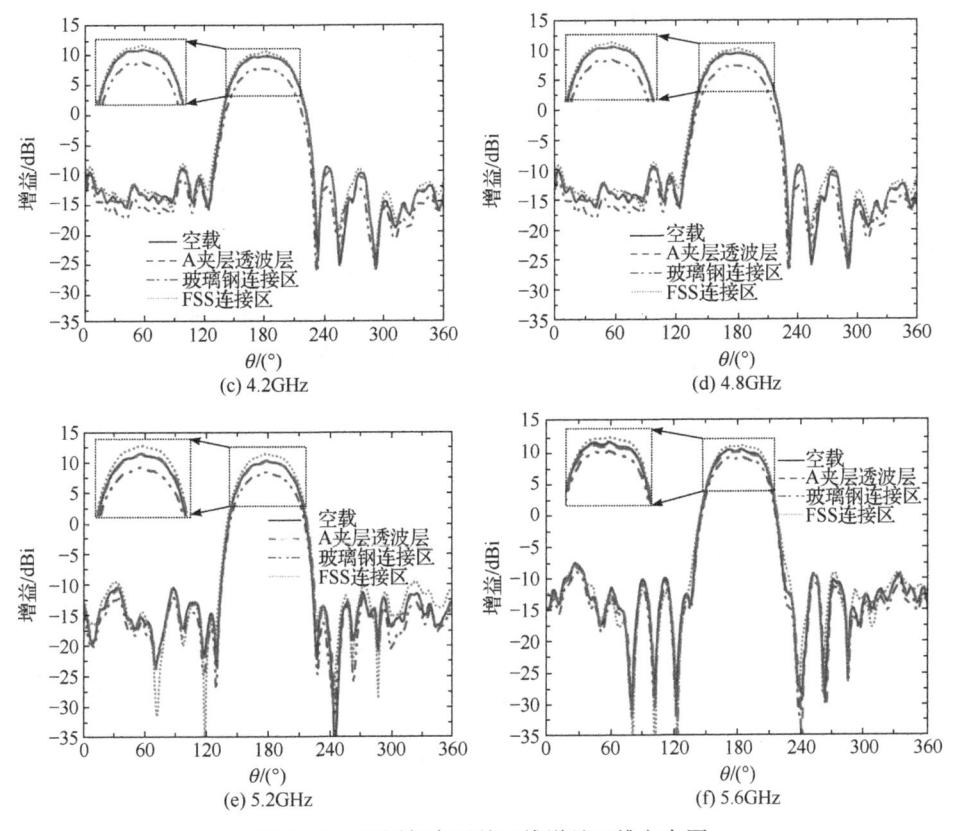

图 13.29　不同频率下的天线增益二维方向图

结果表明，将经过设计的频率选择表面结构加载在连接区处，相比于单一玻璃钢介质连接区，能够在不降低力学强度的前提下实现电性能补偿，提升分块连接处的透波性能，降低装配式天线罩连接区对天线辐射特性的影响。

13.5　天线罩电性能受降水影响分析

室外和机制的天线罩不可避免地会遇到降水，而水的相对介电常数很高，高介电常数会产生较大的能量损耗，进而导致雷达接收或辐射信号的衰减，改变电磁波的传播和反射[7]。

分析降水对天线罩电性能的影响，首先需要理解降水的电参数。水的相对介电常数会随着温度、大气压和频率变化，其关系可用德拜公式描述[8]。一阶近似描述公式如下：

$$\varepsilon_r(t) = 87.9144 - 0.404399t + 9.58726 \times 10^{-4}t^2 - 1.32802 \times 10^{-6}t^3 \tag{13.9}$$

式中，t 表示温度，单位为℃，损耗角正切取 0.04。

降水中的水滴簇(水块)仿真模型如图 13.30 所示，分别在天线罩外表面设置了水块、厚 0.1mm 水膜、厚 0.2mm 水膜、厚 0.5mm 水膜。水块大小为 10mm×10mm，间隔 10mm，厚度 0.05mm，水膜大小为 60mm×60mm，h 代表水膜的厚度。

从图 13.31 可以看出，随着水面积和厚度的增加，系统功率传输逐渐降低，插入相位移逐渐升高，3dB 波束宽度展宽，电性能开始变差。水膜厚度达到 0.2mm 时，8GHz 时的透波率已降到 70%，插入相位移达到 30°，严重影响系统的信号传输特性。水膜厚度达到 0.5mm 时，系统的信号传输特性几乎崩溃。

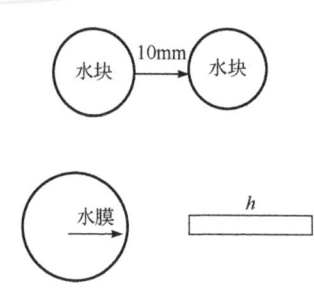

图 13.30　雨水仿真模型示意图

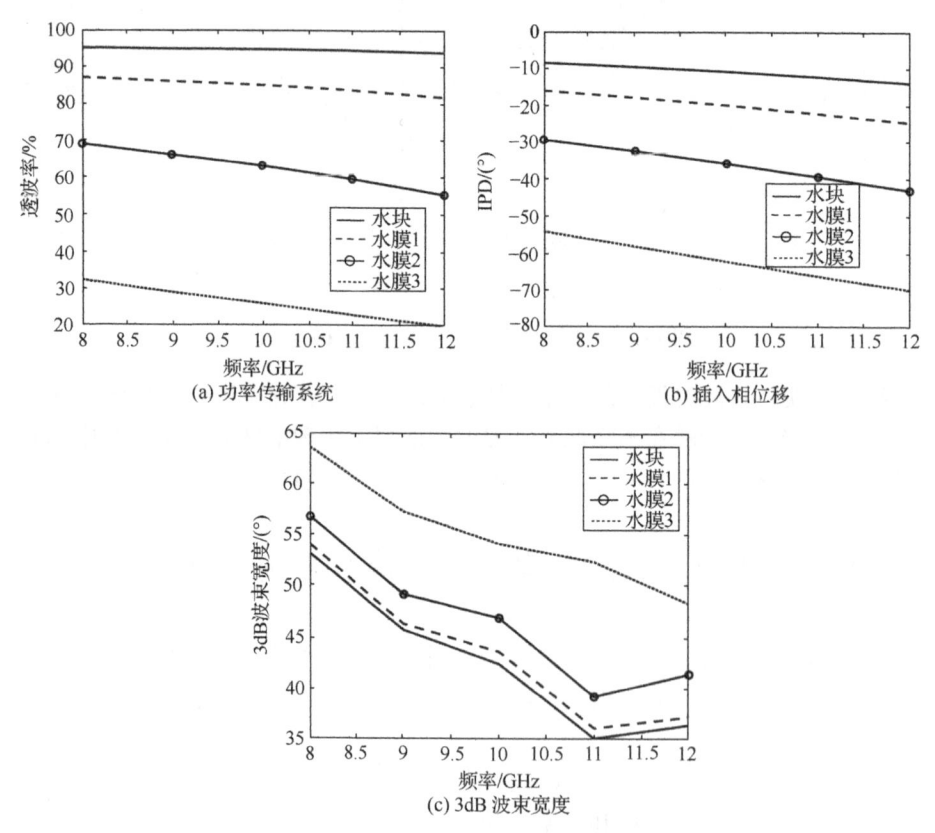

(a) 功率传输系统

(b) 插入相位移

(c) 3dB 波束宽度

图 13.31　不同水膜大小对天线罩电性能的影响

雨水不仅会导致信号衰减，高速飞行的天线罩受雨滴的撞击，表面还会产生损坏,特别是对于尖锐外形的天线罩,其头部与雨水的冲击角接近 90°,更容易产生损坏。目前,对于天线罩防雨蚀的做法主要是涂覆耐雨蚀、耐磨损且具有良好介电性能的防雨蚀涂层。

▶ **降低降水对天线罩电性能影响的对策**

雨水会附着在天线罩表面,是因为表面与雨滴的接触角小于90°,从而形成连续的水膜。为了降低雨水的影响,可以采用超疏水涂层保持天线罩表面干燥。

图 13.32 展示了通过超疏水方法减少天线罩表面由雨水引起的传输损耗的原理。雨滴与表面的接触角大于 90°时,雨水以独立的小珠状存在,不能形成连续水膜。随着水珠增大,它们会互相融合,最终在重力作用下滚落,从而保持表面干燥。为了验证效果,将超疏水涂层涂覆在天线罩外表面,如图 13.33 所示,然后对天线罩的功率传输系数进行测试。

图 13.32 超疏水涂层疏水原理

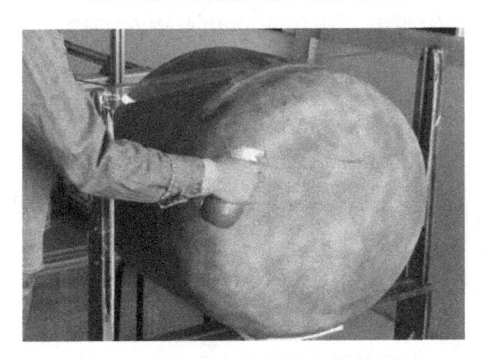

图 13.33 超疏水涂层的电性能测试

图 13.34 为未采用超疏水技术处理前,天线罩在不同水膜情况下的电性能测试结果。图中的 1、2、3、4、5 分别代表不同水膜厚度,且逐渐递增(1-无水滴,2-有水滴,3-小程度水流,4-中度水流,5-重度水流)。从图中可以看出,随着水膜厚度的增加,信号衰减也逐渐增加,在相同水膜厚度下,信号衰减随着电波频率的上升而增加。小水滴情形下,透波率的衰减并不明显,但是随着降雨量的增加,水膜厚度达到小程度水流时,在10GHz 以上频段,透波率低于80%。随着水膜厚度进一步增加,达到中度水流甚至是重度水流时,低频段的透波率也小于80%,高频段更是低于30%,与仿真结果相吻合。

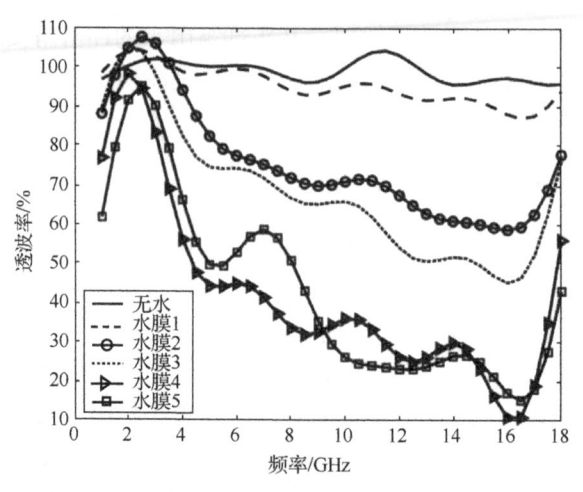

图 13.34 未涂覆超疏水涂层不同程度水膜测试结果

涂覆超疏水涂层后,测试天线罩在不同水膜情况下功率传输系数的变化情况。图 13.35(a)为实际测试结果,其中,1、2、3、4、5 分别代表不同水膜厚度,且逐渐递增(1-无水滴,2-有水滴,3-小程度水流,4-中度水流,5-重度水流)。从图中可以看出,天线罩处理后在不同降雨情况下透波率良好,在全频段能达到 90%以上,符合天线罩正常工作要求。由于水滴和水流在天线罩表面滚动及流动导致测试环境实时变化,使得透波率出现一定的抖动和略大于 100%的情况,该误差在可接受范围内。

(a) 涂覆超疏水涂层后不同程度水膜测试结果

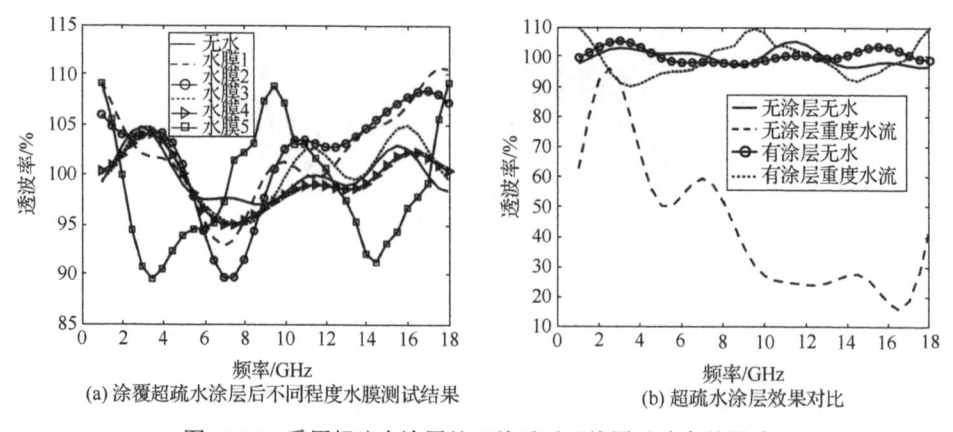

(b) 超疏水涂层效果对比

图 13.35 采用超疏水涂层处理前后对天线罩透波率的影响

图 13.35(b)对比了采用超疏水涂层处理前无水和重度水流时的透波率,以及采用超疏水涂层处理后无水和重度水流时的透波率,进一步对比可以看出,采用超疏水涂层后,天线罩对抗雨水的性能得到极大提高,几乎和无水情况保持一致。

13.6 天线辐射下的天线罩热效应

在机载天线罩中，单个天线连续波的发射功率达几百瓦甚至上千瓦。天线罩与罩内天线之间的距离很小，天线辐射功率在空间衰减很小，大部分直接进入天线罩，天线辐射的大功率微波能量在天线罩壁内部的损耗转化成热能。此外，介质材料本身导热差，热量不断积累，导致温度越来越高，可能会使天线罩表面漆层受损，基材烤黄，甚至烧穿天线罩。所以，罩壁的介电损耗会导致天线罩体温度变化，产生温度梯度，引起电性能参数的不均匀变化，进而直接影响天线罩的整体辐射性能发生剧烈变化。

13.6.1 电磁-热耦合仿真分析

电磁波入射天线罩时，产生的电磁效应是由电场和磁场的交互作用引起的，其核心是电磁波的传输，而热源则由热辐射、热传导和热流所支配。热辐射是物体通过电磁波的形式向外散发热能的过程，热传导则是热量在物体内部或物体之间通过温度梯度从高温区传递到低温区的过程。基于热辐射和热传导的数学表达式，建立图 13.36 的电磁-热耦合作用示意图。

$$\nabla \times (\mu_r^{-1} \nabla \times E_r) = k_0^2 (\varepsilon_r - j\sigma/\omega\varepsilon_0) E_r$$

$\varepsilon = \varepsilon(T)$
$\mu = \mu(T)$
$\sigma = \sigma(T)$
$\rho = \rho(T)$
$C_p = C_p(T)$
$k = k(T)$

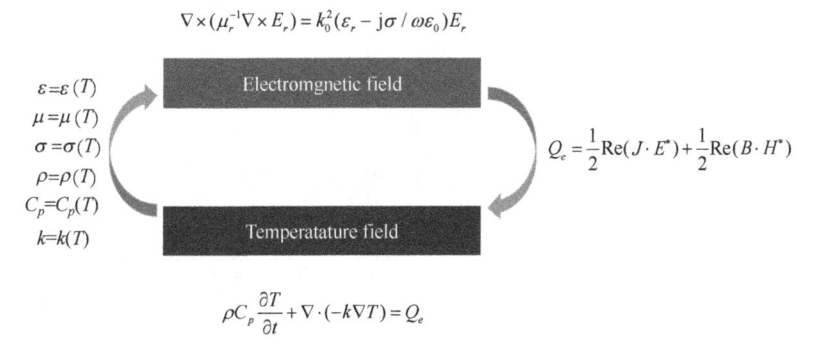

Electromgnetic field

Temperatature field

$$Q_e = \frac{1}{2}\text{Re}(J \cdot E^*) + \frac{1}{2}\text{Re}(B \cdot H^*)$$

$$\rho C_p \frac{\partial T}{\partial t} + \nabla \cdot (-k\nabla T) = Q_e$$

图 13.36 天线罩电磁-热耦合作用示意图

图 13.36 的相互作用模型包括：

(1) 由磁导率 μ_r、介电常数 ε_r 和电导率 σ 引起的磁损耗、介电损耗和传导电流损耗的电磁损耗。

(2) 由材料密度 ρ、比热容 C_p、传热系数 k 参数决定的温度场。

天线辐射的热源与热传递作用导致天线罩整体温度发生变化。由于温度参数和电参数之间存在相互作用，温度变化导致介电损耗发生变化，相应参数的变化可进行电磁场求解，如此循环往复，最终达到稳定状态。

天线罩通常由介电常数较高的绝缘材料制成，因此，只需要考虑介电损耗。在高频电磁波作用下，这些材料主要表现为介电损耗，即由于电场作用导致的能量吸收并转化为热能的过程。当电磁波入射和透射天线罩时，罩壁的介电损耗会引起温度上升，而磁损耗对温度的影响很小甚至可以忽略不计。

13.6.2　电磁-热耦合电磁软件仿真实例

使用基于有限元方法的 COMSOL 多物理场仿真软件，研究由耐高温材料 Pyroceram 9606 制成的整体结构平板天线罩的电磁热多物理场。通过对天线-天线罩系统进行整体建模，考虑法向与切向温度梯度，分析平板罩体的耐功率特性。

通过资料获取 Pyroceram 9606 的介电常数、损耗角正切、密度、比热容和传热系数随温度变化的离散值，并通过 MATLAB 进行处理，获取三次样条插值曲线，如图 13.37 所示。将图 13.37 中求得的材料参数函数导入 COMSOL 软件的参数输入中，获得温变材料信息。

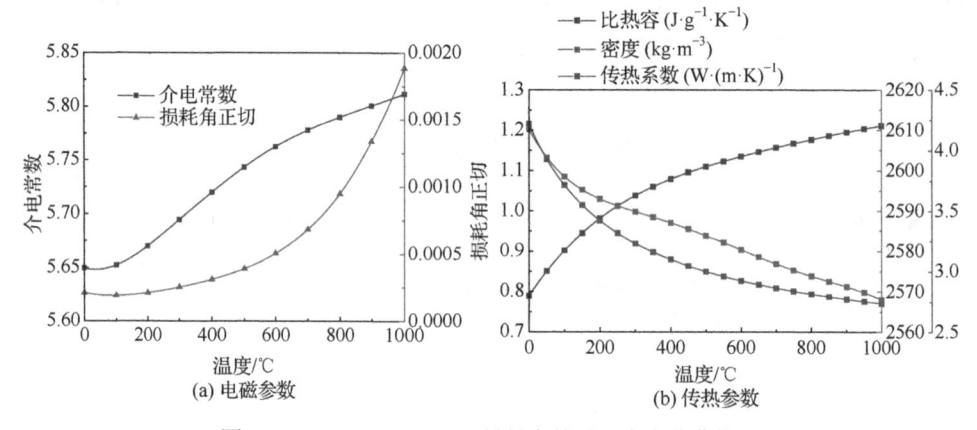

图 13.37　Pyroceram 9606 材料参数随温度变化曲线图

图 13.38 为 COMSOL 仿真效果图，图 13.38(a)为模型结构，其中，天线采用圆锥喇叭天线，辐射频率 10GHz，天线口径 43mm，环境温度 300K，输入功率 50kW，平板厚度 6mm。由于脉冲周期与传热过程时间尺度相差约两个数量级，在误差允许的范围内，脉冲的电磁热耦合过程可近似使用同等平均功率下的连续波进行模拟。图 13.38(b)和图 13.38(c)分别为平板天线罩的电场分布和温度分布。

第 13 章　天线罩电性能设计的若干关键技术

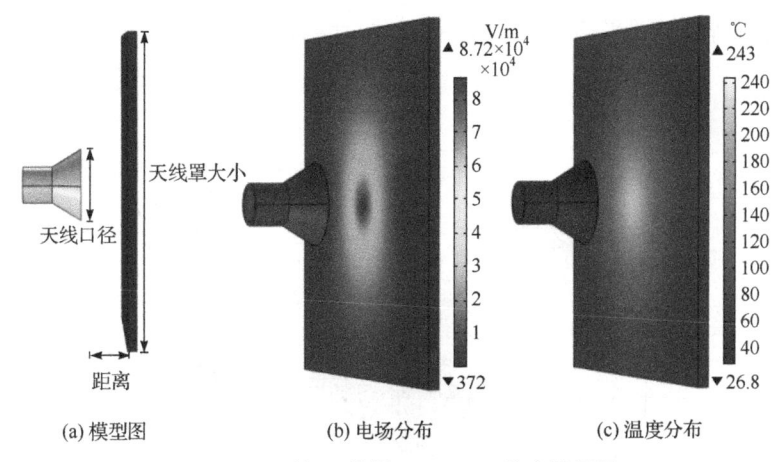

(a) 模型图　(b) 电场分布　(c) 温度分布

图 13.38　平板天线罩 COMSOL 仿真效果图

图 13.39 为环境温度 89℃时,同等天线辐射功率下,温变参数相对固定的情况下,罩壁温度随功率的变化曲线。在天线罩电性能设计过程中,可根据图 13.39 所示的变化趋势,充分考虑温变效应,以确保罩体实际的耐功率能力大于仿真数值。

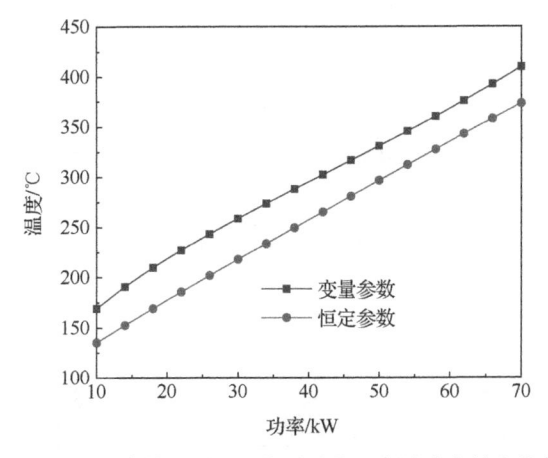

图 13.39　恒定参数下平板天线罩壁的温度随功率的变化曲线

1. 罩体温度随罩体尺寸变化的关系

为了研究罩体的温度随各参数的变化规律,分别考虑天线口径、天线功率、罩体距离、环境温度与平板天线罩尺寸的变化对电磁热耦合的影响,如图 13.40 所示。

图 13.40(a)中,平板天线罩罩体的最高温度随天线与罩体距离的增大呈振荡下降趋势,存在多极值情况,这就需要在设计时考虑平板天线罩在距离较近位置

的温度极值情况，并平衡功率传输系数、耐功率要求和制造误差，以实现最佳的总体设计。

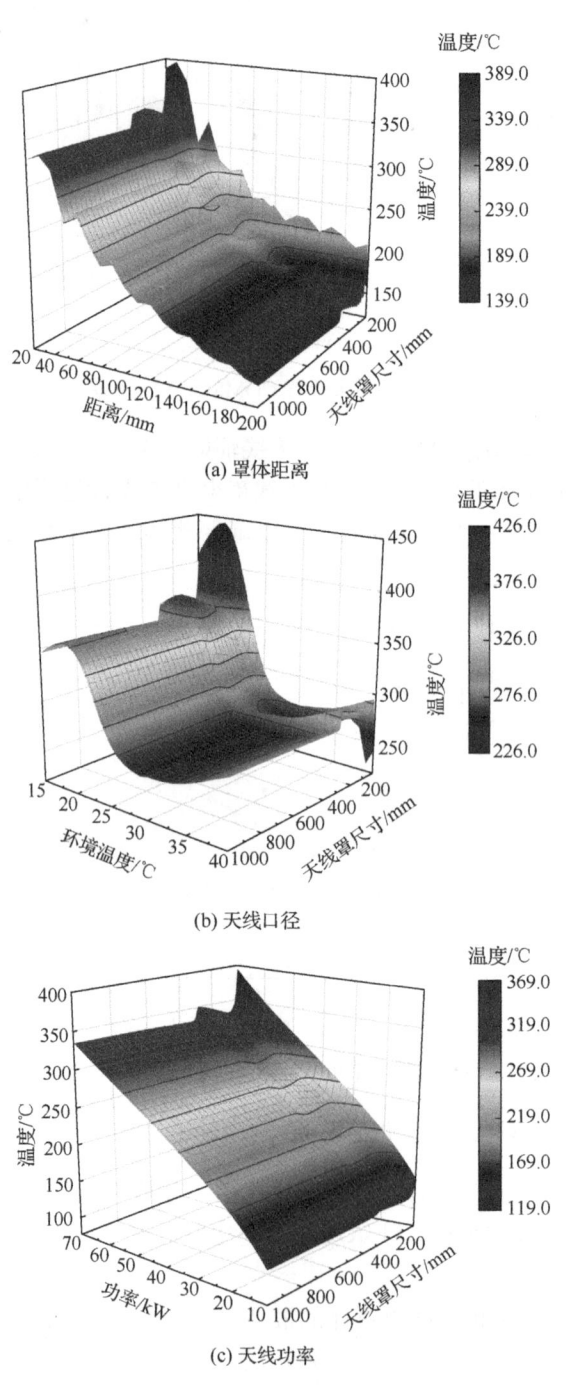

(a) 罩体距离

(b) 天线口径

(c) 天线功率

第13章 天线罩电性能设计的若干关键技术

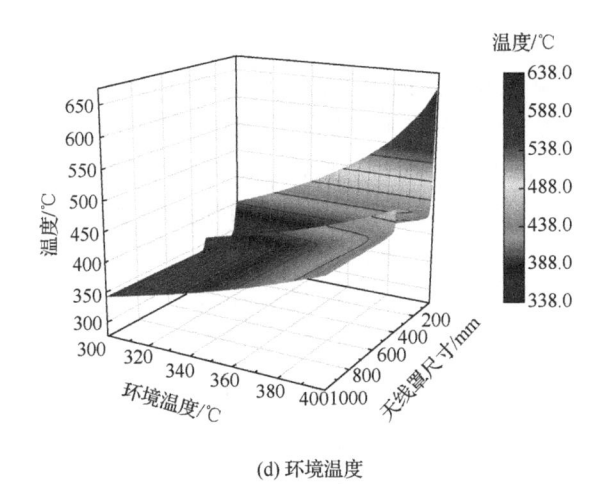

(d) 环境温度

图 13.40 罩体温度的变化规律

图 13.40(b)中，平板天线罩罩体的最高温度在 15～40mm 天线口径有极大值和极小值，温度分布对应不同天线辐射效率。在天线罩耐功率设计时考虑天线口径对天线辐射功率的影响，确定天线口径区间，对天线罩可能接受的最大辐射功率进行耐功率设计。

由图 13.40(c)可知，在较小尺寸的平板天线罩中，天线功率每增加 10kW，罩体最高温度约增加 50℃，尺寸大于 200mm 时，最高温度随功率增大变化率减小。

由图 13.40(d)可知，平板天线罩罩体的最高温度在尺寸较小时，随工作环境温度变化呈指数型变化，尺寸增大后，变化率急剧减小，罩体的辐射圆半径大于 600mm 时，罩体最高温度比环境温度高出 50℃。

综上所述，在固定天线口径、天线辐射功率、环境温度和罩体距离的情况下，平板天线罩罩体最高温度随尺寸变化具有相似的规律性，在天线距离罩体 300mm 左右，存在温度极大值。以罩体温度最高值 T_{max} 对应的天线离罩体距离 R_{max}，进行电磁-热仿真时，只需要罩体上尺寸 $R \leqslant R_{max}$ 的部分，在这个区域可以仿真获得耐功率的最大值。在对天线罩体的耐功率性能进行验证时，在环境温度不变的情况下，天线功率、天线频率、天线口径和罩体距离发生变化时，罩体稳态最大温度极值基本不变，可通过此规律进行天线罩的耐功率性能设计与验证。

2. 电磁-热耦合对平板天线罩电性能的影响

为了比较恒定电参数材料和温变电参数材料在电磁-热耦合情况下，电磁辐射对天线罩电性能的影响。圆锥喇叭天线的工作频率为 14.5GHz、输入功率为 30kW，且天线端口离罩体的距离为 30mm。在 9～15GHz 频段范围，研究并计算天线辐射电磁波到平板天线罩的功率传输系数和插入损耗。

如图 13.41(a)所示，温变参数模型的辐射方向图相对恒定参数模型的波束宽度增大约 0.2°，瞄准误差增大约 0.5°，主辐射方向远场增益减少约 0.15dB。如图 13.41(b)所示，在 9~12GHz 频段内，温变参数模型的插入损耗略大于恒定参数模型的插入损耗。在 12~15GHz 频段内，温变参数模型的插入损耗相对恒定参数模型增大约 0.5dB。罩体温度的变化对罩体的透波性能产生一定影响。

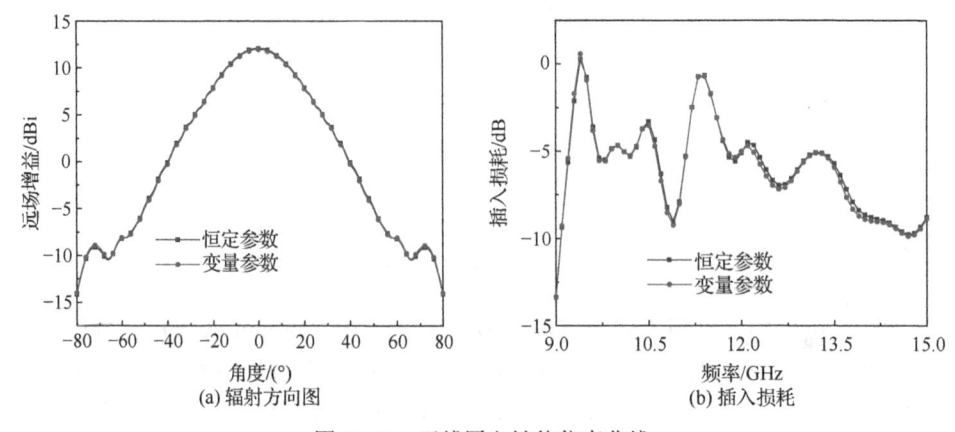

图 13.41 天线罩电性能仿真曲线

13.7 天线罩电磁-热耦合的时变状态分析

根据对天线罩在热平衡状态下的温度分布和电性能的分析和研究，引入天线罩的温变参数模型有助于优化天线罩的电性能设计。在实际的天线罩中，尤其是在面临高功率、高强度脉冲冲击等外部影响时，需要理清电磁-热耦合的瞬态效应和持续效应对天线罩的电性能作用机制，而稳态解难以满足这样的分析需求。

13.7.1 电磁-热耦合对天线罩电性能的影响

天线罩罩体的电磁-热耦合实际上是电磁传输规律和热传导规律相互作用的结果，在电磁产生热的过程中，电磁场中的能量通过多种方式转化为热量，进而导致材料温度升高。尤其是在高频电磁波或交变电场中，材料内部的电流和磁场变化会引发功率损耗，这些损耗产生的热量成为系统中的重要热源。

传热过程可以通过热传导方程来描述，该方程能够将热量传导、对流以及外部热源的影响整合在一起，准确反映材料内部的温度变化。这一复杂过程的基础是传热方程[9]：

$$\rho C_p \frac{\partial T}{\partial t} + \rho C_p \boldsymbol{u} \cdot \nabla T = \nabla \cdot (k \nabla T) + Q_e \tag{13.10}$$

式中，ρ 是材料的密度；C_p 是材料的比热容；T 是开尔文温度；$\dfrac{\partial T}{\partial t}$ 是温度随时间的变化率，表示单位体积的材料内部温度随时间的变化；u 是流体速度矢量(单位：m/s)；∇T 是温度梯度，表示温度在空间的变化速率和方向；k 是材料的导热系数，表示材料传导热量的能力；Q_e 表示外部热源(单位：W/m³)，即材料中每单位体积的热源。

根据坡印亭定理[10]：

$$-\frac{1}{2}\int_s (E \times H^*) \cdot n \mathrm{d}S = \frac{1}{2}\int_V E \cdot J^* \mathrm{d}V + \mathrm{j}2\omega\int_V \left(\frac{1}{4}B \cdot H^* - \frac{1}{4}E \cdot D^*\right)\mathrm{d}V \quad (13.11)$$

闭合面 S 内的实功率(有功功率)等于闭合面 S 所包围的体积 V 内，由传导电流引起的焦耳热损耗功率 Q_c、电介质损耗功率 Q_d 和磁介质损耗功率 Q_m 之和，总损耗 Q_e 为三者之和。

$$Q_c = \frac{1}{2}\int_V E \cdot J^* \mathrm{d}V \quad (13.12)$$

$$Q_d = -\mathrm{j}2\omega\int_V \left(\frac{1}{4}E \cdot D^*\right)\mathrm{d}V \quad (13.13)$$

$$Q_m = \mathrm{j}2\omega\int_V \left(\frac{1}{4}B \cdot H^*\right)\mathrm{d}V \quad (13.14)$$

$$Q_e = Q_c + Q_d + Q_m \quad (13.15)$$

天线罩材料一般为非磁性介质，其磁性损耗可忽略不计，即 $Q_m = 0$。天线罩材料介质一般视为电介质，所以导电电流密度约等于 0，焦耳热损耗功率 Q_c 也近似为 0。天线罩的电磁损耗主要来源于电介质材料内部的电偶极子、离子和空间电荷在电磁场作用下的响应滞后或摩擦。

$$Q_e \approx Q_d = -\mathrm{j}2\omega\int_V \left(\frac{1}{4}E \cdot D^*\right)\mathrm{d}V \quad (13.16)$$

天线罩某一点上的电磁损耗为

$$q_e \approx -\mathrm{j}\omega\frac{1}{2}E \cdot D^* \quad (13.17)$$

通过电位移场的定义式 $D = \varepsilon_0 \varepsilon_r E$，进一步化简 q_e，得到

$$q_e \approx -\mathrm{j}\omega\frac{1}{2}\varepsilon_0 \varepsilon_r E \cdot E^* \quad (13.18)$$

天线罩材料的电参数用相对介电常数实部 ε' 和损耗角正切 $\tan\theta$ 给出，

$$q_e \approx -\frac{1}{2}\omega\varepsilon_0\varepsilon'\tan(\boldsymbol{E}\cdot\boldsymbol{E}^*) - \frac{1}{2}\mathrm{j}\omega\varepsilon_0\varepsilon' \tag{13.19}$$

天线罩物理上会实际消耗功率,所以取 q_e 的实数部分:

$$q_{\mathrm{loss}} \approx \mathrm{Re}(q_e) = \pi f \varepsilon_0 \varepsilon' \mathrm{Re}\big(\tan(\boldsymbol{E}\cdot\boldsymbol{E}^*)\big) \tag{13.20}$$

式中,$f=2\pi\omega$,f 为频率。

总损耗由下式得:

$$Q_{\mathrm{loss}} \approx \pi f \varepsilon_0 \varepsilon' \mathrm{Re}\left(\tan\left(\int_V |\boldsymbol{E}|^2 \mathrm{d}V\right)\right) \tag{13.21}$$

综上,天线罩的电磁损耗与电场强度、工作频率、材料相对介电常数和损耗角正切有关。

计算得到的 Q_{loss} 可替代 Q_e,代入传热方程(13.10)。对于天线罩,需要考虑罩体内部传热以及边界的对流传热,有如下传热方程:

$$\rho C_p \frac{\partial T}{\partial t} + k\nabla^2 T = h(T_{\mathrm{ext}} - T) + Q_{\mathrm{loss}} \tag{13.22}$$

式中,h 为对流热传递系数;T_{ext} 为外部温度。

13.7.2 电磁-热耦合中的时域传热方程求解

时域传热方程(13.22)表示温度随时间变化的规律。已知传热参数后,可通过时域方法求解天线罩的传热方程,进而得到温度分布。一旦求得天线罩的温度分布,就可以对其进行网格离散化处理,更新罩体材料中各点随温度变化的 ε_r 和 $\tan\delta$,运用物理光学法对电磁损耗进行电磁计算。

对式(13.21)进行空间和时间离散化。空间中任一点 $(x, y, z, t) = (n_x\Delta x, n_y\Delta y, n_z\Delta z, n_t\Delta t)$,其中,$\Delta x$、$\Delta y$ 和 Δz 为空间离散步,Δt 为时间离散步,n_x、n_y、n_z、n_t 为离散数,取整数。

热损耗 $Q_{\mathrm{loss}}(t) = Q_{\mathrm{loss}}(n_t\Delta t)$,$\dfrac{\partial T}{\partial t} \to \dfrac{\Delta T}{\Delta t}$。采用时域差分方法,则式(13.21)变为

$$Q_{\mathrm{loss}}(n_t\Delta t) \approx \pi f \varepsilon_0 \varepsilon'(T)\mathrm{Re}\left(\tan\left(\int_V |\boldsymbol{E}|^2 \mathrm{d}V\right)\right) \tag{13.23}$$

将获得的电磁损耗导入瞬态热传导计算方程(13.22),得到离散后的迭代方程:

$$T^{n+1} = T^n + \frac{1}{\rho(T^n)C_p(T^n)\Delta t}\Big[h(T^n)(T_{\mathrm{ext}}^n - T^n) + Q_{\mathrm{loss}}^n - k(T^n)\nabla^2 T^n\Big] \tag{13.24}$$

式中，$\nabla^2 T = \left(\dfrac{\Delta^2 T}{\Delta x^2} + \dfrac{\Delta^2 T}{\Delta y^2} + \dfrac{\Delta^2 T}{\Delta z^2} \right)$。

根据差分公式得到

$$\frac{\Delta^2 T}{\Delta x^2} = \frac{T(x+\Delta x, y, z, t) + T(x-\Delta x, y, z, t) - 2T(x, y, z, t)}{(\Delta x)^2} \tag{13.25}$$

该公式通过用三个点的温度值[当前位置 $T(x,y,z,t)$、$-x$ 侧一个网格点 $T(x-\Delta x,y,z,t)$ 和 $+x$ 侧一个网格点 $T(x+\Delta x,y,z,t)$]来近似二阶导数。

同理，在 y 方向 $\dfrac{\Delta^2 T}{\Delta y^2}$ 和 z 方向 $\dfrac{\Delta^2 T}{\Delta z^2}$，也可以通过当前位置和前后两侧的网格点温度近似。

迭代方程 (13.24)可化为

$$T^{n+1} = T^n + \frac{h(T^n)(T_{\text{ext}}^n - T^n)}{\rho(T^n)C_p(T^n)\Delta t} + \frac{Q_{\text{loss}}^n}{\rho(T^n)C_p(T^n)\Delta t} + \frac{k(T^n)}{\rho(T^n)C_p(T^n)\Delta t} \cdot Y^n \tag{13.26}$$

$$Y^n = \frac{T_{-\Delta x}^n - T^n}{(\Delta x)^2} + \frac{T_{-\Delta x}^n - T^n}{(\Delta x)^2} + \frac{T_{-\Delta y}^n - T^n}{(\Delta y)^2} + \frac{T_{-\Delta y}^n - T^n}{(\Delta y)^2} + \frac{T_{-\Delta z}^n - T^n}{(\Delta z)^2} + \frac{T_{-\Delta z}^n - T^n}{(\Delta z)^2} \tag{13.27}$$

电磁离散时间步 Δt 则是由电磁场对温度变化的敏感度与计算资源之间的平衡所决定的，较大的步长可以降低电磁场接收温度反馈的频率，从而减少计算负担，但步长不能过大，以免忽视温度变化对电磁特性的影响。

在实现双向耦合的总仿真时间后，确定天线罩的整体温度分布及参数分布，然后再通过物理光学法中的远场辐射公式计算天线罩远场方向图，得到经过一定时长的电磁-热耦合瞬态仿真后的天线罩电性能。

材料的相对介电常数、损耗角正切、密度、比热容、导热系数均可视为温度的函数，实现全参数的双向耦合。仿真总时长 Δt_{total} 分为电磁仿真时间步 Δt_{em} 和传热仿真时间步 Δt_h，则

$$\Delta t_{\text{total}} = \Delta t_{\text{em}} \cdot \Delta t_h \tag{13.28}$$

热传导时间步 Δt_h 受热传导方程的数值稳定性限制，步长较小时能够更准确地捕捉温度场的变化，避免数值不稳定。通常，依据热扩散的稳定性条件(如 CFL 条件)来选择合适的步长。

电磁-热耦合算法结合物理光学法，实现了高效且精确的多物理场时域仿真。首先，通过物理光学法计算天线罩在高频电磁作用下的电磁场分布，得到精确的电磁损耗数据，作为耦合仿真的热源输入。然后，将电磁损耗引入传热方程，并

通过合理设置的电磁和热传导时间步长，协调电磁场和温度场的相互作用。这种电磁-热耦合算法不仅能够呈现天线罩结构的温度演变过程，还能为天线罩材料的电性能稳定性评估、安全性分析和结构设计优化提供可靠的数据支持。

13.8 天线罩电磁-热耦合算法仿真实例

对于大功率矩形喇叭天线辐射下的 Pyroceram 9606 材料天线罩，研究其电磁-热双向耦合的热效应和相应的电性能变化。天线辐射口面到天线罩的距离为 103mm，端口输入功率 100kW，天线罩为平板型罩，尺寸为 200mm×200m×5mm，天线的工作频率 20GHz，总的天线辐射时间 50s。图 13.42 为天线辐射增益方向图。

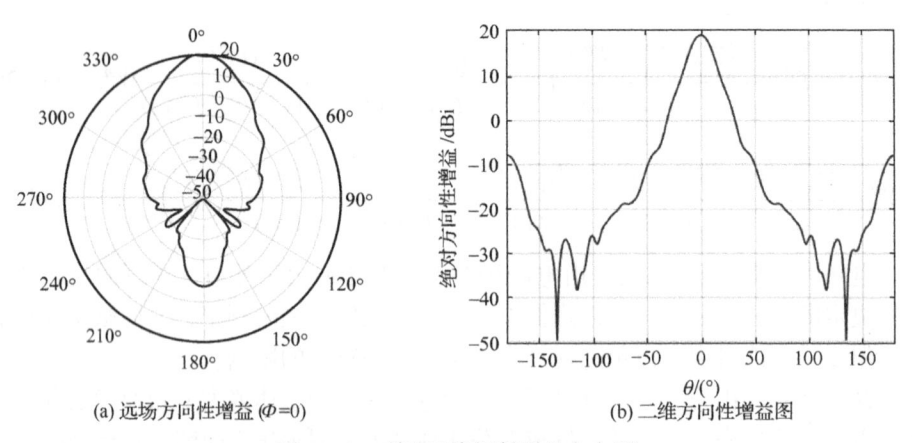

(a) 远场方向性增益 (Φ=0)

(b) 二维方向性增益图

图 13.42 喇叭天线辐射增益方向图

提取喇叭天线的口面场作为物理光学法的天线口面场，喇叭天线口面的电场分布和磁场分布如图 13.43 所示。采用物理光学法计算天线罩的截面功率密度分布，并与电磁仿真软件 CST 计算的天线罩截面功率密度进行对比验证，如图 13.44～图 13.46 所示。

对比物理光学法和 CST 仿真得到的功率密度分布，罩体内外表面的功率密度相对误差和功率密度几乎相同，功率密度的相对误差在 10^{-5}。

考虑频率 20GHz 的入射电磁波，对应波长 15mm，选择网格剖分 $\Delta=\lambda/15=$ 1mm，满足电磁计算精度，则罩体厚度 $l=5\Delta$。设罩体为平面型，垂直 x-y 平面为 z 方向，$\Delta x = \Delta y = 5\text{mm}$，$\Delta z = 1\text{mm}$。对于 x-y 平面的剖分单元大小及仿真步长选取，必须满足 CFL 条件[9]。

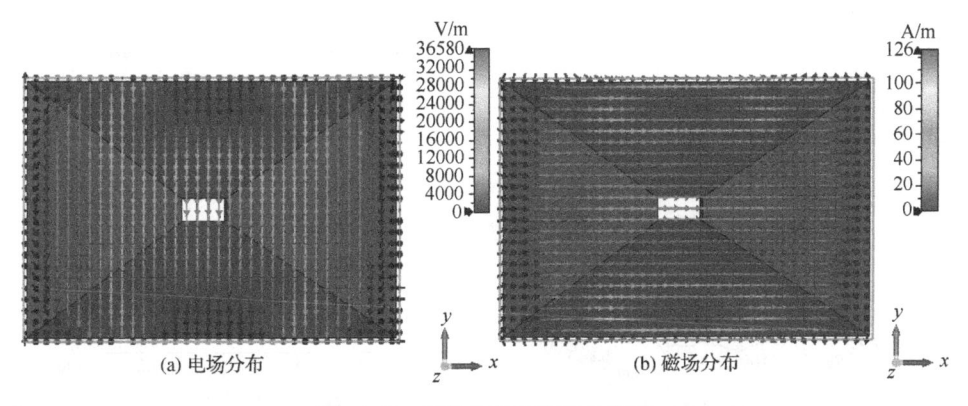

第 13 章 天线罩电性能设计的若干关键技术 · 349 ·

(a) 电场分布

(b) 磁场分布

图 13.43 喇叭天线口面场分布图

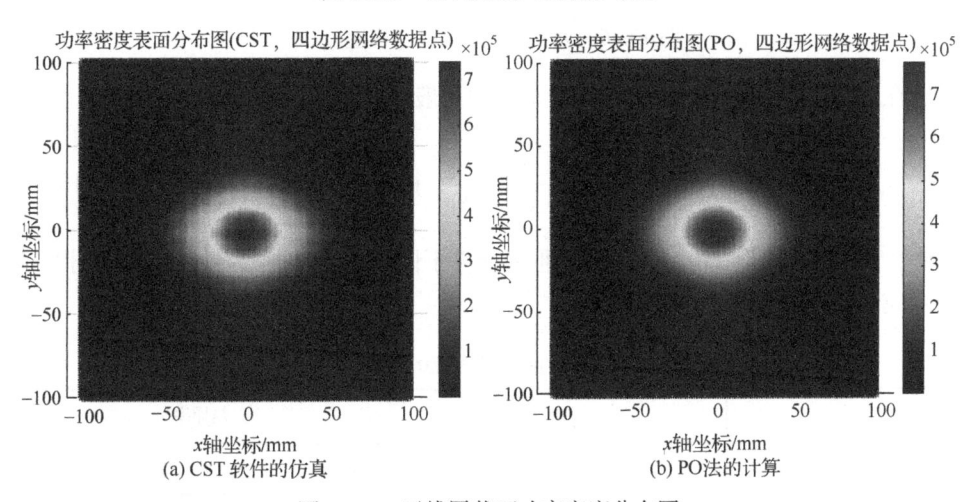

(a) CST 软件的仿真

(b) PO 法的计算

图 13.44 天线罩截面功率密度分布图

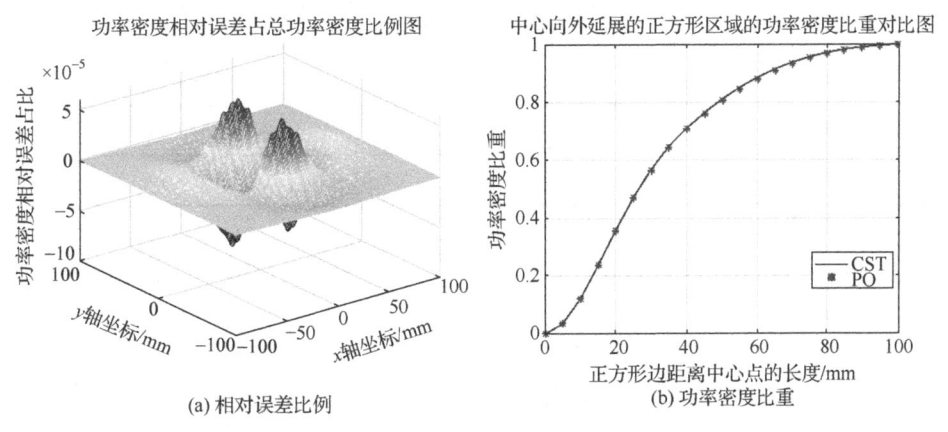

(a) 相对误差比例

(b) 功率密度比重

图 13.45 天线罩内表面功率密度分布

(a) 相对误差比例

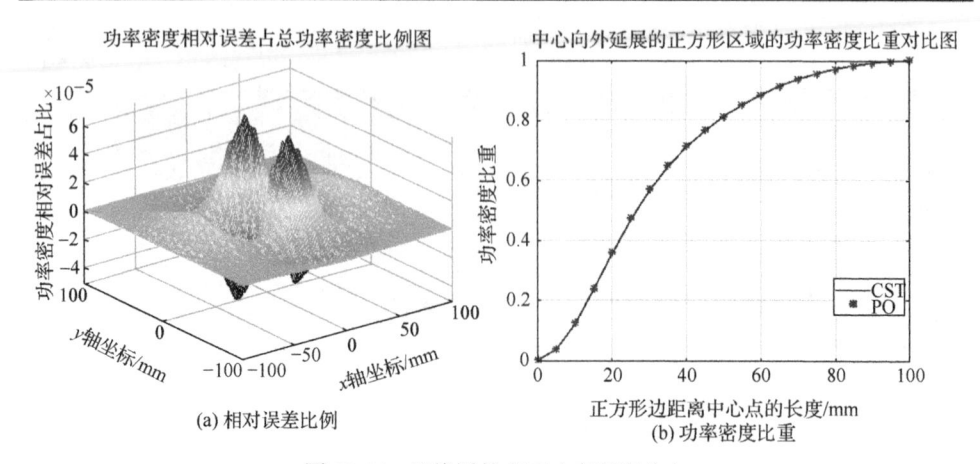

(b) 功率密度比重

图 13.46　天线罩外表面功率密度分布

在三维传热空间中，时域 CFL 条件的一般形式为

$$\Delta t \leqslant \frac{1}{2\alpha}\left(\frac{1}{\Delta x^2}+\frac{1}{\Delta y^2}+\frac{1}{\Delta z^2}\right)^{-2} \tag{13.29}$$

式中，α 为热导率，即 $\alpha = k/\rho \cdot C_p$，通过计算不同温度下的热导率，得到不同温度下对应的时间步长 Δt，见表 13.7。

表 13.7　不同温度下对应的时间步长 Δt

温度/℃	时间步长 Δt/s	热导率/α
0	0.29	1.58×10^{-6}
200	0.34	1.34×10^{-6}
400	0.38	1.20×10^{-6}
600	0.41	1.11×10^{-6}
800	0.44	1.04×10^{-6}
1000	0.46	9.98×10^{-7}

分析选择最大仿真步长 $\Delta t = 0.1$s，小于几个关键温度点的最大仿真步长，满足稳定性条件。

对于天线罩，考虑罩体内部传热以及边界的自然对流传热，对于式(13.24)，h 为对流热传递系数，设外表面对流热传递系数 $h_{外}$、内表面对流热传递系数 $h_{内}$、侧面对流热传递系数 $h_{侧边}$，则有[9]

$$h_{\text{外}} = \begin{cases} \dfrac{k}{L} 0.54 \text{Ra}_L^{1/4} & \text{if} \quad T \leqslant T_{\text{ext}} \text{ and } 10^4 \leqslant \text{Ra}_L \leqslant 10^7 \\ \dfrac{k}{L} 0.15 \text{Ra}_L^{1/4} & \text{if} \quad T \leqslant T_{\text{ext}} \text{ and } 10^7 \leqslant \text{Ra}_L \leqslant 10^{11} \\ \dfrac{k}{L} 0.27 \text{Ra}_L^{1/4} & \text{if} \quad T > T_{\text{ext}} \text{ and } 10^5 \leqslant \text{Ra}_L \leqslant 10^{10} \end{cases} \quad (13.30)$$

$$h_{\text{内}} = \begin{cases} \dfrac{k}{L} 0.54 \text{Ra}_L^{1/4} & \text{if} \quad T > T_{\text{ext}} \text{ and } 10^4 \leqslant \text{Ra}_L \leqslant 10^7 \\ \dfrac{k}{L} 0.15 \text{Ra}_L^{1/4} & \text{if} \quad T > T_{\text{ext}} \text{ and } 10^7 \leqslant \text{Ra}_L \leqslant 10^{11} \\ \dfrac{k}{L} 0.27 \text{Ra}_L^{1/4} & \text{if} \quad T \leqslant T_{\text{ext}} \text{ and } 10^5 \leqslant \text{Ra}_L \leqslant 10^{10} \end{cases} \quad (13.31)$$

$$h_{\text{侧边}} = \begin{cases} \dfrac{k}{L} \left(0.68 + \dfrac{0.67 Ra_L^{1/4}}{\left(1 + \left(\dfrac{0.492k}{\mu C_P}\right)^{9/16}\right)^{4/9}} \right) & \text{if } Ra_L \leqslant 10^9 \\ \dfrac{k}{L} \left(0.825 + \dfrac{0.387 Ra_L^{1/6}}{\left(1 + \left(\dfrac{0.492k}{\mu C_P}\right)^{9/16}\right)^{8/27}} \right)^2 & \text{if } Ra_L > 10^9 \end{cases} \quad (13.32)$$

式中，k 是空气的热导率，为 0.0257W/m·K；L 是特征长度；Ra 是瑞利数，其计算公式为[9]

$$Ra = \frac{g\beta(T_s - T_\infty)L^3}{\nu\alpha} \quad (13.33)$$

式中，g 为重力加速度(9.81m/s²)；β 为空气的热膨胀系数，大约 1/T(在室温约为 1/293K^{-1})；T_s 是流体与固体接触表面的温度；T_∞ 是远离表面的自由流体温度，约为环境温度；ν 为空气运动黏度，约为 15.11×10^{-6}m²/s；α 为空气的热扩散率，约为 22.5×10^{-6}m²/s。

对每一个传热时间步进行材料的传热参数更新，并进行天线罩内部导热和外部自然对流传热的仿真。图 13.47 为完成总时间 50s 的天线罩内壁的温度分布，并与同样情况下的电磁仿真软件 COMSOL 计算的温度场进行对比。

(a) 传热模块计算　　　　　　　(b) COMSOL 仿真

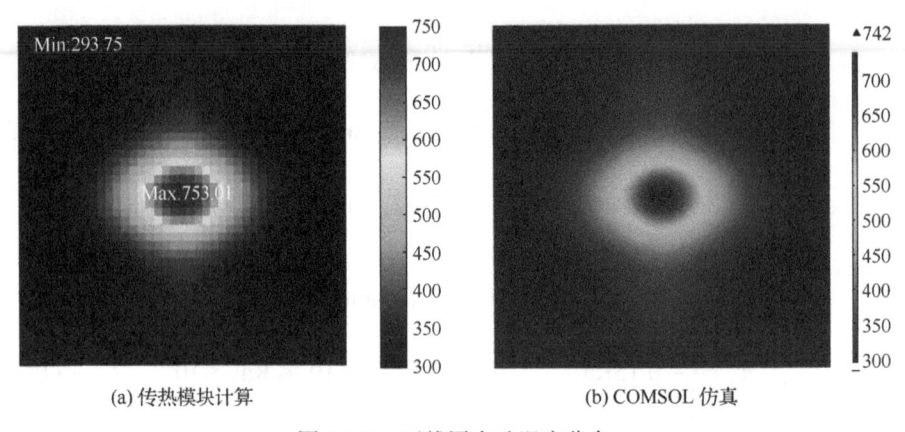

图 13.47　天线罩内壁温度分布

图 13.48 为天线罩温度仿真结果。图 13.48(a)给出了 COMSOL 仿真与数值方法的温度对比，两者的温度曲线随时间变化趋势接近，说明数值方法与 COMSOL 结果较为一致；图 13.48(b)显示了误差随时间的变化，仿真初期相对误差较高，随后波动减小并趋于稳定，表明数值方法的误差在整个过程中保持在合理范围内。

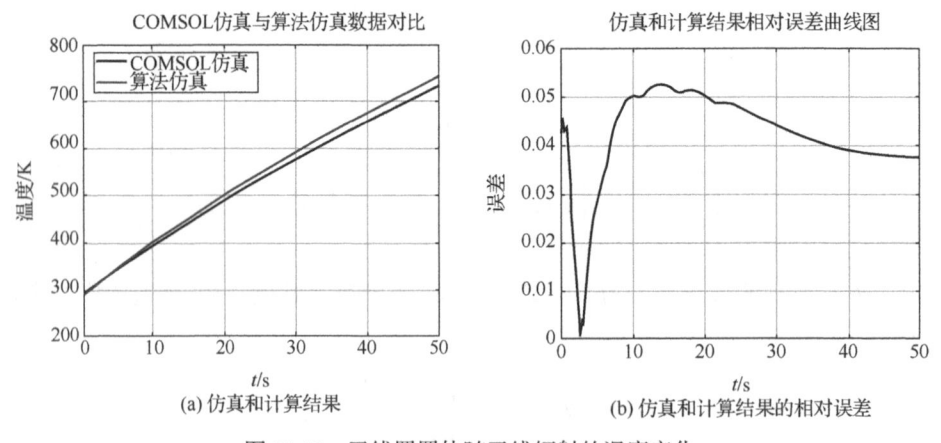

(a) 仿真和计算结果　　　　　　(b) 仿真和计算结果的相对误差

图 13.48　天线罩罩体随天线辐射的温度变化

在热传输仿真完成后，将温度分布参数代入天线罩的物理光学法模块，进行参数更新。考虑到温度场变化速度较小，同时充分考虑温度分布对罩体参数的影响，时间步选择为 1s，即传热仿真 1s 后将温度分布参数输入给物理光学法模块，更新材料的电参数。通过 50 次双向耦合迭代后，直到时间步达到设定的 50s，停止仿真。

图 13.49 为输出的天线罩的远场辐射方向图。图 13.49(a)给出的是增益随角度

的变化,其中,浅色曲线表示不考虑温度变化的物理光学法计算的辐射方向图,深色曲线表示采用电磁-热双向耦合 50s 仿真后的辐射方向图。

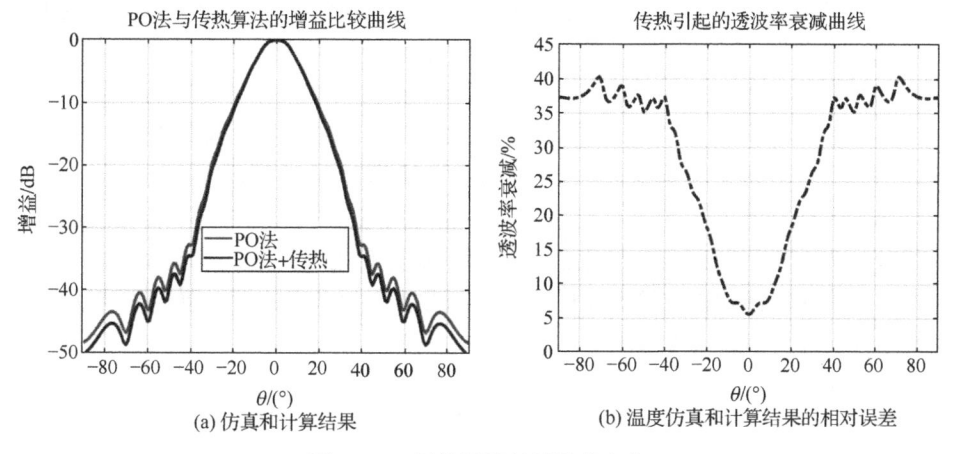

(a) 仿真和计算结果

(b) 温度仿真和计算结果的相对误差

图 13.49　天线罩增益随温度变化

由图 13.49(a)可以看出,在主瓣区域,两种方法的增益相近,但在副瓣和远离主瓣的区域,更符合实际情况的耦合仿真方法显示的辐射特性较好。其原因可能是内部损耗增大,反射减小,进而导致副瓣增益降低,能量更集中于主瓣方向。图 13.49(b)给出了功率传输系数衰减随角度变化的曲线,在中心角度处,功率传输系数衰减相对最低,约为 5.6%,表明在垂直入射方向,由于实际的电磁-热耦合效应导致的功率传输系数衰减已不可忽视;而在更大角度下,功率传输系数衰减增加,逐渐增加至 35%~45%,表明电磁-热耦合效应随着入射角的增加而增加,导致更多能量损失。

13.9　本 章 小 结

本章介绍了影响天线罩电性能的三个关键技术。首先,探讨了 FSS 复合材料天线罩中,FSS 薄膜拼接工艺误差对天线辐射性能的影响。分析了缝隙排列方式、入射电磁波的极化、缝隙宽度等对传输功率的影响,并通过采用不同缝隙形式的 FSS 薄膜,降低工艺误差对复合材料天线罩整个雷达系统的影响。此外,针对装配式天线罩搭接部位电性能不均匀的工程问题,提出了在装配式天线罩运用 FSS 结构提升电性能的设计方法,这对解决装配式天线罩搭接部位的均匀性问题有实际意义。

其次,较为详细地分析了降水对天线罩电性能的影响。从机理上分析降水形态,提出了采用疏水剂增大水滴、提高流动速度的措施,从而降低降水对透波性最后，本章重点分析了天线罩内天线辐射罩壁后的热传导效应，导致天线罩介质材料电参数发生变化，即电磁-热耦合对天线罩电性能的影响。这种影响最终会导致辐射功率有较大损耗。所讨论的三个关键技术对天线罩电性能设计具有工程意义，尤其在潮湿和雨季的气候，减少天线罩对功率传输的影响有实际意义。

本章系统地分析了天线罩在高功率微波辐射下的热效应及其对电性能的影响。仿真方法分析了稳态温升对天线罩的功率传输和耐功率设计的影响。而在高功率脉冲工作状态下，天线罩壁的介质参数受到电磁和热传导的耦合作用影响，通过分析天线辐射时间与介质表面和内部的温度变化的关系，系统地获得了电参数、罩体功率传输和相位等变化的定量分析数据，为未来的天线罩电磁-热传导分析提供了一个全新的分析途径。

参 考 文 献

[1] Kozakoff D J. Analysis of Radome-Enclosed Antennas.Norwood: Artech House, 2010.
[2] 刘晓春. 雷达天线罩电性能设计技术. 北京：航空工业出版社, 2017.
[3] 张建. 有限大频率选择表面及其在雷达罩上的应用研究. 中国科学院研究生院(长春光学精密机械与物理研究所), 2015.
[4] 唐守柱, 沈利新, 何丙发, 等. 大型分块介质天线罩电性能提升技术. 复合材料学报, 2016, 33(6): 6.
[5] 张强. 天线罩理论与设计方法. 北京：国防工业出版社, 2014.
[6] 王新峰. 机织复合材料多尺度渐进损伤研究. 南京航空航天大学, 2007.
[7] 李淑华, 李宝鹏, 彭志刚, 等. 机载雷达罩进水对其电性能影响仿真分析. 电子设计工程, 2019, 27(4): 104-108.
[8] Ellison W J. Permittivity of pure water, at standard atmospheric pressure, over the frequency range 0～25 THz and the temperature range 0～100 °C. Journal of Physical and Chemical Reference Data, 2007, 36(1): 14-18.
[9] 杨世铭, 陶文铨. 传热学(第四版).北京：高等教育出版社, 2006.
[10] Balanis, Constantine A. Advanced Engineering Electromagnetics. Hoboken: John Wiley & Sons, 2012.